新工科 · 建筑信息化BIM应用系列教材

BIM技术应用

刘剑飞　段敬民　主编

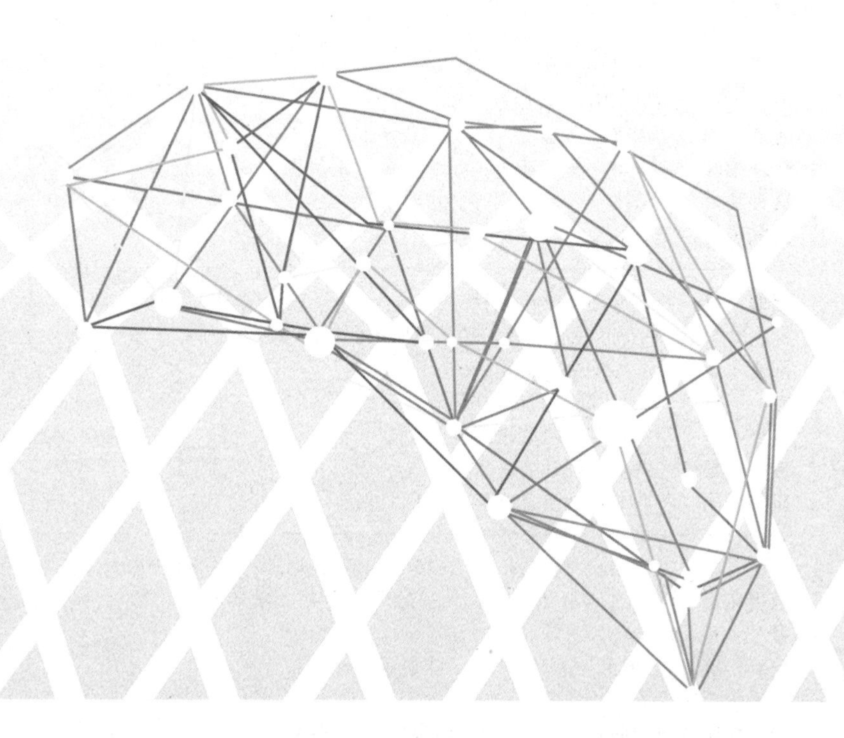

西安交通大学出版社
XI'AN JIAOTONG UNIVERSITY PRESS

内容简介

本书通过具体案例分析突出了BIM的实用性，对软件架构、应用方向和操作步骤都做出了详细的解析，以提高读者的应用能力。本书分为10章：第1章介绍了BIM的基本概念和特点；第2～4章是建模部分，以一个办公楼为例，分别介绍了在Revit中绘制结构、建筑和水暖模型的步骤和方法；第5～9章是模型应用部分，分别介绍了建筑节能和建筑采光、工程造价、进度计划、施工模拟和建筑表现；第10章是一个实训项目。

本书既可作为土木工程专业、建筑学专业、工程管理专业及其他相关专业的教学用书或参考书，也可作为建筑设计员、装修员、制图员等的自学教材。

图书在版编目(CIP)数据

BIM技术应用 / 刘剑飞，段敬民主编. — 西安：西安交通大学出版社，2022.5(2023.7重印)
ISBN 978-7-5693-1683-4

Ⅰ. ①B… Ⅱ. ①刘… ②段… Ⅲ. ①建筑设计-计算机辅助设计-应用软件-高等学校-教材 Ⅳ. ①TU201.4

中国版本图书馆CIP数据核字(2022)第048614号

书　　名 BIM技术应用
BIM JISHU YINGYONG
主　　编 刘剑飞　段敬民
责任编辑 祝翠华　史菲菲
责任校对 王建洪
装帧设计 伍　胜

出版发行 西安交通大学出版社
(西安市兴庆南路1号　邮政编码710048)
网　　址 http://www.xjtupress.com
电　　话 (029)82668357　82667874(市场营销中心)
(029)82668315(总编办)
传　　真 (029)82668280
印　　刷 陕西龙山海天艺术印务有限公司

开　　本 787 mm×1092 mm　1/16　**印张** 16.25　**字数** 396千字
版次印次 2022年5月第1版　2023年7月第2次印刷
书　　号 ISBN 978-7-5693-1683-4
定　　价 49.80元

如发现印装质量问题，请与本社市场营销中心联系。
订购热线：(029)82665248　(029)82667874
投稿热线：(029)82665379
读者信箱：xj_rwjg@126.com

前言

建筑信息模型(building information modeling,BIM),是工程建设领域内目前正在进行的数字化革命,它打破了行业间的信息孤岛,提升了行业信息化水平,解放和发展了行业生产力。它以三维数字技术为基础,能够将工程项目在全生命周期中各个不同阶段的工程信息、过程资料和资源集成在一个模型中,方便工程各参与方使用。有关 BIM 的新标准和规范不断颁布,越来越多的专业技术人员也参与到行业中,说明了 BIM 正处于蓬勃发展的阶段。高等院校作为建设行业后备人才的摇篮,将信息化前沿技术带入高校教育,将 BIM 引入课堂教学势在必行。

本书具有以下特色:

(1)完整的案例分析。本书案例的建筑体量较小,但应用点较多。BIM 不仅是建模,更重要的是模型应用,因此本书强调了如何应用一个模型,如何提取各种信息为各方所需,而不是只阐述建模技术。本书重应用求创新,不是对 BIM 做全面详细的讲解,而是对在信息提取中可能会使用到的命令做重点介绍,这样书本内容少而精,配合大量的插图,相信会在短时间内提高学习者的能力。

(2)正向设计的思想。BIM 逆向设计需要绘制多次图纸,且图纸通常只被本专业所用,比如说结构设计人员初步设计时绘制一遍模板图,计算时又输入一遍模型,最后施工时重新绘制一遍施工图,碰撞时又要精确建立模型,这样费时费力,效率较低。而 BIM 正向设计则只建立一次模型,就可以用于多个专业,也可以用于不同专业的不同阶段。本书案例的模型用于结构计算、碰撞检查、节能计算、日照计算、工程算量、钢筋算量、工程计价、施工模拟和建筑表现等多个方面,体现了一模多用。

(3)多软件集成。BIM 不是一个软件,而又和软件息息相关。在本书的编写过程中,使用了 Autodesk、广厦、新点、斯维尔和广联达等公司的多个软件。本书介绍了各个软件数据导入和导出的方法,实现了信息共享。本书附带有多媒体素材,读者可以通过扫码下载全部模型文件,同时屏幕录像操作演示可使读者在短时间内掌握软件操作技能。

本书由刘剑飞和段敬民担任主编，具体编写分工如下：河南理工大学刘剑飞撰写第1章和第10章，河南科技大学郭二伟撰写第2章，黄河水利职业技术学院胡畔撰写第3章，重庆温馨时代暖通设备有限公司郭春雨撰写第4章，河南工程学院段敬民和中建二局土木工程有限公司潘梦阳撰写第5章，黄河交通学院高卫亮撰写第6章，三峡大学吴亚良撰写第7章，潘梦阳撰写第8章，河南理工大学孙现军和黄河交通学院王春玲撰写第9章。全书的电子资源由刘剑飞制作。

本书得到了教育部2019年产学合作协同育人项目的资助(201901037029和201901037036)，得到了北京渥瑞达科技发展有限公司和北京睿格致科技有限公司的资助，在此一并感谢。

本书既可作为土木工程专业、建筑学专业、工程管理专业及其他相关专业的教学用书或参考书，也可作为建筑设计员、装修员、制图员等的自学教材。

本书定位是使读者对BIM应用有初步认识，目标是使读者能够在短时间内绘制出简单模型并加以分析。本书以软件应用为主，个别地方可能不满足工程特征，错误和不足在所难免，敬请读者批评指正，我们一定会全力改进。

编　者

2022年3月

目 录

第1章　BIM概述

1.1　BIM的概念

BIM的英文全称是“building information modeling”，译为建筑信息模型，它以三维数字技术为基础，将工程项目在全生命周期中各个阶段的工程信息、过程资料和资源集成在一个模型中，方便工程各参与方使用。

建筑信息模型是指由各种建筑信息组成的数字化模型。BIM的含义可以分为两个层面：第一，BIM是基于三维模型进行工程项目相关数据创建和使用的技术，用于工程中的可视化沟通、方案比选、性能分析、碰撞检查、标准检查、工程算量、施工模拟和模型拟建；第二，BIM是项目全体参与人员协同工作的共享数据源，可提高项目各参与方的工作协同性和连贯性，提高项目建设效率，为建设方提供设施从创建到拆除的全生命周期管理的直观决策依据。BIM应用是建立和利用项目模型数据在全生命周期内进行设计、施工、运维等活动的业务过程。项目各参与方能够通过建筑信息模型进行各种应用及信息管理。

“建筑”一词在汉语中有多种含义，而在BIM概念中的建筑不仅包括民用建筑和工业建筑，还包括交通枢纽、城市轨道交通、桥梁与隧道、综合市政、水利电力、铁路与公路、水库和大坝等基础设施。

建筑物是由若干构件组合而成的，而一个构件的信息有很多，例如门，有门的类型、高和宽、标高、位置、材质、制造厂商、防火等级和生产成本等信息。这些信息可以以文字、数字、图案、URL（uniform resource locator，统一资源定位器）和价格等形式表达。在BIM一词中，信息一般指构件拥有的类型属性和实例属性。类型属性是指同一构件中多个类型所通用的属性，实例属性是指随着构件在建筑中位置变化而改变的属性。

建筑模型是一种三维的立体模型，可以直观地体现设计意图，弥补图纸在表现上的局限性。它既是设计师设计过程的一部分，也属于设计的一种表现形式。在BIM中，模型除指三维模型外，还有建模和模拟的含义。建模是指用计算机软件将建筑物以数字的形式表达出来的过程，模拟是指对建筑物性能进行分析和优化的过程。

1.2　BIM的特点

1.2.1　可视化

可视化即能够把科学数据，包括测量获得的数值、图像或计算中涉及、产生的数字信息变为直观的、以图形图像信息表示的、随时间和空间变化的物理现象或物理量呈现在设计者面前，使他们能够观察、模拟和计算。可视化即“所见即所得”的形式，可视化在建筑业的作用是非常重要的，例如施工图纸只是各个构件信息在图纸上以线条形式的表达，其真实的构造形式需要建筑业参与人员去想象。项目的几何、物理和功能等信息，可以直接从BIM中获取，不需要重新建立可视化模型，可视化的工作资源可以集中到提高可视化效果上来，而且可视化模型可以随着设计模型的改变而改变，保证可视化与设计的一致性。BIM 提供的可视化让人们将以往线条式的构件形成一种三维的立体实物图形展示在人们的面前。并且 BIM 的可视化是一种能够同构件之间形成互动性和反馈性的可视，在建筑信息模型中，由于整个过程都是可视化的，所以可视化的结果不仅可以用于效果图的展示及报表的生成，更重要的是项目设计、建造、运营过程中的沟通、讨论、决策都在可视化的状态下进行。目前可视化生成的三维渲染动画，给人以真实感和直接的视觉冲击。建好的建筑信息模型可以作为二次渲染的模型基础，极大地提高了三维渲染效果的精度与效率。

1.2.2 参数化

参数化是指通过参数而不是数字建立或分析模型，改变模型中的参数值就能建立和分析新的模型。在参数化设计系统中，设计人员可以根据工程关系和几何关系来指定设计要求。参数化的本质是在可变参数的作用下，系统能够自动维护所有信息，因此参数化模型中建立的各种约束关系体现了设计人员的意图。参数化的模型具有双向联系性和即时性，当数据库中的数据发生变化时，与之相关的信息在其他视图中也可实时变化，带来高质量一致性的模型成果，为以数据为基础的设计、分析和文档编制带来便利。同时建筑信息模型的建筑信息是通过参数化形式进行表达和存储的，各类专业 BIM 应用软件通过这些参数信息实现各种各样的用途，比如在工程造价方面，利用 BIM 可以快速提取板、梁、柱等构件的几何属性，进而准确快速计算出工程量，提升施工预算的精度与效率。BIM 数据库可以实现任一时间点上工程基础信息的快速获取，通过合同、计划与实际施工的消耗量、分项单价、分项合价等数据的多算对比，可以了解项目运营是盈是亏，消耗量有无超标，进货分包单价有无失控等问题，实现对项目成本风险的有效管控。

1.2.3 协调性

协同设计是以三维数字技术为基础，以三维软件为载体，不同专业人员组成设计团队，为实现或完成一个共同设计目标或项目在一起开展工作，是一个知识共享和集成的过程，共同设计某一目标的专业人员能够共享数据、信息和知识。在设计阶段，通过 BIM 三维可视化控制及程序自动检测，可对建筑物的结构构件、机电管线和设备直观模拟安装，还可以调整楼层净高、墙柱尺寸。利用 BIM 的协调性，可以在前期进行碰撞检查，优化工程设计，减少在建筑施工阶段可能存在的错误和返工的可能性，并且优化净空，优化管线排布方案。在施工阶段，施工人员可以利用优化后的管线方案，进行施工交底、施工模拟，提高施工质量。对施工进度进行模拟，可以帮助各级人员理解设计意图和施工方案，可以为造价工程师提供各个阶段精确的工程量，实现成本预算和工程量估算。三维可视化功能加上时间维度，可以进行虚拟施工。BIM 可直观快速地将施工计划与实际进展进行对比，同时进行有效协同，这样施工方、监理方甚至非工程行业出身的业主都可以对工程项目情况了如指掌。通过 BIM 技术结合施工方案、施工模拟和现场视频监测，可极大地减少建筑质量问题、安全问题，从而减少返工和整改。在运维阶段，BIM 可以将图纸、报价单、采购单和工期图等综合在一起，实现空间、设施、隐蔽工程、应急管理和节能减排等方面的协调。

1.2.4 模拟性

模拟性即用计算机绘制出建筑物模型，模拟出不能在真实世界中进行操作的事物。在设计阶段，利用BIM中的几何信息、材料性能和构件属性，根据设定参数模仿得到的结果，如建筑能耗模拟、紧急疏散模拟、日照模拟、采光模拟和热能传导模拟等。在招投标和施工阶段，可以进行4D模拟，也就是根据施工组织模拟实际施工，从而确定合理的施工方案；BIM作为一个富含工程信息的数据库，可以进行5D模拟，从而实现成本控制，同时有利于减少现场施工过程干扰或施工工艺冲突。在后期运营阶段，可以对设备运行监控、能源运行管理和建筑空间管理等多方面进行模拟仿真。

由于现代一些建筑物的复杂程度超过了参与人员本身的能力极限，BIM及与其配套的各种模仿优化工具提供了对复杂项目进行优化的可能。基于BIM的优化可以把项目设计和投资回报分析结合起来，设计变化对投资回报的影响可以实时计算出来，这样业主对设计方案的选择就不会仅仅停留在对形状的评价上，使得业主知道哪种设计方案更贴近于自身的需求。BIM可以对特殊项目完成设计优化，例如裙楼、幕墙、屋顶和大空间等，这些内容看起来占整个建筑的比例不大，但是占投资和工作量的比例却不小，而且是施工难度较大和施工问题较多的地方，对这些内容的设计和施工方案进行优化，可以带来显著的成效。

1.2.5 可出图

运用BIM技术，图纸是模型的附件，可以方便地输出建筑平面图、立面图、剖面图和详图，也可以输出碰撞检查报告等。BIM通过对建筑物进行展示、协调、模拟、优化后，可以在模型上直接生成构件加工图，不仅能传达传统图纸的二维关系，而且对于复杂的空间剖面关系也可以清楚表达，这样的模型能够更加紧密地实现与预制工厂的协同和对接。在生产加工过程中，BIM能自动生成构件下料单、派工单、模具规格参数等生产表单，形成生产模拟动画、流程图和说明图等辅助培训的材料，实现数字化建造和智慧生产，极大地提高工作效率和生产质量。

正是BIM拥有上述优势，BIM既包括建筑物全生命周期的信息模型，又包括建筑工程管理行为的模型，它将二者完善地结合来实现集成管理，才给建筑业带来一次巨大变革。与CAD(computer aided design)技术进行比较，更能深刻说明BIM的优势，如表1.1所示。

表1.1 BIM和CAD技术的比较

项目	CAD技术	BIM技术
基本元素	点、线、面等无专业意义的几何元素	墙、门、窗等不仅有几何特性，还有建筑物理特征和功能特征
修改图元位置或大小	需要再次绘图，或者通过基本编辑命令来调整	所有图元都是参数化构件，在族的概念下，只需要更改属性就可以调节构件的尺寸、样式、材质和着色等
关联性	各个建筑元素之间没有相关性	各个构件是相互关联的
建筑物整体修改	需要人工依次修改建筑物的各投影面	只需要一次修改，与之相关的视图均会自动修改
建筑信息的表达	只能用于纸质图纸电子化	包含了建筑的全部信息，不仅可以提供电子图纸，还可以提供工程量清单、工程造价和施工模拟等丰富信息

1.3 BIM 软件

BIM 软件是指基于 BIM 技术的应用软件，具备面向对象、基于三维几何模型、包含其他信息和支持开放式标准等特征。BIM 软件一般可以分为基础软件、工具软件和平台软件。

1.3.1 基础软件

基础软件是指可用于建立能为多个应用软件所使用数据的软件，其主要目的是完成三维设计。基础软件支持对三维数据的创建和编辑，是 BIM 实施中最基础最核心的软件。用户根据软件的功能性、可靠性、易用性、维护性和可扩展性多方面来考虑合适的建模软件。目前市场上开发主要核心建模软件的公司有 Autodesk、Bentley 和 Dassault Systèmes 等。

Autodesk 公司的 Revit 软件是运用不同的代码库及文件结构的独立软件。Revit 软件采用全面创新的 BIM 概念，可以进行自由形状建模和参数化设计，并且能够对早期设计进行分析。借助这些功能可以自由绘制草图，快速创建三维形状，交互性地处理各个形状。可以利用内置的工具进行复杂形状的概念澄清，为建造和施工准备模型。随着设计的持续推进，软件能够围绕更复杂的形状自动构建参数化框架，提供更高的控制能力，从概念模型到施工文档的整个设计流程都在一个直观环境中完成。Revit 软件独有的族库功能可以把大量 Revit 族按照特性、参数等属性分类归档，相关行业企业或组织随着项目的开展和深入，都会积累到一套自己独有的族库，在未来的工作中，可直接调用族库数据，根据实际情况修改参数，从而提高工作效率。Revit 软件提供成熟的应用程序接口(application programming interface，API)，可供二次开发者使用，并调用程序内的数据操作读写，极大提高了其与其他软件的交互能力。并且该软件还包含了绿色建筑可扩展标记语言模式，为能耗模拟、荷载分析等提供了分析工具，与结构分析软件等也具有良好的互用性。Revit 软件将信息基础结构的功能扩大到建筑项目的厂房设计、结构配置、场地体量、机电工程和施工 4D 模拟等设计工作中，提供可视化与数据化的决策依据。Revit 由 revise instantly(立即修改)的缩写而来，说明其特色在于“一处修改，处处更新”。图 1.1 是 Revit 软件的工作界面。

Bentley Architecture 是 Bentley 公司开发的集直觉式用户体验交互界面、概念及设计功能、灵活便捷的 2D/3D 工作流建模及制图工具、宽泛的数据组及标准组件定制技术于一身的 BIM 建模软件，是 BIM 应用程序集成套件的一部分，可针对设施的整个生命周期提供设计、工程管理、分析、施工与运营之间的无缝集成。在设计过程中，不但能让建筑师直接使用许多国际和国内的规范标准进行工作，而且能通过简单的自定义或扩充来满足实际工作中各种项目的需求，让建筑师能拥有项目设计、文件管理及展现设计所需的所有工具，目前在一些大型复杂的建筑项目、基础设施和工业项目中应用广泛。Bentley 公司以 MicroStation 为统一的工程内容创建平台，MicroStation 是集 2D 制图、3D 建模于一体的图形平台，具有渲染功能和专业级的动画制作功能，是所有 Bentley 3D 专业设计软件的基础平台。各个团队在协同工作平台的基础上，使用高效率协同的工作模式，对工程成果分权限、分阶段进行控制。各个专业的应用软件符合 BIM 的设计理念，具有参数化的建模方式、智能化的编辑修改以及精确的模型控制技术。生成的专业模型可以与其他专业相互引用、协调工作，并可以灵活

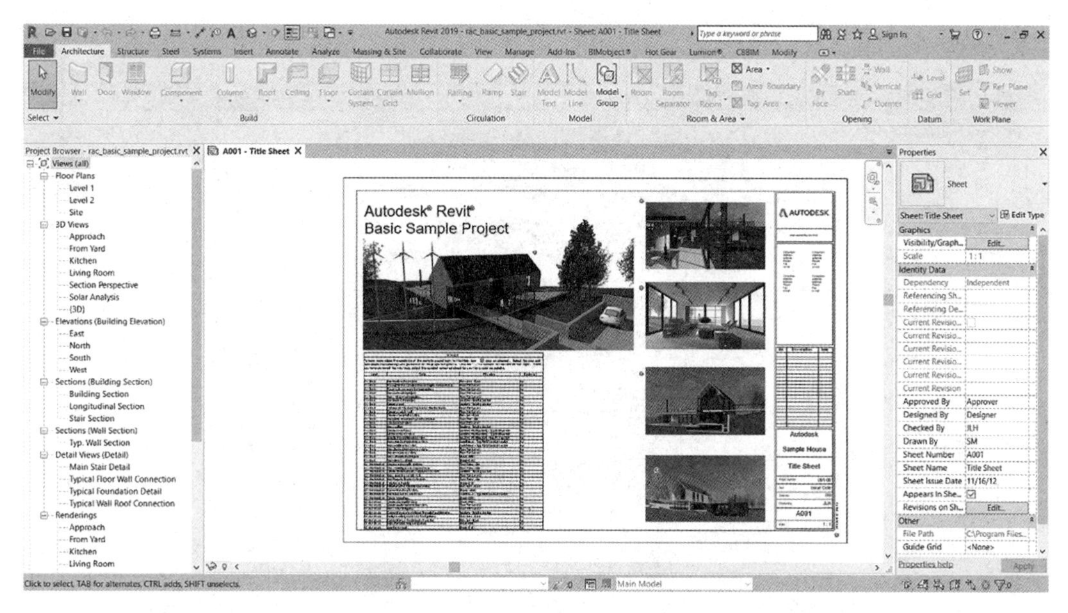

图 1.1　Revit 软件工作界面

输出各种图样和数据报表，然后以 Navigator 为统一的可视化图形环境完成各种功能。图 1.2 是 Bentley 公司的 MicroStation 软件的工作界面。

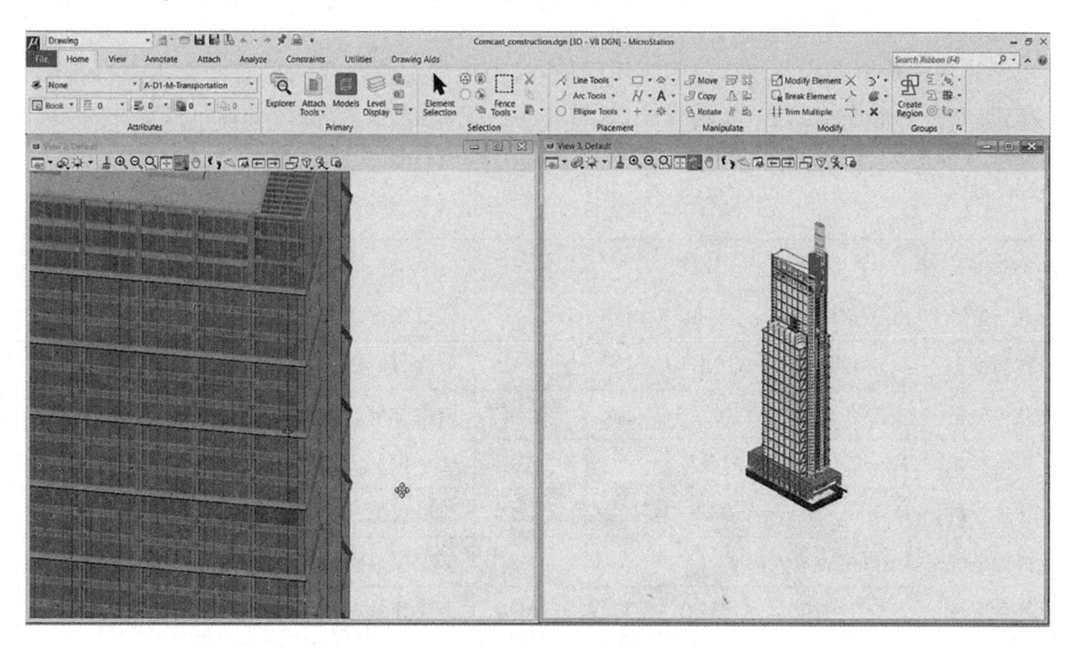

图 1.2　MicroStation 软件工作界面

Dassault Systèmes 公司提供 3D 体验平台，应用涵盖 3D 建模、社交和协作、信息智能与内容和仿真，产品包括 Solidworks、CATIA 和 SIMULIA 等。Dassault Systèmes 公司产品在工程建设行业无论是对复杂形体还是对超大规模建筑，其建模能力、表现能力和信息管理能力都有一定优势。图 1.3 是 CATIA 软件的工作界面。

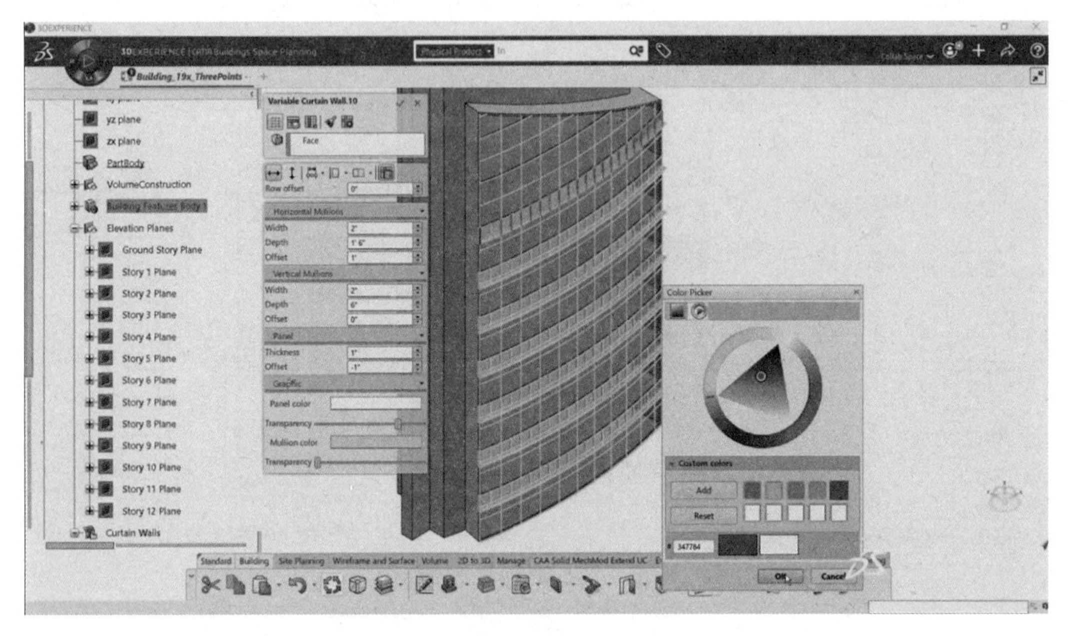

图 1.3　CATIA 软件工作界面

1.3.2　工具软件

工具软件是指完成各种功能的应用软件，目前市场上众多公司已经开发出上百种软件产品，主要有性能模拟软件、算量软件、深化设计软件、碰撞检查软件、场地布置软件和 5D 施工管理软件等。表 1.2 总结了目前市场上一些 BIM 软件的主要功能。

表 1.2　目前市场上一些 BIM 工具软件

主要用途	软件	常用功能
几何造型	SketchUp、Rhino、Revit*、AutoCAD*	可以用作建模软件的输入
性能模拟	绿建斯维尔*、PKPM	节能、日照、采光、噪音等方面绿色评价
结构分析	PKPM、广厦*、YJK	结构分析与计算，生成配筋图
机电深化	MagiCAD、天正、鸿业	给水排水、通风空调、强电弱电、燃气
场地分析	Civil 3D、鸿业、ArcGIS	地形模拟、纵横断面生成和工程量统计
计划进度	Primavera、Project*	工程项目管理
算量造价	新点*、斯维尔、广联达*、品茗、鲁班、晨曦	土建算量、钢筋算量、安装算量、工程造价
施工模拟	Navisworks*、Fuzor	通过 5D 分析与模拟，审阅和沟通项目细节
建筑表现	Lumion*、Fuzor	场景布景、3D 渲染、视频制作
插件软件	鸿业 BIMSpace、橄榄山、族库大师	加快建模速度

注：加*号的软件为本书会使用的软件。

1.3.3 平台软件

平台软件是指能管理各类基础软件和工具软件所产生的数据，以便支持工程全生命周期数据共享应用的应用软件。平台软件基于网络和数据库技术，将不同的工具软件协同到一起，以满足用户对于协同工作的需求。平台中最为核心的是数据交换，要使用可以统一交换数据的格式标准。

1.4 建模标准

1.4.1 建模流程

BIM 项目设计中所产生的文件可分为依据文件、过程文件和成果文件三大类。项目实施过程中各参与方根据自身需求及实际情况对三类文件进行收集、传递及登记归档。其中，依据文件既包括设计条件、工程基本信息、政府批文、法律法规、行业规范、标准和合同等，也包括模板文件、设计深度和命名规则等顶层设计要求，还包括模型创建时统一的标高轴网、单位坐标和一些控制性指标；过程文件包含会议纪要和工程联系函等；成果文件包含 BIM 模型文件和 BIM 应用成果文件。BIM 建模流程如图 1.4 所示。

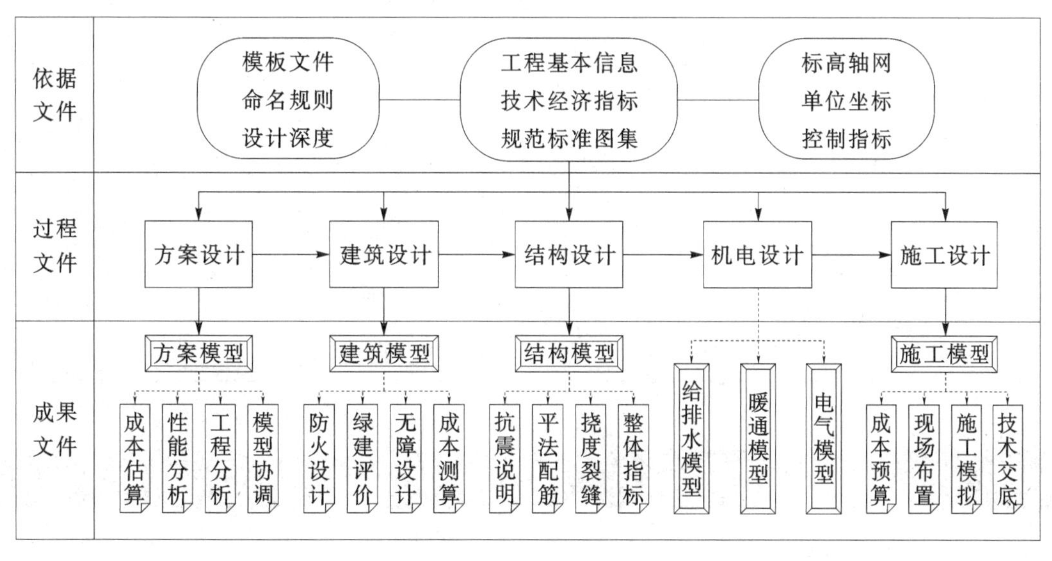

图 1.4 BIM 建模流程

1.4.2 基本规范

楼层定义时要按照实际项目的楼层，分别定义楼层及其所在标高或层高。其中楼层标高应按照一套标高体系定义，标高数值宜以米为单位，层高数值宜以毫米为单位。

建筑和结构一般来说会分别采用建筑标高和结构标高定义，在设计建模过程中，建筑和结构设计师会根据自己所负责专业采用各自的标高体系。在同一专业中设计建模时应采用一种标高体系定义，不宜两种标高体系混用。

为了更好地进行协同工作和碰撞检测工作以及实现模型的有效传递，各专业在建模前，应统一规定原点位置并共同遵守。

按照构件归属楼层，分层定义、绘制各楼层的构件图元，严禁在当前层采用调整标高方式绘制非当前层图元。如二层的柱，就在二层定义、绘制，严禁在一层或三层采用调整标高方式绘制二层的柱。

内外墙体定义要严格，内外墙对于设计来说，其受力、配筋和构造等都会有所不同，但设计时都是人为判断。使用BIM进行设计建模应考虑后续承接应用以及自动化的需要，因此，需要在建模时严格区分内外墙。

1.4.3 命名规则

在BIM技术的推行过程中，"协同"的价值体现于工作的各个环节，如有效读取上游数据、融合各方需求、提交阶段性最优方案和传输信息至下游参与方。这些需要在项目初始制定工作标准，规范各方、各阶段工作原则与深度，确保工程流程的顺利推进。因此在建模初始，要制定好命名规则，不同单位有自己的命名规则，表1.3是一个命名示例。

表1.3 命名规则示例

构件	编码	说明
柱	KZ－CO－500×500	框柱-混凝土-截面长×宽
梁	KL－CO－200×500	框梁-混凝土-截面长×宽
板	LB－CO－100	楼板-混凝土-板厚
楼梯	LT－CO	楼梯-混凝土
墙	JQ－CO－400	剪力墙-混凝土-墙厚
门	M1521	门-宽度×高度
窗	C2118	窗户-宽度×高度
基础	CT－CO－1000×1000	承台-混凝土-截面长×宽

1.5 模型精度

1.5.1 建模精度

模型的细致程度(level of details，LOD)，描述了一个建筑信息模型构件单元从简单的近似概念化的程度发展到精细的演示级精度的步骤。美国建筑师协会为了规范BIM参与各方及项目各阶段的界限，在2008年提出了LOD的概念，确定了模型的细致程度。

LOD 100等同于概念设计，此阶段的模型通常为表现建筑整体类型分析的建筑体量，包括体积、建筑朝向和每平方米造价等。

LOD 200等同于方案设计或扩初设计，此阶段的模型包含普遍性系统，包括大致的数量、大小、形状、位置以及方向。LOD 200模型通常用于系统分析以及一般性表现。

LOD 300模型单元等同于传统施工图和深化施工图层次。此模型已经能很好地用于成本估算以及施工协调，包括碰撞检查、施工进度计划以及可视化。LOD 300模型应当包括业主在BIM提交标准里规定的构件属性和参数等信息。

LOD 400 阶段的模型被认为可以用于模型单元的加工和安装。此模型更多地被专门的承包商和制造商用于加工和制造项目的构件。

LOD 500 阶段的模型表现是项目竣工的情形。模型将作为中心数据库整合到建筑运营和维护系统中。LOD 500 模型包含业主 BIM 提交说明里制定的完整的构件参数和属性。

在 BIM 实际应用中,首要任务就是根据项目的不同阶段以及项目的具体目的来确定 LOD 的等级,根据不同等级所要求的模型精度要求来确定建模精度。可以说,LOD 做到了让 BIM 精度有据可循。

建筑专业 BIM 的 LOD 标准如表 1.4 所示。

表 1.4 建筑专业 BIM 的 LOD 标准

构件	详细等级(LOD)				
	100	200	300	400	500
场地	不表示	简单的场地布置(部分构件用体量表示)	按图纸精确建模(景观、人物、植物、道路贴近真实)	概算信息	赋予各构件的参数信息
墙	包含墙体物理属性(长度、厚度、高度及表面颜色)	增加材质信息,含粗略面层划分	包含详细面层信息,材质附节点图	概算信息,墙材质供应商信息,材质价格	产品运营信息(厂商、价格、维护等)
散水	不表示	表示	表示	表示	表示
幕墙	嵌板+分隔	带简单竖梃	具体的竖梃截面,有连接构件	幕墙与结构连接方式	幕墙与结构连接方式,厂商信息
建筑柱	物理属性:尺寸、高度	带装饰面,材质	带参数信息	概算信息,柱材质供应商信息,材质价格	物业管理详细信息
门、窗	同类型的基本族	按实际需求插入门、窗	门窗大样图,门窗详图	门窗及门窗五金件的厂商信息	门窗五金件,门窗的厂商信息,物业管理信息
屋顶	悬挑、厚度、坡度	加材质、檐口、封檐带、排水沟	节点详图	概算信息,屋顶材质供应商信息,材质价格	全部参数信息
楼板	物理特征(坡度、厚度、材质)	楼板分层,降板,洞口,楼板边缘	楼板分层更细,洞口更全	概算信息,楼板材质供应商信息,材质价格	全部参数信息
天花板	用一块整板代替,只体现边界	厚度,局部降板,准确分割,并有材质信息	龙骨、预留洞口、风口等,带节点详图	概算信息,天花板材质供应商信息,材质价格	全部参数信息
楼梯(含坡道、台阶)	几何形体	详细建模,有栏杆	电梯详图	参数信息	运营信息,物业管理全部参数信息

续表

构件	详细等级(LOD)				
	100	200	300	400	500
电梯(直梯)	电梯门,带简单二维符号表示	详细的二维符号表示	节点详图	电梯厂商信息	运营信息,物业管理全部参数信息
家具	无	简单布置	详细布置+二维表示	家具厂商信息	运营信息,物业管理全部参数信息

LOD的定义可以用于确定模型阶段输出结果从而更好地分配建模任务。

模型阶段输出结果:随着设计的进行,不同的模型构件单元会以不同的速度从一个LOD等级提升到下一个。例如,在传统的项目设计中,大多数的构件单元在施工图设计阶段完成时需要达到LOD 300,同时在施工阶段中的深化施工图设计阶段大多数构件单元会达到LOD 400。但是有一些单元,例如墙面粉刷,永远不会超过LOD 100。即粉刷层实际上是不需要建模的,它的造价以及其他属性都附着于相应的墙体中。

分配建模任务:在三维表现之外,一个建筑信息模型构件单元能包含大量的信息,这个信息普遍由多方提供。例如,一面三维的墙体是由建筑师创建的,但是总承包方要提供造价信息,暖通空调工程师要提供热阻值和保温层信息,隔声承包商要提供隔声值的信息等。为了解决信息输入多样性的问题,美国建筑师协会文件委员会提出了“模型单元作者”的概念,该作者需要负责创建三维构件单元,但是并不一定需要为该构件单元添加其他非本专业的信息。

1.5.2 模型组成

BIM是应用关系数据库创建的三维建筑模型。应用这个模型可以生成二维图形和管理大量相关的、非图形的工程项目数据。BIM是一个庞大的数据集合,包含了不同类型的图形元素,主要有模型图元、视图图元和注释符号图元,如表1.5所示。

表1.5 建筑信息模型的组成表

名称	组成	示例
模型图元	主体图元	柱、梁、板、墙体、屋顶、天花板、楼梯等
	构件图元	门、窗、家具、阀门、仪表、消防栓等
视图图元	—	平面图、立面图、剖面图、3D视图、明细表
注释符号图元	基准图元	标高、轴网、参照平面
	注释图元	尺寸标注、文字注释、荷载标注、符号标注

模型图元是指用于生成建筑物几何模型,并表示特定物理对象的各种图形元素,代表着建筑物的各种构件。模型图元是构成BIM最基本的图元,也是模型的物质基础。模型图元可分为主体图元和构件图元。主体图元是指可以在模型中承纳其他模型图元对象的对象,

代表着建筑物中建造在主体结构中的构件，例如柱、梁、板、墙体、屋顶、天花板和楼梯等；构件图元是指一般在模型中不能独立存在，而必须依附主体图元才可以存在，例如没有墙就不能布置门窗。因此在设计中插入窗时，窗会自动地插在墙上并定位在地板上方一定的高度。在工程图纸上看到的模型图元，在表面上是由一些二维线条组成的，但实际上这些构件除了构件本身的几何尺寸信息外，还存在属性和关联信息。如楼梯连接上下层时，当上层楼板标高发生变化时，与之相连的楼梯高度也会随之改变。

视图图元是模型图元的图形表达，它向用户提供了直接观察建筑信息模型与模型互动的手段。视图图元包括平面视图、天花板平面视图、立面视图、剖面视图、三维视图、图纸、明细表和报告等。明细表和报告采用了比较简单的方式来描述材料的性质和数量而不是采用图示的方式，图纸则是带有标注的传统视图。视图图元决定了对模型的观察方向以及不同图元的表现方法。视图图元和其他任何图元存在着相互影响的关系。也就是说，基于 BIM 生成的视图图元是互动的，当模型更新后，视图就会自动更新，不需要用人工方式更新视图。

注释符号图元用于对建筑标注和说明的图形元素。注释符号图元分为两类：一类是注释图元，例如尺寸标注、文字标注、荷载标注和符号标准等，由于这类图元是在保持一定的图纸比例情况下，只出现在二维的某特定视图中，因此它属于二维的图元；另一类是基准图元，属于建立项目场景的非物理项，例如标高、轴网和参考平面等。注释符号图元只属于一种视图信息，仅仅用于显示，它们并非建筑的一部分，隶属于模型是不合适的，它们只能显示在某视图中而不能显示在其他视图中。由于模型中的图元彼此关联，当模型图元发生改变时，注释符号图元跟着发生相应的改变。在不同的图纸比例中，当图纸比例发生变更时，注释符号图元也会自动跟着变更。注释符号图元并不只是提供信息，用户也可以通过注释符号图元来操控模型，给模型赋予信息，使模型图元发生变化。

1.6 工程应用

BIM 技术可应用于建筑全生命周期管理，即将工程建设过程中所包括的规划、设计、招投标、施工、竣工验收、物业管理和拆除，形成衔接各个环节的综合管理平台，通过相应的信息平台，创建、管理及共享同一完整的工程信息，减少工程建设各阶段衔接及各参与方之间的信息丢失，提高工程的建设效率。建筑工程项目具有技术含量高、施工周期长、风险高、涉及单位众多等特点，因此全建筑生命周期的划分就显得十分重要。BIM 技术在建筑全生命周期的应用如表 1.6 所示。

表 1.6 BIM 在建筑全生命周期的应用

阶段	主要内容	内容示例
规划阶段	1. 环境模拟	模拟地理位置、周边及交通环境等对已建和新建建筑物要求
	2. 外观及功能模拟	模拟待建建筑的建筑外观、功能定位和空间关系
	3. 造价估算	估算项目造价，模拟各阶段的资金需求和筹措方式
	4. 建设期及建成期模拟	模拟项目建设的过程，反映项目时间及约束关系

续表

阶段	主要内容	内容示例
设计阶段	1.设计三维化	三维化真实表达建筑外观形状、颜色、尺寸
	2.建筑设计	平面布局、空间关系、交通流线、面积指标等
	3.结构设计	结构体系、主要材料、内力分析、荷载效应组合、截面设计
	4.机电设计	给水排水、供暖通风、空气调节、强电弱电
	5.深化设计	碰撞检查、管线综合、净高检查、预留孔洞
	6.装饰效果模拟	多种光照条件下的装饰装修效果
	7.绿色建筑分析	通风、日照、采光、节能、噪音、热环境、绿建评价等
	8.灾害模拟分析	逃生时间、逃生措施、安全措施
	9.工程造价	单位工程工程量、单位工程造价、单项工程造价与工程总造价
	10.二维出图	出分专业的施工说明、二维施工图及节点详图和明细表
	11.碳排放计算	建筑各个阶段的温室气体排放量总和
交易阶段	1.招标策划	策划施工招标对BIM应用的具体要求和评标标准
	2.重点难点分析	评价施工单位对项目的理解及是否能利用BIM技术应对
	3.风险分析与评价	评价能否利用BIM技术发现、降低、转移和消除风险
	4.投标报价分析与评价	分析项目投标可能的不平衡报价的造价、提示变更风险
	5.合同及付款条款设计	设计更为科学的付款条款与付款条件
施工阶段	1.模型细化与模型维护	形成各个工作阶段不同版本的建筑信息模型
	2.技术交底	通过建筑信息模型表达设计,沟通设计意图,沟通技术要求
	3.装配式施工	现场组装工厂预制生产的部分BIM构件
	4.综合支吊架设计	按优化后的模型布置综合支吊架,确定支吊架参数
	5.施工现场布置	模拟施工现场施工设备、设施、堆料、运输等内容
	6.施工安排	用建筑信息模型按时间节点生成人工计划、用料计划
	7.复杂节点模型表达	表达复杂节点的构造和做法,便于施工人员理解设计
	8.施工模拟	分解或者剖切建筑信息模型形成施工工序
	9.进度控制	通过模型表达施工进度,反映计划进度和实际进度之间的偏差
	10.质量与安全控制	将建筑信息模型和施工质量问题与安全问题关联
	11.成本控制	按时间、按进度、按部位统计工程量并确认造价
	12.BIM 5D	集成进度、预算、资源和施工组织等关键信息
竣工阶段	1.模型整合与资料整理	将各分散模型整合为一个模型,将所有信息集成于一个平台
	2.模型信息完善与集成	将多维信息集成为一体,可分维度查询使用
	3.按模型验收	对照模型检查所有项目

续表

阶段	主要内容	内容示例
运维阶段	1. 模型轻量化	将模型中与运营维护无关的信息去除
	2. 设备设施管理	BIM＋物联网实现智慧建筑
	3. 二次装修	将结构模型与后期装修施工模型分别表达
	4. 展示及宣传	生成人机互动的展示模型、动画和效果图
拆除阶段	1. 拆除方案	根据 BIM 确定拆除方案、优化拆除工序和进行风险评估
	2. 材料分类	资源化可再生和回用材料，评估建筑垃圾的处理方式
	3. 拆除成本	辅助安排建筑拆除进度，根据工程量确定拆除成本
	4. 场地评估	拆除后的土地环境和再用评估

1.7 发展趋势

1.7.1 标准化

目前，不同公司在软件设计时缺乏统一的规范和标准，致使各相关软件的衔接和数据传递十分困难。用一种软件绘制的模型文件，使用别的软件时，可能打不开，也可能打开后信息丢失，这给工程人员带来许多麻烦，也影响了工程人员的技术交流和协作，对于工程信息从上游工序流向下游工序更无处谈起。另外，国外公司的软件与我国技术标准不统一，在本土化过程中还需要专门定制额外的模板文件和族文件。标准化水平低带来的种种弊端已经影响了当前 BIM 的发展进程，而要统一信息，就需要计算机、通信、编号和数字密钥等技术在一个统一的平台上，各个专业的设计软件集成在一个异构的工作平台上。同时，标准化也是建筑设计信息化技术的安全保障。在应用信息技术中，缺乏标准化的业务流程容易产生混乱，甚至会给工作带来安全隐患，造成巨大损失。通过对建筑设计信息化技术安全标准的制定，可以比较和筛选各种信息技术、软件和信息交换方式，对影响安全的潜在因素加以防范，选择较为可靠的模式以标准形式确定下来。目前由国际互操作性联盟制定的工业基础类(industry foundation classes，IFC)标准，是建筑产品数据交换的事实标准。IFC 标准分类体系结构分为资源层、核心层、共享层和领域层四个层次。基于 IFC 标准分类生成的建筑图纸文档不再是孤单的信息，而是相互联系的图纸，在修改平面图的时候其他位置信息会相应更改，避免了修图时细节遗漏、部分遗忘和三视图不对应等错误，而且可以逆向修改，在工程量统计更换材料时，系统会自动返回到建筑施工图中。

1.7.2 集成化

在目前传统的工程组织形式下，信息沟通不够灵活，往往会出现数据冗余、数据不一致、重复性工作和成果遗漏等问题，这必然会影响工程设计的质量和进度。项目负责人无法掌握实际工程进度，虽然一些项目采用了信息化技术，但缺少有效的信息化管理手段。当前工程呈现出大型化、复杂化和异型化的特点，新材料、新结构、新方法和新技术标准不断涌现，大规模经济建设的迅猛发展对工程质量和效率提出了更高的要求，只有实现了工程集成化，才能保障工程质量。工程中的信息技术集成化体现在两个方面：信息集成化和过程集成化。

网络是集成化的基础，没有网络，就无法集成、无法协同工作。信息集成化是在同一标准下的统一管理和共享，而过程集成必须建立在信息集成的基础上。过程集成就是将原来的串行式工作过程变成并行式工作过程。

1.7.3 智能化

在设计工作中，修改设计方案是一件很麻烦的事，使用CAD设计时，修改平面图后，还要修改立面图、剖面图和各种明细表。有时遗漏一个细节就会造成质量事故，带来施工损失，如图纸变更影响工期进度，构件更换影响成本控制等。因此智能化是BIM发展的主流方向，智能化的工程技术是建筑信息技术发展的必然方向。

未来，工程建设必然要将BIM技术与大数据、云计算、物联网、互联网、智能化、虚拟现实、地理信息系统、数字化加工和3D打印等技术相结合，实现从智能建筑向智慧城市的发展。

1.8 本书案例

本书案例工程的概况如下：建筑面积1476.08 m^2，基底面积355.90 m^2，建筑体积4871.44 m^3，外表面积1564.70 m^2。地上主体共四层，建筑高度12.8 m，层高均为3.2 m，主体采用现浇钢筋混凝土框架结构。抗震设防烈度为7度，抗震等级为三级。所有的柱截面尺寸为400 mm×400 mm，框架梁尺寸截面为250 mm×500 mm，次梁截面尺寸为250 mm×400 mm，楼板厚120 mm，柱下采用独立基础。

建筑耐火等级为二级，使用年限50年，建筑体形系数为0.32，设有办公室、会议室、机房、资料室、活动室、接待室、值班室和卫生间等。建筑供水采用市政管网直接供水，设有消防栓系统、自动喷淋系统、风机盘管和新风系统。办公楼的地下一层，与周边建筑共用地下空间，设有仓库、制冷机房和消防泵房等。

建筑所在地区属暖温带亚湿润季风气候，年平均气温14.3 ℃，年平均降雨量630 mm，无霜期220 d；建筑位于Ⅲ类光气候区，室外设计照度为15000 lx，全年日照时间约2400 h；位于热工分类的寒冷地区，冬季室内计算温度为18 ℃，采暖期为120 d。

本书案例的三维视图如图1.5所示。

图1.5 本书案例的三维视图

本章小结

本章介绍了BIM的基本概念和特点，阐述了建模软件、建模标准和建模精度，列举了BIM技术在建筑全生命周期管理的应用点和发展趋势，并对本教材的案例做了简要介绍。

第2章 结构工程

2.1 概述

建筑结构是由众多结构构件组成的一个结构体系。在实际工程中，结构体系基本分为水平和竖向两种体系。水平体系指建筑物的楼盖和屋盖结构，一般由板、梁等构件组成；竖向体系指建筑物的竖向承重结构，一般由墙、柱等构件组成。常见的结构构件如图2.1所示。结构工程在应用方面应满足空间和功能方面的要求，在安全方面应符合承载和耐久的要求，在技术方面应体现科技与工程的发展，在造型方面应与建筑艺术融为一体，在建造方面应合理用材并与施工相结合。结构工程中最主要的受力系统称为结构体系。

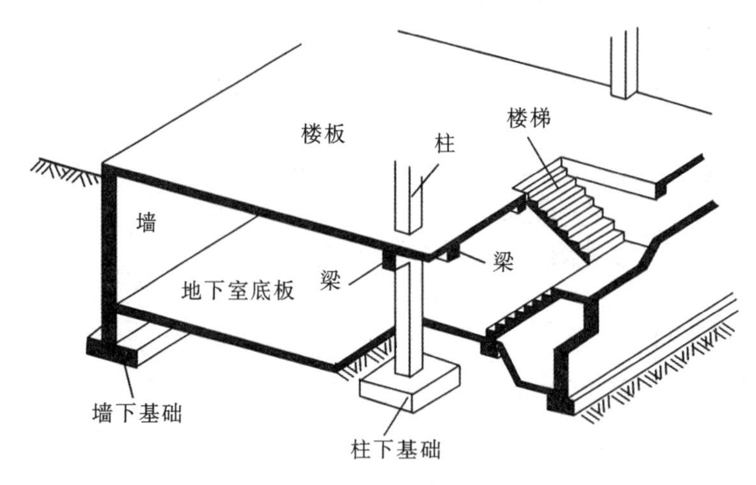

图2.1 常见的结构构件

结构体系按组成建筑结构的主要材料划分有钢筋混凝土结构、砌体结构、钢结构、木结构、塑料结构和薄膜充气结构等，按组成建筑结构的主体结构承重方式划分有墙体承重体系、骨架承重体系（如木构架结构、框架结构、框架-剪力墙结构、筒体结构、框架-筒体结构、板柱结构、钢结构、拱形结构、钢架结构、桁架结构和悬挑结构等）和空间结构体系（网架结构、空间薄壁结构、钢索结构和薄膜结构等），按组成建筑结构的体型划分有单层结构、多层结构、高层结构和大跨度结构。目前应用较多的是钢筋混凝土结构，其按施工方法可分为现浇式、装配式和整体装配式。

结构体系中的基本构件作用如下：板是覆盖一个具有较大平面尺寸但却有较小厚度的平面形构件，通常在水平方向设置，承受垂直于板面方向的荷载，以受弯曲为主。梁是承受垂直于其纵轴方向荷载的直线形构件，其截面尺寸小于其长向跨度，以受弯曲、受剪切为主。柱是承受平行于其纵轴方向荷载的直线形构件，其截面尺寸小于其高度，以受压缩、受弯曲为主。墙是承受平行于及垂直于墙面方向荷载的竖向平面构件，其厚度小于墙面尺寸，以受压缩为主，有时也受弯曲、受剪切。杆是指截面尺寸小于其长度的直线形杆件，承受与其长度方向一致的轴力，多用于组成桁架或网架或用于单独承受拉力的杆件。拱是指承受沿其纵轴平面内荷载的曲线形构件，其截面尺寸小于其弧长，以受压缩为主，也受弯曲和剪切。壳是一种曲面形且空间传力性能较好的构件，能以极小厚度覆盖大跨度空间，以受压缩为主。索是一种以柔性受力的钢索组成的构件，有直线形或曲线形。膜是一种用薄膜材料（如玻璃纤维布、塑料薄膜）制成的构件，能受拉。

在结构设计前期的方案和初步设计阶段，结构师运用BIM技术可以方便与建筑师和公用设备师进行协调，轻松灵活地提供多个备选方案，发挥3D模型可视化的功能给客户展示，以便客户选择最佳设计方案。在施工图设计时，结构设计师在BIM软件中建实体模型，之后将实体物理模型导入相应的结构分析软件，分析软件会根据单元截面特性、材料力学特性、支座条件、荷载和荷载组合等完成结构分析计算，再从分析软件中分析设计信息，完成动态的更新物理模型和施工图设计。三维视图中，结构师通过设计混凝土的相关参数，改变其透明度，从而看到混凝土里面的钢筋信息，避免钢筋碰撞，另外还可以统计钢筋和混凝土的用量。在深化设计阶段，为实现建筑师所期望的空间效果和公用设备工程师布置其设备和管线所要求的空间尺寸，保证结构构件不与其他专业元素发生冲突。结构工程师往往采用异型的结构构件，比如折梁、变截面梁、缺口梁、鱼腹梁、梁上开洞口、斜柱、异型柱、组合构件和局部降板等。结构师利用BIM技术可以设计出灵活、简便、通用性强又具备高度智能的异型构件族。

2.2 样板

在Revit中新建项目时，系统会自动以一个后缀名为“rte”的文件作为项目的初始条件，这个“rte”的文件称为样板文件。Revit软件中提供了若干样板，用于不同的规程和建筑项目类型；也可以创建自定义样板以满足特定的需要。基于样板的任何新项目均继承来自样板的所有族、设置（如单位、填充样式、线样式、线宽和视图比例）以及几何图形。通常大型单位都有自己的样板文件，其统一的标准设置为设计提供了便利，在满足设计标准的同时大大提高了设计师的效率。

选择的样板不同，则预设载入的族类型也不同，例如建筑样板中有门、窗、家具等，结构样板则没有；结构样板有结构柱、结构框架、结构基础、结构钢筋等，而建筑样板没有。模板视图的设置也不同，例如建筑样板中视图剖切的位置可能在窗台的位置，结构样板可能在梁板。建筑模型中可以载入结构族，结构模型也可以载入建筑族。

提示：如果打开软件时出现“默认族样板文件无效”时，需要确认是否已经安装Revit自带的资源文件，并且检查这些样板文件的路径。路径可以在“开始→选项→文件位置”中设置。

2.3 标高

Revit 2018采用Ribbon功能区的操作界面，如果调整工作界面，点击“视图”→“用户界面”，在下拉菜单中选择相应的视图选项，就可以添加或者取消部分面板的显示。

标高用于定义楼层层高及生成平面视图，反映建筑物构件在竖向的定位情况。使用“标高”工具，可定义垂直高度或建筑内的楼层标高，为每个已知楼层或其他必需的建筑参照创建标高。在Revit中开始进行建模前，应先对项目的层高和标高信息做出整体规划，通常是在立面视图中添加标高。标高是有限水平平面，用作屋顶、楼板和天花板等以标高为主体的参照。标高不是必须作为楼层层高，可以修改标高符号样式。

2.3.1 创建标高

标高轴网

在Revit中，“标高”命令要在立面和剖面视图中才能使用，因此在项目开始设计前，先打开一个立面视图，如南立面。默认样板中的标高1的高度为0.000，标高2标高为4.000。

通过点击其编号选择该标高，可以改变其名称。点击标高2左侧的4.000后将其修改为3.2，则标高2的楼层高度改为3.2 m；也可以通过临时尺寸标注修改两个标高间的距离，点击标高2，蓝色高亮提示后在标高1与标高2间会出现一条临时尺寸标注，此时直接点击临时尺寸上的标注值4000.0后，将其修改为3200，如图2.2所示。

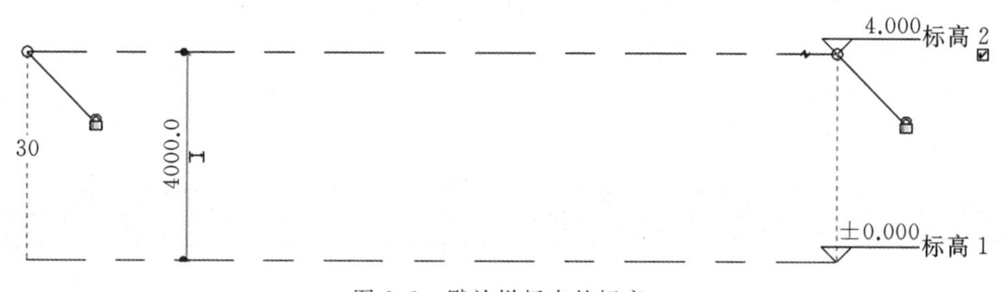

图2.2　默认样板中的标高

Revit会为新标高指定标签（如“标高1”）和标高符号，可以使用项目浏览器重命名标高。如果重命名标高，会弹出对话框询问是否要重命名关联的楼层平面及天花板平面视图。

提示：标高命名一般为软件自动命名，一般按最后一个字母或数字排序，如标高1、标高2、标高3，且汉字不能自动排序。

2.3.2 调整标高

选择任意一条标高线，在该标高线上会显示临时尺寸、一些控制符号和复选框。这时可以编辑其尺寸值、单击并拖曳控制符号，还可整体或单独调整标高标头位置、控制标头隐藏或显示、标头偏移等操作。

2.3.3 编辑标高

对于高层或者复杂建筑，可能需要多个高度定位线，除了直接绘制标高，还可以通过复制或阵列等功能快速绘制标高。

选择标高2，在激活的“修改|标高”选项卡下，点击“修改”面板中的“复制”或者“阵列”命令，快速添加标高。

(1)复制标高。选择标高 2,点击功能区的“复制”按钮,在选项栏勾选“约束”及“多个”选框。在标高 2 上单击,并向上移动,此时可直接用键盘输入新标高或被复制标高的间距数值,如“3200”,单位为 mm,输入后按回车键,即完成一个标高的复制,由于勾选了选项栏中的“多个”复选框,所以可继续输入下一个标高间距,而无须再次选择标高并激活“复制”工具。

提示: 选项栏的“约束”选项可以保证正交,如果不选择“复制”选项将执行移动的操作;选择“多个”选项,可以在一次复制完成后无须激活“复制”命令而继续执行,从而实现多次复制。

通过上述“复制”的方式完成所需标高的绘制,点击鼠标右键,在弹出的快捷菜单中选择“取消”命令,或按 Esc 键结束复制命令。

(2)阵列标高。用“阵列”的方式绘制标高,可一次绘制多个间距相等的标高,此种方法适用于多层或高层建筑。选择一个现有标高,将鼠标移动至“功能区”,选“阵列”工具,设置选项栏,取消勾选“成组并关联”复选框,如图 2.3 所示。

修改 | 标高　☐成组并关联　项目数: 5　移动到: ◉第二个　○最后一个　☑约束　激活尺寸标注

图 2.3　阵列选项

如果勾选“成组并关联”,则阵列的标高为一个模型组,会对后续工作有一定影响,如果要编辑标高名称,需要点击“修改”→“模型组”选项卡中的“解组”后才可编辑。

项目数为包含原有标高在内的数量,如项目数为 5,则为标高 2、标高 3、标高 4、标高 5 和标高 6;选择移动到第二个则在输入标高间距“3200”并按回车键后标高 3、标高 4 与标高 5 间的间距均为 3200 mm,若选择最后一个,则标高 3 与标高 6 间的距离共 3200 mm。

通过复制或者阵列得到的标高如图 2.4 所示。

16.000 标高 6
12.800 标高 5
9.600 标高 4
6.400 标高 3
3.200 标高 2
±0.000 标高 1

图 2.4　复制好的标高

提示: 建筑标高=结构标高+装饰层厚度。区别建筑构件和结构构件,要分别设置建筑标高和结构标高，结构构件根据结构标高绘制，建筑构件根据建筑标高绘制。

2.3.4 添加视图

在完成标高的复制或阵列后，在项目浏览器中并没有标高 3、标高 4、标高 5 和标高 6 的楼层平面。在项目浏览器中的“楼层平面”项下也没有出现新的平面视图。因为在 Revit 中复制的标高是参照标高，因此新复制的标高 3、标高 4、标高 5 和标高 6 其标头都是黑色显示，而标高 1 和标高 2 是蓝色标头。双击蓝色标头，视图跳转至相应的平面视图，而黑色的标头不能引导跳转视图。

点击“视图”→“平面视图”→“楼层平面”，如图 2.5 所示，打开“新建楼层平面”对话框，从列表中选择创建好的标高，如图 2.6 所示。

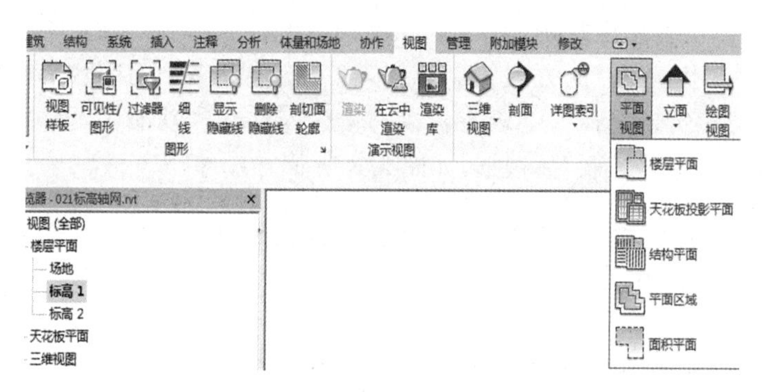

图 2.5 打开楼层平面视图

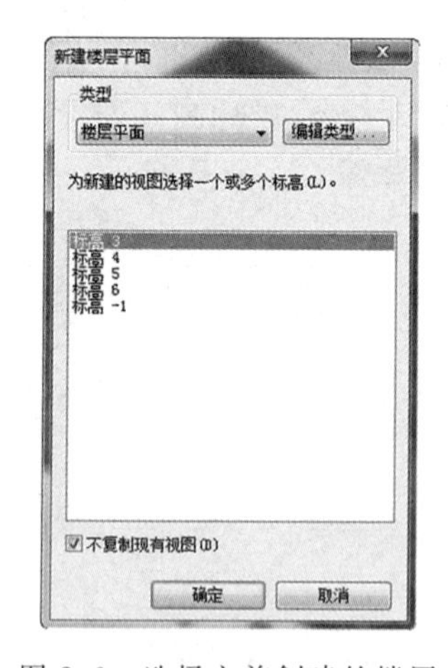

图 2.6 选择之前创建的楼层

单击“确定”后，则完成在项目浏览器中创建新楼层平面(即在立面图中所创立的标高)，并自动打开标高平面图。此时，可发现立面中新加入的标高标头为蓝色显示。

提示： 标高绘制完成后会在相关立面视图和剖面视图中显示，在任何一个视图中修改可影响到其他视图。但在某些情况下，不希望出现互动修改时，就需要将标高由 3D 方式修改为 2D 方式。

2.4 轴网

轴网用于构件定位，在 Revit 中轴网确定了一个不可见的工作平面。

2.4.1 创建轴网

在 Revit 中，轴网只需要在任意一个平面视图中绘制一次，在其他平面视图、立面视图和剖面视图中都将自动显示。

在项目浏览器中双击“楼层平面”项下的“标高 1”视图，打开“楼层平面：标高 1”视图。点击“建筑”→“基准”→“轴网”，点击起点、终点位置，绘制一条轴线。绘制第一条纵轴的编号为 1，后续轴号按 1、2、3 等顺序自动排序；绘制第一条横轴后点击轴网编号把它改为“A”，后续编号将按照 A、B、C 等顺序自动排序。软件不能自动排除“I”和“O”字母作为轴网编号，需手动排除。可以选择一条轴线，点击工具栏中的“复制”“阵列”或“镜像”按钮，快速生成所需的轴线，轴号自动排序。

提示：轴网只需在任意平面绘制，其他标高视图均可见。如果轴线不是单一线段，而是由多条线段组成，需要先点击绘制面板右边的“多段”按钮，进入多段线的编辑模式，再开始绘制，即可绘制出轴线是粉红色的实线，完成后点击“完成”按钮。

2.4.2 调整轴网

选择任何一条轴网线，会出现蓝色的临时尺寸标注，点击尺寸即可修改其数值，调整直线位置。对轴网可做以下操作。

(1)隐藏/显示标头：控制轴线编号是否隐藏。

(2)标头位置调整：选择轴网，在“标头位置调整”符号(空心圆点)上按住鼠标左键拖拽，可以将同一位置轴线端点位置进行调整。

(3)2D/3D 切换：控制轴线是否影响其他视图的显示情况。

(4)添加弯头：控制轴线编号位置。

(5)标头对齐锁：点击打开“标头对齐锁”，然后再拖拽即可单独移动其中一根轴线标头的位置，调整后影响其他视图。锁定解除并移动轴线端点后，“标头对齐锁”消失。

(6)临时标注：选择需要修改位置的轴线后，点击临时标注尺寸，显示修改数值对话框，修改尺寸并按回车键后，轴线位置按照新数值修改。

2.4.3 编辑轴网

绘制完轴网后，如需控制所有轴号的显示，可选择所有轴线，Revit 软件将自动激活“修改|轴网”选项卡，在“属性”面板中选择“类型属性”命令，弹出“类型属性”对话框，在其中修改类型属性，点击端点默认编号的“√”标记，“轴网中段”设置为“连续”，如图 2.7 所示。

如果轴网在标高处显示不完整，可以在项目浏览器中双击“立面(建筑立面)”选项下的“南立面”进入南立面视图，使用前述编辑标高和轴网的方法，调整标头位置，添加弯头。通过同样的方法可调整东立面或西立面视图标高和轴网。

轴网可分为 2D 和 3D 状态，单击 2D 或 3D 可直接替换状态。3D 状态下，轴网端点显示为空心圆；2D 状态下，轴网端点修改为实心点。2D 与 3D 的区别在于：2D 状态下所做的修改仅影响本视图，3D 状态下所做的修改将影响所有视图。在 3D 状态下，若修改轴线的长

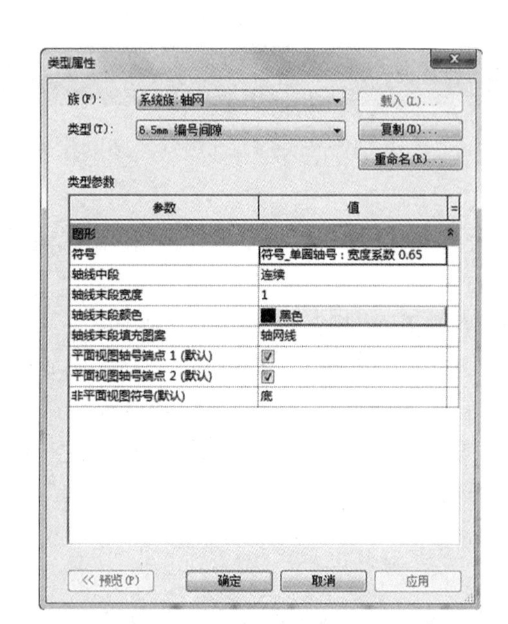

图 2.7　轴网的类型属性

度，其他视图的轴线长度对应修改，但是其他的修改均需通过“影响范围”工具实现，并且仅在 2D 状态下，通过“影响范围”工具能将所有的修改传递给当前视图平行的视图。

标高和轴网创建完成后，回到任意平面视图，框选所有轴线，在“修改”面板中点击锁定图标，锁定绘制好的轴网，这样整个轴网间的距离在后续绘图过程中不会偏移。

本例中绘制好的轴网如图 2.8 所示，为表明轴线间的距离，图中已经加上了标注。

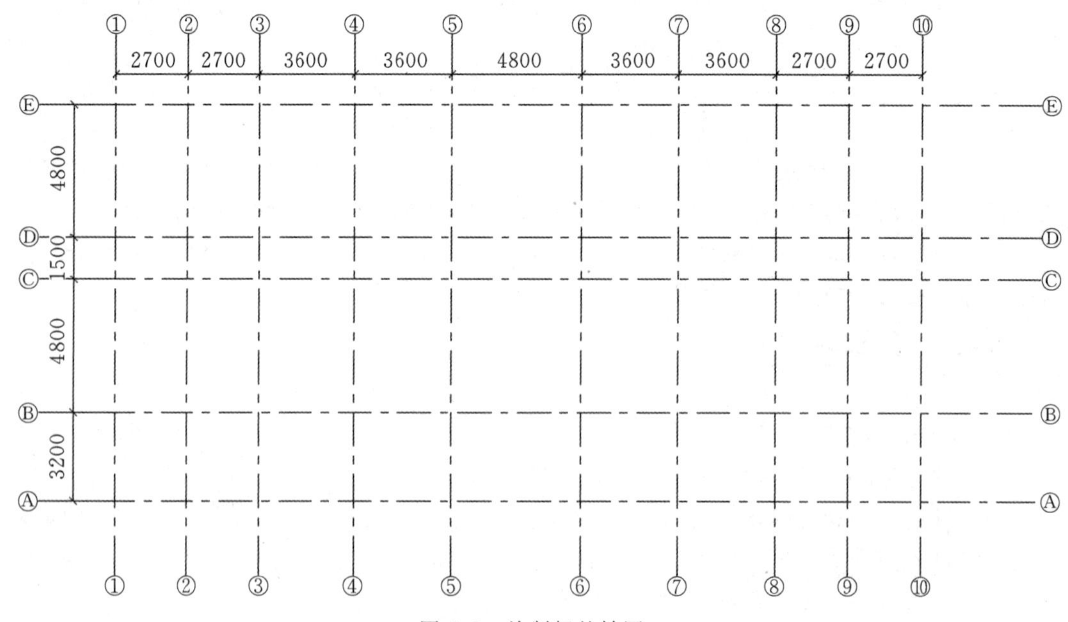

图 2.8　绘制好的轴网

提示： 一般情况是先建立标高后建立轴网，如果二者顺序颠倒，就不能保证所创建的轴网在每一层的平面视图中均可见，这时就需要调整轴网的显示范围。

2.5 柱

2.5.1 柱族命名

柱

结构柱族属于可载入族，系统自带了常见的结构柱类型和截面形式，也可以依据需求创建结构柱族。点击“结构”→“柱”，载入系统的柱，路径为“结构\柱\混凝土”，如图 2.9 所示。以混凝土矩形柱为例，点击“属性”面板中的“编辑类型”，设置柱的基本属性，如图 2.10 所示。需要新的柱类型时，在“编辑类型”对话框中点击“复制”按钮，在弹出的对话框中输入所创建的结构柱名称，如“办公楼- KZ - 400”，完成结构柱命名。

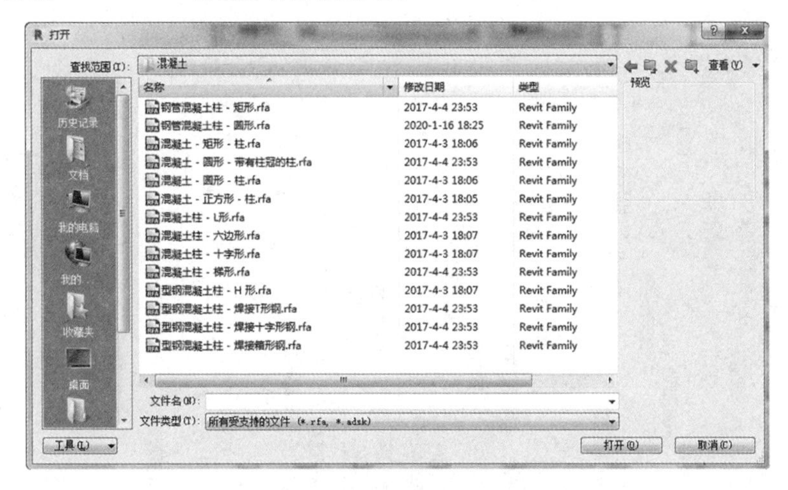

图 2.9　载入柱的系统族

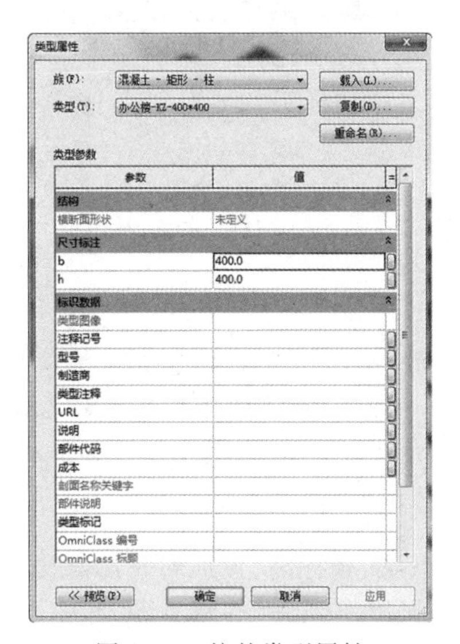

图 2.10　柱的类型属性

2.5.2 添加结构柱

在结构柱的“类型属性”对话框中，可以设置柱的高度尺寸(深度/高度、标高/未连接、尺寸值)。深度是指以当前标高为基准，向下延伸至某个标高或一定的偏移，而高度则与之相反，是指向上延伸至某个标高或一定的偏移。本例中选择高度模式，并将顶部标高设置为标高 2。

点击“结构”→“柱”，点击“在轴网处”，如图 2.11 所示，之后从右下角向左上角交叉框选轴网，点击“完成”按钮即可。

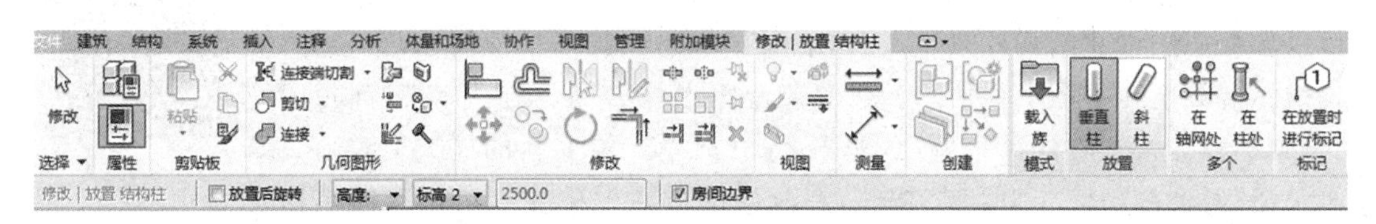

图 2.11 放置结构柱选项卡

绘制好的柱如图 2.12 所示。

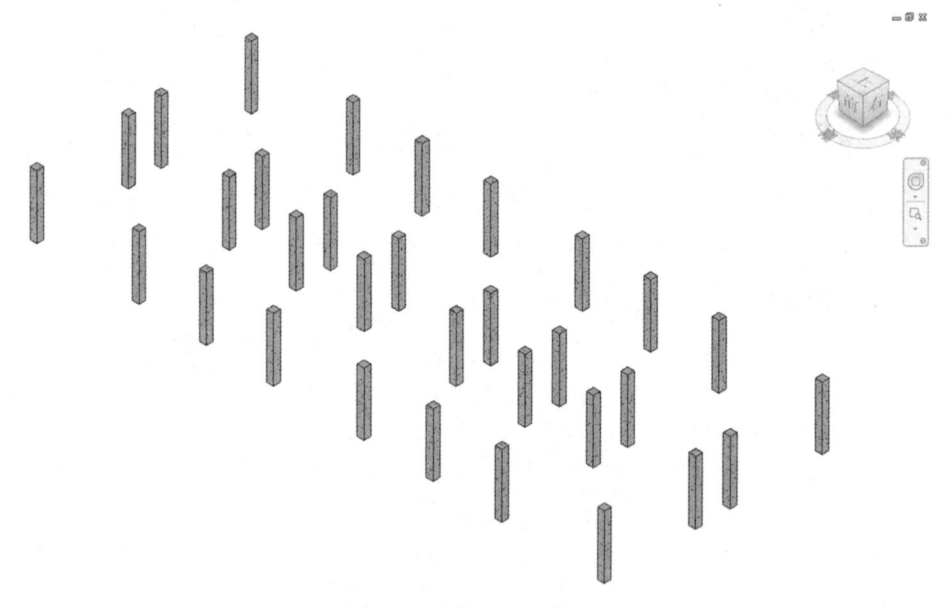

图 2.12 结构柱的三维视图

提示：当已经构建一种柱后，还需要构建相同但不同类型的柱时，一定要将之前的柱进行复制命名后，再编辑所需柱的具体数据。否则之前已经做好的柱的数据也会随之发生改变。

2.5.3 编辑结构柱

柱的实例属性可以调整柱基准、顶标高、顶部和底部偏移，设置柱是否随轴网移动，此柱是否设为房间边界，以及柱的材质等。点击“编辑类型”按钮，在类型中设置长度、宽度参数。

Revit 中，柱分为结构柱与建筑柱，建筑柱主要展示柱的装饰外形与非核心层类型，而结构柱是主要的结构构件，可在其属性中输入相关的结构信息，也可以绘制三维钢筋。Revit中，建筑柱可以直接套在结构柱上，而结构柱只用于结构分析与施工，一般建筑柱适用在砖混结构中的墙垛、墙上突出等结构处。

提示：创建柱时不宜将柱直接从底层延伸至顶层，应该分层创建。

2.6 梁

2.6.1 创建常规梁

梁

点击"结构"→"梁"，从类型\选择器的下拉列表中选择梁的类型。本例中载入混凝土梁，路径为"结构\框架\混凝土"，如图 2.13 所示。复制梁并分别命名为"办公楼-KL-250*500"和"办公楼-CL-250*400"，框架梁的属性如图 2.14 所示。

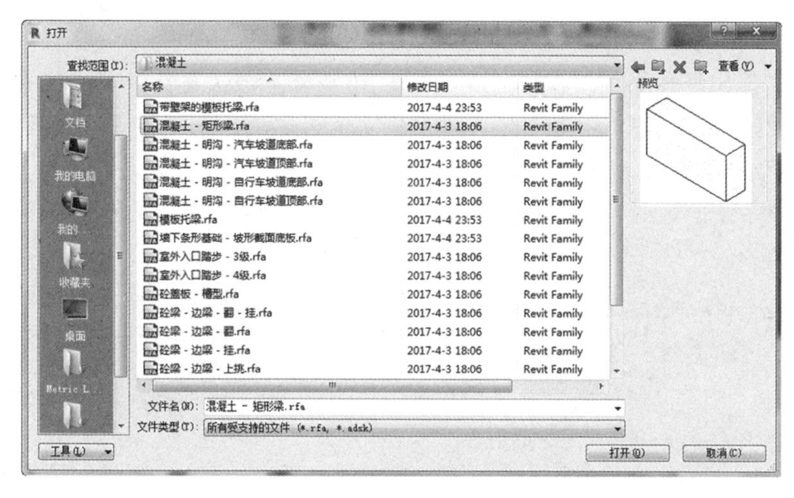

图 2.13 载入梁的系统族

图 2.14 梁的属性

选项栏中选择梁的放置平面，从"结构用途"下拉箭头中选择梁的结构用途或让其处于自动状态，结构用途参数可以包括在结构框架明细表中，这样便可以计算大梁、托梁和檩条水平支撑的数量。

使用"三维捕捉"选项，通过捕捉任何视图中的其他结构图元，可以创建新梁，这表示可以在当前工作平面之外绘制梁和支撑。例如，在启用三维捕捉之后，无论高程如何，屋顶梁都将捕捉到柱的顶部。

要绘制多段连接的梁，选择选项栏中的"链"。绘制梁时可以在标高 1 或者标高 2，如果绘制在标高 1，则需要设置起点偏移高度；如果绘制在标高 2，需要设置视图深度才可以使梁在标高 1 显示。本例在标高 2 绘制梁。

点击起点和终点绘制梁，在绘制梁时，光标会捕捉其他结构构件；也可使用"轴网"命令，拾取轴网线或框选，交叉框选轴网线，点击"完成"，系统自动在柱、结构墙和其他梁之间放置梁。绘制好的框架梁如图 2.15 所示。

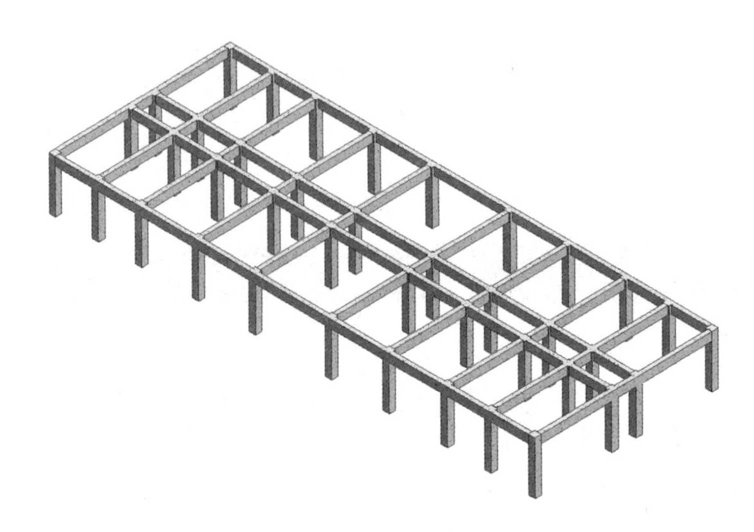

图 2.15　框架梁的三维视图

2.6.2　创建梁系统

结构梁系统可创建多个平行的等距梁，这些梁可以根据设计中的修改进行参数化调整。

打开一个平面视图，点击“结构”→“梁”→“梁系统”，进入定义梁系统边界草图模式。点击“绘制”中“边界线”“拾取线”或“拾取支座”命令，拾取结构梁或结构墙，并锁定其位置，形成一个封闭的轮廓作为结构梁系统的边界，如图 2.16 所示；也可以用“线”绘制工具，绘制或拾取线条作为结构梁系统的边界。

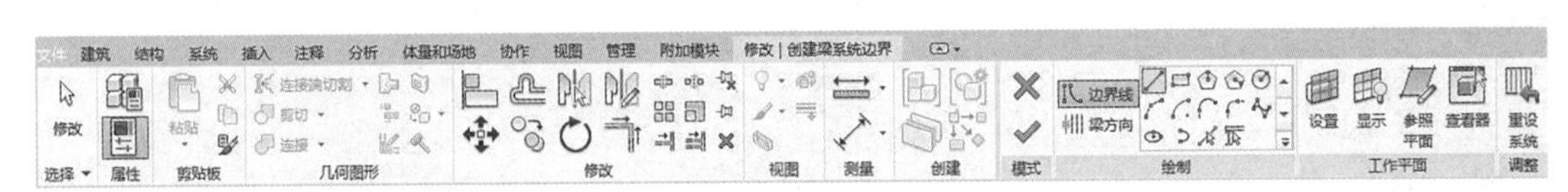

图 2.16　梁系统的创建

如要在梁系统中剪切一个洞口，可以用“线”绘制工具，在边界内绘制封闭洞口轮廓。绘制完边界后，可利用“梁方向边缘”命令选择某边界线作为新的梁方向，默认情况下，拾取的第一个支撑或绘制的第一条边界线为梁方向。

2.6.3　编辑梁

（1）操纵柄控制：选择梁，端点位置会出现操纵柄，用鼠标拖拽调整其端点位置。

（2）属性编辑：选择梁，自动激活上下文选项卡“修改 | 结构框架”，点击“图元”面板上的“图元属性”按钮打开图元属性对话框，修改其实例、类型参数，可改变梁的类型与显示。

提示：如果梁的一端位于结构墙上，则“梁起始梁洞”和“梁结束梁洞”参数将显示在图元属性对话框中。如果梁是由承重墙支撑的，需要启用该复选框。选择梁后，梁图形将延伸到承重墙的中心线。

2.7　板

楼板的创建可以通过在体量设计中设置楼层面生成面楼板来完成，也可以直接绘制。

在 Revit 中，楼板需要设置构造层。默认的楼层标高为楼板的面层标高，即建筑标高。在楼板编辑中，不仅可以编辑楼板的平面形状、开洞口和楼板坡度等，还可以通过“修改子图元”命令修改楼板的空间形状，设置楼板的构造层找坡，实现楼板的内排水和有组织排水的分水线建模绘制。此外，对于类似自动扶梯、电梯基坑、排水沟等与楼板相关的构件建模与绘图，Revit 软件还提供了“楼板的公制常规模型”族样板。

楼板分为建筑板、结构板以及楼板边缘三种类型，建筑板与结构板的差别在于是否进行结构受力，楼板边缘常用于台阶和散水的生成。

2.7.1 新建楼板

板

点击“建筑”→“构建”→“楼板”，进入绘制轮廓草图模式，如图 2.17 所示。此时自动跳转到“创建楼层边界”选项卡，点击“绘制”面板下的“矩形”命令，在选项栏中指定楼板边缘的偏移量，根据梁的端点绘制生成楼板边界，绘制完成后，点击“√”，完成楼板的绘制。

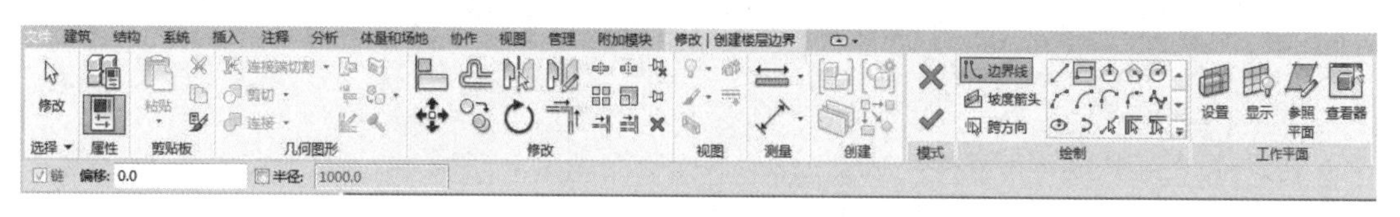

图 2.17 楼板选项卡

提示： 顺时针绘制板边线时，偏移量为正值，在参照线外侧；负值则在内侧。如果用“拾取墙”命令来绘制楼板，则生成的楼板会与墙体发生约束关系，墙体移动，楼板随之发生相应变化。

当建筑比较复杂时，如果出现交叉线条，使用“修剪”命令编辑成封闭楼板轮廓，或者点击“线”命令，用线绘制工具绘制封闭楼板轮廓。完成草图后，点击“完成楼板”创建楼板。若用“拾取墙”命令来绘制楼板，边界绘制完成后，点击“完成楼板”即完成绘制，此时会弹出“是否希望将高达此楼层的标高墙附着到此楼层的底部”。如果点击“是”，则将高达此楼层标高的墙附着到此楼层的底部；点击“否”，则高达此楼层标高的墙将未附着，与楼板同高度。

提示： 在选择希望将高达此楼层的标高的墙附着到此楼层的底部时，当选择“是”时，楼板上面的墙将自动附着在板顶面，楼板下面的墙将自动附着在板底面，此时会导致某些墙体，特别是外墙的连接出现下层墙体与上层墙体间的缝隙，此时需要手动将其取消附着。所以一般情况下不建议自动附着，而对于坡屋顶，可以选择自动附着，以更好地确定墙体与屋面的交接面。

2.7.2 编辑楼板

图元属性修改时，选择楼板，自动激活“修改 | 楼板”选项卡，在“属性”面板下点击“图元属性”命令，打开“实例属性”对话框，将板的名称修改为“办公楼 - AN - 120”。点击“编辑类型”命令，打开“类型属性”对话框，编辑楼板的类型属性，可以创建新的楼板类型，如大理石、地砖和木地板楼面等，选择左下角“预览”图标可预览楼板的结构组成，如图 2.18 所示。在选择某一种材料时，要先将这一种材料复制。

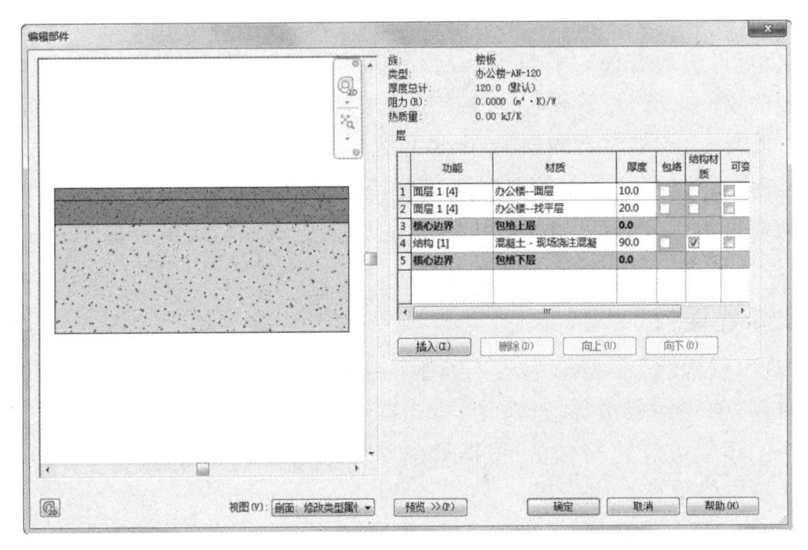

图 2.18　楼板属性

在砌体结构中，Revit 直接生成剖面图时，楼板与墙会有空隙，先画楼板后画墙可以避免此问题；也可以利用“修改”选项卡“编辑几何图形”面板下“连接几何图形”命令来连接楼板和墙。

提示：当建筑物同一楼层有不同标高的楼板时，如卫生间的降板，可以通过设置楼板的标高和高度偏移值来实现。需要注意的是，降板完成后要检查板与相邻的梁、墙体的位置是否正确，特别是有高差的楼板间是否存在缝隙。

2.7.3　切换顺序

连接顺序

当绘制完楼板和结构梁时，会发现它们之间的连接顺序不正确，需要进行修改。此时需要在立面视图中修改，执行“修改”→“几何图形”→“连接”下的“切换连接顺序”命令，勾选“多个开关”，如图 2.19 所示。此时要先选中板，然后框选该楼板区域的所有其他构件，结果如图 2.20 所示。

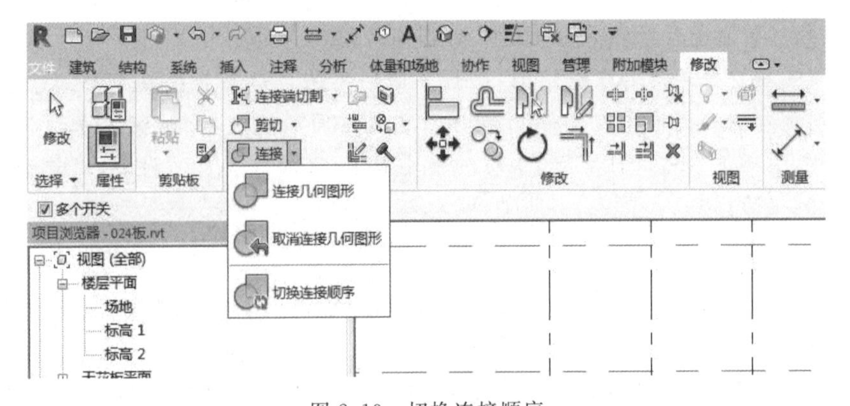

图 2.19　切换连接顺序

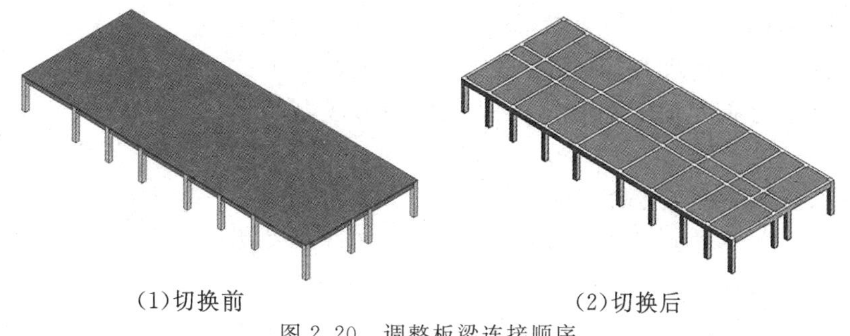

(1)切换前　　　　(2)切换后

图 2.20　调整板梁连接顺序

提示：在 Revit 中结构柱、梁和板搭接部分虽然会自动相互扣减，但其默认方式是板扣梁、柱扣梁、板扣柱，这是不符合我国的算量规则的，因此需要通过切换连接顺序来改变扣减规则。

2.8　楼梯

2.8.1　绘制楼梯

Revit 提供了按草图绘制的方式，即通过定义楼梯梯段或绘制踢面线和边界线，在平面视图中创建楼梯。其创建楼梯非常方便，而且可以自己定义楼梯的平面轮廓形状。

点击“建筑”→“楼梯坡道”→“楼梯”，进入绘制楼梯草图模式，自动激活“创建楼梯草图”选项卡。点击“绘制”面板下的“梯段”命令，不做其他设置即可开始绘制楼梯。

点击“属性”面板下的“楼梯属性”命令，点击“编辑类型”按钮，打开“类型属性”对话框，创建自己的楼梯样式，设置踏板、踢面、梯边梁等位置、高度、厚度尺寸、材质和文字等的参数，如图 2.21 所示，点击“确定”按钮。

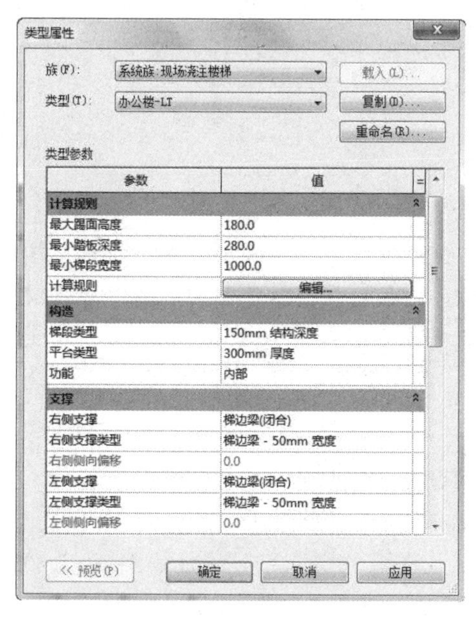

图 2.21　楼梯的类型属性

楼梯辅助线

楼梯

设置楼梯宽度、基准偏移等参数，这里的整体浇筑楼梯是指楼梯由一种材质构造，最大踢面高度是指楼梯上每个踢面的最大高度，楼梯前缘长度是指相对于下一步踏板深度所超出部分的长度。

在楼梯属性窗口中，确定楼梯的底部标高和顶部标高。在本例中先绘制标高 1 至标高 2 的楼梯，设置所需的踢面数为 20，则自动计算出踢面高度为 160，设置踢面/踏面起始编号为 0，如图 2.22 所示。该楼梯位于垂直轴线 3、垂直轴线 4 和水平轴线 D、水平轴线 E 之间，楼梯的宽度是 1700，共 20 个踢面数。

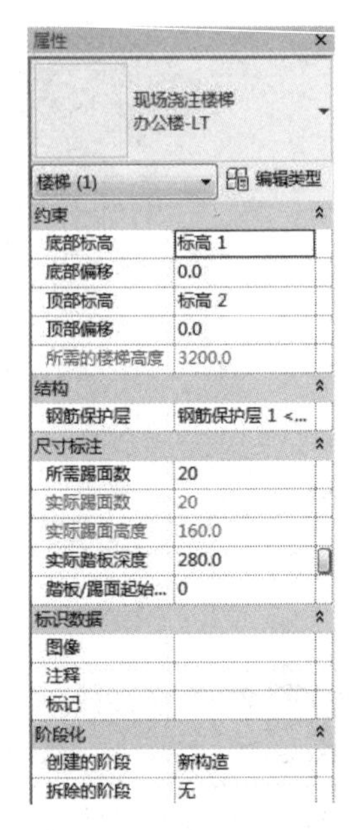

图 2.22　楼梯的实例属性

绘制楼梯要先有参考线，在 Revit 中通常用参照平面作为参照线，点击“建筑”→“工作平面”→“参照平面”，绘制楼梯的起跑位置线、休息平台位置和楼梯半宽度位置，如图 2.23 所示。点击“梯段”命令，捕捉楼梯的起点开始绘制梯段。注意梯段草图下方的提示，当提示“创建了 10 个踢面，剩余 10 个”时绘制休息平台，再点击楼梯终点结束命令。绘制后调整休息平台边界位置，删除自动生成的外侧楼梯扶手，如图 2.24 所示。

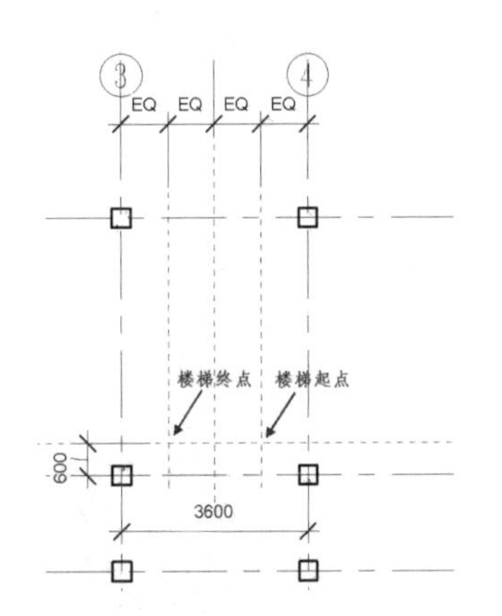

图 2.23　楼梯的参考线

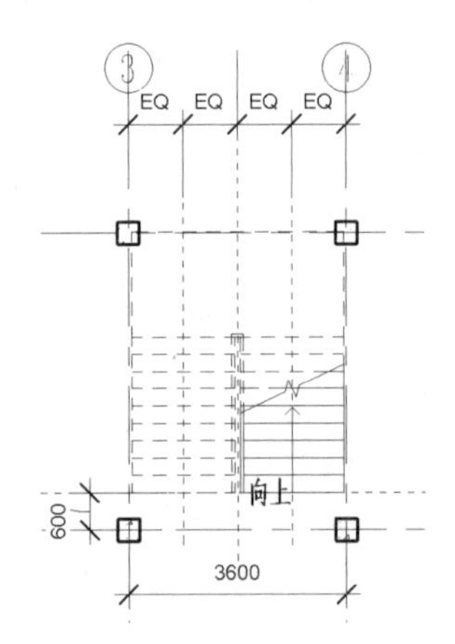

图 2.24　绘制的楼梯

提示： Revit 创建楼梯时，经常会出现一些警告信息，如“一个或多个楼梯的实际深度违反此类型的最小设置”，这主要是由于自动计算的参数与实际绘制的数值产生冲突引起的。Revit 中的楼梯有两个类型属性，即最大踢面高度和最小踏板深度，当踢面高度大于最大踢面高度或者踏板深度小于最小踏板深度时，系统就会报错，这时需要修改上述两个数值。

参照平面有一个名为“是参照”的属性。如果设置了该属性，则在项目中放置族时就可以指定将尺寸标注或捕捉到该参照平面。例如，如果创建一个桌子的族并希望标注桌子边缘的尺寸，可在桌子边缘创建参照平面，并设置参照平面的“是参照”属性。然后，为该桌子创建尺寸标注时，可以选择桌子的边缘。“是参照”还会在使用“对齐”工具时设置一个尺寸标注参照点。通过指定“是参照”参数，可以选择对齐构件的不同参照平面或边缘来进行尺寸标注。“是参照”属性还可控制造型操纵柄在项目环境中是否可用于实例参数。要对放置在项目中的族上的位置进行尺寸标注或捕捉，这就需要在族编辑器中定义参照。附着到几何图形的参照平面可以设置为强参照或弱参照。强参照的尺寸标注和捕捉的优先级最高。例如，创建一个窗族并将其放置在项目中，放置此族时，临时尺寸标注会捕捉到族中任何强参照。在项目中选择此族时，临时尺寸标注将显示在强参照上。如果放置永久性尺寸标注，窗几何图形中的强参照将首先高亮显示。强参照的优先级高于墙参照点(例如其中心线)。弱参照的尺寸标注和捕捉优先级最低。将族放置到项目中并对其进行尺寸标注时，可能需要按 Tab 键选择弱参照。非参照在项目环境中不可见，因此不能用尺寸标注或捕捉到项目中的这些位置。

绘制梯段时是以梯段中心为定位线开始绘制的。可以根据不同的楼梯形式(单跑、双跑 U 形、双跑 L 形、三跑楼梯等)绘制不同数量、位置的参照平面，以方便楼梯精确定位，并绘制相应的梯段。楼梯扶手自动生成，但可以单独选择编辑其属性、类型属性，创建不同的扶手样式。

提示： Revit 创建现浇式楼梯时，在上下层楼梯往往会与楼板或者梁搭接不上，这通常是因为属性窗口中的“延伸到踢面底部以下”的参数值为 0 造成的，将其修改成为“—200”，一般就可以了。

2.8.2 楼梯边界

楼梯洞口

楼梯间的洞口，也是楼梯井，即跨越了多个标高形成的垂直洞口。可以利用洞口工具中的竖井创建洞口，也可以用编辑边界的方法绘制。本例中使用编辑边界的方法绘制。

选择楼板边缘，点击“修改”→“楼板”，选择“编辑边界”命令，可以修改楼板边界。点击“编辑边界”进入绘制轮廓草图模式，选择绘制面板下的“边界线”→“直线”命令进行楼板边界的修改，完成楼梯洞口的绘制，如图 2.25 所示。绘制好的楼梯如图 2.26 所示。

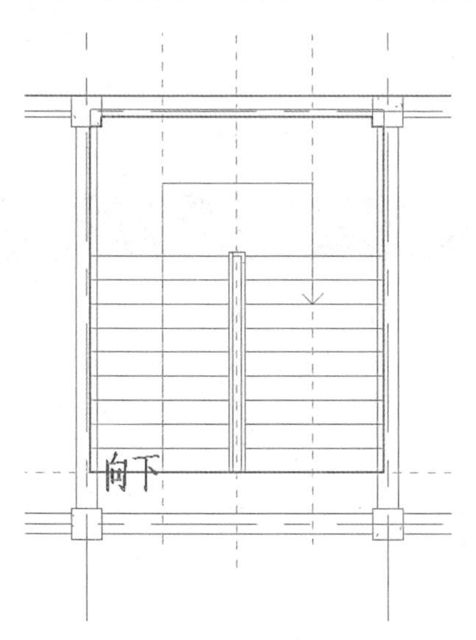

图 2.25 楼梯边界的绘制

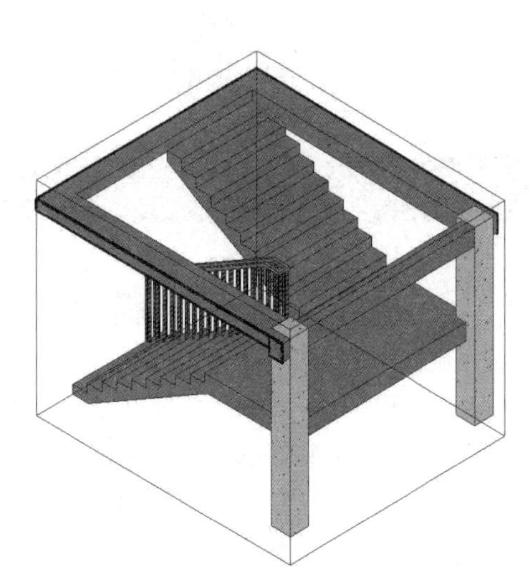

图 2.26 绘制完成的楼梯

2.8.3 多层楼梯

当楼层层高相同时，可以使用复制到其他层的方法创建多层楼梯，也可以修改“楼梯属性”的实例参数“多层顶部标高”值，应用到相应的标高制作多层楼梯。如果无法创建具有特殊形状的楼梯、踏板和坡道时，可以用板来创建。

注意：多层顶部标高可以设置到顶层标高的下面一层标高，因为顶层的平台栏杆需要特殊处理。设置了“多层顶部标高”参数的各层楼梯仍是一个整体，当修改楼梯和扶手参数后所有楼层楼梯均会自动更新。

使用同样的方法绘制垂直轴线 7、垂直轴线 8 之间的楼梯，结果如图 2.27 所示。

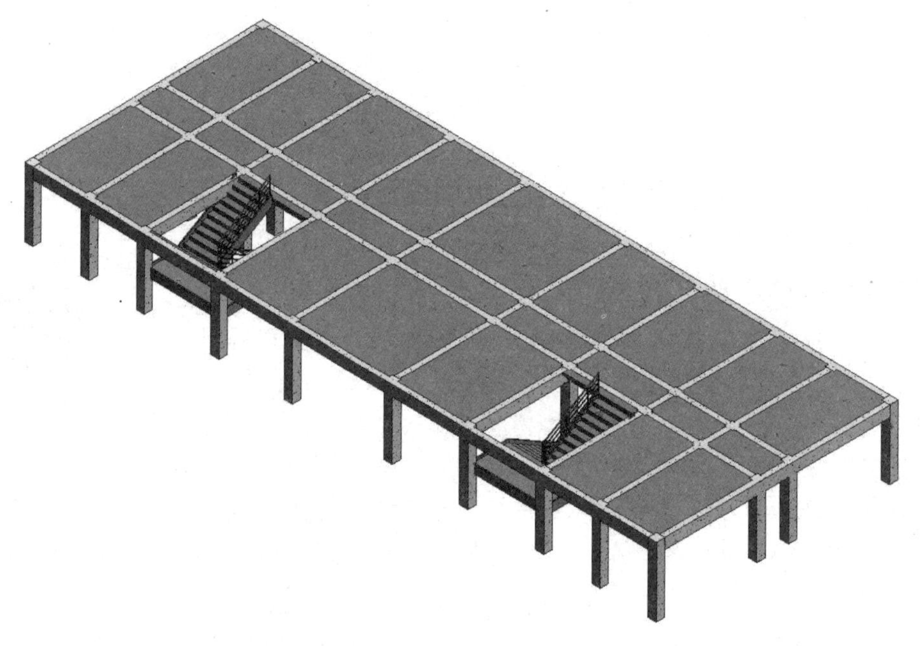

图 2.27　绘制完成的结构构件

2.9 复制构件

绘制好一层构件后，选择某一构件，本例以柱为例，配合过滤器选择一层所有的柱，自动激活“修改|柱”选项卡，在“剪贴板”面板下点击“复制”命令，复制到剪切板，点击“粘贴”选项卡“与选定标高对齐”命令，如图 2.28 所示，之后选择目标标高名称，柱自动复制到选定标高。为了便于操作，可在三维视图模式下选择梁，然后右击鼠标，在弹出的屏幕菜单中，选择“选择全部实例”→“在视图中可见”，如图 2.29 所示，即可以选择当前层的全部梁。

复制好结构构件后，本例在楼梯间加一层框架结构。

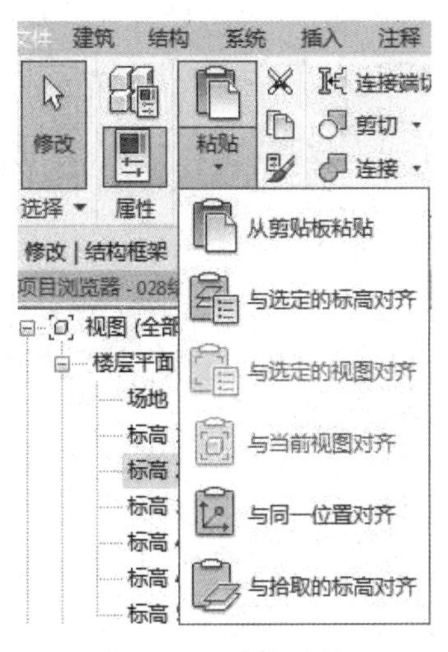

图 2.28 粘贴构件

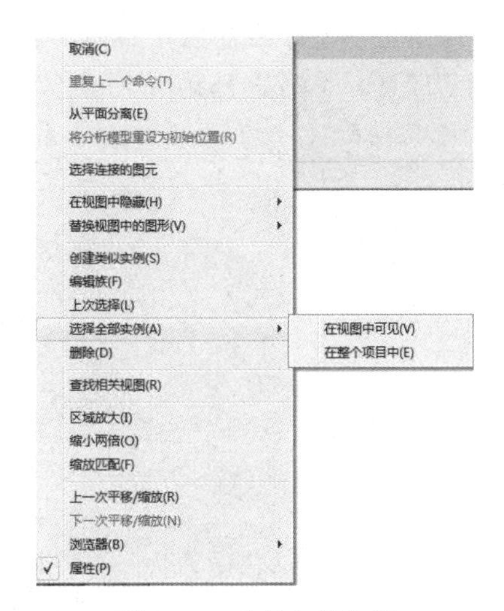

图 2.29 选择全部实例

注意：如果剪贴板包含有参照平面时，则“与选定的标高对齐”选项不可用。

2.10 基础

点击“结构”→“基础”→“独立”，载入系统的基础文件，路径为“结构\基础\独立基础-坡形截面”。点击“属性”面板中的“编辑类型”，新建名称为“办公楼-JC-1500＊1500”的坡形截面独立基础，设置基础的基本属性，如图 2.30 所示。设置其标高位于“标高-1”的－2000 处，如图 2.31 所示。

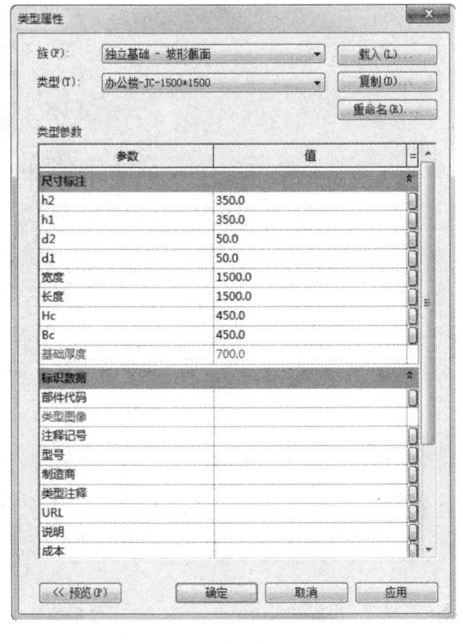

图 2.30 基础的类型属性

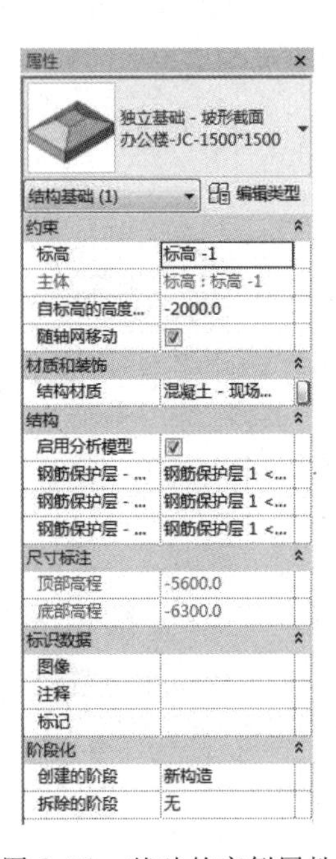

图 2.31 基础的实例属性

如果要在指定柱下方放置基础的多个实例,点击"结构"→"基础"→"独立"→"多个",选择"在柱上"即可。本例中基础和柱有 2000 mm 的高差,需要在基础上方布置高度为 2000 mm 的框架结构柱,绘制好的结构体系如图 2.32 所示。

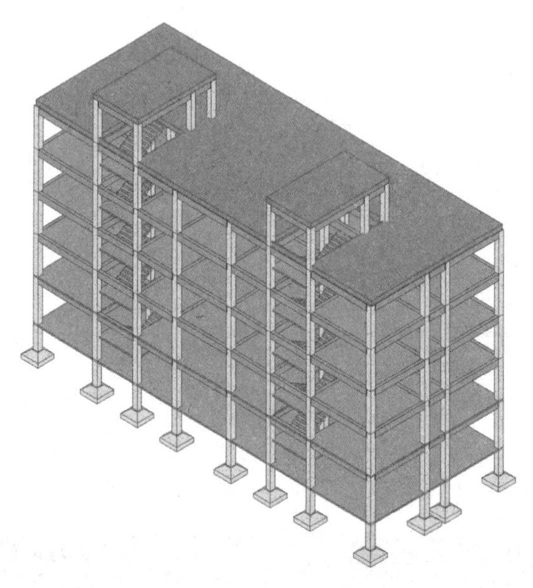

图 2.32　绘制好的结构体系

2.11　钢筋

混凝土结构的钢筋建模主要为布置箍筋和纵筋,Revit 可以为混凝土梁、板、柱、基础和墙等构件添加实体钢筋。

2.11.1　钢筋设置

钢筋图元是由完全灵活的几何图形组成的,其受制于钢筋形状的定义,尺寸和位置完全由其他图元确定。钢筋会以任意尺寸弯曲,其位置和几何图形会根据对其主体几何图形的考虑以及其他钢筋的存在进行自动设置。一旦设置了几何图形,指定的限制条件将相对于其主体的保护层参照进行移动和调整,以响应模型中的更改。与保护层参照接触的钢筋将捕捉并附着到该保护层参照。钢筋保护层参数会影响附着的钢筋以及附着到这些钢筋的筋。钢筋保护层设置在"结构"→"钢筋"→"钢筋保护层设置"面板中,在面板中的"说明"列可以重命名,"设置"列可以修改需要的保护层的厚度。如果修改主体的保护层设置,将不会偏移已放置在主体内的其他钢筋。

在"结构"→"钢筋"→"钢筋设置"面板中,可以指定常规钢筋设置,以便通过参照弯钩来确定形状匹配及在区域和路径钢筋中显示独立钢筋图元。勾选"在区域和路径钢筋中启用结构钢筋",如图 2.33 所示,从而能够显示楼板、墙和基础底板中的独立钢筋图元,此项选中与否的区别如图 2.34 所示。

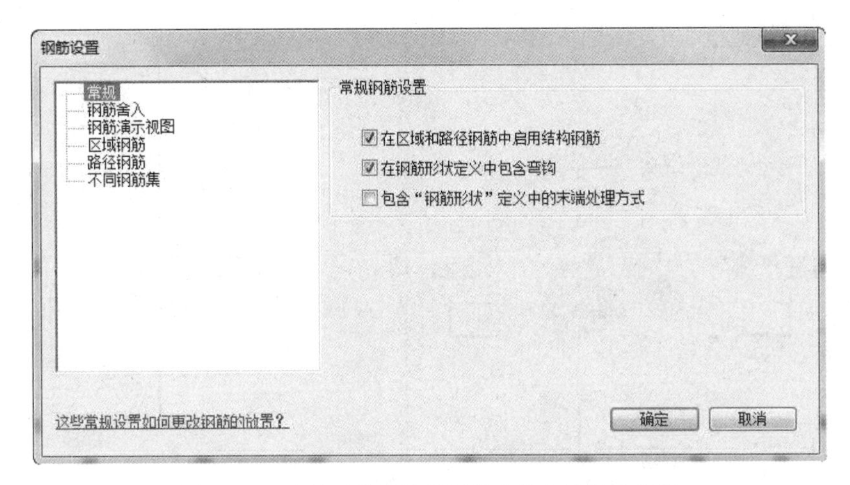

图 2.33　选择区域和路径钢筋中的主体结构钢筋

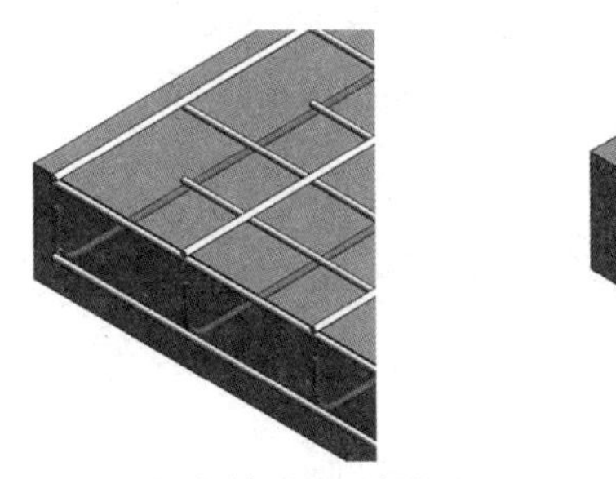

(1)启用钢筋主体设置(默认)

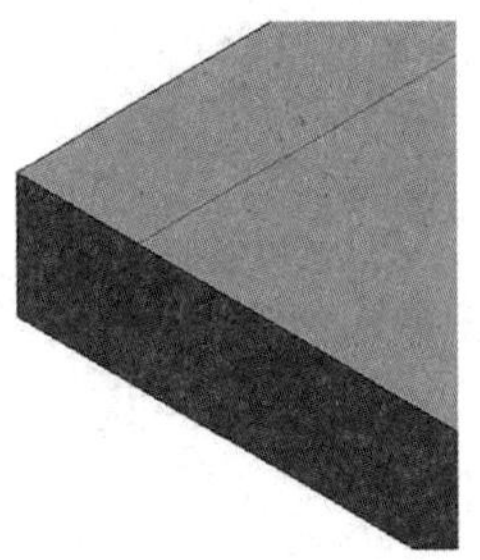

(2)禁用钢筋主体设置

图 2.34　启用和禁用钢筋主体的不同设置

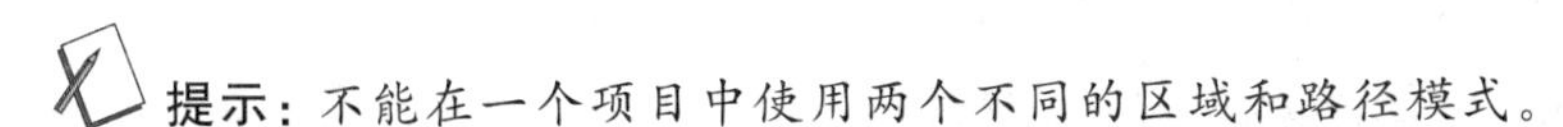

提示： 不能在一个项目中使用两个不同的区域和路径模式。

勾选“在钢筋形状定义中包含弯钩”选项，则在钢筋形状匹配用于明细表的计算时，会包含弯钩。带有弯钩的钢筋将保持其各自的形状标识。在项目中放置任何钢筋之前，要勾选此选项。如果放置钢筋后不删除实例，将无法清除此选项。

2.11.2　基础钢筋

基础钢筋

点击“视图”→“创建”→“剖面”，创建基础剖面，打开“项目浏览器”→“楼层剖面”→“标高-1”视图，在1轴和B轴交点处的独立基础布置“基础剖面1”和“基础剖面2”，基础的平面视图和剖面视图如图2.35所示。设置钢筋保护层，点击“结构”→“钢筋”→“保护层”，其选项栏如图2.36所示。

点击“拾取图元”，给独立基础设置相同的保护层厚度。选中独立基础，再点击“保护层设置”下拉选项，选中需要的保护层厚度“钢筋保护层3〈35mm〉”。如果基础的不同面的保护层厚度不一样，则要点击“拾取面”，再拾取基础图元的各个面。

点击“结构”→“钢筋”→“结构钢筋”，弹出“钢筋形状”末端处理提示，点击“确定”，弹出“钢筋形状族”载入提示，点击“确定”。钢筋形状族的路径为“结构\钢筋形状”，将全部钢筋形状族载入当前项目中。点击“启动/关闭钢筋形状浏览器”，在界面右侧会显示各种钢筋形

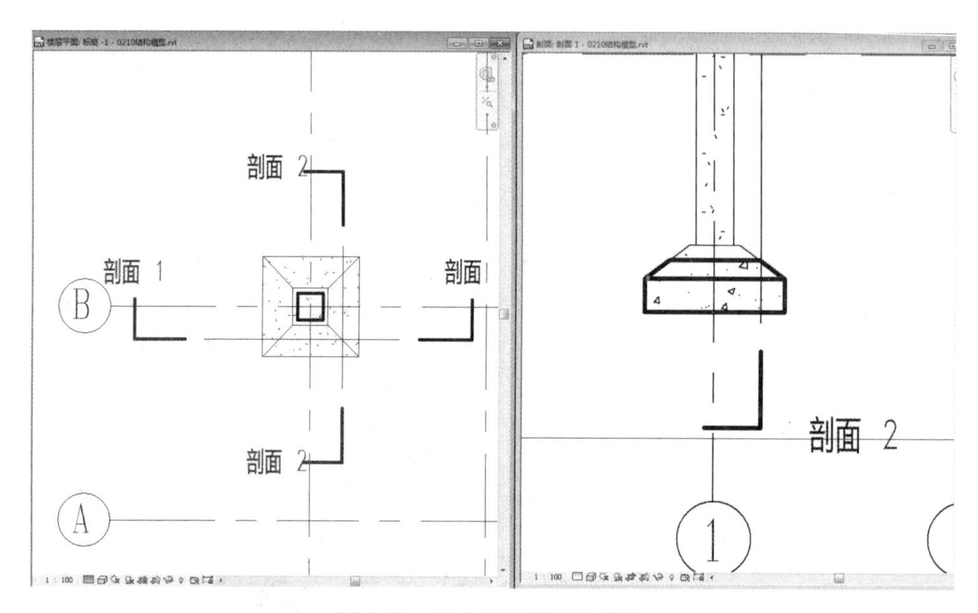

图 2.35　独立基础剖面的视图

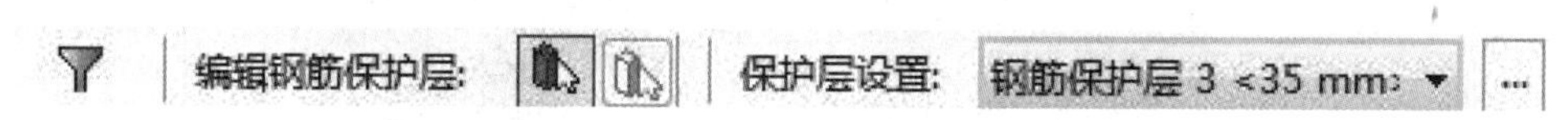

图 2.36　保护层选项

状，选择钢筋形状为“05 钢筋”；并在钢筋的“属性”窗口中，选择钢筋类型为“16 HPB400”，即直径为 16 mm、屈服强度为 400 MPa 的热轧光圆钢筋。点击“结构”→“钢筋集”，设置独立基础钢筋集的最大间距为 200 mm，并在独立基础的顶面和底面放置钢筋，如图2.37 所示。

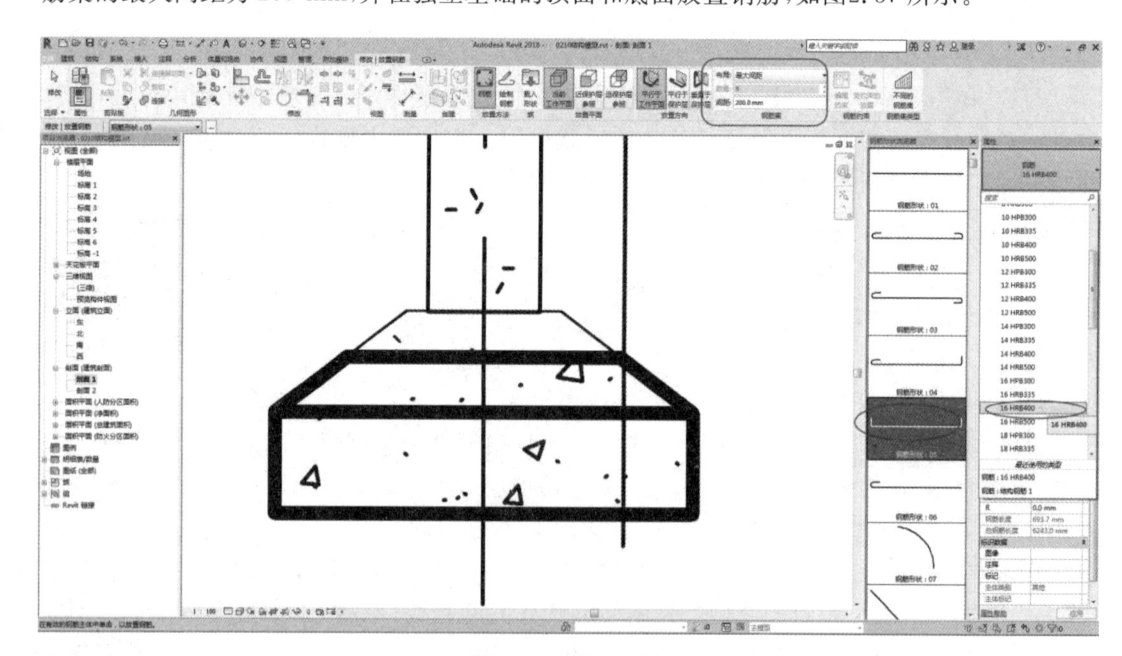

图 2.37　放置钢筋

使用同样的方法，打开基础剖面 2 视图，放置独立基础的另一方向的顶部和底部钢筋。选中“钢筋”，打开“视图可见性状态”，勾选“三维视图”对应的“清晰的视图”和“作为实体查看”，如图 2.38 所示。

钢筋图元视图可见性状态

在三维视图(详细程度为精细)中显示清晰钢筋图元和/或显示为实心。

单击列页眉以修改排序顺序。

视图类型	视图名称	清晰的视图	作为实体查看
三维视图	{三维}	☑	☑
三维视图	预览构件视图	☐	☐
剖面	剖面 1	☑	☐
剖面	剖面 2	☑	☐
天花板平面	标高 1	☐	☐
天花板平面	标高 2	☐	☐
楼层平面	标高 1	☐	☐
楼层平面	标高 2	☐	☐
楼层平面	场地	☐	☐
楼层平面	标高 3	☐	☐
楼层平面	标高 4	☐	☐
楼层平面	标高 5	☐	☐

确定　取消

图 2.38　设置钢筋显示属性

在软件界面下部，设置图形显示详细程度为“精细”，视觉样式为“着色”。此时钢筋的剖面视图和三维视图如图 2.39 所示。

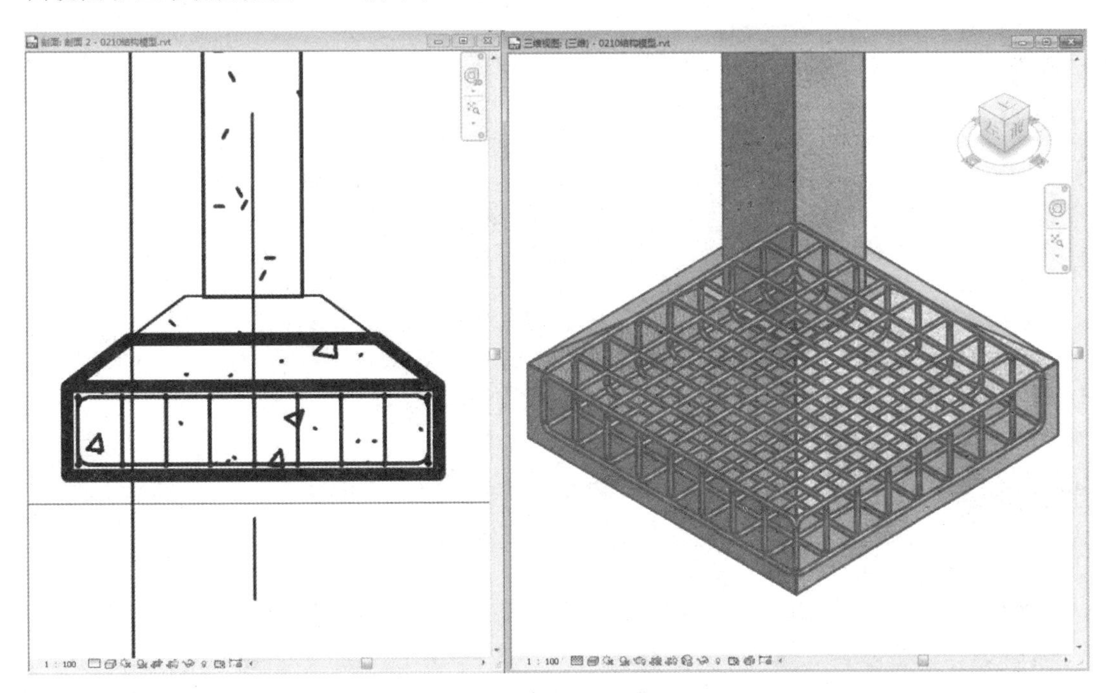

图 2.39　独立基础钢筋的剖面和三维视图

2.11.3 柱钢筋

柱钢筋

绘制钢筋时需要经常切换视图，过程比较烦琐。为此 Autodesk 公司开发了一个 Extensions(速博插件)，这是一款绘制钢筋的辅助工具，可以完成结构分析、建模、钢筋、互操作性和施工文档设计，极大地提高了设计人员的协同工作效率。本案例就利用速博插件在建筑局部绘制柱钢筋和梁钢筋。点击“Extensions”，进入上下文选项卡，如图 2.40 所示。

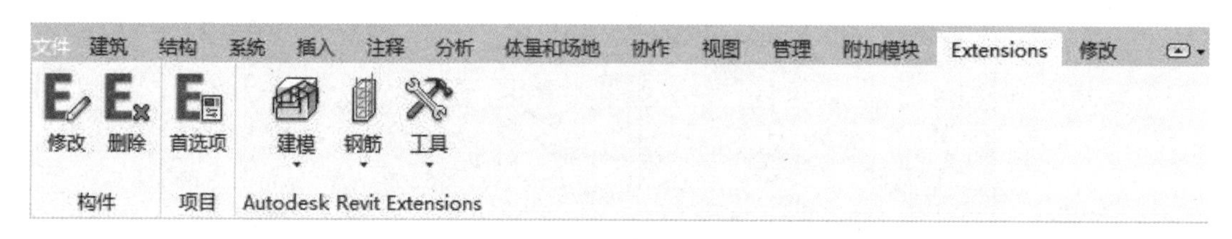

图 2.40 “Extensions”选项卡

选中同一类型的多个构件，速博插件可以同时配筋。选择结构柱，点击“Extensions”→“钢筋”→“柱”，打开“柱配筋”对话框。该对话框左侧是选项卡，中间是配筋的各项参数，右侧是柱和配筋的视图图形，在图中示意了一些参数。

“几何”选项卡中显示了柱的参数信息，均为只读，由软件自动生成，如图 2.41 所示。

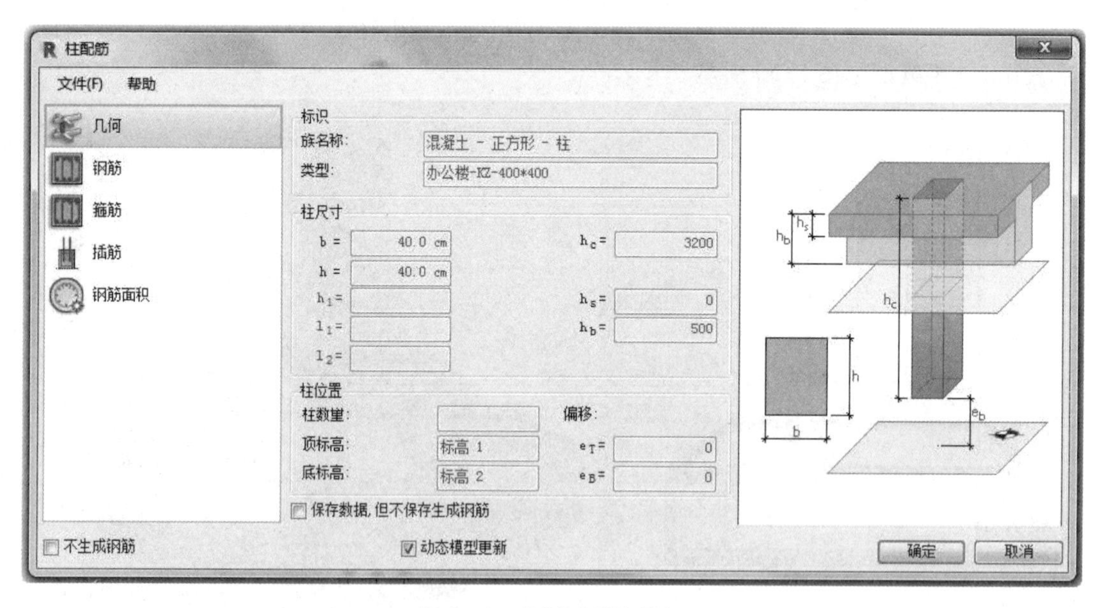

图 2.41 柱“几何”选项卡

“钢筋”选项卡中可以设置纵向钢筋的类型、弯钩和数量。本例中的钢筋选择“18 HRB400”，弯钩选择“无”，钢筋数量为 4，如图 2.42 所示。

“箍筋”选项卡中可以设置箍筋的钢筋类型、弯钩、保护层厚度、箍筋类型和箍筋的分布等。本例中的钢筋选择“8 HRB400”，弯钩 1 和弯钩 2 选择“抗震镫筋/箍筋-135 度”，保护层厚度为默认的“Ⅰ,(梁、柱、钢筋≥C30,〈20mm〉)”，箍筋类型选择第一种样式，分布类型

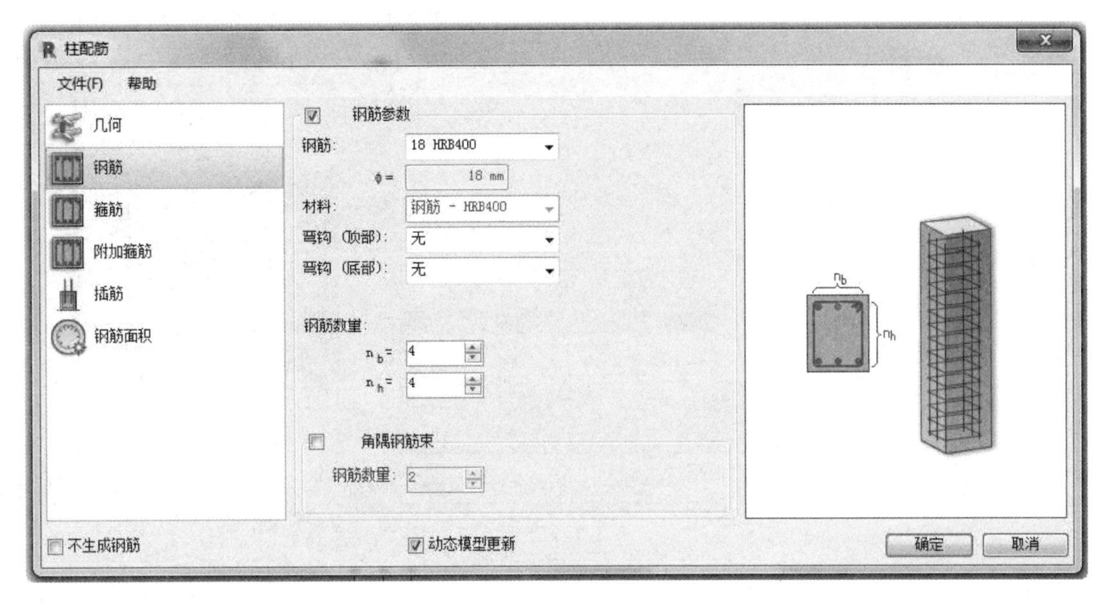

图 2.42　柱"钢筋"选项

选择第三种样式，s_n 为 200 mm，s_t 为 100 mm，选择"绑扎到板"，如图 2.43 所示。上下钢筋加密区的高度此处只能设置为相同的值。

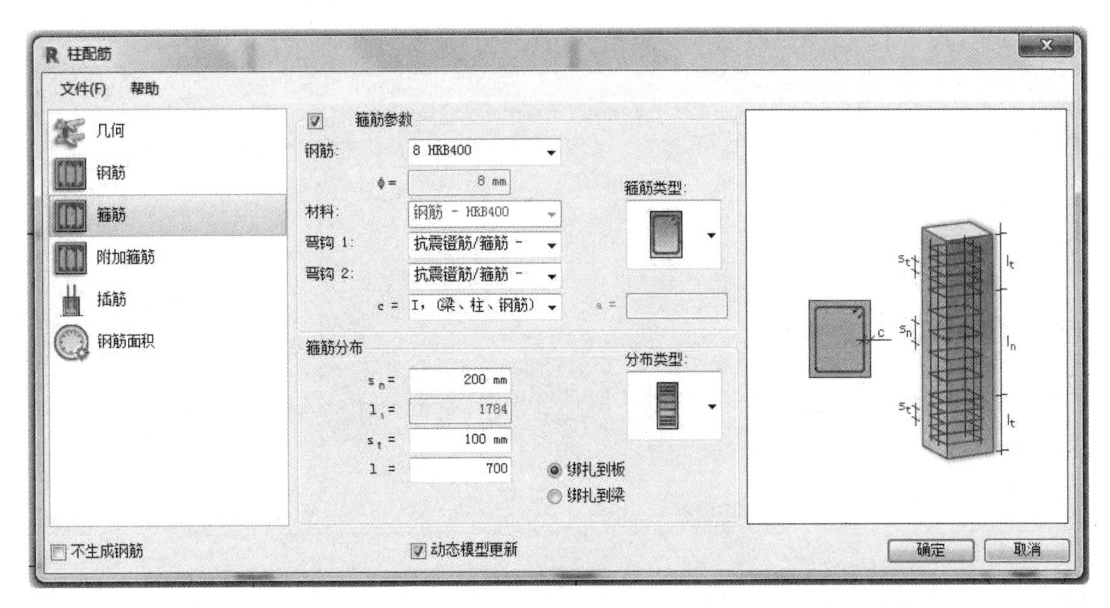

图 2.43　柱"箍筋"选项

"附加箍筋"选项中可以设置附加箍筋的类型、弯钩和数量，本例箍筋采用井字型复合箍筋，分别在 1 点和 A 点添加附加箍筋，弯钩 1 和弯钩 2 选择"抗震镫筋/箍筋-135 度"，如图 2.44 所示。

本例中不对插筋和钢筋面积选项卡进行设置，点击"确定"后即可在结构柱中添加钢筋。

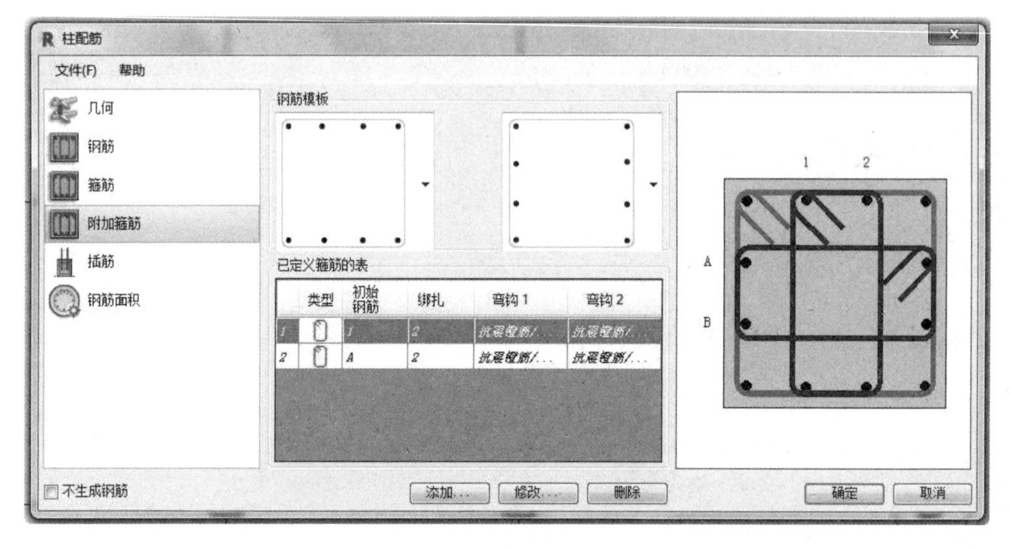

图 2.44　柱"附加箍筋"选项

2.11.4　梁钢筋

梁钢筋

选择结构梁，点击"Extensions"→"钢筋"→"梁"，打开"梁配筋"对话框。该对话框左侧是选项卡，中间是配筋的各项参数，右侧是梁和配筋的视图图形，在图中示意了一些参数。

"几何"选项卡中显示了梁的参数信息，均为只读，由软件自动生成，如图 2.45 所示。

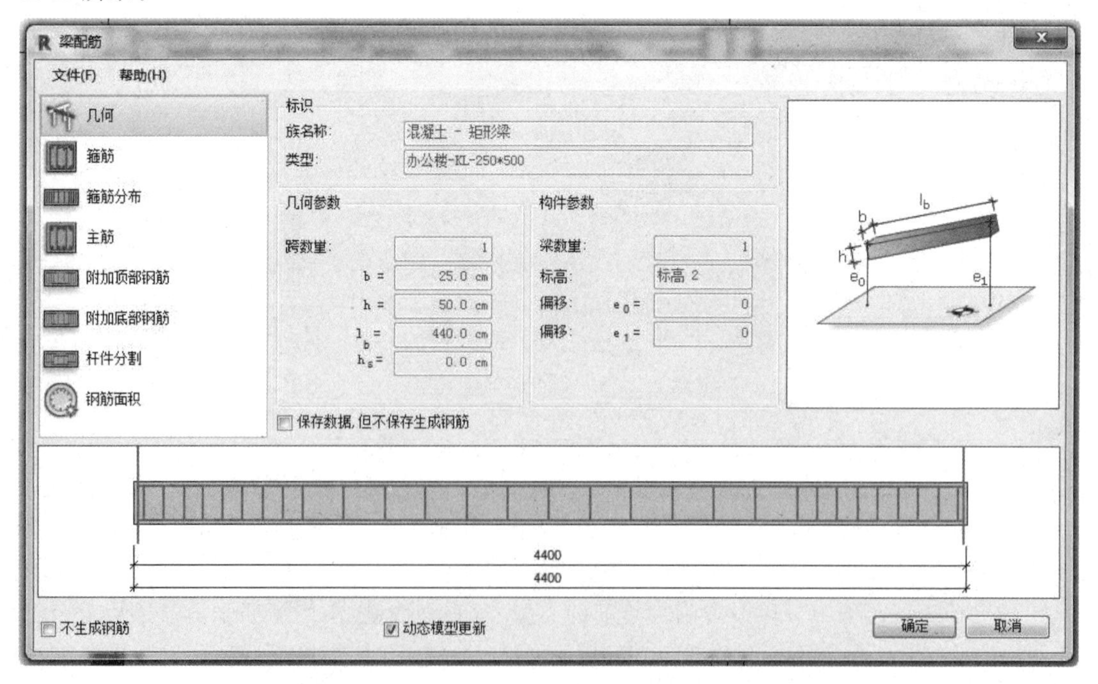

图 2.45　梁"几何"选项

“箍筋”选项卡中可以设置箍筋的钢筋类型、箍筋、弯钩和保护层厚度等。本例中的钢筋选择“8 HRB400”，弯钩 1 和弯钩 2 选择“抗震镫筋/箍筋-135 度”，保护层厚度为默认的“Ⅰ，(梁、柱、钢筋≥C30，〈20mm〉)”，箍筋类型选择第一种样式，无收缩钢筋，即拉筋。勾选后对应的选项变为可编辑状态，可以在此设置腰筋的形式、箍筋的类型以及弯钩形式，本例中不进行修改操作，如图 2.46 所示。

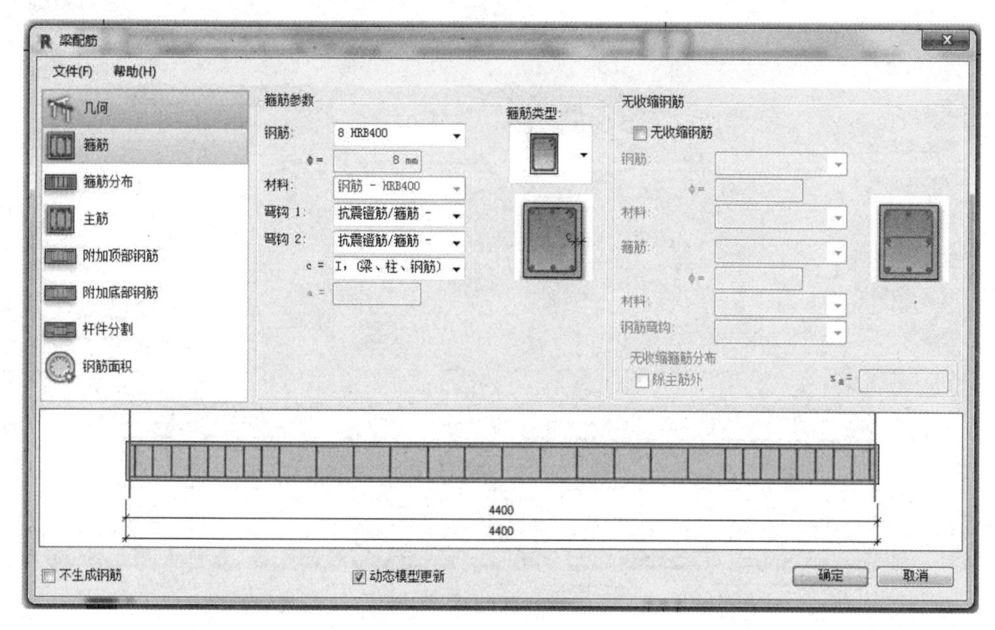

图 2.46　梁“箍筋”选项

“箍筋分布”选项卡中可以设置箍筋的分布形式，分布类型选择第二种形式，在左侧的主箍筋分布一栏中设置好相应的尺寸，如图 2.47 所示。

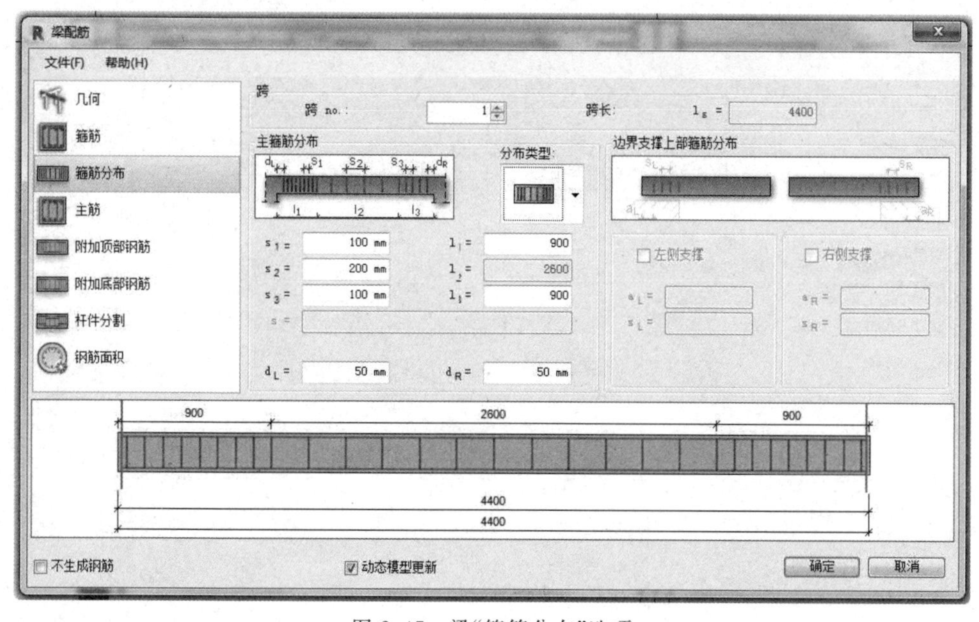

图 2.47　梁“箍筋分布”选项

“主筋”选项卡可以设置上部钢筋和下部钢筋的钢筋类别。下部钢筋“杆件”选项选择“25 HRB400”；弯钩选择“无”；n 设为“2”；l_1 即钢筋末端的弯锚长度，设为 400。上部钢筋“杆件”选项选择“20 HRB400”；弯钩选择“无”；n 设为 2；l_1 即钢筋末端的弯锚长度，设为 300，如图 2.48 所示。

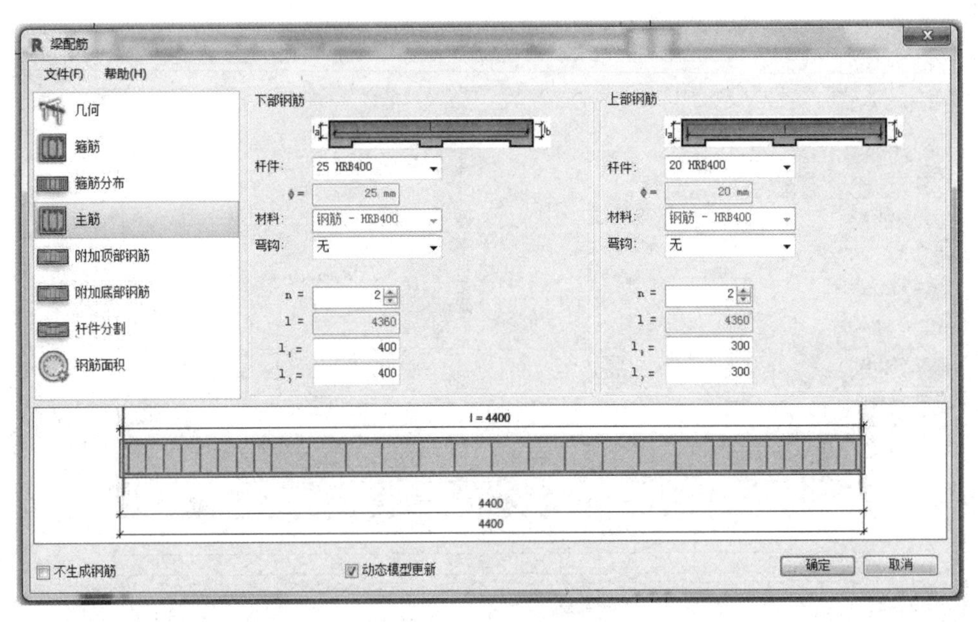

图 2.48　梁“主筋”选项

“附加顶部钢筋”选项卡中可以添加支座处的负筋，设置负筋长度、弯钩形状及长度。本例中左侧支撑上部钢筋选用“20 HRB400”，右侧支撑上部钢筋选用“16 HRB400”，钢筋末端的弯锚长度设为 300，如图 2.49 所示。

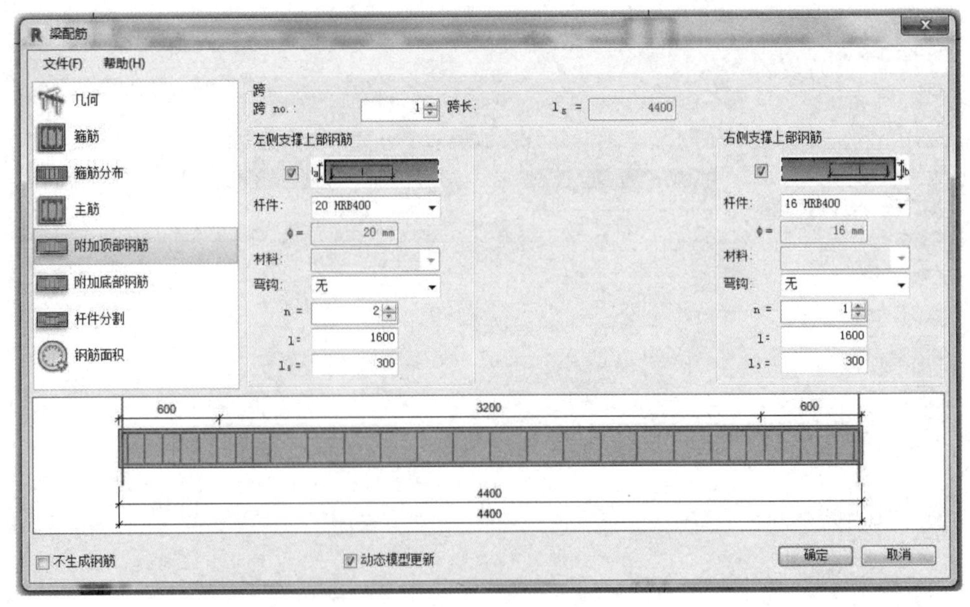

图 2.49　梁“附加顶部钢筋”选项

“附加底部钢筋”选项卡中可以设置不同类型的底部钢筋的尺寸和弯钩。本例中跨中钢筋杆件选用“20 HRB400”，弯钩选用“标准-90 度”，如图 2.50 所示。

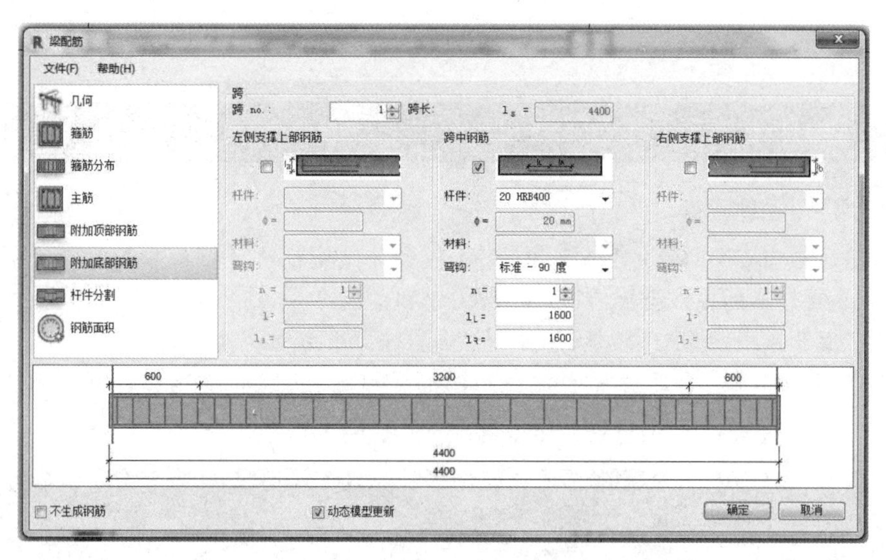

图 2.50　梁附加底部钢筋选项

本例不设置杆件分割和钢筋面积，点击“确定”后即可完成梁的配筋。

提示：本例梁在建模时是按照单跨梁添加的。如果梁是按照多跨梁建模的，在使用速博插件时要选择不同跨，主筋中设置钢筋是通长钢筋，其余的纵筋可以通过附加钢筋来添加，这样可以一次性地生成各部分的钢筋。

2.11.5　板钢筋

板钢筋

速博插件不能绘制板钢筋，这时可以使用 Revit 的钢筋命令完成绘制。本例中结构楼板中的钢筋为双层双向布置，点击“结构”→“钢筋”→“面积”，选择要布置钢筋的楼板，在楼板的属性栏中设置钢筋的种类和间距，如板上钢筋为“B10@150”(B 为 HRB335 热轧钢筋)，板下钢筋为“B10@100”，使用“主筋方向”在板一条边上绘制一条线，确定钢筋的方向，完成板钢筋的绘制，结果如图 2.51 所示，右图是局部节点放大图。

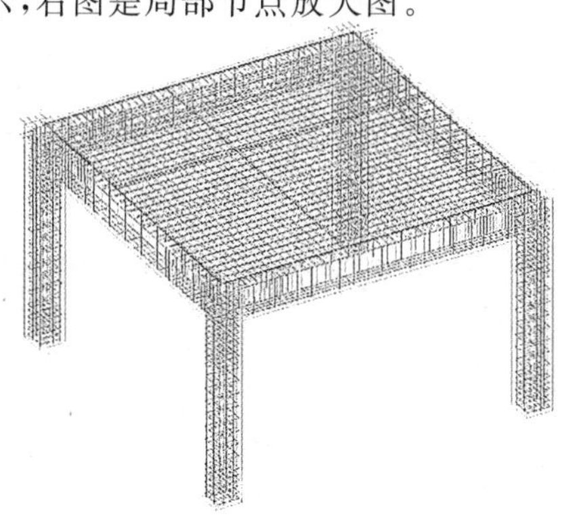

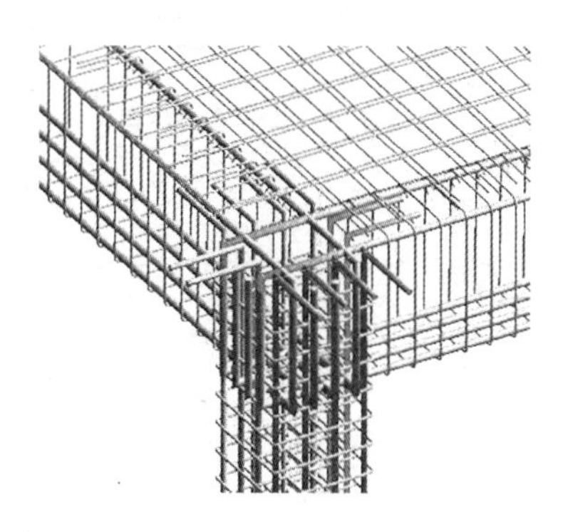

图 2.51　钢筋的三维视图

注意：放置区域钢筋时，钢筋图元不可见。如果要显示钢筋图元，可以在区域钢筋"属性"选项板的"图形"部分指定钢筋图元的可见性。可见性设置仅在区域钢筋中设置主体钢筋时可用。

2.12 结构计算

2.12.1 模型转换

模型转换

广厦建筑结构 CAD 软件可以实现 Revit 模型与广厦结构计算模型相互转换，可以直接转换的构件类型有柱、梁、剪力墙和楼板等。

打开广厦建筑结构 CAD 软件，选择文件夹新建一个工程项目，如图 2.52 所示。由于导出路径会自动选择为最近新建的项目路径，因此要选择好路径。从图 2.52 中的流程图也可以看出广厦结构软件的工作顺序。

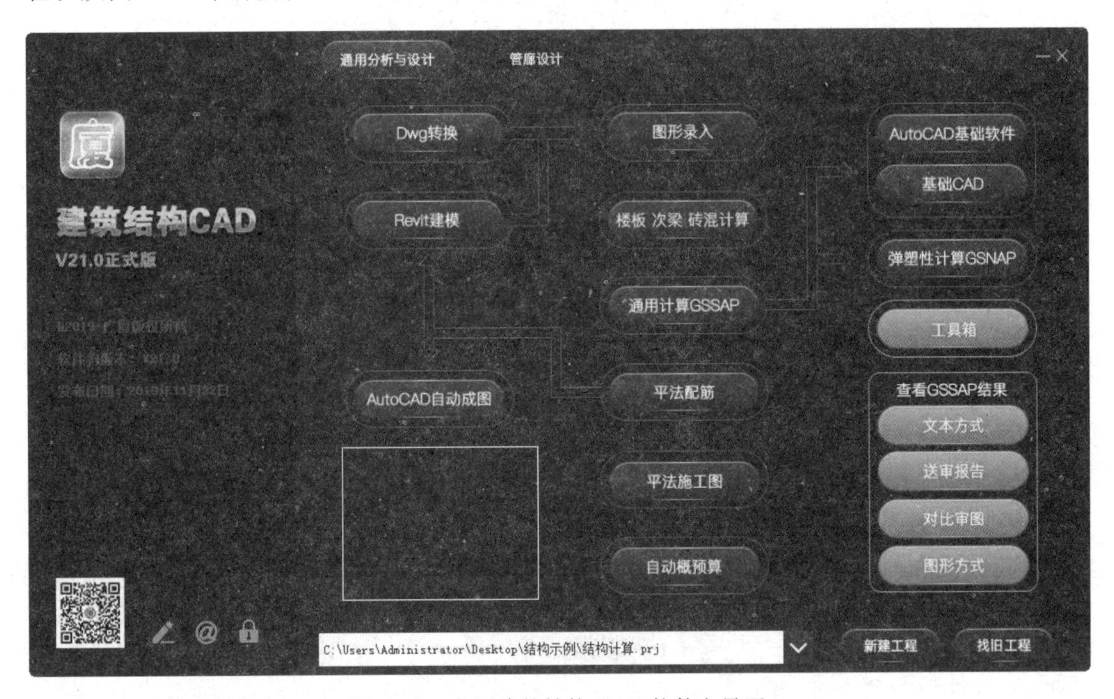

图 2.52 广厦建筑结构 CAD 软件主界面

点击"Revit 建模"，打开 Revit 软件，打开需要转换的模型文件，点击"模型导出"→"导出广厦录入模型"，如图 2.53 所示。

图 2.53 模型导出

在弹出的"生成广厦模型"对话框中，从"导出选项"选项卡中选择导出的构件类型，同时删除不必要的图层,如图 2.54 所示。在“截面匹配”选项卡中,检查截面匹配情况,对于常规矩形构件,系统会自动匹配,如图 2.55 所示。

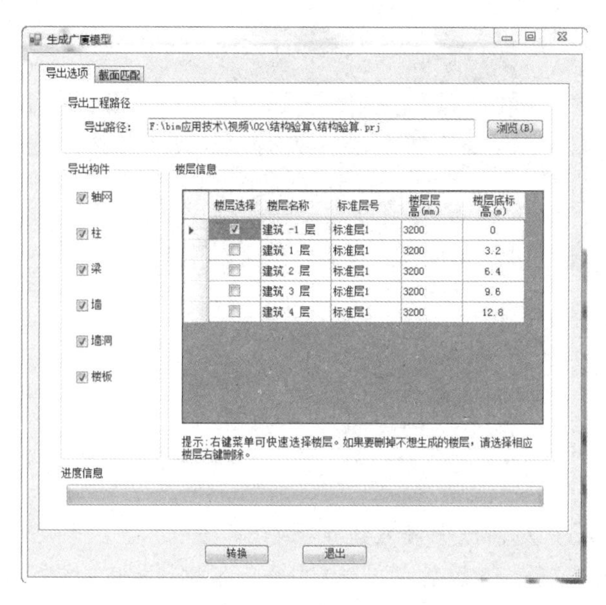

图 2.54 导出选项

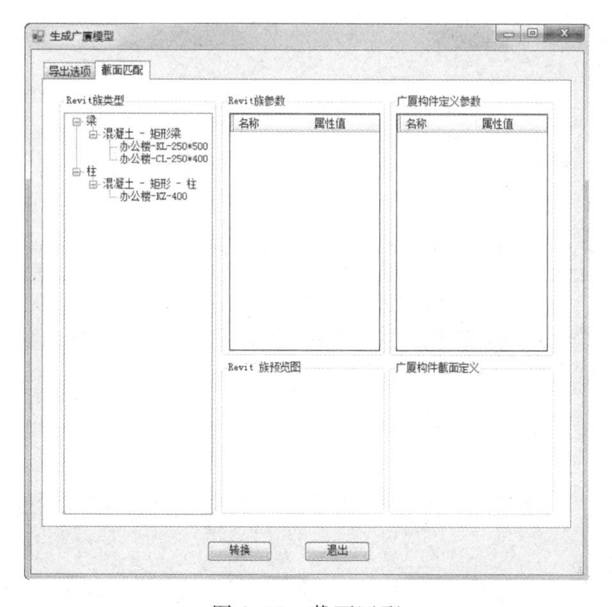

图 2.55 截面匹配

注意:对于不必要的图层要删除,而不是取消勾选。

模型转换完成后生成的广厦模型如图 2.56 所示,在图中几何构件尺寸及位置与 Revit 模型一致,可满足常规工程使用要求。转换后的每个自然层均作为一个标准层。

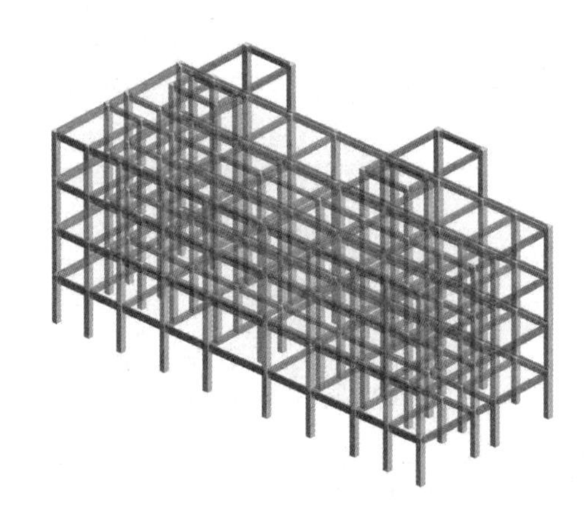

图 2.56　转换后的广厦模型

2.12.2　参数设置

广厦参数设置

点击“结构信息”→“各层信息”，如图 2.57 所示。

在弹出的“各层信息”对话框中输入建筑层数、高度、混凝土等级等信息。在“建筑总层数”中输入“6”（包括基底）。当批量命名建筑层时，起始编号为“－1”。在列表框中设置每层的高度，并设置梁混凝土等级、板混凝土等级均为 30，如图 2.58 所示。批量修改时可以用鼠标左键拖动标定，用鼠标右键点击标定内容。

图 2.57　结构信息

各层信息

结构层号	建筑层名	下层建筑层名	相对下层层顶高度(m)	建筑高度(m)	墙柱混凝土等级	梁混凝土等级	板混凝土等级	砂浆强度等级	砌块强度等级	竖向搭块号	标准层号	对应的Revit中原有的标高
0	建筑 -1 层		0	0	30	30	30	5	7.5	1	1	-1F
1	建筑 1 层	建筑 -1 层	3.2	3.2	30	30	30	5	7.5	1	1	1F
2	建筑 2 层	建筑 1 层	3.2	6.4	30	30	30	5	7.5	1	2	2F
3	建筑 3 层	建筑 2 层	3.2	9.6	30	30	30	5	7.5	1	3	3F
4	建筑 4 层	建筑 3 层	3.2	12.8	30	30	30	5	7.5	1	4	4F
5	建筑 5 层	建筑 4 层	3.2	16	30	30	30	5	7.5	1	5	

输入建筑总层数(Z)　插入建筑层(A)　删除建筑层(D)　批量命名建筑层名(R)　检查表格错误(C)

表中第0结构层建筑高度(m) 0

提示：

右键菜单有更多编辑方法：鼠标点击行头弹出行编辑菜单，鼠标点击表格弹出表格编辑菜单；支持快捷键Ctrl+C(复制)，Ctrl+V(粘贴)，Ctrl+X(剪切)，Ctrl+D(删除)，同样，若鼠标在行头，是行编辑，若鼠标在表格，是表格编辑；若编辑最后一行，将自动增加新行。

确定　取消

图 2.58　“各层信息”对话框

点击“结构信息”→“总体信息”，打开“总信息”对话框，共有 8 个选项卡，要依次根据工程信息输入相关参数。在“总信息”对话框，设置地下室层数、有侧约束的地下室层数、最大嵌固结构层号均为 1，如图 2.59 所示。在“地震信息”中设置抗震烈度为 7，场地类别为Ⅱ，地震设计分组为二组；三级框架抗震等级；周期折减系数为 0.7；顶部小塔楼层数为 1，层号为 7，放大系数为 1.5。在“风计算信息”设置计算风荷载的基本风压 0.45。在“材料信息”设置混凝土构件的容重为 25 kN/m^3，所有钢筋强度为 360 N/mm^2，如图 2.60 所示，点击“确定”按钮退出。

图 2.59 “总信息”设置

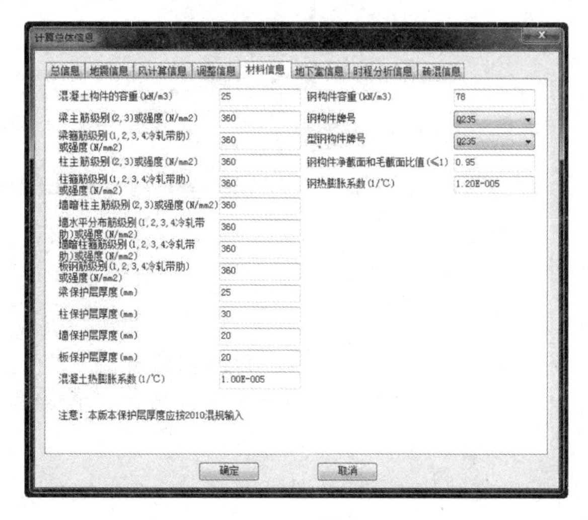

图 2.60 “材料信息”设置

点击“荷载输入”，如图 2.61 所示，依次完成楼板、梁和女儿墙荷载的输入。

点击“楼板恒活”，在楼板恒活布置参数对话框中输入恒载 1.5 kN/m^2、活载 2.0 kN/m^2，再点击“所有板自动布置恒活载”，按 Esc 键退出命令，程序会自动计算板的自重，不需要另外输入。

图 2.61　荷载输入

点击“柱荷载”，点击“增加”，在弹出的对话框中输入柱荷载。荷载类型选择均布荷载，荷载方向选择重力方向，工况选择重力恒载，荷载值输入 13，如图 2.62 所示，然后点击“确定”按钮。

点击“梁荷载”，点击“增加”，在弹出的对话框中输入梁荷载。荷载类型选择均布荷载，荷载方向选择重力方向，工况选择重力恒载，荷载值输入 10，然后点击“确定”按钮退出对话框。

在建筑第 6 层，女儿墙荷载也以梁的形式布置，荷载类型选择均布荷载，荷载方向选择重力方向，工况选择重力恒载，荷载值输入 5，如图 2.63 所示，然后点击“确定”按钮退出对话框。窗选周边梁，布置女儿墙荷载。按 Esc 键退出当前命令。

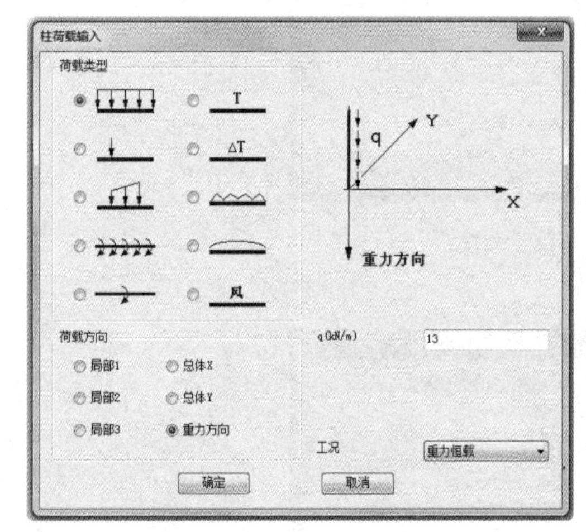

图 2.62　柱荷载输入

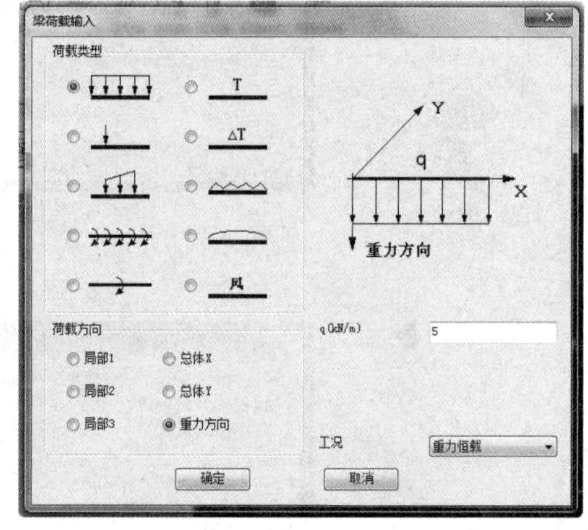

图 2.63　女儿墙荷载输入

点击“保存”按钮保存文件。点击“构件布置”→“层间拷贝”，在弹出的层间复制对话框中选择建筑第 2、第 3、第 4 和第 5 层，点击“确定”按钮，将建筑第 1 层复制到其他层，点击“保存”。选择“模型导出”菜单，点击“生成 GSSAP 计算数据”，在弹出的对话框中点击“转换”，将模型转换为广厦计算数据。

在图 2.52 中，即广厦建筑结构 CAD 软件主界面中，点击软件主菜单上的“楼板 次梁 砖混计算”，软件自动计算了所有楼板，关闭窗口即可。

在软件主界面，即在图 2.52 中点击“通用计算 GSSAP”，在弹出的对话框中选择“数据检查并详细计算”，如图 2.64 所示，点击“确定”。待计算完成后点击“退出”按钮退出计算，如图 2.65 所示。

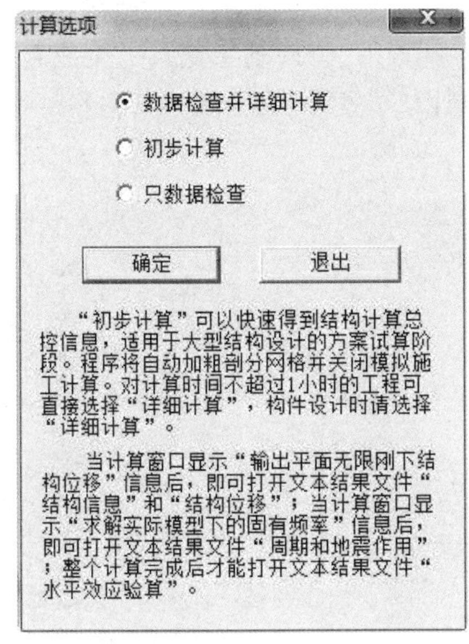

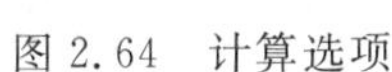
图 2.64　计算选项

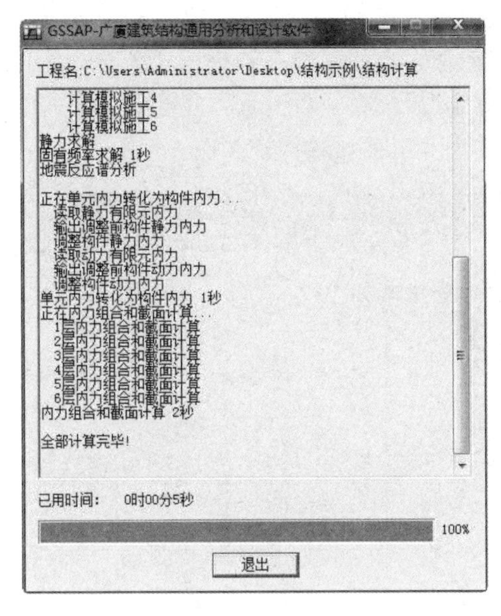

图 2.65　计算过程

2.12.3　平法出图

施工图需要审核楼层控制指标，即层间位移角，再审核柱和梁构件控制指标即柱和梁的超筋超限验算。

广厦出图

在图 2.52 中点击“文本方式”，弹出计算结果文本输出选择对话框，如图 2.66 所示，选择“结构位移”，查看 0 度和 90 度地震作用下层间位移角 1/1560 和 1/1380，均小于 1/550，满足框架层间位移角的要求。生成施工图前必须先查看超筋超限警告。不满足规范强制性条文时请先检查计算模型有无错误，再修改截面、材料或模型。当没有超筋和超限警告，柱梁满足规范要求时，退出警告文件即可。

点击图 2.52 中的“平法配筋”，弹出平法配筋对话框，如图 2.67 所示，在对话框中选择计算模型为“GSSAP”，然后点击“生成施工图”，生成完毕后退出对话框。

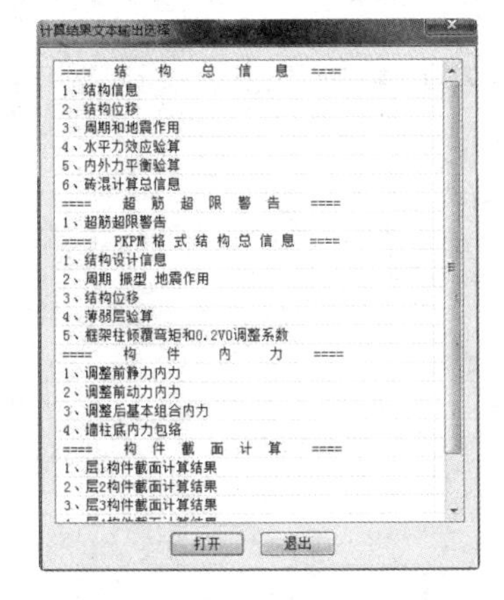

图 2.66　计算结果文本输出选择

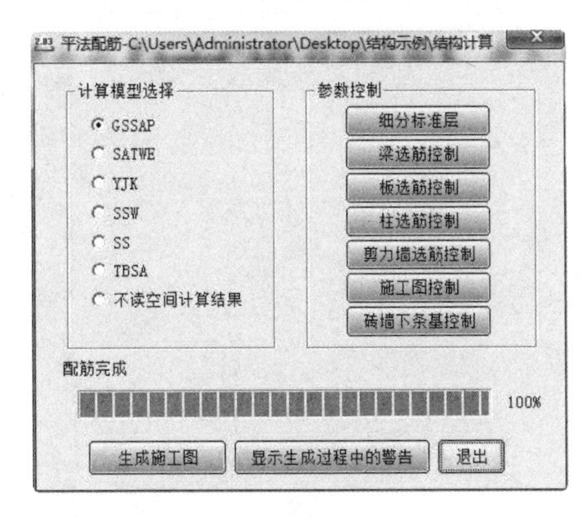

图 2.67　平法配筋

在 Revit 中,点击“模型导出”→“结构计算”,也可以完成结构的计算,但速度较慢。采用上述两种方法的任何一种完成计算后,在 Revit 中,点击“钢筋施工图”→“生成施工图”,点击“确定”后会在项目浏览器中生成墙柱梁板模板图、墙柱钢筋图、板钢筋图和梁钢筋图。图 2.68 为 2 层板的结构施工图。

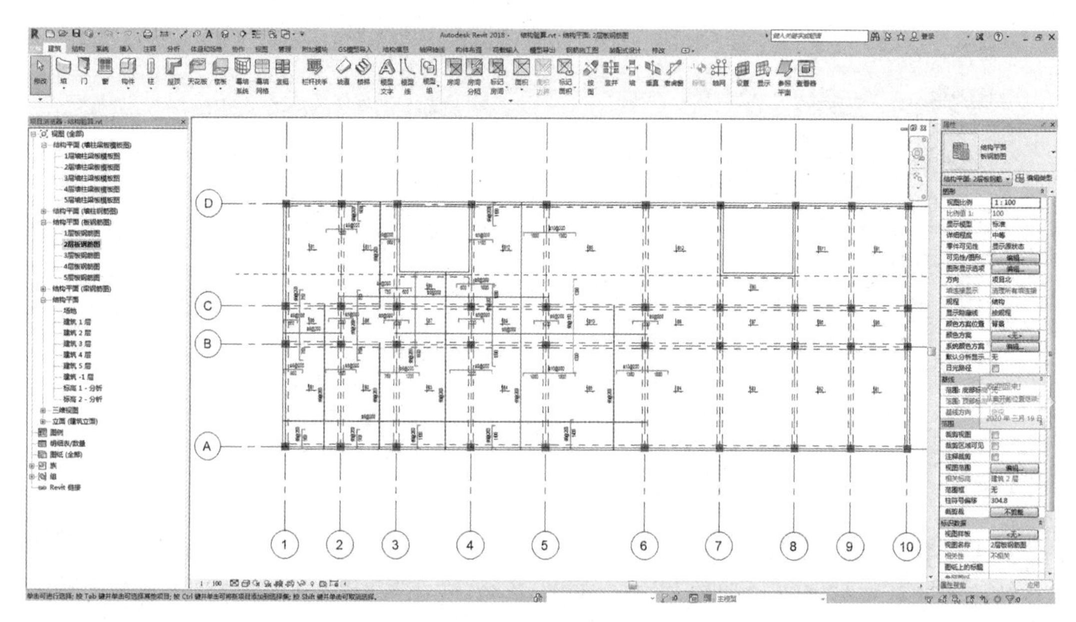

图 2.68 Revit 界面的结构施工图

在图 2.52 主界面点击“AutoCAD 自动成图”,进入 AutoCAD 自动成图系统,依次点击“生成 DWG”,根据“平法警告”修改,根据“校核审查”修改,“分存 DWG”,就会形成钢筋施工图和计算配筋图的 DWG 文件,结果如图 2.69 所示。

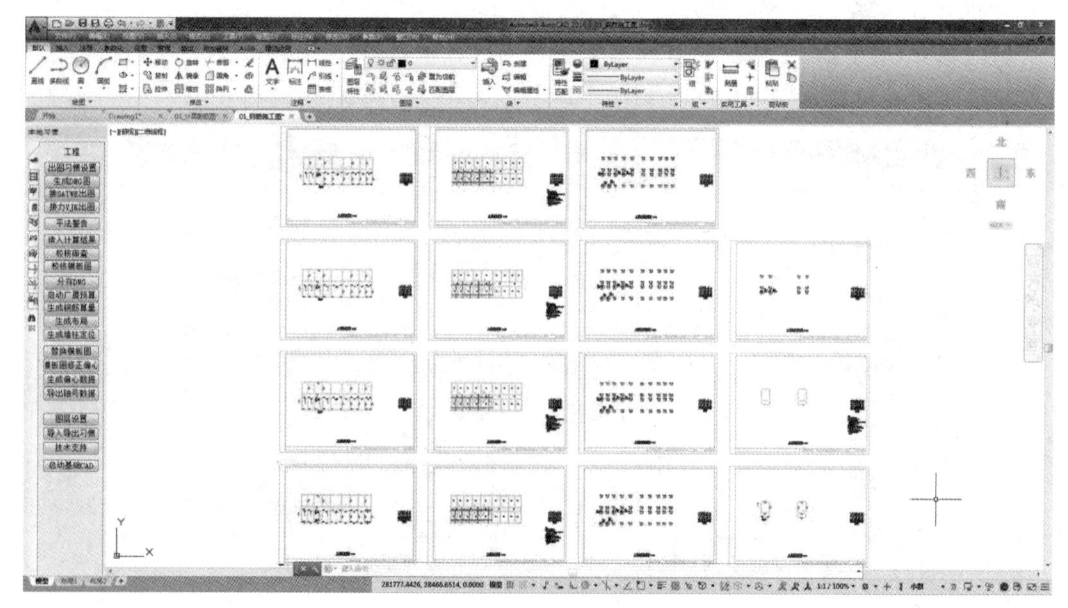

图 2.69 AutoCAD 界面的结构施工图

提示：启动自动成图后在AutoCAD中没有广厦软件的菜单栏时，需要加载“GSCAD\gsplot\g”文件夹下的“GSPlot201＊.arx”文件，这里的“＊”代表用户安装的AutoCAD版本和位数。如果AutoCAD软件是64位2018版本，需要选择并加载“GSPlot2018_64.arx”文件。

2.12.4 钢筋算量

在图2.52主界面点击“自动概预算”，进入概预算系统界面，选择好所套的定额和计算规则后，就可以生成工程量文件，如图2.70所示。

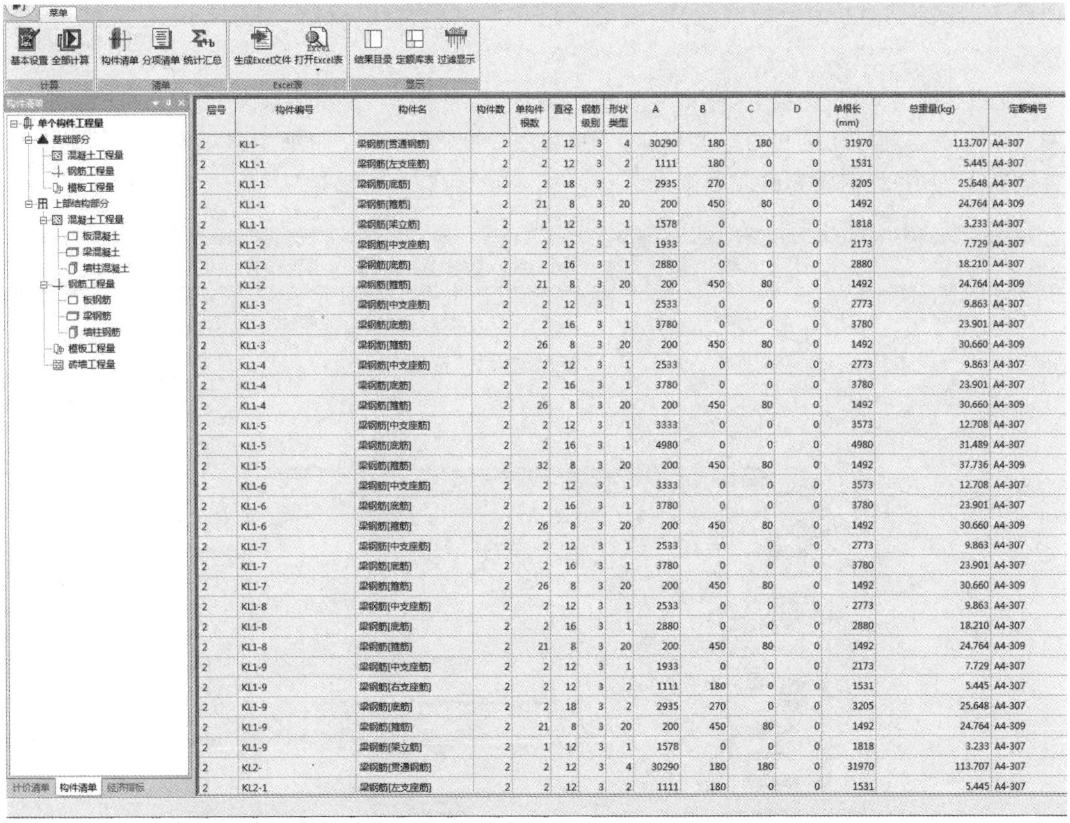

层号	构件编号	构件名	构件数	单构件根数	直径	钢筋级别	形状类型	A	B	C	D	单根长(mm)	总重量(kg)	定额编号
2	KL1-	梁钢筋[贯通钢筋]	2	2	12	3	4	30290	180	180	0	31970	113.707	A4-307
2	KL1-1	梁钢筋[左支座筋]	2	2	12	3	2	1111	180	0	0	1531	5.445	A4-307
2	KL1-1	梁钢筋[底筋]	2	2	18	3	2	2935	270	0	0	3205	25.648	A4-307
2	KL1-1	梁钢筋[箍筋]	2	21	8	3	20	200	450	80	0	1492	24.764	A4-309
2	KL1-1	梁钢筋[架立筋]	2	1	12	3	1	1578	0	0	0	1818	3.233	A4-307
2	KL1-2	梁钢筋[中支座筋]	2	2	12	3	1	1933	0	0	0	2173	7.729	A4-307
2	KL1-2	梁钢筋[底筋]	2	2	16	3	1	2880	0	0	0	2880	18.210	A4-307
2	KL1-2	梁钢筋[箍筋]	2	21	8	3	20	200	450	80	0	1492	24.764	A4-309
2	KL1-3	梁钢筋[中支座筋]	2	2	12	3	1	2533	0	0	0	2773	9.863	A4-307
2	KL1-3	梁钢筋[底筋]	2	2	16	3	1	3780	0	0	0	3780	23.901	A4-307
2	KL1-3	梁钢筋[箍筋]	2	26	8	3	20	200	450	80	0	1492	30.660	A4-309
2	KL1-4	梁钢筋[中支座筋]	2	2	12	3	1	2533	0	0	0	2773	9.863	A4-307
2	KL1-4	梁钢筋[底筋]	2	2	16	3	1	3780	0	0	0	3780	23.901	A4-307
2	KL1-4	梁钢筋[箍筋]	2	26	8	3	20	200	450	80	0	1492	30.660	A4-309
2	KL1-5	梁钢筋[中支座筋]	2	2	12	3	1	3333	0	0	0	3573	12.708	A4-307
2	KL1-5	梁钢筋[底筋]	2	2	16	3	1	4980	0	0	0	4980	31.489	A4-307
2	KL1-5	梁钢筋[箍筋]	2	32	8	3	20	200	450	80	0	1492	37.736	A4-309
2	KL1-6	梁钢筋[中支座筋]	2	2	12	3	1	3333	0	0	0	3573	12.708	A4-307
2	KL1-6	梁钢筋[底筋]	2	2	16	3	1	3780	0	0	0	3780	23.901	A4-307
2	KL1-6	梁钢筋[箍筋]	2	26	8	3	20	200	450	80	0	1492	30.660	A4-309
2	KL1-7	梁钢筋[中支座筋]	2	2	12	3	1	2533	0	0	0	2773	9.863	A4-307
2	KL1-7	梁钢筋[底筋]	2	2	16	3	1	3780	0	0	0	3780	23.901	A4-307
2	KL1-7	梁钢筋[箍筋]	2	26	8	3	20	200	450	80	0	1492	30.660	A4-309
2	KL1-8	梁钢筋[中支座筋]	2	2	12	3	1	2533	0	0	0	2773	9.863	A4-307
2	KL1-8	梁钢筋[底筋]	2	2	16	3	1	2880	0	0	0	2880	18.210	A4-307
2	KL1-8	梁钢筋[箍筋]	2	21	8	3	20	200	450	80	0	1492	24.764	A4-309
2	KL1-9	梁钢筋[中支座筋]	2	2	12	3	1	1933	0	0	0	2173	7.729	A4-307
2	KL1-9	梁钢筋[右支座筋]	2	2	12	3	2	1111	180	0	0	1531	5.445	A4-307
2	KL1-9	梁钢筋[底筋]	2	2	18	3	2	2935	270	0	0	3205	25.648	A4-307
2	KL1-9	梁钢筋[箍筋]	2	21	8	3	20	200	450	80	0	1492	24.764	A4-309
2	KL1-9	梁钢筋[架立筋]	2	1	12	3	1	1578	0	0	0	1818	3.233	A4-307
2	KL2-	梁钢筋[贯通钢筋]	2	2	12	3	4	30290	180	180	0	31970	113.707	A4-307
2	KL2-1	梁钢筋[左支座筋]	2	2	12	3	2	1111	180	0	0	1531	5.445	A4-307

图2.70　钢筋算量

提示：在本书的第6章使用广联达钢筋算量软件进行本工程的工程量计算。

2.13 装配式设计

预制装配式建筑即集成建筑，是将建筑的部分或者全部构件在工厂预制完成，然后运输到施工现场，通过可靠的连接方式组装而成的建筑，也称为工业化建筑。

施工图阶段要求绘制结构施工图、计算书和预制构件布置图，确定预制构件方案。墙、柱、梁、板和钢筋施工图详细参见16G101图集，预制和现浇表示法基本相同，但预制墙竖向钢筋为套筒连接的直径14钢筋和构造的直径6钢筋，套筒连接的钢筋满足计算要求。预制构件布置图包括预制构件的编号、位置和尺寸等信息。本例中建筑外墙局部设有室外板，采用装配式设计。

2.13.1　打开图形

在广厦建筑结构 CAD 软件主界面，点击“Revit 建模”，启动 GSRevit 软件。打开系统内置的空调板，路径为“GSCAD\revitcad\2018\x64\族库\装配”。根据工程需要，修改构件几何尺寸大小。

2.13.2　参数设置

装配式设计

点击“装配式设计”→“排布板筋”，如图 2.71 所示，在弹出的对话框中，确定两方向钢筋 8@200，上伸出长 90，桁架间距 600，其他参数已满足要求不用修改，如图 2.72 所示。

在“项目浏览器”选项卡，点击“GS-预制空调板可拖动-预制空调板加工图”，即可查看到自动绘制的空调板加工图，如图 2.73 所示。在图纸中移动每个视图说明到视图正下方，并根据需要修改明细表。

图 2.71　“装配式设计”选项卡

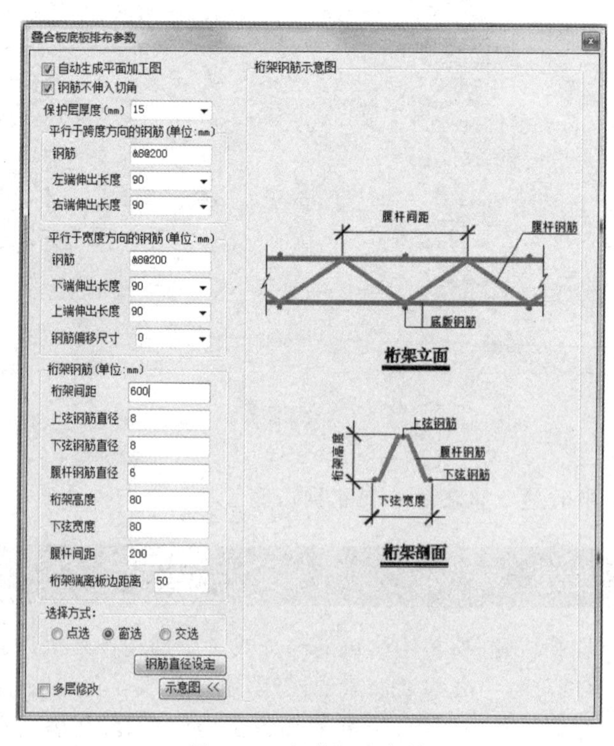

图 2.72　板的调布参数

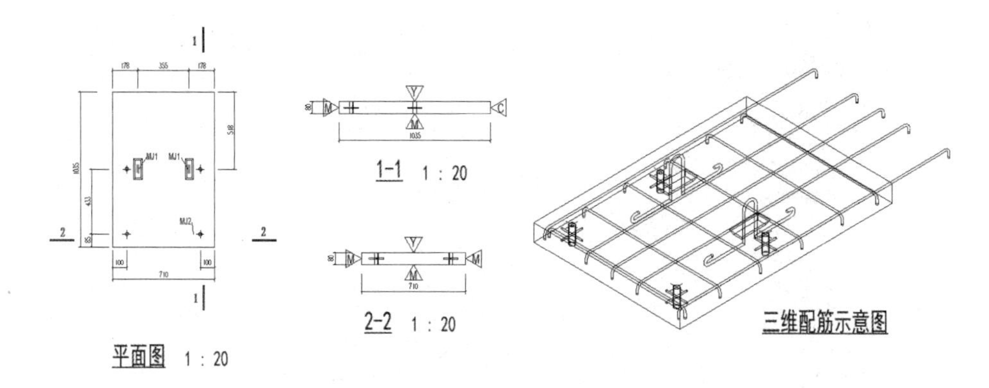

空调板配筋表							
编 号	钢筋类型	钢筋直径	钢筋长度	数量	合 计	钢筋体积	重量(kg)
1	8 HRB400	8.0 mm	1380 mm	1	5	346.83 cm³	2.72
2	8 HRB400	8.0 mm	720 mm	1	6	217.15 cm³	1.70
合计：11						563.98 cm³	4.43

图 2.73　生成的加工施工图

2.13.3　脱模计算

双击“GS-预制空调板可拖动空调板三维真实图”，点击“装配式设计”→“脱模计算”，弹出“脱模计算参数”对话框，如图 2.74 所示，设置好参数完成脱模计算，不满足要求时，需要增加和调整吊点，计算结果如图 2.75 所示。

脱模计算参数

选择要删除的构件类型
☑柱　☑墙　☑梁　☑板
☑其它预制构件　☑楼梯

脱模荷载参数
脱模动力系数　1.2
脱模吸附力(kN/m2)　1.5
混凝土容重(kN/m3)　25

吊点预埋件参数
单个吊点承载力标准值(kN)　11
用于计算的吊点个数　3

简支梁验算参数
左端悬臂长度(mm)　1000
右端悬臂长度(mm)　1000
第1跨长度(mm)　2500
第2跨长度(mm)　0
脱模时混凝土立方体抗压强度标准值(N/mm2)　15

选择方式：
○点选　◉窗选　○交选

☐多层修改

图 2.74　脱模计算参数

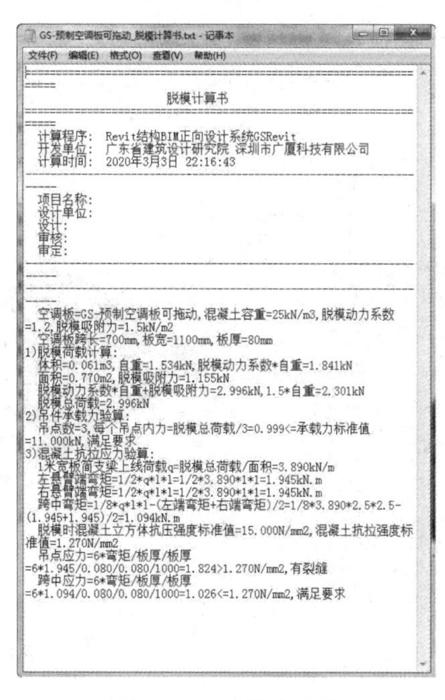
GS-预制空调板可拖动_脱模计算书.txt - 记事本
文件(F)　编辑(E)　格式(O)　查看(V)　帮助(H)

脱模计算书

计算程序：Revit结构BIM正向设计系统GSRevit
开发单位：广东省建筑设计研究院 深圳市广厦科技有限公司
计算时间：2020年3月3日 22:16:43

项目名称：
设计单位：
设计：
审核：
审定：

空调板=GS-预制空调板可拖动，混凝土容重=25kN/m3，脱模动力系数=1.2，脱模吸附力=1.5kN/m2
空调板跨长=700mm，板宽=1100mm，板厚=80mm
1)脱模荷载计算：
体积=0.061m3，自重=1.534kN，脱模动力系数*自重=1.841kN
面积=0.770m2，脱模吸附力=1.155kN
脱模动力系数*自重+脱模吸附力=2.996kN，1.5*自重=2.301kN
脱模总荷载=2.996kN
2)吊件承载力验算：
吊点数=3，每个吊点内力=脱模总荷载/3=0.999<=承载力标准值=11.000kN，满足要求
3)混凝土抗拉应力验算：
1米宽板简支梁上线荷载q=脱模总荷载/面积=3.890kN/m
左悬臂端弯矩=1/2*q*l*l=1/2*3.890*1*1=1.945kN.m
右悬臂端弯矩=1/2*q*l*l=1/2*3.890*1*1=1.945kN.m
跨中弯矩=1/8*q*l*l-(左端弯矩+右端弯矩)/2=1/8*3.890*2.5*2.5-(1.945+1.945)/2=1.094kN.m
脱模时混凝土立方体抗压强度标准值=15.000N/mm2，混凝土抗拉强度标准值=1.270N/mm2
吊点应力=6*弯矩/板厚/板厚=6*1.945/0.080/0.080/1000=1.824>1.270N/mm2，有裂缝
跨中应力=6*弯矩/板厚/板厚=6*1.094/0.080/0.080/1000=1.026<=1.270N/mm2，满足要求

图 2.75　脱模计算书

2.13.4　吊装计算

点击“装配式设计”→“吊装计算”，进行吊装计算，弹出“吊装计算参数”对话框，如图 2.76 所示，计算结果如图 2.77 所示。

图 2.76　吊装计算参数

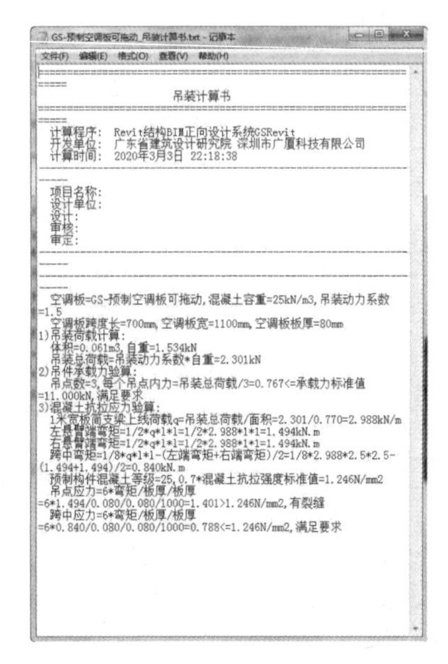

GS-预制空调板可拖动_吊装计算书.txt - 记事本

文件(F)　编辑(E)　格式(O)　查看(V)　帮助(H)

吊装计算书

计算程序：　Revit结构BIM正向设计系统GSRevit
开发单位：　广东省建筑设计研究院 深圳市广厦科技有限公司
计算时间：　2020年3月3日　22:18:38

项目名称：
设计单位：
设计：
审核：
审定：

空调板=GS-预制空调板可拖动，混凝土容重=25kN/m3，吊装动力系数=1.5
空调板跨度长=700mm，空调板宽=1100mm，空调板板厚=80mm
1)吊装荷载计算：
体积=0.061m3，自重=1.534kN
吊装总荷载=吊装动力系数*自重=2.301kN
2)吊件承载力验算：
吊点数=3，每个吊点内力=吊装总荷载/3=0.767<=承载力标准值=11.000kN，满足要求
3)混凝土抗拉应力验算：
1米宽板简支梁上线荷载q=吊装总荷载/面积=2.301/0.770=2.988kN/m
左悬臂端弯矩=1/2*q*l*l=1/2*2.988*1*1=1.494kN.m
右悬臂端弯矩=1/2*q*l*l=1/2*2.988*1*1=1.494kN.m
跨中弯矩=1/8*q*l*l-(左端弯矩+右端弯矩)/2=1/8*2.988*2.5*2.5-(1.494+1.494)/2=0.840kN.m
预制构件混凝土等级=25，0.7*混凝土抗拉强度标准值=1.246N/mm2
吊点应力=6*弯矩/板厚/板厚=6*1.494/0.080/0.080/1000=1.401>1.246N/mm2，有裂缝
跨中应力=6*弯矩/板厚/板厚=6*0.840/0.080/0.080/1000=0.788<=1.246N/mm2，满足要求

图 2.77　吊装计算书

2.13.5　碰撞检查

双击“GS-预制空调板可拖动空调板三维真实图”，点击“装配式设计”→“钢筋碰撞”，进行钢筋碰撞检查。若有碰撞会以红色显示，需要移动钢筋后重新检查，如图 2.78 所示。经过碰撞检查无误的构件就可以放入结构模型中。

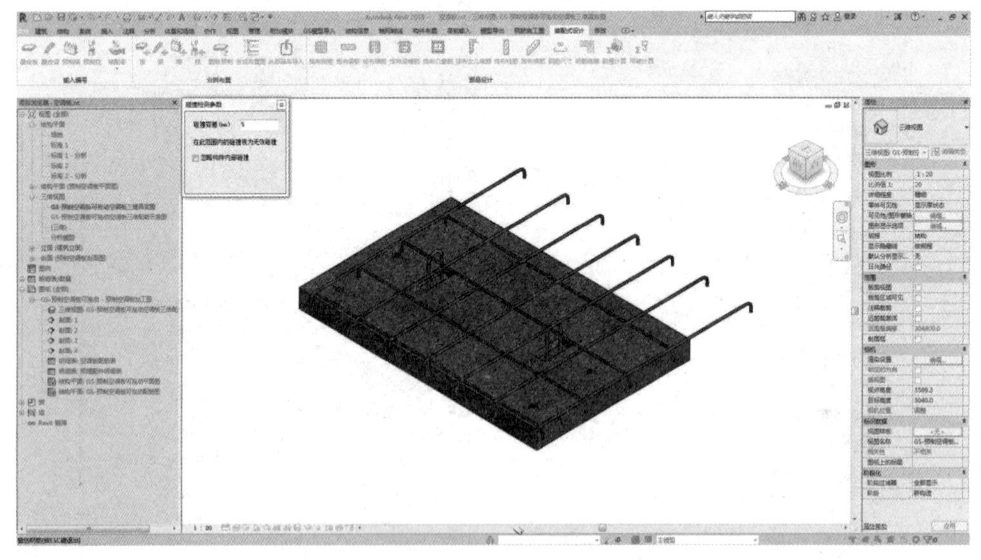

图 2.78　碰撞检查

本章小结

本章阐述了结构建模的一般顺序，先用标高和轴网定位构件位置，之后依次按柱、梁、板、楼梯和钢筋的次序完成结构模型，并导入结构分析软件中完成力学计算，最后导出结构施工图和钢筋工程量。

第3章　建筑工程

3.1　概述

建筑是人们为了满足社会生活需要，利用所掌握的物质技术手段，并运用一定的科学规律和美学法则创造的人工环境。建筑按使用性质可分为居住建筑、公共建筑、工业建筑和农业建筑。尽管它们在使用要求、空间组合、外形处理、结构形式、构造方式以及规模的大小等各个方面有各自的特点，但是组成它们的基本配件大同小异，通常有基础、墙、柱、梁、楼板层和地面、屋顶、楼梯和门窗等，此外，还有台阶和坡道、雨篷、阳台、壁橱、烟道和散水等其他构配件以及装饰物等。这些组成部分按其使用功能来说，各自起着不同的作用，如表3.1所示。

表3.1　建筑的主要构件及其作用

构件	作用	常见类型
基础	房屋的地下承重结构部分，将各种荷载传递至地基	条形、独立、井格式、筏形、箱形
柱	在框架结构中起承重作用	按截面形式不同，有方柱和圆柱两种
梁	承重结构中的受弯构件	框架梁、非框架梁、次梁、连系梁、井字梁、过梁、圈梁
板	沿水平方向分隔上下空间的结构构件，起着承重、隔音、防火、防水的作用	木楼板、砖拱楼板、钢筋混凝土楼板（单向板、双向板）、钢衬板
墙	建筑物室内外及室内之间垂直分隔的实体部分，起着承重、围护和分隔空间的作用	外墙、内墙、山墙、横墙、纵墙；承重墙和非承重墙
窗	采光、通风和眺望、分隔、保温、隔声、防水、防火	平开窗、推拉窗、旋窗；木窗、钢窗、铝合金窗、塑钢窗
门	交通、分隔、联系空间、通风或采光	平开门、弹簧门、推拉门、折叠门、转门、卷帘门
楼梯	上下层的垂直交通设施	板式和梁式；直跑式、双跑式、双分平行式、螺旋式、剪式和弧式
台阶	外界进入建筑物内部的主要交通要道	普通台阶、圆弧台阶和异形台阶
阳台	楼房建筑中各层房间用于与室外接触的小平台	挑阳台、凹阳台、半挑半凹阳台和转角阳台
散水	用于排除建筑物周围的雨水	散水的宽度一般不超过800 mm
雨篷	遮挡雨水、保护外门免受雨水侵害的水平构件	钢筋混凝土悬臂板或预制式

建筑设计首先要满足空间、环保、采光、消防、耐久和抗震要求等；其次要采用合理技术措施原则，如正确选用建筑材料，合理安排使用空间，合理设计结构和构造，考虑方便施工、缩短工期；最后要考虑建筑物的美观性，对于建筑物外形构造、表面装饰、颜色都要做合理的设计。利用BIM技术，在方案设计阶段通过输入调整设计指标，快速模拟建筑效果，并计算相关成本，同时利用BIM可视化的特点，生成的三维模型可以很好地与业主沟通。在施工图设计阶段，基于BIM信息化的协同设计平台，实现全专业在统一环境、统一数据下的协同设计，实现从二维设计转向三维设计，从线条绘图转向构建布置，从单纯几何表现转向全信息模型集成，从各专业单独完成任务转向全专业协同完成项目，从离散的分布设计转向基于同一模型的全过程整体设计。

3.2 墙体

墙体是建筑设计中的重要组成部分，在实际工程中墙体根据材质功能分为多种类型，如隔墙、防火墙、叠层墙、复合墙和幕墙等，因此在绘制时需要综合考虑墙体的高度、厚度、构造做法、图纸粗略、精细程度的显示和内外墙体区别等。

3.2.1 二层外墙

墙有建筑墙、结构墙、面墙、墙饰条和墙分隔缝等五种类型可供选择。墙饰条和墙分隔缝只有在三维的视图下才能激活亮显，用于墙体绘制完后再添加边缘构件。其他墙可以从字面上来理解，建筑墙主要用于分割空间，不承重；结构墙用于承重以及抗剪作用；面墙主要用于体量或常规模型创建墙面。

点击“建筑”→“构建”→“墙”，从类型选择器中选择“建筑墙”类型，复制出“系统族：基本墙”下新的墙体，命名为“办公楼-外墙-300”，如图3.1所示，点击“编辑”，在弹出的对话框中设置墙体构造层厚度及位置关系（可利用“向上”和“向下”按钮调整）。自行定义或者通过右击的方式添加构造层，本例中设置的构造层如图3.2所示。

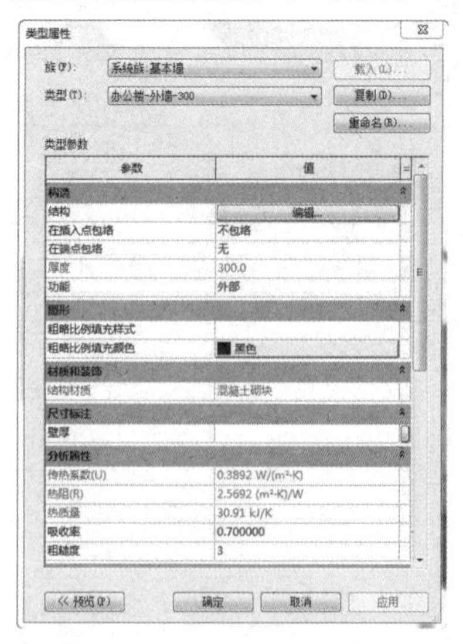

图3.1　外墙的类型属性

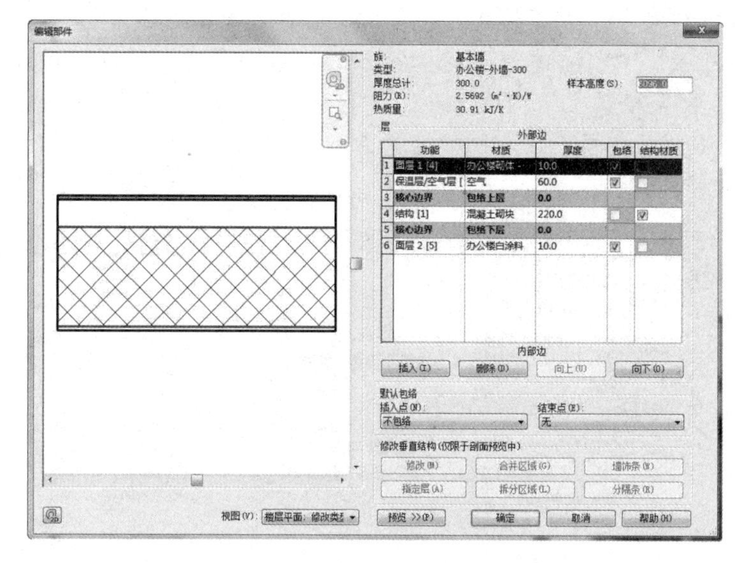

图 3.2　外墙的构造层设置

外墙设置

在墙“编辑部件”对话框的“功能”列表中共提供了六种墙体功能，即结构[1]、衬底[2]、保温层/空气层[3]、面层 1[4]、面层 2[5]和涂膜层[6]。前面的文字定义墙结构中每层在墙体中所起的作用，功能名称后面方括号中的数字，表明墙与墙连接时，各层的优先顺序。方括号中的数字越大，该层的连接优先级越低。当墙相连时，软件会优先将标示为[1]的结构层最先连接，而标示为[5]的面层最后连接。涂膜层是一个特殊的结构层，通常用于防水涂层，其厚度必须为 0。合理设计墙功能层的连接优先级，对于正确表现墙的连接关系至关重要。在 Revit 墙体结构中，墙部件包括两个特殊的功能层——核心结构和核心边界，它们用于界定墙的核心结构与非核心结构。核心结构是指墙存在的条件。核心边界之间的功能层是墙的核心结构，核心边界之外的功能层为非核心结构，如装饰层、保温层等辅助结构。以砖墙为例，砖结构层是墙的核心部分，而砖结构层之外的如抹灰、防水、保温等部分功能层依附于砖结构部分而存在，因此可以称为非核心部分。结构的功能层必须位于核心边界之间。核心结构可以包括一个或几个结构层或其他功能层，用于生成复杂结构的墙体。

在 Revit 中，核心边界以外的构造层都可以设置是否包络。所谓包络是指墙的非核心构造层在断开点处的处理方法，例如在墙端点部分或在墙体中插入门、窗等洞口，可以分别控制墙在端点或插入点的包络方式。

提示：本例的墙不承重，采用建筑墙，所以图 3.1 中的结构材质是灰色的不可选状态。如果是结构墙，选中“结构”复选框，可以进行后期受力分析。

墙体还可以设置不同的颜色进行区分，颜色在结构层的材质中进行设置。点击构造层的材质，出现“材质浏览器”对话框，可在其中进行着色、表面填充图案和截面填充图案的设置。本例中点击面层的材质，弹出面层的材质对话框，搜索砌体材料，复制为新材质并命名为“办公楼砌体-普通砖 75×225 mm”，在表面填充图案点击相应的图案，设置颜色为“RGB 170,100,105”，如图 3.3 所示。

绘制墙时，设置其底部约束为标高 2，顶部约束为标高 3，并且顶部偏移为“－500”，即到达梁底端位置，如图 3.4 所示。墙定位线分为墙中心线、核心层中心线、面层面和核心面四种。在 Revit 中，墙的核心层是指其主结构层。在简单的砖墙中，“墙中心线”与“核心层中心线”平面会重合，但在复合墙中可能会有不同的情况。当顺时针绘制墙时，其外部面(面层面：外部)在默认情况下位于外部。

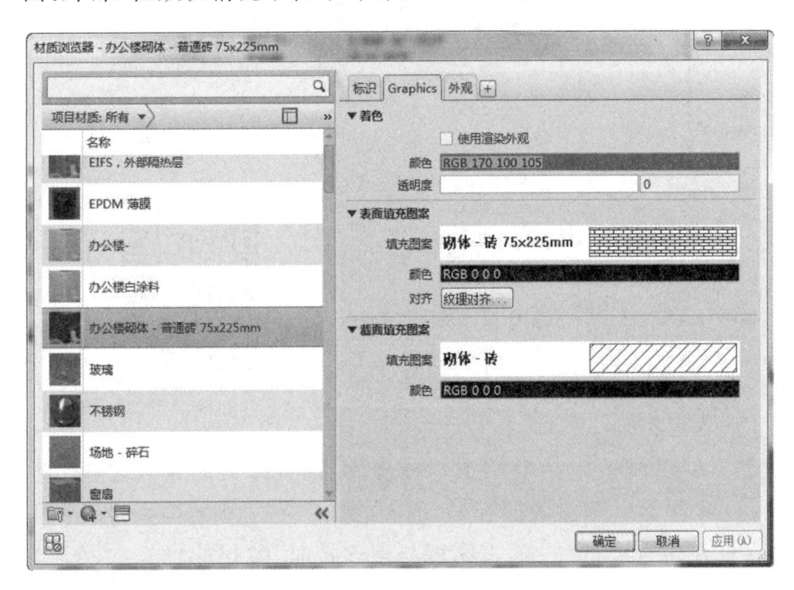

图 3.3　墙面砖的材质设置

属性	
基本墙 办公楼-外墙-300	
墙 (1)	编辑类型
约束	
定位线	墙中心线
底部约束	标高 2
底部偏移	0.0
已附着底部	☐
底部延伸距离	0.0
顶部约束	直到标高: 标高 3
无连接高度	2700.0
顶部偏移	-500.0
已附着顶部	☐
顶部延伸距离	0.0
房间边界	☑
与体量相关	☐
结构	
结构	☐
启用分析模型	☐
结构用途	非承重

图 3.4　墙的属性

提示： 放置墙后，其定位线将永久存在，即使修改其类型的结构或修改为其他类型也会存在。修改现有墙的“定位线”属性数值不会改变墙的位置。

设置墙高度、定位线、偏移值、半径、墙链，选择直线、矩形、多边形或弧形墙体等绘制方法进行墙体的绘制，本例中使用直线方式，绘制好的二层外墙如图 3.5 所示。

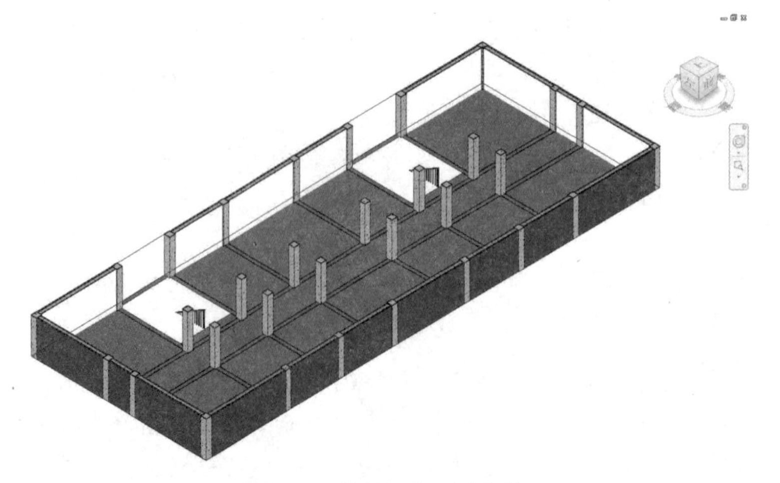

图 3.5　绘制好的二层外墙

二层外墙绘制

提示：如果是外部图纸，可以先选择墙类型，设置好墙的高度、定位线、偏移量和半径等参数后，选择“拾取线/边”命令，拾取外部图纸的墙线，自动生成 Revit 墙体。

3.2.2 二层内墙

二层内墙绘制

本例内墙没有外部面瓷砖，双面使用的都是涂料，而且内墙没有保温层。在外墙的基础上复制出新的基本墙，命名为“办公楼-内墙-240”，设置其功能为“内部”，如图 3.6 所示。点击“编辑”，在弹出的窗口中设置好构造层，如图 3.7 所示。

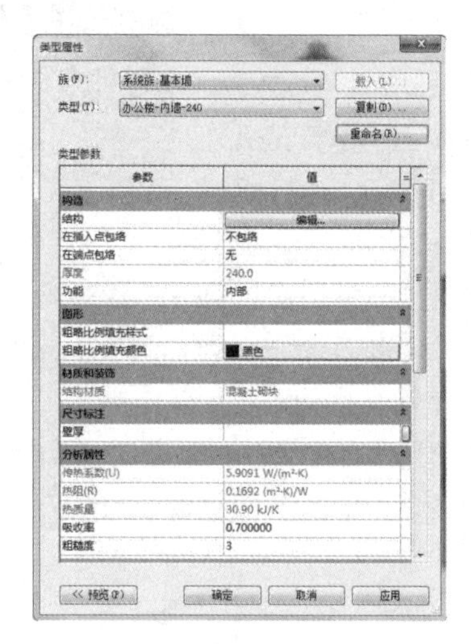

图 3.6 内墙的类型属性

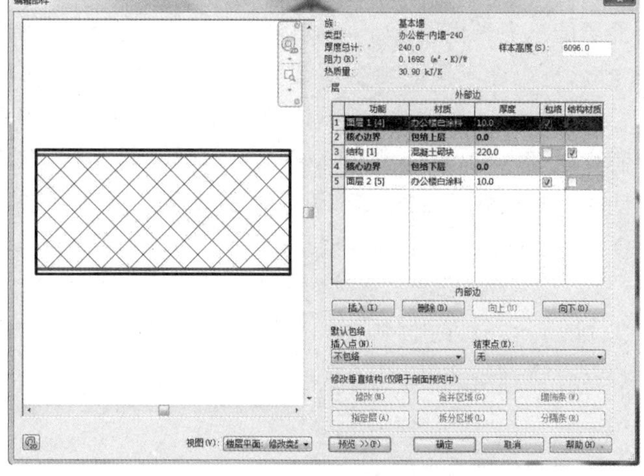

图 3.7 内墙的构造层设置

使用直线方式绘制，绘制好的二层内墙，如图 3.8 所示。

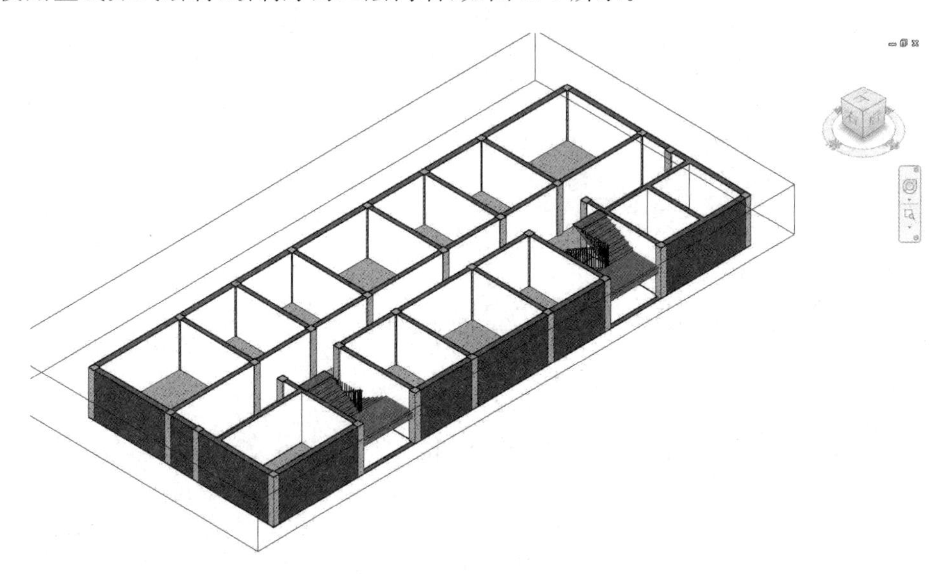

图 3.8 绘制好的二层内墙

如果有剪力墙，需要在平面图将其涂黑，有两种办法可以实现：一是将墙体的类型属性中的“粗略比例填充样式”改为实体填充，“粗略比例填充颜色”改为黑色，另外“视图详细程度”为粗略；二是在过滤器中，将剪力墙的“投影/表面”的填充图案修改为黑色实体填充样式即可。

提示： 所有常规的编辑命令，如移动、复制、旋转、阵列、镜像、对齐、拆分、修剪和偏移等，同样适用于墙体的编辑。选择需要编辑的墙体，在“修改|墙”选项卡的“修改”面板中选择相应命令进行编辑。

3.2.3　一层叠层墙

一层外叠墙

叠层墙是一种由若干个不同的子墙（基本墙类型）相互堆叠在一起而组成的主墙，可以在不同的高度定义不同的墙厚、复合层和材质，常用于底层外墙的绘制。由于叠层墙是由不同厚度或不同材质的基本墙组合而成的，所以在绘制叠层墙之前，首先要定义多个基本墙。点击“建筑”→“构建”→“墙”，在属性窗口中设置顶部约束和底部约束，如图 3.9 所示。点击“编辑类型”，弹出“类型属性”对话框，如图 3.10 所示。点击“结构”后的“编辑”按钮，弹出“编辑部件”对话框，将“办公楼-外墙-300”设置为“可变”，而将“外部-带砌块与金属立筋龙骨复合墙”设置为固定高度 900，如图 3.11 所示。对话框中的样本高度是指左侧预览中的墙体总高度，对于常规墙体类型，此参数没有特别用途，但对于叠层墙、带墙饰条或分割缝的墙，以及有多种材质的墙则非常有用。

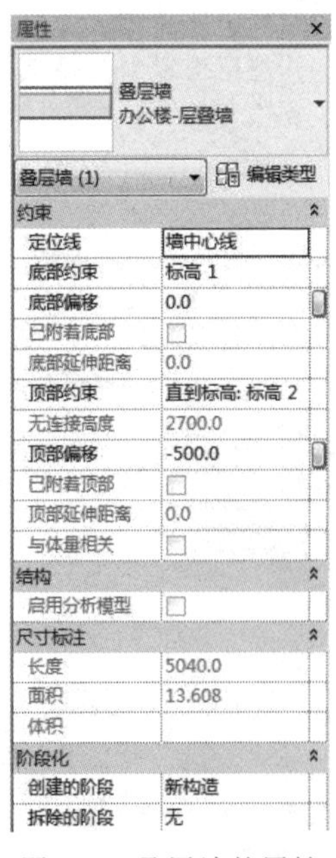

图 3.9　叠层墙的属性

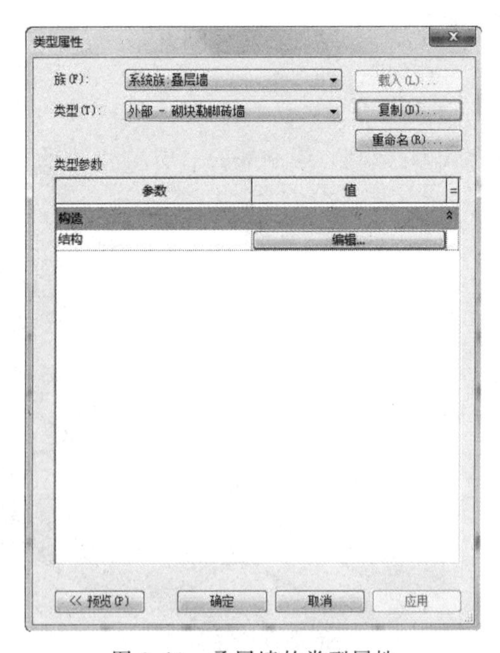

图 3.10　叠层墙的类型属性

绘制时设置叠层墙的内边对齐，绘制好的叠层墙如图 3.12 所示。本例中实际上采用底部青色，厚度与“办公楼-外墙-300”一致的外墙。

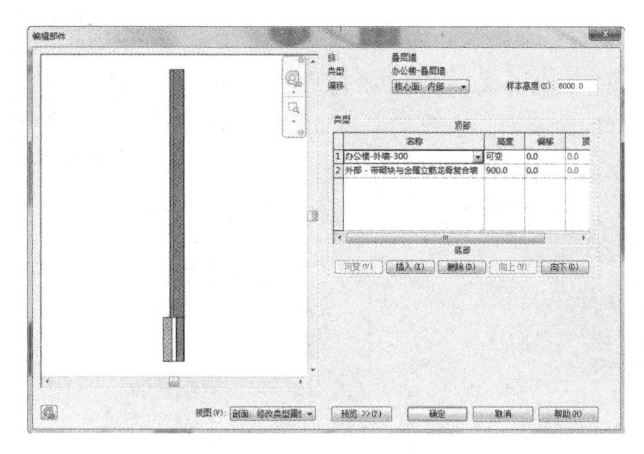

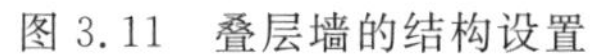

图 3.11　叠层墙的结构设置

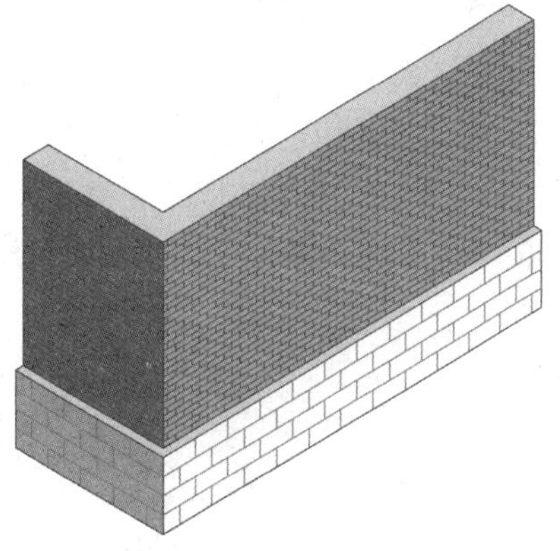

图 3.12　绘制出的叠层墙

提示：在叠层墙中必须指定一段可编辑的高度，所以在叠层墙的“编辑部件”对话框中，“高度”选项必须有一个设置为“可变”。

3.2.4　墙轮廓

有些情况下，墙立面需要一些造型，此时选择绘制好的墙，自动激活“修改|墙”选项卡，点击“模式”面板中的“编辑轮廓”按钮，如图 3.13 所示。如果在平面视图中进行轮廓编辑操作，将弹出“转到视图”对话框，在该对话框中选择任意立面视图或三维视图进行操作，进入绘制轮廓草图模式，利用不同的绘制方式将墙的轮廓修改为所需形状。如果需要一次性还原已编辑过轮廓的墙体，则只需选择墙体，再点击“重设轮廓”按钮即可。

图 3.13　修改墙轮廓菜单

3.2.5　墙的附着

如果墙体在多坡屋面的下方，需要其与屋顶有效、快速地连接，利用“编辑轮廓”命令进行操作会比较麻烦，此时通过“附着/分离墙体”操作能有效地解决问题。选择墙体，自动激活“修改|墙”选项卡，点击“修改墙”面板下的“附着”按钮，然后拾取屋顶、楼板、天花板或参照平面，可将墙连接到屋顶、楼板、天花板、参照平面上；点击“分离”按钮，可将墙从屋顶、楼板、天花板、参照平面上分离开，使墙体形状恢复原状。

3.3　门窗

在 Revit 中可以直接放置已有的门窗族，对于普通门窗可直接通过修改族类型参数，如门窗的宽、高和材质等，形成新的门窗类型。

3.3.1 门窗属性

二层窗户

在视图中选择门窗后，视图“属性”框自动转成门/窗“属性”。复制并命名门的名称，设置门宽、门高和材质等属性，如图 3.14 所示。在实例属性窗口中设置门、窗的“标高”以及“底高度”。窗的“底高度”为窗台高度，门的“底高度”通常设为零，“顶高度”为“门窗高度＋底高度”。门的实例属性如图 3.15 所示。

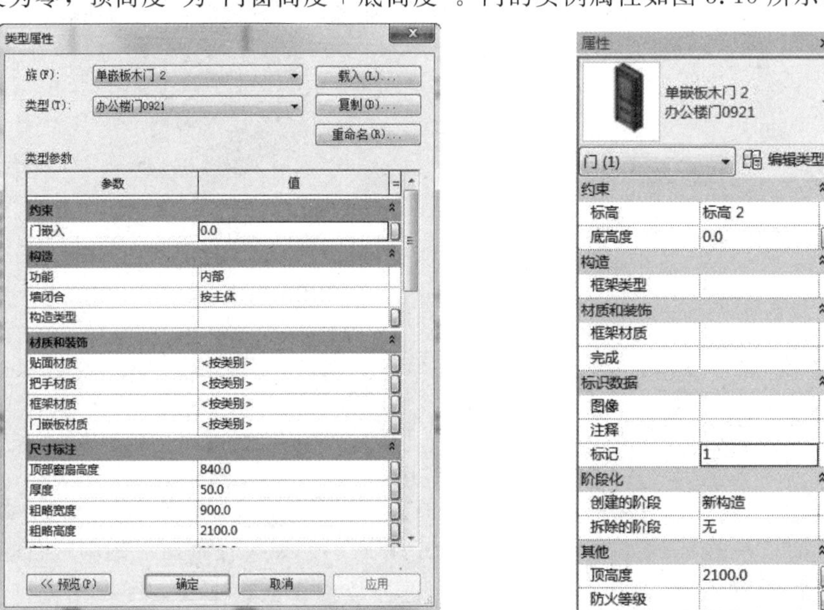

图 3.14　门的类型属性　　　　图 3.15　门的实例属性

3.3.2 插入门窗

二层门

门窗是基于主体的构件，可添加到任何类型的墙体，并在平面、立面、剖面以及三维视图中均可添加门窗，同时门窗会自动剪切墙体放置。

点击“建筑”→“构建”→“门”，选择所需的门类型，如果需要更多的门类型，通过“载入族”命令从族库载入，路径为“建筑\门”，如图 3.16 所示，选择相应的门类型。

复制楼层

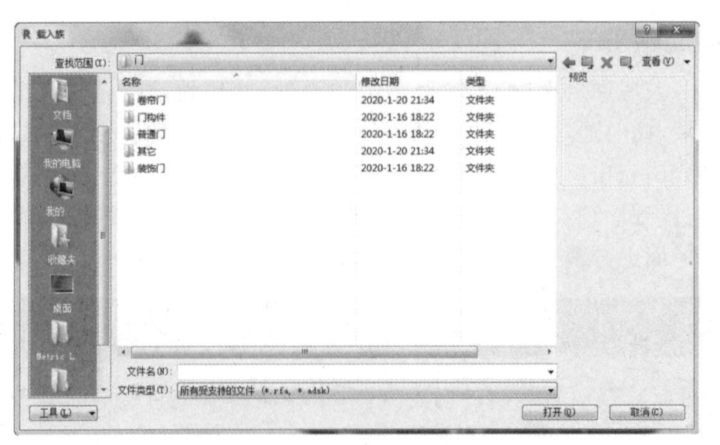

图 3.16　载入门族

放置门窗前，在面板中选择“在放置时进行标记”，软件会自动标记门窗，选择“引线”可设置引线长度，如图 3.17 所示。

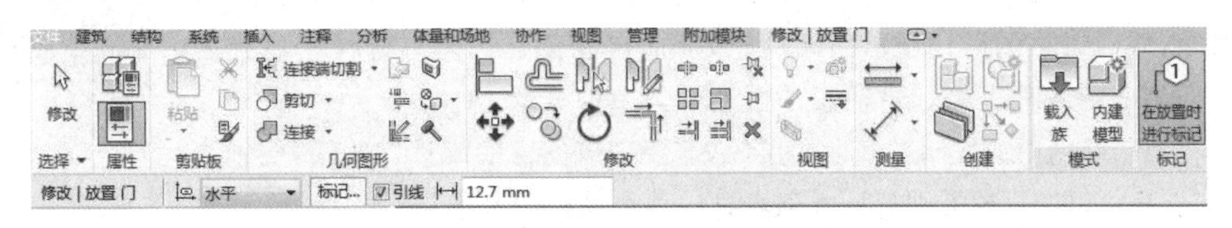

图 3.17　插入门时同时标记

门窗只有在墙体上才会显示。在墙主体上移动光标，参照临时尺寸标注，当门位于正确的位置时点击鼠标，完成门的绘制。如果门窗开启方向是反的，可以先选择门窗，再点击“翻转控件”来调整。

提示：在放置门窗时，可以按空格键改变门窗的方向。如果需要居中插入，在绘制时输入“sm”，临时尺寸会自动调整门窗洞口的距离。

在放置门窗时，如果未勾选“在放置时进行标记”，还可通过第二种方式对门窗进行标记。点击“注释”→“标记”→“按类别标记”，将光标移至放置标记的构件上，待其高亮显示时，点击鼠标则可直接标记，如图 3.18 所示；或者点击“全部标记”，在弹出的“标记所有未标记的对象”对话框，选中所需标记的类别后，点击“确定”。需注意，在标记前要先载入相应的门窗标志族。

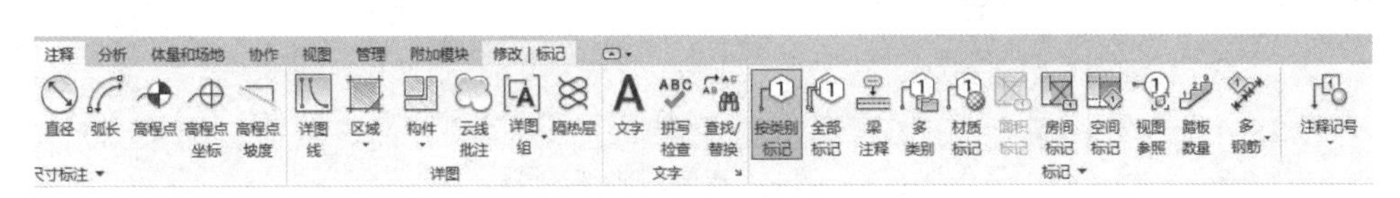

图 3.18　按类别标记门窗

将门窗加入墙体后的效果如图 3.19 所示。

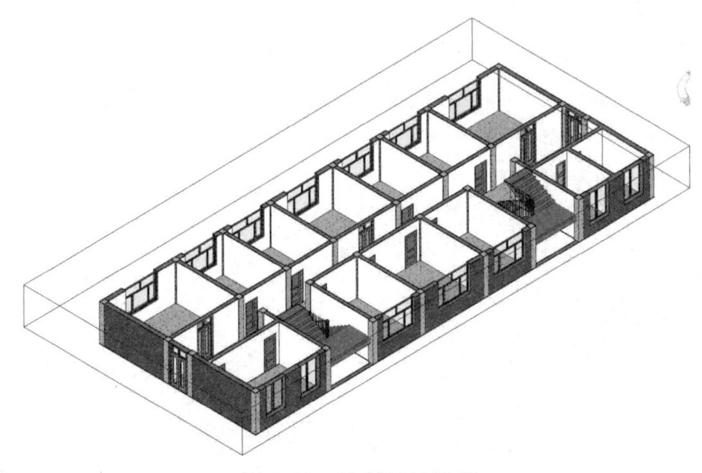

图 3.19　绘制好的门窗

3.3.3 门窗表

门明细表

Revit 可以自动提取修订、注释、视图、图纸、房间和面积构件等图元的属性参数，并以表格的形式显示图元信息，从而自动创建门窗等构件信息列表、材质明细表等各种表格。明细表是模型的另一种视图。

将绘制好的门窗复制到其他楼层后，需要完成门窗的统计。使用“明细表/数量”工具可以按对象类别统计并列表显示各类模型图元信息，如门窗的类型、高度、宽度和数量等。在 Revit 中明细表以表格形式显示信息，这些信息是从项目中的图元属性中提取的。明细表可以列出要编制明细表的图元类型的每个实例，或根据明细表的成组标准将多个实例压缩到一行中。

点击“视图”→“创建”→“明细表”→“明细表/数量”，在弹出的“新建明细表”对话框中选择门的类别，如图 3.20 所示。修改明细表名称为“办公楼-门明细表”，点击“确定”按钮，打开“明细表属性”对话框。

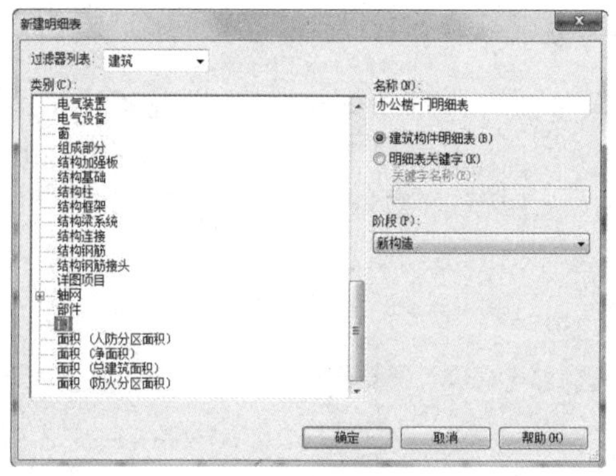

图 3.20　新建门明细表

在“明细表属性”对话框“字段”选项卡的“可用的字段”列表中显示门对象类别中所有可以在明细表中显示的类型参数和实例参数，依次在列表中选择类型、宽度、高度、合计和族参数，点击“添加”按钮，添加到右侧的“明细表字段”列表中。在“明细表字段”列表中选择各参数，点击“上移”或者“下移”按钮，调整明细表的显示顺序，如图 3.21 所示。

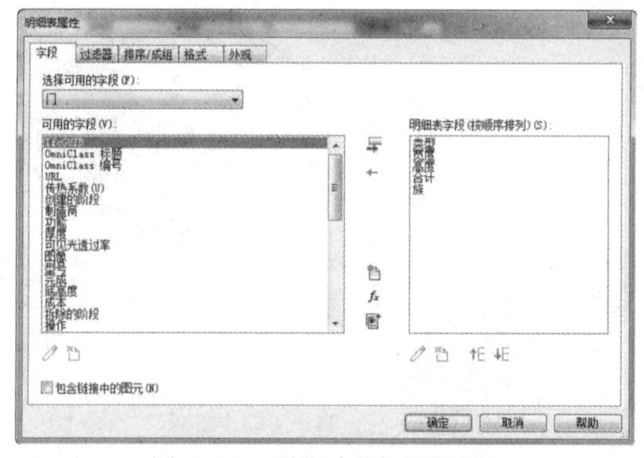

图 3.21　明细表“字段”属性

切换至“排序/成组”选项卡，设置“排序方式”为“类型”，排序顺序为“升序”，不勾选“逐项列举每个实例”选项，如图 3.22 所示，点击“确定”按钮后，Revit 会按照指定字段建立“办公楼-门明细表”的视图，并切换至该视图，如图 3.23 所示。也可以在项目浏览器中找到门明细表进行查看。

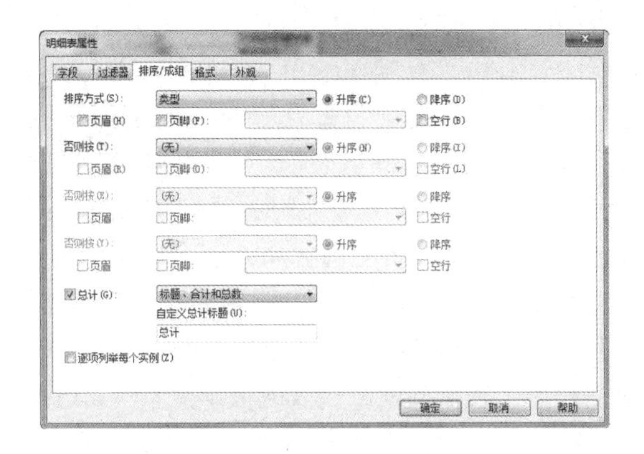

图 3.22　明细表“排序/成组”属性

<办公楼-门明细表>

A	B	C	D	E
类型	宽度	高度	合计	族
办公楼-主门-2426	2400	2600	1	四扇推拉门 2
办公楼-侧门-1224	1200	2400	2	双面嵌板镶玻璃
办公楼-单门-0921	900	2100	32	单嵌板木门 2
办公楼-卫生间门-0821	800	2100	16	单嵌板玻璃门 1
办公楼-双门-1221	1200	2100	11	双面嵌板镶玻璃
总计：62				

图 3.23　门明细表

提示：明细表与项目模型相互关联，可以利用明细表视图修改项目中模型图元的参数信息，以提高修改大量具有相同参数值的图元属性时的效率。

3.4　幕墙

幕墙是一种外墙，附着在建筑结构上，不承担建筑楼板或屋顶的荷载。幕墙由幕墙网格、竖梃和嵌板组成。在一般应用中，幕墙常常被定义为薄的、带铝框的墙，其填充物有玻璃、金属嵌板或薄石。在 Revit 中，根据复杂程度，幕墙可分为常规幕墙、规则幕墙系统和面幕墙系统。常规幕墙是墙体的一种特殊类型，其绘制方法和常规墙体相同，并具有常规墙体的各种属性，可以像编辑常规墙体一样用“附着”和“编辑立面轮廓”等命令编辑常规幕墙。规则幕墙系统和面幕墙系统可通过创建体量或常规模型来绘制，主要在幕墙数量较多、面积较大或存在不规则曲面时使用。本例中以在楼梯间创建常规幕墙来说明。

3.4.1　创建幕墙

对于上述幕墙均可通过幕墙网格、竖梃以及嵌板三大组成元素来进行设置。点击“建筑”→“构建”→“墙：建筑”→“属性”，弹出幕墙“类型属性”对话框，如图 3.24 所示。

绘制幕墙

幕墙的类型属性参数中的“功能”包括外墙、内墙、挡土墙、基础墙、檐底板和核心竖井六个类型。“自动嵌入”是指幕墙是否自动嵌入墙中，即在普通墙体上绘制的幕墙会自动剪切墙体，一般情况需要勾选此选项。“幕墙嵌板”选项，点击“无”中的下拉框，可选择绘制幕墙的默认嵌板，一般幕墙的默认选择为“系统嵌板:玻璃”。“连接条件”用来控制在某个幕墙图元类型中在交点处截断哪些竖梃。使用该参数可使幕墙上的所有水平或垂直竖梃连续，或使玻璃斜窗上网格 1 或网格 2 上的所有竖梃连续。“连接条件”选项共有“无”“垂直网格连续”“水平网格连续”“边界与垂直网格连续”“边界与水平网格连续”五种方式。

“垂直网格”和“水平网格”用于分割幕墙表面，用于整体分割或局部细分幕墙嵌板。其“布局”选项有“无”“固定数量”“固定距离”“最大间距”“最小间距”五种。当选“无”时不划分幕墙；当选“固定距离”时，该类型的墙按各实例在属性面板中指定的分割距离划分幕墙网格，当距离不足指定距离时，则余下部分不再划分；当选“固定数量”时，该类型的墙按各实例在属性面板中指定的分割数量等间距划分幕墙网格；当选“最大间距”或“最小间距”时，该类型的幕墙按相等间距等分幕墙网格，每个网格的间距最大或最小值不会超过或低于设定的间距。

“垂直竖梃”和“水平竖梃”中设置的竖梃样式和边界类型会自动在幕墙网格上添加，如果该处没有网格线，则该处不会生成竖梃。“边界 1 类型”指定左边界上垂直竖梃的竖梃族，“边界 2 类型”指定右边界上垂直竖梃的竖梃族。

玻璃幕墙在实例属性上与普通墙类似，只是多了垂直网格和水平网格样式，编号只有网格样式设置成“固定距离”时才能被激活，编号值即等于网格数。

幕墙的绘制方式和墙体绘制相同，绘制时幕墙的实例属性如图 3.25 所示。

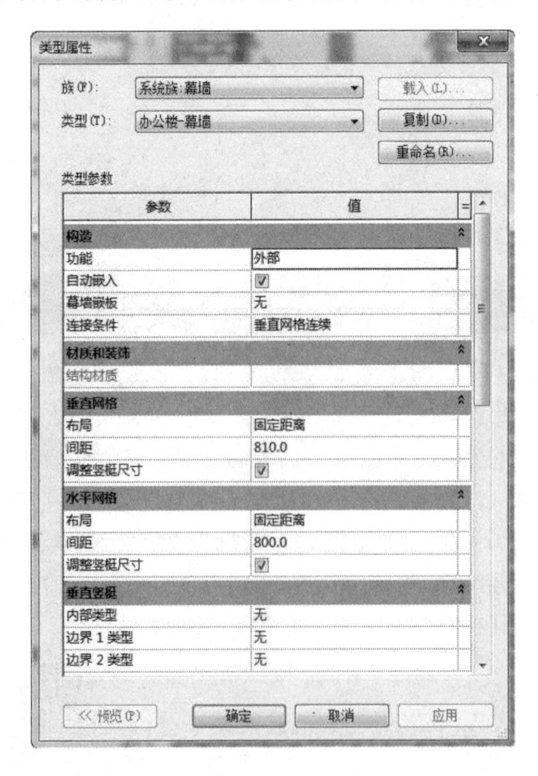

图 3.24　幕墙类型属性

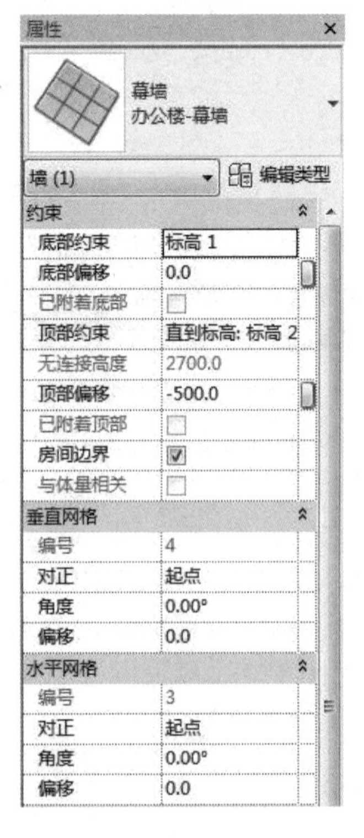

图 3.25　幕墙实例属性

3.4.2 编辑幕墙

在平面视图中，绘制幕墙网格与竖梃的玻璃幕墙。点击视图控制栏中“临时隐藏/隔离按钮”，在弹出的菜单中选择“隔离图元”命令，视图中则只显示选择好的幕墙，转到立面视图中。点击“建筑”→“构建”→“幕墙网格”或“竖梃”，在弹出的“修改放置幕墙网格（竖梃）”选项卡的“放置”面板中，可以选择网格或竖梃的放置方式：全部分段可以添加整条网格线；一段可以添加一段网格线，从而拆分嵌板；除拾取外的全部，可以先添加一条红色的整条网格线，再点击某段删除，其余的嵌板添加网格线。放置幕墙竖梃的方式有网格线（是指整条网格线均添加竖梃）、单段网格线（是指在每根网格线相交后，形成的单段网格线处添加竖梃）、全部网格线（是指全部网格线均加上竖梃）。本例选择删除上部中间的竖梃，然后为全部网格线均加上竖梃，原始幕墙如图 3.26 所示，修改后的效果如图 3.27 所示。

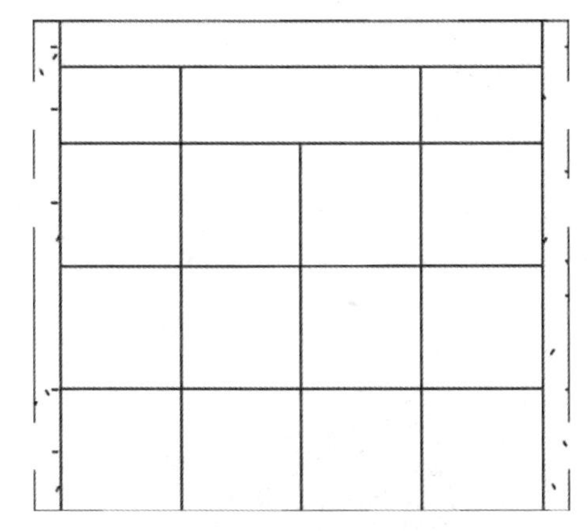

图 3.26　原始的玻璃幕墙

图 3.27　添加竖梃后的幕墙

添加网格的另一种方法是将光标移至幕墙网格处，待网格虚线高亮显示时，点击鼠标左键，选中幕墙网格，则出现“修改|幕墙网格”选项卡，点击“幕墙网格”面板中的“添加/删除线段”。此时，点击选中幕墙网格中需要断开的该段网格线，即可删除网格线，再次点击删除网格线的地方又可添加网格线。在“类型属性”对话框中设置幕墙竖梃后，添加或删除幕墙网格线，同步会添加/删除幕墙竖梃。

提示：幕墙网格命令不能任意分割幕墙，只能提供正交方向或统一的角度分割幕墙。如果需要任意分割幕墙，需要借助内建体量或者概念体量族的方法。

3.4.3 幕墙嵌板

幕墙嵌板

添加幕墙网格后，Revit 根据幕墙网格线段的形状将幕墙划分为数个独立的幕墙嵌板，这时可以自由指定和替换每个幕墙嵌板。嵌板可以替换为系统嵌板族、外部嵌板族或者任意基本墙及层叠墙族类型。其中系统嵌板包括玻璃和实体两种类型。下面将幕墙中上部的封闭玻璃替换为可开启的窗户。

将鼠标放在幕墙网格上，通过切换 Tab 键选择幕墙嵌板，选中后，在属性中的“类型”可直接修改幕墙嵌板类型，如图 3.28 所示。如果没有所需类型，可通过载入族库中的族文件或新建族载入项目中，路径为“建筑\幕墙\门窗嵌板”，如图 3.29 所示。这里选择的门窗不能直接选取建筑目录下面的门窗文件夹，而要选取幕墙目录下面的文件才可以替换。

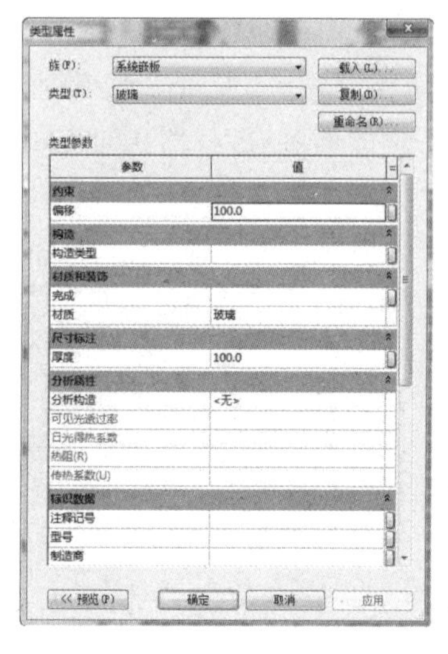

图 3.28　幕墙的属性窗口

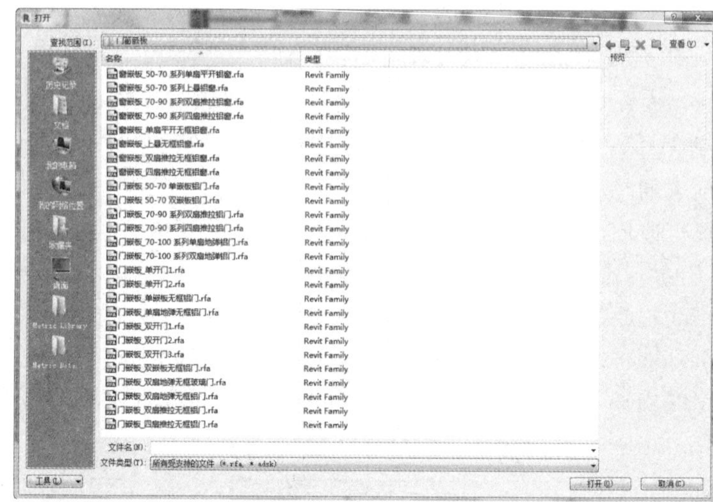

图 3.29　载入系统嵌板

选择好的窗户会根据嵌板尺寸自动调整大小,如图 3.30 所示,三维效果如图 3.31 所示。如果嵌板的网格不是矩形,则 Revit 无法替换相应的门窗,此时需要用户根据“公制幕墙嵌板”选项中的“公制门”或者“公制窗”等族样板自定义任意形状的幕墙嵌板。

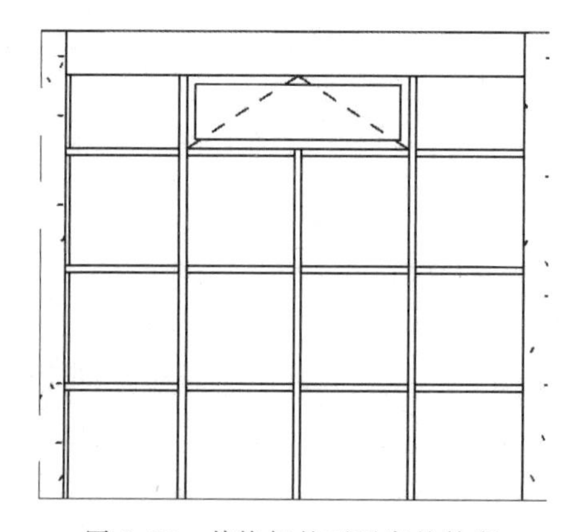

图 3.30　替换好的可开启的外窗

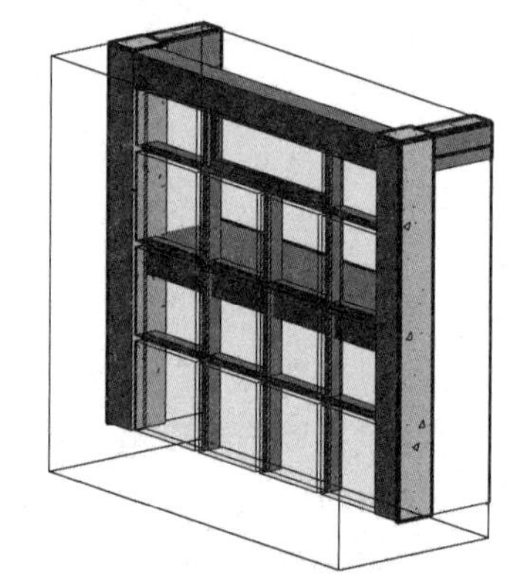

图 3.31　绘制好的幕墙三维效果图

幕墙主要是通过设置幕墙网格、幕墙嵌板和幕墙竖梃来进行设计的。对于幕墙网格可采用手动编辑和自动生成幕墙网格两种方式,可以对幕墙的造型进行各种编辑。灵活使用幕墙工具,可以创建任意复杂形式的幕墙样式。

3.5　洞口

在建筑中有时会有贯穿多层的电梯井、烟道井、管道井和预留孔洞等,在第 2 章绘制楼梯井时,是使用“编辑边界”绘出洞口的。在本章使用洞口命令,“洞口”工具可以在墙、楼板、天花板、屋顶、结构梁、支撑和结构柱上剪切洞口。

洞口

点击“建筑”→“洞口”,面板中包括“按面”“竖井”“墙”“垂直”“老虎窗”五个选项。“面洞口”是垂直于屋顶、楼板或天花板选定面的洞口;“竖井”是跨多个标高的垂直洞口，贯穿其间的屋顶、楼板或天花板进行剪切后形成的；“墙”是在直墙或弯曲墙中剪切一个矩形洞口；“垂直”是贯穿屋顶、楼板或天花板的垂直洞口；“老虎窗”是剪切屋顶，以便为老虎窗创建洞口。

打开 F1 平面视图，点击“竖井洞口”按钮，点击楼板，进入草图绘制模式，在墙角位置绘制圆形管道口形状，在“属性”选项中设置底部限制条件和顶部约束，如图 3.32 所示。绘制好的洞口如图 3.33 所示。

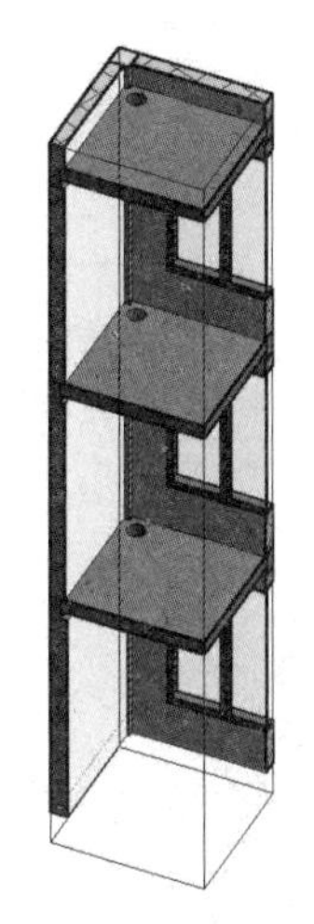

图 3.32　竖井洞口的属性　　　　图 3.33　绘制好的管道井

 **提示：** 在门窗族中有门窗洞口。

3.6　扶手

绘制扶手

扶手包括楼梯、阳台、楼板边缘等处的扶手，特别是顶层楼梯的位置需要设置扶手。在创建楼梯时，多数情况下，扶手可以随着楼梯自动生成。栏杆扶手是基于草图的图元，栏杆扶手的最终几何图形会受到多种因素的影响。草图定义了栏杆扶手的位置和长度，栏杆扶手类型的扶栏结构以及栏杆位置定义了栏杆扶手的整体样式，栏杆扶手的主体控制了其坡度以及三维几何图形。下文以创建阳台扶手为例进行说明。

3.6.1　创建扶手

点击“建筑”→“楼梯坡道”→“栏杆扶手”，进入绘制栏杆扶手路径模式，如图 3.34 所示。用“线”绘制工具绘制连续的扶手路径线，路径可为直线，也可为曲线。本例中的扶手为三段直线。

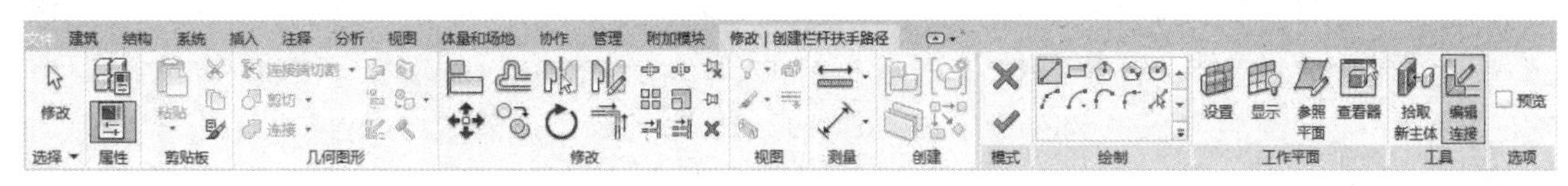

图 3.34　绘制扶手路径选项卡

在扶手路径绘制完毕后,点击“完成扶手”按钮创建扶手,如图 3.35 所示。

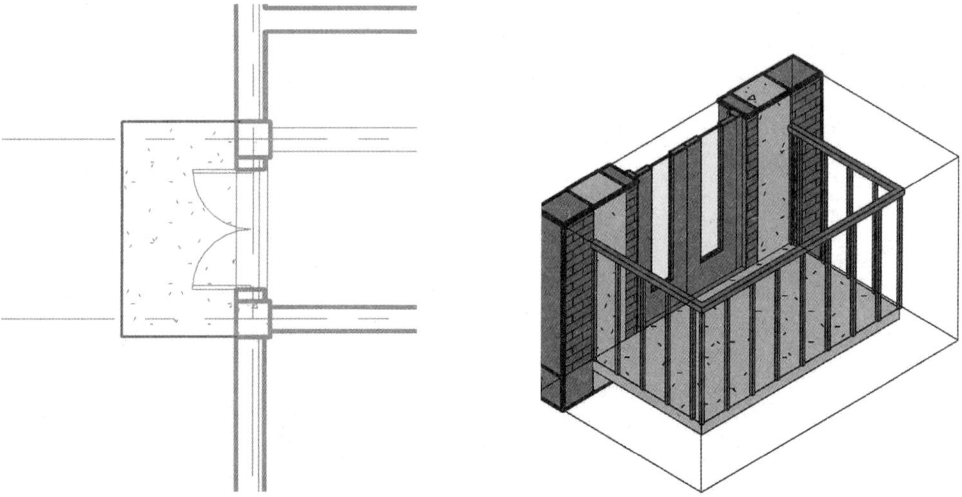

图 3.35　扶手路径和绘制好的扶手

如果需要编辑栏杆扶手草图,先选择栏杆扶手,然后在功能区的上下文选项卡中点击“编辑路径”。选择一段栏杆扶手草图,然后使用夹点控制柄将栏杆扶手延伸。栏杆扶手草图末端附近的箭头控制柄表示扶手栏杆的起点和终点,点击箭头可进行转换。在这种情况下,终点栏杆和起点栏杆的定义是相同的,因此更改起点和终点不会对栏杆扶手几何图形造成任何影响。点击“完成”结束栏杆扶手修改。

 **提示**:公共建筑的扶栏要连续绘制,即每段栏杆首尾相连。

3.6.2　设置扶手

扶手由“扶手结构”和“栏杆”两部分组成,可以指定各部分使用的族类型,从而绘制各种形式的扶手。打开扶手的“类型属性”对话框,如图 3.36 所示。

修改类型属性可更改栏杆扶手系统族的结构、栏杆和支柱、连接、扶手和其他属性,主要的选项如下。

(1)“栏杆扶手高度”:用于设置栏杆扶手系统中最高扶栏的高度。

(2)“扶栏结构(非连续)”:在该选项打开的对话框可以插入新扶手或复制现有扶手,用于设置每个扶栏的编号、高度、偏移、轮廓和材质等参数,如图 3.37 所示。

(3)“栏杆位置”:在该选项打开的对话框中布置主栏杆样式和支柱样式,用于设置主栏杆和支柱的栏杆族、底部及底部偏移、顶部及顶部偏移、相对距离、偏移等参数。创建新的扶手样式、栏杆主样式并且设置好各项参数,如图 3.38 所示。在自定义栏杆扶手的栏杆时,该选项可以指定起点支柱、转角支柱和终点支柱的设计。注意在“编辑栏杆位置”对话框的中部,有一个“楼梯上每个踏板都使用栏杆”的选项,勾选后每个踏板都会出现支柱。本例为阳台扶手,故不需要勾选此项。

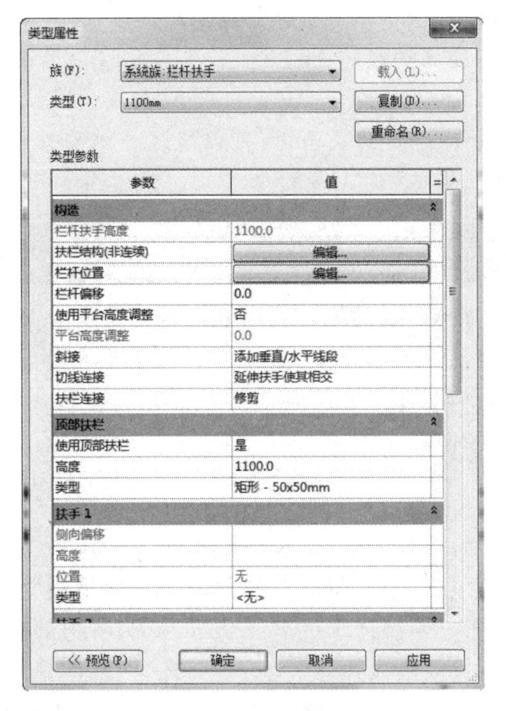

图 3.36　栏杆扶手的“类型属性”设置

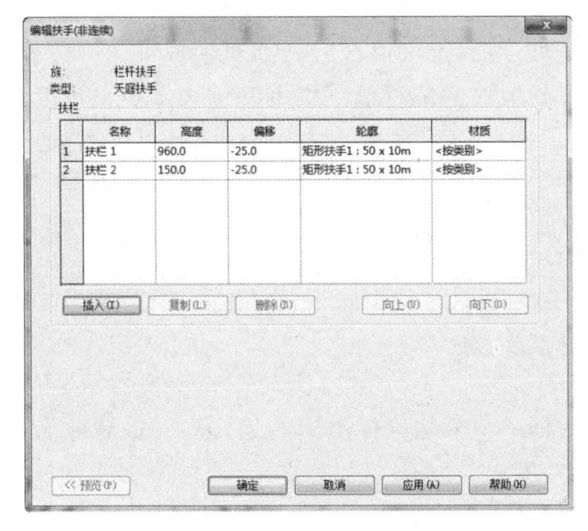

图 3.37　编辑扶手(非连续)

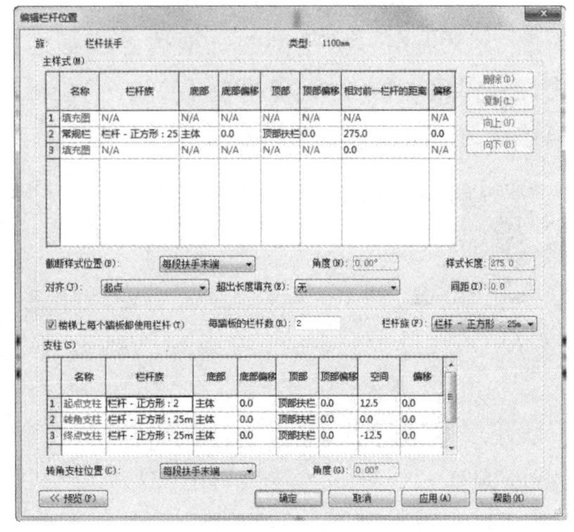

图 3.38　编辑栏杆位置

(4)“栏杆偏移”:表示栏杆相对于扶手路径内侧或外侧的距离。

(5)“使用平台高度调整”:用于控制平台栏杆扶手的高度。

(6)“平台高度调整”:用于设置中间平台或顶部平台“栏杆扶手高度”参数的指示值和升降栏杆高度。

(7)“斜接”:如果两段栏杆扶手在平面内相交成一定角度,且没有垂直连接,则可以选择该选项下的任意一项。

(8)“切线连接”:当软件无法在栏杆扶手之间连接时,可以在该选项下选择修剪或者接合。

(9)“高度”:用于设置栏杆扶手系统中顶部扶栏的高度。

(10)“类型”:用于指定顶部扶栏的类型。

提示: 如果需要特殊造型的扶手,则可以通过分别修改栏杆的“扶手”和“栏杆”两部分的属性来完成。

3.7 屋顶

屋顶是建筑最上层起覆盖作用的围护结构。根据排水坡度的不同,屋顶有平屋顶和坡屋顶两大类。Revit 提供了多种建模工具,如迹线屋顶、拉伸屋顶、面屋顶和玻璃斜窗等创建屋顶的常规工具。此外,对于一些特殊造型的屋顶,还可以通过内建模型的工具来创建。面屋顶是基于载入的体量模型得到的屋顶。

3.7.1 迹线屋顶

屋顶

对于大部分屋顶的绘制,均是通过“建筑”→“构建”→“屋顶”下拉列表选择绘制命令进行绘制,主要包括“迹线屋顶”“拉伸屋顶”“面屋顶”三种屋顶的绘制方式。“迹线屋顶”是通过绘制屋顶的各条边界线,为各边界线定义坡度的过程。选择“迹线屋顶”,进入绘制屋顶轮廓草图模式。绘图区域自动跳转至“创建屋顶迹线”选项卡。其绘制方式除了边界线的绘制,还包括坡度箭头的绘制。

(1)边界线绘制方式。屋顶的边界线绘制方式和其他构件类似。在绘制前,在选项栏中勾选“定义坡度”,则绘制的每根边界线都定义了坡度值;也可以在“属性”对话框中选中边界线,点击“角度值”设置坡度值。“偏移”是相对于拾取线的偏移值。本书案例中不定义坡度,偏移量为 0,如图 3.39 所示。

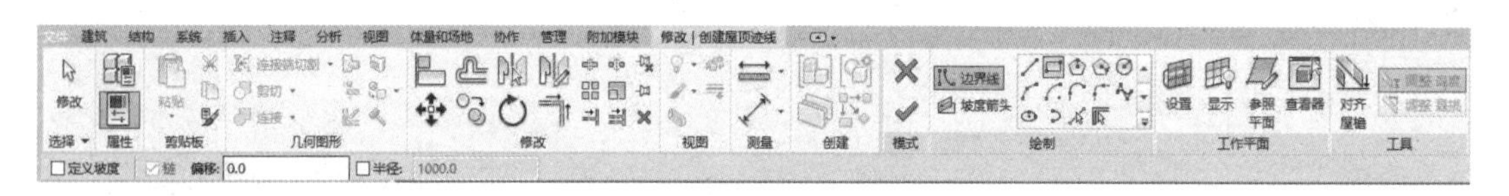

图 3.39 创建屋顶迹线

用“边界线”方式绘制的屋顶,在“属性”对话框中与其他构件不同的是,多了“截断标高”“截断偏移”“椽截面”“坡度”四个选项,如图 3.40 所示。

“截断标高”是指屋顶顶标高到达该标高截面时,屋顶会被该截面剪切出洞口,如标高 2 处截断。

“截断偏移”是指截断面在该标高处向上或向下的偏移值,如 1000 mm。

“椽截面”是指屋顶边界的处理方式,包括垂直截面、垂直双截面与正方形双截面。

“坡度”是指各边界线的倾斜值,如 1 : 1.73。无论在此处填写具体角度还是小数,最后都会统一转化为比例的形式。

点击“编辑类型”,复制新的屋顶“办公楼-屋顶-360”,在屋顶的“类型属性”窗口中点击“结构”设置屋顶各层的功能和厚度,如图 3.41 所示。本书案例中屋顶采用平屋顶的形式,绘制屋顶的方法和绘制楼板的方法相同,也要形成闭合的线条。

图 3.40　屋顶的实例属性

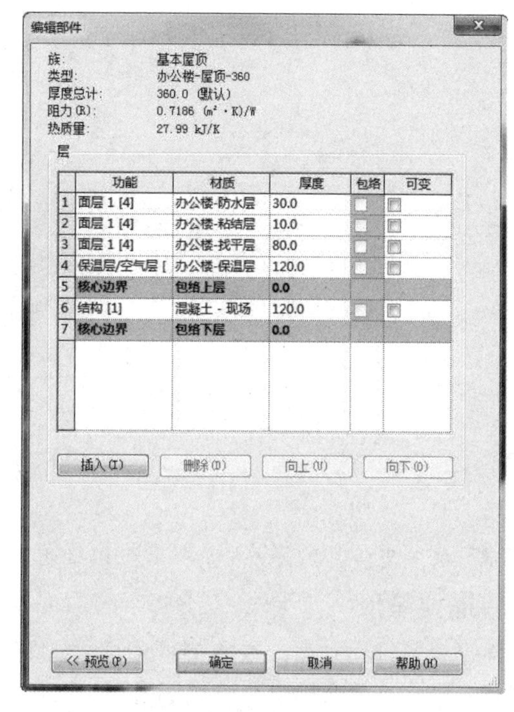

图 3.41　屋顶结构

注意:如果设置涂膜层,即用于防止水蒸气渗透的薄膜,其涂膜层厚度应该为 0。

(2)坡度箭头绘制方式。坡度边界线的绘制方式和上述所讲的边界线绘制一致,但用坡度箭头绘制前,需取消勾选"定义坡度",通过坡度箭头确定屋顶的坡度。所绘制的坡度箭头,需在坡度"属性"对话框中设置坡度的"最高/低处标高"以及"头/尾高度偏移"。设置完成后勾选"完成编辑模式",即可生成屋顶平面与三维视图。

注意:勾选"定义坡度"选项后就不可以使用坡度箭头命令,因为一条线不能同时有两个坡度。

3.7.2　修改子图元

修改子图元

楼板和屋顶绘制完成后,Revit 提供了修改楼板和屋顶图元顶点、边界、割线子图元的高程功能,以满足卫生间、屋顶等部位实现局部有组织排水的建筑找坡功能。选择屋顶,系统自动切换到"修改|屋顶"选项卡。在"形状编辑"面板中,提供了子图元编辑工具,使用"修改子图元"工具,可以操作选定楼板或屋顶上的一个或多个点或边。选择屋顶后,选项栏上将显示"高程"编辑框,可以在该框中输入所有选定子图元的公共高程值,此值是顶点与原始楼板顶面的垂直偏移。

如果将光标放置在楼板的上方,可以按 Tab 键来拾取特定子图元。选择好图元后,拖动蓝色箭头可以将点垂直移动。拖动红色正方形(造型操纵柄)可以将点水平移动。单击文字控制点可为所选点或边缘输入精确的高度值。本书案例将控制点的高程修改为 100,如图 3.42 所示。绘制好的屋顶如图 3.43 所示。

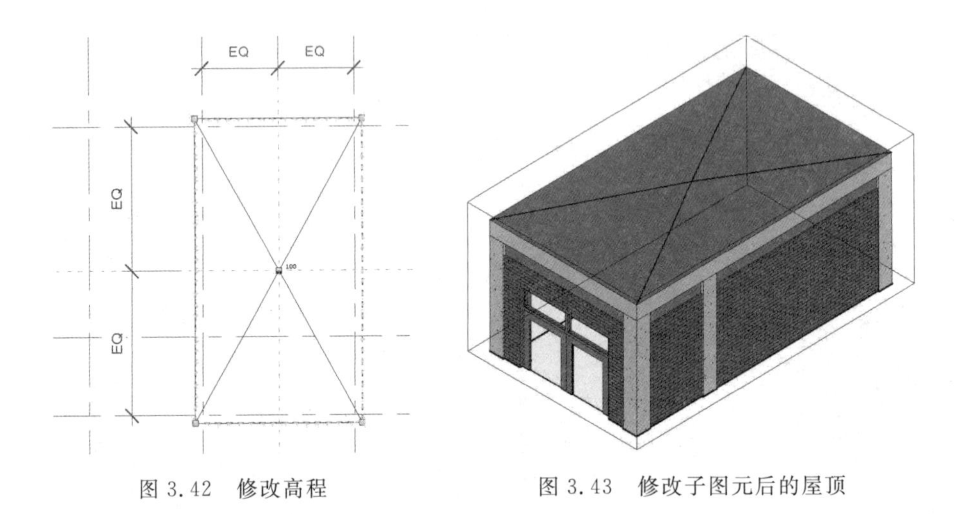

图 3.42 修改高程　　　　图 3.43 修改子图元后的屋顶

注意：改变中心点的高度，边端点的相对高度保持不变。

3.7.3 拉伸屋顶

拉伸屋顶主要通过在立面上绘制拉伸形状，按照拉伸形状在平面上拉伸而形成。拉伸屋顶的轮廓是不能在楼层平面上进行绘制的。

点击"建筑"→"构建"→"屋顶"下拉列表中的"拉伸屋顶"命令，如果初始视图是平面，则选择"拉伸屋顶"后，会弹出"工作平面"对话框，如图 3.44 所示。

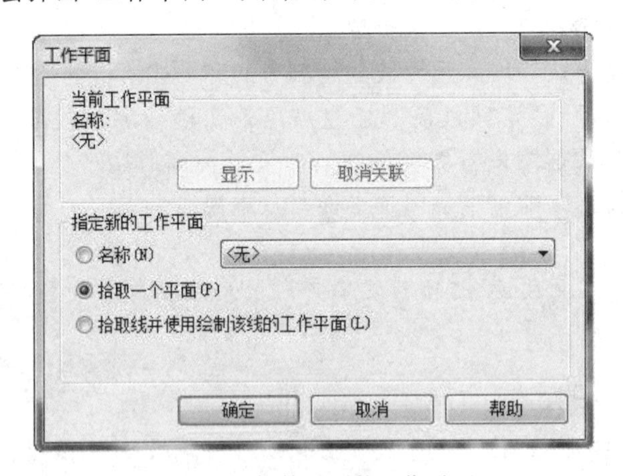

图 3.44 拉伸屋顶的工作平面

点选拾取一个平面，这里通过绘制参照平面的方式。在平面上绘制一条参照平面的线并选中该线，点击选项卡中的设置，则软件自动跳转至"转到视图"界面。选择其中的一个立面，在该平面中选择不同的线。此时在软件弹出的"转到视图"中选择不同立面结果是不同的：如果选择水平直线，则跳转至"南、北"立面；如果选择垂直线，则跳转至"东、西"立面；如果选择的是斜线，则跳转至"东、西、南、北"立面，同时三维视图均可跳转。

选择完立面视图后，软件弹出"屋顶参照标高和偏移"对话框，在对话框中设置绘制屋顶的参照标高以及参照标高的偏移值后，就可以开始在立面或三维视图中绘制屋顶拉伸截面线，无须闭合。

绘制完后，需在“属性”中设置“拉伸的起点/终点”（其设置的参照与最初弹出的“工作平面”选取有关，均是以“工作平面”为拉伸参照），同时在“编辑类型”中设置屋顶的构造、材质厚度、粗略比例、填充样式等类型属性。

3.7.4 玻璃斜窗

点击“建筑”→“构建”→“屋顶”，在属性栏中选择类型选择器下拉列表中的“玻璃斜窗”选项。玻璃斜窗的绘制方式与迹线屋顶绘制方式相同。同时可以用幕墙命令编辑玻璃，点击“建筑”→“构建”→“幕墙网格”按钮分割玻璃，用“竖梃”命令添加竖梃，完成玻璃斜窗的绘制。

3.8 雨篷、台阶和散水

3.8.1 轮廓族

创建轮廓族

Revit 族是某一类别中图元的类，根据参数（属性）集的共用、使用上的相同和图形表示的相似来对图元进行分组。一个族中不同图元的部分或全部属性可能有不同的值，但属性的设置是相同的。Revit 项目是通过族的组合完成的，族是项目的核心，贯穿于整个设计项目之中，是项目模型中最基础的元素。使用族文件，可以使设计人员专注于发挥本身特长，例如室内设计人员并不需要把大量精力花费在家具的三维建模中，而是可以直接导入 Revit 族中丰富的室内家具族库，从而专注于设计本身。又如，建筑设计人员可以轻松导入植物族库、车辆族库等，来润色场景，只需要简单修改参数，而不必自行去重新建模。

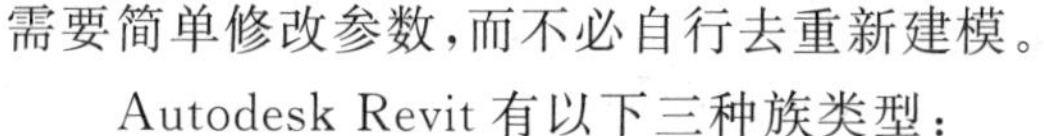

Autodesk Revit 有以下三种族类型：

（1）系统族。系统族是在 Autodesk Revit 中预定义的族。用户不能创建新的系统族，只能在项目中复制和修改现有系统族。系统族可以创建基本建筑图元，如墙、天花板、屋顶、楼板、风管和水管等。能够影响项目环境且包含标高、轴网、图纸和视口类型的系统设置也是系统族。

（2）可载入族。可载入族是用于创建建筑构件和一些注释图元的族。与系统族不同的是，可载入族是在外部后缀名为“rfa”文件中创建，然后载入项目中的，如门、窗、家具、机电设备、植物、符号和标题栏等。用户创建可载入族时，首先使用软件中提供的样板，该样板要包含所要创建的族的相关信息；其次，绘制族的几何图形，使用参数建立族构件之间的关系，创建其包含的变体或族类型，确定其在不同视图中的可见性和详细程度。创建完成后可以将创建的族载入项目，也可以从一个项目传递到另一个项目，还可以根据需要从项目文件保存到自己的产品库中。可载入族是用户使用和创建最多的族文件。

（3）内建族。内建族可以是特定项目中的模型构件，也可以是注释构件。由于只能在当前项目中创建内建族，因此它们仅可用于该项目的特定对象，例如自定义墙的处理。创建内建族时，可以选择不同类别，使用的类别将决定构件在项目中的外观和显示控制。

本书案例中的雨篷、台阶和散水都将使用轮廓族来完成绘制。点击“文件”→“新建”→“族”，在弹出的“新族-选择样板文件”对话框中，选择“公制轮廓.rft”族样板文件，点击“打开”按钮进入轮廓编辑模式，使用“创建”面板上的“线”工具。

按照图 3.45 的尺寸和位置绘制封闭的轮廓草图，并以“雨篷族”的名称保存，图中箭头表示原点位置。类似地分别按照图 3.46 和图 3.47 的尺寸和位置绘制封闭的轮廓草图，并以“台阶族”和“散水族”的名称保存。

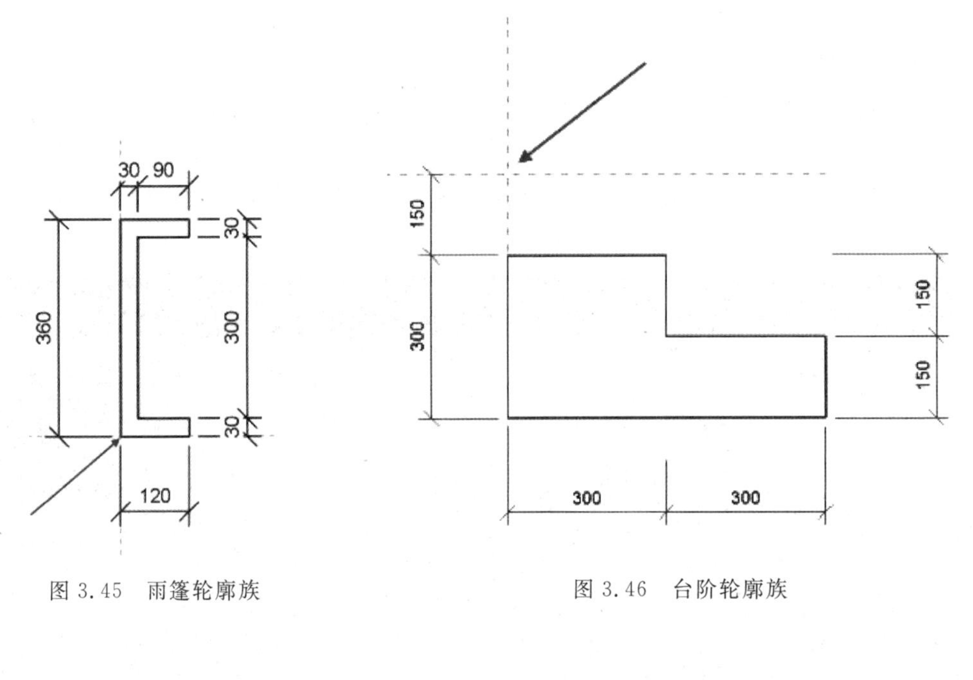

图 3.45　雨篷轮廓族

图 3.46　台阶轮廓族

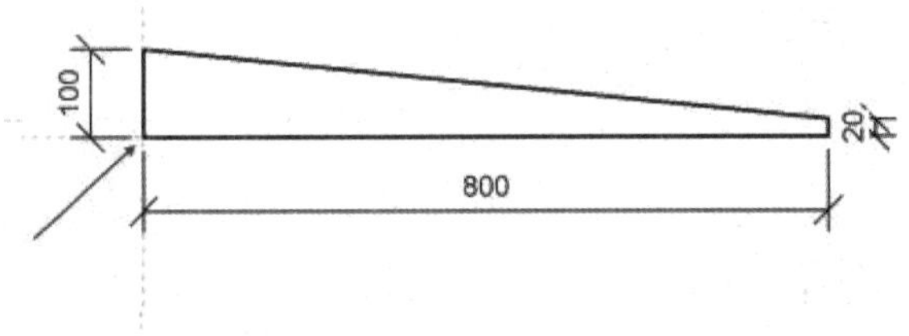

图 3.47　散水轮廓族

3.8.2　雨篷

Revit 提供了基于主体的放样构件，可用于沿所选主体或其边缘按指定轮廓放样生成实体。可以生成放样的主体对象有墙、楼板和屋顶，对应生成的构件名称分别为墙饰条和分隔缝、楼板边缘、封檐带和檐沟，分别对应于“常用”选项卡“创建”面板的“墙”“楼板”“屋顶”下拉列表中。主体放样工具将以指定的轮廓形状沿主体边缘放样生成带状三维图元。

雨篷

对于已绘制好的室外雨篷板，使用楼板边缘工具，打开楼板边缘“类型属性”对话框，复制出“办公楼-雨篷族”的楼板边缘类型，修改材质为“混凝土-现场浇注混凝土”，如图 3.48 所示。点击雨篷板，使用“楼板边缘”工具，点击雨篷板外侧的下边缘，即可沿板边缘生成轮廓，并且软件自动处理连接转角，结果如图 3.49 所示。

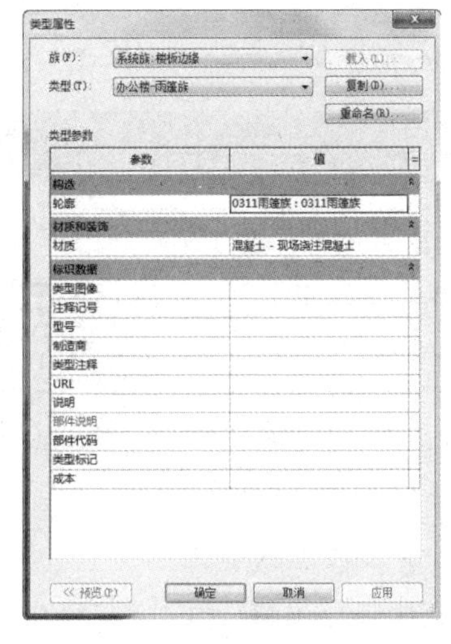

图 3.48　雨篷轮廓族的类型属性

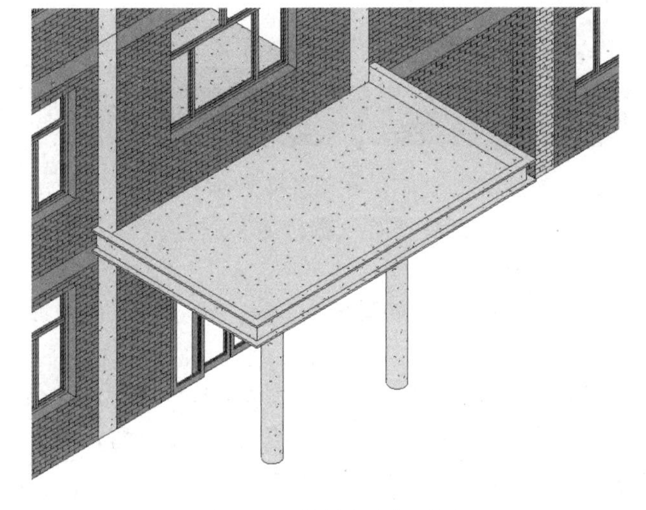

图 3.49　绘制完成的雨篷

 **提示**："楼板边缘"放样需要在三维视图模式下完成。

3.8.3　台阶

台阶

使用 3.8.2 介绍的方法绘制台阶，结果如图 3.50 所示。

Revit 将所生成楼板边缘作为一个楼板边缘对象，如果需要在不同楼板上创建不同的楼板边缘，在拾取新楼板时，点击"重新放置楼板边缘"工具，结束当前楼板边缘对象。

3.8.4　散水

散水

使用墙饰条命令，勾选类型参数中的"被插入对象剪切"选项，即当墙饰条位置插入门窗洞口时自动被洞口打断。绘制散水时可以将不同方向的散水作为一个对象，也可以在不同方向或者墙中间有台阶这样的构件时中断，点击"重装放置墙饰条"，重新放置墙饰条，这样不同方向的散水是两个独立的对象。

在对作为一个对象的散水修改时，可转至散水顶视图，适当拖动夹点位置来调整散水的长度。具体操作：点击拐角部位，点击"墙饰条"面板上的"修改转角"即连接两个方向的散水，并拖动散水至合适长度。在对作为两个对象的散水修改时，则需要点击"修改"工具栏的"连接"工具将两个散水连接。以上两种方法都可以得到如图 3.51 所示的散水连接效果。

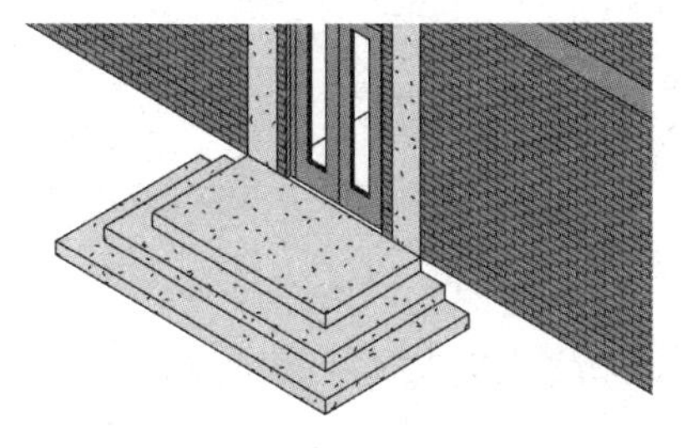

图 3.50　绘制完成的台阶

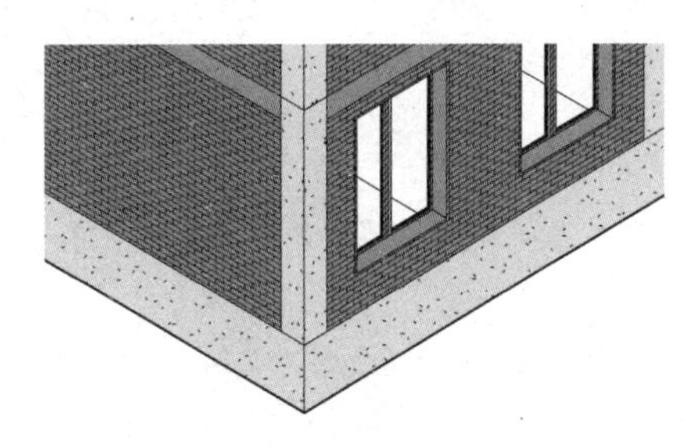

图 3.51　绘制完成的散水

提示：“连接”是在不同图元之间的布尔运算，在同一构件间无法使用该工具。

3.9 坡道

在公共建筑中通常有各式各样的坡道，其主要作用是连接室内外高差、楼面的斜向交通通道以及门口的交通竖向疏散措施。目前的建筑设计中通常都设有无障碍通道和汽车坡道。

坡道

点击“建筑”→“楼梯坡道”→“坡道”，进入“创建坡道草图”模式，选择直线绘制。点击“属性”中的“编辑类型”，在弹出的“类型属性”对话框中点击“复制”按钮，创建坡道样式，设置“厚度”“材质”“坡道最大坡度(1/x)”“结构”等参数，如图3.52所示。需要说明的是，坡道的最大坡度确定了坡道的最大倾斜程度，当坡道的高度太高或者坡道的长度过短时，系统就会提醒出错。

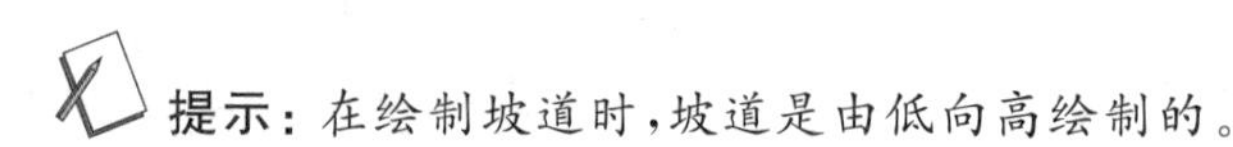

提示：在绘制坡道时，坡道是由低向高绘制的。

在“属性”中设置“宽度”“底部标高”“底部偏移”“顶部标高”“顶部偏移”等参数，此时系统自动计算坡道长度，如图3.53所示。点击“完成坡道”按钮，创建坡道后，扶手可以自动生成，本书案例中删除了内侧扶手。

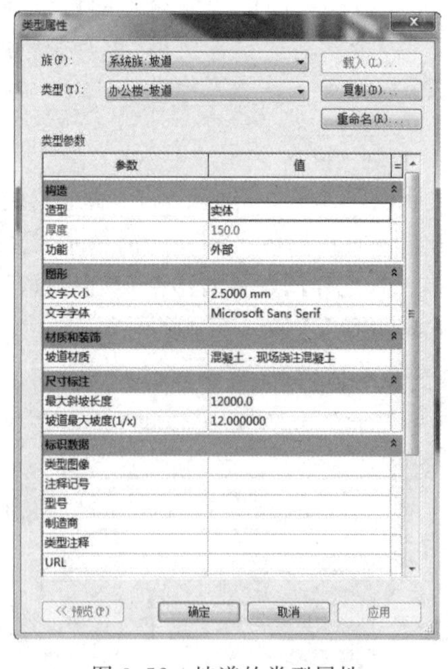

图3.52　坡道的类型属性

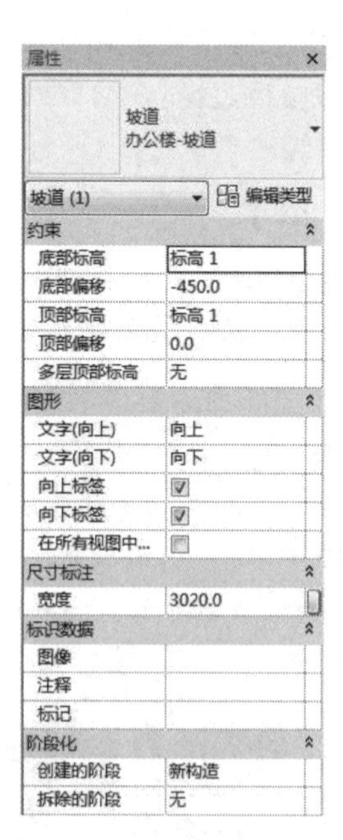

图3.53　坡道的属性设置

注意：如果设置“构造”参数下的“造型”为“结构板”，则绘制的坡道不能完全与地面平齐。

绘制的办公楼坡道如图3.54所示。

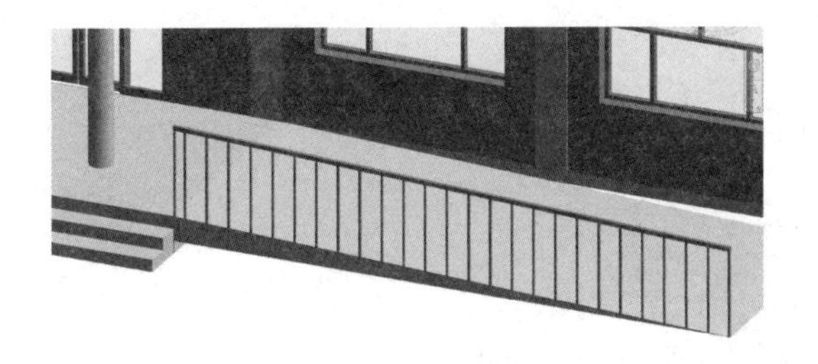

图 3.54　完成后的坡道

3.10　房间

在建筑设计过程中，房间的布置成为空间划分的重要手段。例如办公楼项目，需区别出办公室、会议室、资料室和卫生间等区域。在 Revit 中，房间的创建完成后，可自动统计出各个房间的面积，并且在空间区域布局或房间名称修改后，相应的统计结果也会自动更新。因此通过 Revit 创建模型可快速提高效率，避免设计师花费过多时间做简单重复性的工作。

3.10.1　创建房间

房间名称

以标高 2 为例说明房间的创建。为区别于建筑图，要先将标高 2 所处的平面视图复制，新的视图名为“标高 2 -面积统计”。再点击“建筑”→“房间和面积”面板中的黑色三角形，展开“面积和体积计算”后，选择计算方式，如图 3.55 所示。默认情况下，Revit 使用墙面面层作为外部边界来计算房间面积，也可以指定墙中心、墙核心层或墙核心层中心作为外部边界。

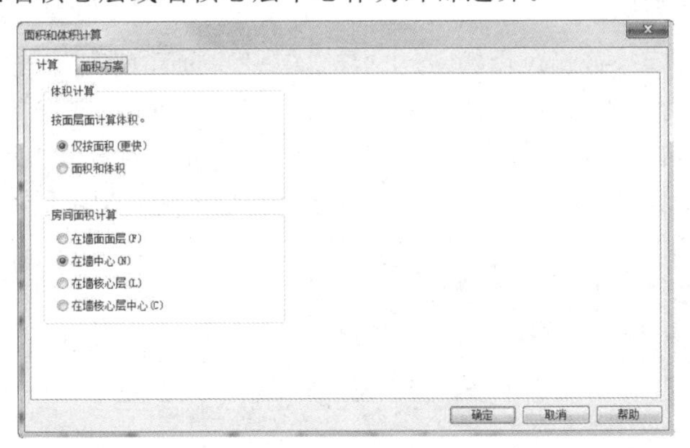

图 3.55　面积和体积计算

点击“建筑”→“房间和面积”→“房间”，可以创建房间。如果没有注释族，则需要从建筑标志注释族中载入一个带有房间名称和面积的族，路径为“注释\标志\建筑”，如图 3.56 所示。点击要注释的房间，软件会自动搜索封闭区间，选择房间后点击鼠标，生成该房间的名称和面积。选择房间标记，点击“房间”，名称变为可输入状态，输入新的房间名称。此时选中任意房间，注意要选中两根十字交叉的线，而不是房间标记。在“属性”中可以设置标高、偏移值、名称，并且可以显示房间的面积、周长、体积等实例参数。

如果需要修改房间的边界，可以修改模型图元的“房间边界”参数。在一些没有墙体分割的区域，如果要进行房间边界的修改，可以使用房间分隔线。如本书案例中楼梯间与走廊直接

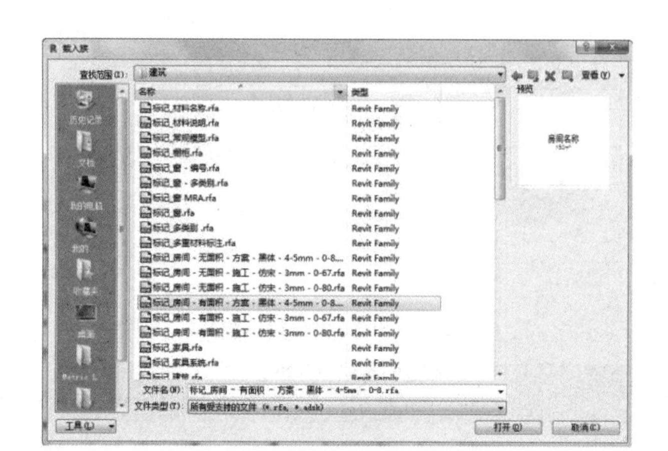

图 3.56　载入注释族

相通，没有墙柱作为分割，可以添加房间分隔线后再添加房间。在“房间与面积”面板下的“房间”下拉列表中点击“房间分割”按钮，在房间未分割处添加房间分隔线。当需要合并两个房间时，可以将房间之间的分隔墙体的房间边界属性去掉，这时两个房间将合并为一个整体。

进入楼层平面，使用平面视图可以直接查看房间的外部边界（周长）。

提示：在链接 Revit 模型时，默认情况下软件不会自动识别链接模型中的房间边界。这时可以在主体模型的平面视图中，选择链接模型，单击其属性栏的“编辑类型”，勾选“房间边界”，点击“确定”后就可以在主体模型文件中识别链接模型的边界对象。

3.10.2　颜色方案

颜色方案

如果要对每个房间进行颜色设置，点击“建筑”→“房间和面积”面板的下三角按钮选择“颜色方案”，在弹出的“编辑颜色方案”对话框中，选择房间类别。在此对话框中，可以添加不同的颜色方案，如面积方案，并按方案来定义各房间的颜色及填充样式，如图 3.57 所示。方案定义中“标题”表示软件将自

编辑颜色方案

方案　类别：房间　方案 1

方案定义　标题：方案 1 图例　颜色(C)：名称　按值(V)　按范围(G)　编辑格式(E)...

	值	可见	颜色	填充样式	预览	使用中
1	会议室	☑	RGB 156-18	实体填充		是
2	办公室	☑	PANTONE 3	实体填充		是
3	卫生间	☑	PANTONE 6	实体填充		是
4	接待室	☑	RGB 139-16	实体填充		是
5	机房	☑	PANTONE 6	实体填充		是
6	楼梯间	☑	RGB 096-17	实体填充		是
7	活动室	☑	RGB 194-16	实体填充		是
8	资料室	☑	RGB 209-20	实体填充		是
9	走廊	☑	RGB 173-11	实体填充		是

选项　包含链接中的图元(I)

确定　取消　应用　帮助(H)

图 3.57　编辑颜色方案

动读取项目中的房间,并在列表中按名称显示。

设定房间颜色后,若要将颜色图例添加到平面视图中,则点击“注释”→“颜色填充”→“颜色填充图例”,将注释图例增加到平面图中,如图 3.58 所示。

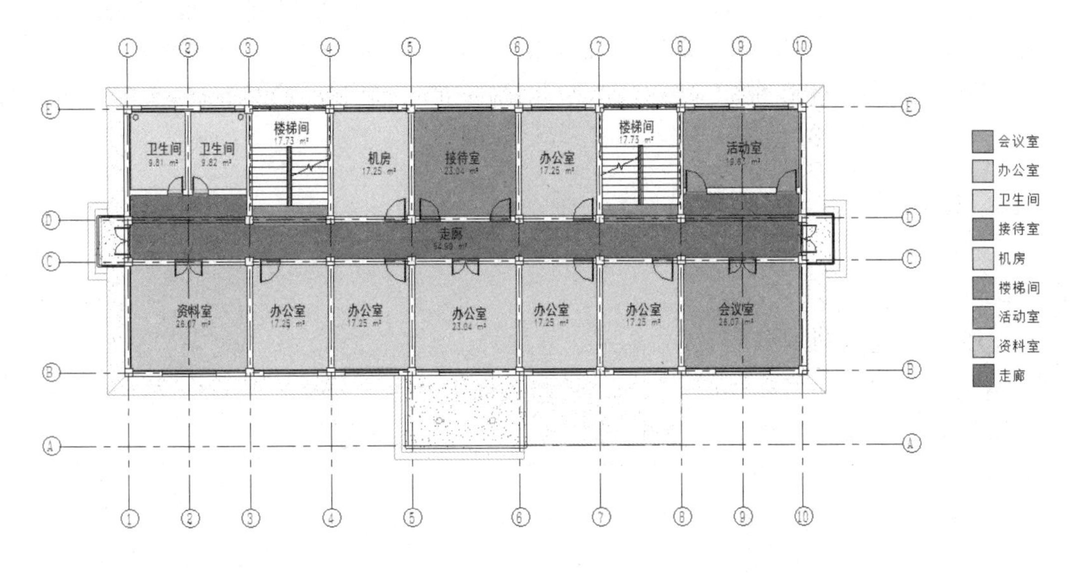

图 3.58　房间图例效果

提示: 删除房间时,可以在项目浏览器中打开明细表,选择相应的房间删除即可。

3.11　场地

场地是 Revit 中一个平面视图,场地设计是指绘制一个地形表面,然后添加建筑红线、建筑地坪以及停车场和场地构件。Revit 软件可以为场地设计创建三维视图或对其进行渲染,以提供更真实的演示效果。

场地

3.11.1　地形表面

在场地平面中用等高线表示地形的起伏情况,在三维视图中,“地形表面”命令主要用于描述项目模型的地形起伏情况,设置后可以明显地看出走势。

打开场地的平面视图,点击“体量的场地”→“场地建模”→“地形表面”,进入绘制模式。点击“工具”面板中的“放置点”按钮,在选项栏中设置高程值为“－450”,单击放置点,连续放置生成等高线。点击办公楼的四个角点就会出现地形平面。“场地”平面视图实际上是以标高 1 为基础,将剖切位置提高到 10000 m 得到的视图。

点击“表面属性”按钮,在弹出的“属性”对话框中设置材质为“场地-草”,点击“完成表面”按钮,完成创建。地形表面不支持带有表面填充图案的材质。属性中的面积是指在表面上方俯视表面时表面所覆盖的面积,该值为只读。表面面积显示的是表面总面积。

使用“放置点”创建地形文件的方式比较简单,只能用于一些简单的地形表面。如果场地比较复杂,就需要导入等高线数据,如从 DWG、DXF 或 DGN 文件导入的三维等高线数据自动生成地形表面;或者导出土木工程应用程序中的点文件,然后将其导入 Revit 模型已创建的地形表面上。在地形文件中也可以设置“等高线间隔值”“经过高程”“添加自定义等高线”“剖面填充样式”“基础土层高程”“角度显示”等参数。

当需要将地形用于多个场景时,可将地形表面拆分成两个不同的表面,以便可以独立编辑每个表面。拆分之后,可以将不同的表面进行分配,以便表示道路、湖泊,也可以删除地形表面的一部分。具体操作:打开场地平面视图或三维视图,点击“体量和场地”→“修改场地”→“拆分表面”,选择要拆分的地形表面进入绘制模式,点击“线”绘制按钮,绘制表面边界轮廓线,在“属性”栏中设置新表面材质,即完成绘制。

提示: Revit 软件中的测量点数据文件要求必须是文本文件,包括CSV格式或者逗号分隔的文本文件,数据的排列应是一行一组测量点坐标,每行的坐标从左到右分别是 X、Y 和 Z。

3.11.2 建筑地坪

“建筑地坪”表示的是在该地形下选取哪个位置作为建筑物所在,使用“建筑地坪”命令可以创建出单独的地形表面。可以为地形表面添加建筑地坪,然后修改地坪的结构和深度。通过在地形表面绘制闭合环,可以添加建筑地坪。在绘制地坪后,可以指定一个值来控制其距标高的高度偏移,还可以指定其他属性。可通过在建筑地坪的周长之内绘制闭合环来定义地坪中的洞口,还可以为该建筑地坪定义坡度。在本书案例中,建筑地坪充当建筑内部楼板与室外标高间碎石填充层。

点击“体量和场地”→“场地建模”→“建筑地坪”,进入绘制模式,使用“矩形”工具绘制建筑地坪和封闭的地坪轮廓线。类型参数中的“结构”参数,其厚度应设置为330,材质设置为“办公楼-碎石”,如图3.59所示,再点击“属性”按钮,将标高偏移值设置为－120,即从底层楼板底标高为地坪顶标高,如图3.60所示。

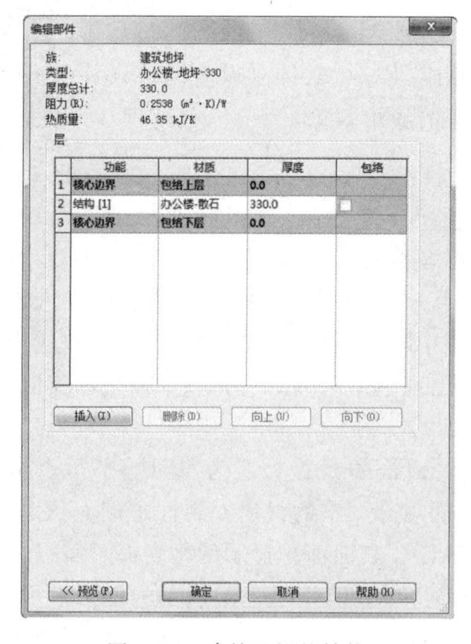

图3.59 建筑地坪的结构

图3.60 建筑地坪的属性

 **提示：**只能在地形表面添加建筑地坪。

3.11.3 表面子面域

子面域定义可应用于不同属性集(如材质)的地形表面区域。例如,可以使用子面域在平整的地面、道路或岛上绘制停车场。创建子面域不会生成单独的表面,要使用“拆分表面”工具将地形表面分隔成不同的表面。在建造完整的办公楼时,外部的道路、花园等区域可以使用子面域命令进行区分。

点击“体量和场地”→“修改场地”→“子面域”,进入绘制模式,点击绘制命令,选择“矩形”绘制方式,绘制道路子面域边界轮廓并进行修剪,确定子面域是闭合区域。在“属性”栏中设置子面域材质为“沥青”,即完成绘制。绘制完成的建筑模型如图 3.61 所示。

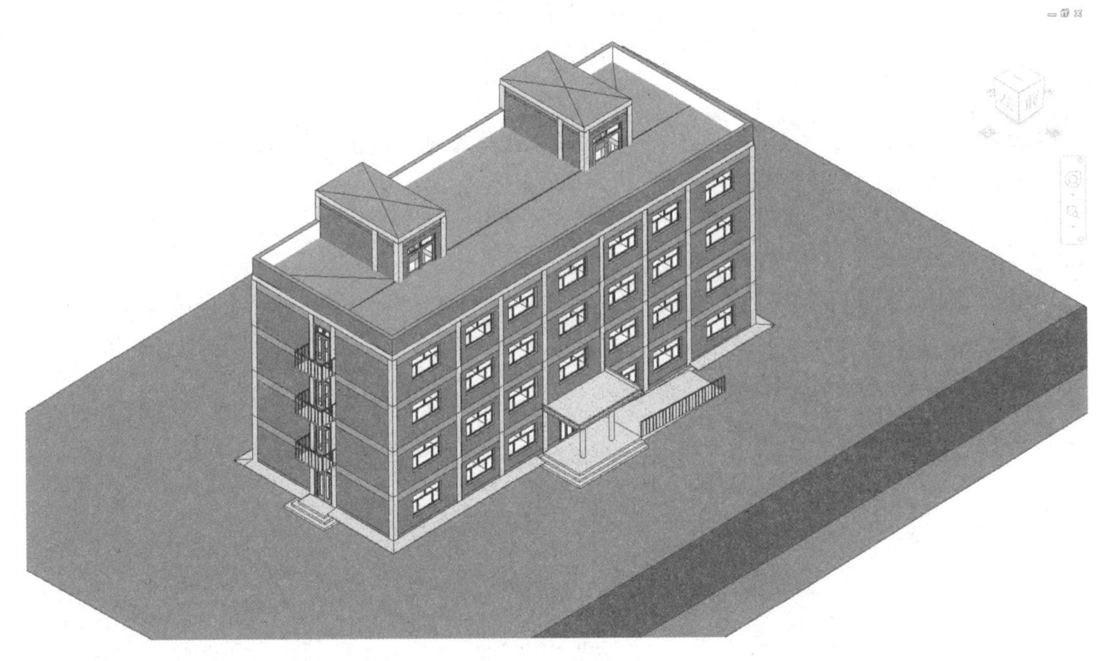

图 3.61 建筑模型

3.11.4 场地构件

打开“场地”平面视图,点击“体量和场地”→“场地建模”→“场地构件”,在弹出的下拉列表框中选择所需的 RPC 构件,点击放置构件。RPC 是使用“RPC 族. rft”或“公制 RPC 族. rft”样板文件创建的 Revit 环境族,包括人物、汽车和植物等图像。

若列表中没有需要的植物构件,可从族库中载入,也可自定义场地构件族文件,路径为“建筑\场地\植物”,如图 3.62 所示。

提示：通常不在 Revit 内放置构件,而在后期渲染软件中增加相关构件。

绘制结束后,还需要增加适当的尺寸标注,本书案例不再阐述。最后,为减少文件大小,点击“管理”→“清除未使用项”,选择从项目中清除的对象。该功能不允许清除已经使用的

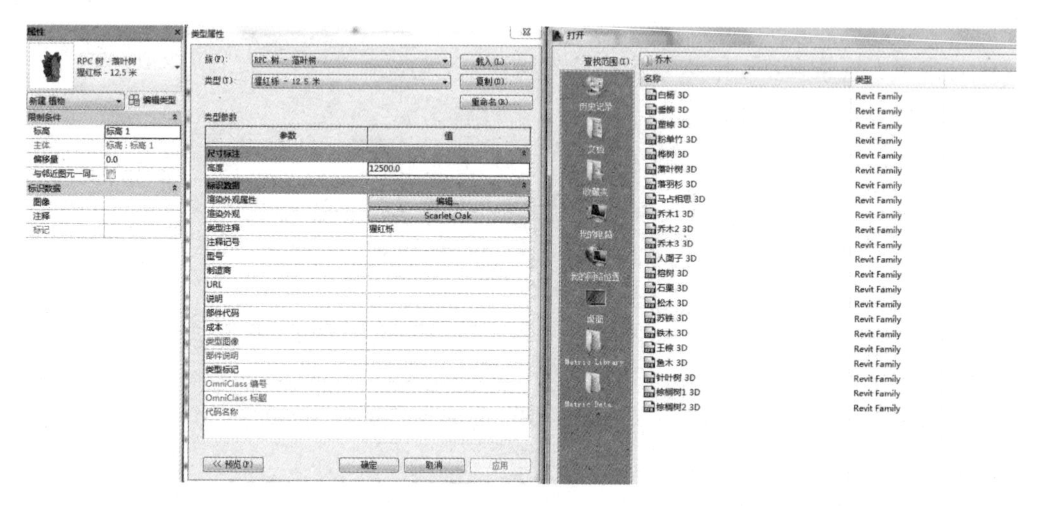

图 3.62　插入植物 RPC

对象或者有从属关系的对象，可以根据需要选择清理的项目。至此建筑部分绘制完毕，模型共有图元 1203 个(不包括钢筋)。

 本章小结

本章分别利用基本墙、叠层墙和幕墙绘制了不同部位的墙体；利用门窗工具创建了各层门窗；利用建模工具绘制了拱手和屋顶；使用轮廓族绘制了雨篷、台阶和散水等局部构件；使用房间工具添加房间并在视图中生成图例，以便直观显示房间分布信息；利用场地工具生成地形表面，并添加构件以丰富场地表现。

第4章 机电工程

4.1 概述

4.1.1 机电工程的特点

机电工程是指按照一定的工艺和方法，将不同规格、型号、性能、材质的设备、管路和线路等有机组合起来，满足使用功能要求的工程。其中设备是指各类机械设备、静置设备、电气设备、自动化控制仪表和智能化设备等；管路是指按等级使用要求，将各类不同压力、温度、材质、介质、型号和规格的管道与管件、附件组合形成的系统；线路是指按等级使用要求，将各类不同型号、规格和材质的电线电缆与组件、附件组合形成的系统。机电工程包括电气工程技术、自动控制与仪表、给排水、机械设备安装、容器的安装、供热通风与空调工程、建筑智能化工程、消防工程、设备及管道防腐蚀和绝热技术等。

机电安装工程是建筑工程的一个重要组成部分，具有以下几个特点。

1. 覆盖的范围宽

机电安装工程包含了工业、公用和民用过程中各类设备、电气、给排水、暖通、消防、通信和自控等系统的安装。机电安装工程涉及专业面广，学科跨度大。它涵盖了机械设备工程、电气工程、电子工程、自动化仪表工程、建筑智能化工程、消防工程、电梯工程、管道工程、动力站工程、通风空调与洁净工程、环保工程、非标准设备制造和成套设备监造等，其施工活动从设备采购开始，经安装、调试、生产运行和竣工验收各个阶段，直至满足使用功能的需要或生产出合格产品为止。

2. 协调管理难度大

安装对象包括不同类型、不同品种的装置，以及不同的生产工艺流程，需要各类专业技术人员解决相关问题，而这些专业的知识相关性差，互相不成体系，再加上新技术、新工艺、新材料、新设备不断出现，同时随着建筑工业规模日趋扩大，安装工程规模也越来越大，大体量建筑与装置的增加使安装工程量越来越大，对下游的装配技术、检测技术和控制系统的要求也越来越高，这都导致机电安装工程专业协调难，工程管理难度大。

3. 产品预制化率高

与土建、结构等其他专业相比，机电专业在实际项目中所使用的设备构件，超过90%是在现场无法制作的，大到水泵、风机，小到喷头、插座，甚至连水管的弯头、三通、变径，都是只能从供应商处采购获得，所以机电安装工程对产品库的数量、质量和易用性等依赖极高。同时市场上的产品种类繁多，更新速度快，在BIM建模时最好与相应厂商配合，建立企业级的机电产品库，以提高建模效率。

BIM技术的最初应用是解决管道碰撞问题的，三维化的视图可以有效地解决管道综合设计问题，得到更优的施工方案。利用BIM可视化功能进行管线碰撞检查，在第一时间减少现场的管线碰撞和返工现象，以最实际的方式降本增效，实现低碳施工。有了BIM即可实现四维模拟，可以直观地体现施工的界面、顺序，从而使承包商与各专业施工之间的施工协调变得清晰明了；四维施工模拟与施工组织方案的结合，能够使设备材料进场、劳动力配置和机械排布等各项工作的安排变得最为经济有效。

4.1.2 建模流程

机电工程建模通常包括水、暖、电三部分系统设计。系统设计是在土建模型的基础上进行设计，或者先链接土建模型并对链接文件完成基本设计，再开始系统设计。机电工程建模流程及主要内容如图4.1所示。以给水为例，要先创建给水系统，而每一个机电设备，如水泵、水箱、阀门、附件和卫生洁具等都从属于一个或多个系统中。系统布管有生成布局和手动连接两种方法。系统分析即检查系统的逻辑连接和物理连接，根据水力计算结果自动调整管径等参数。当多个专业完成各自项目后，还需要对项目深化设计，主要内容有碰撞检查、净空分析、孔洞预留和支吊架系统等，从而将图纸不断深化。

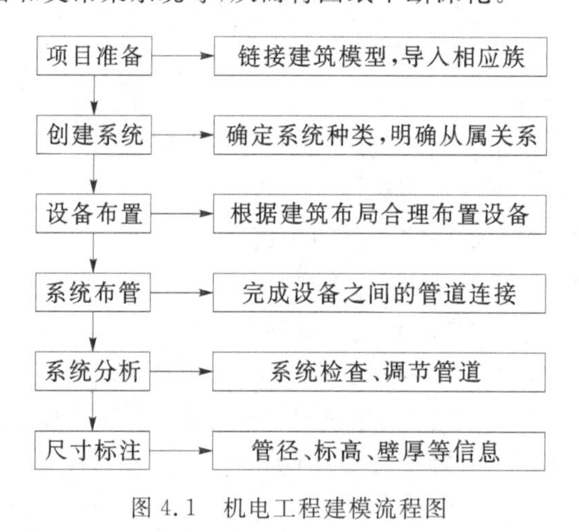

图4.1 机电工程建模流程图

4.2 链接模型

复制标高

Revit提供链接和工作集两种工作模式进行多专业协同工作。链接模式也称为外部参照，可以依据需要随时加载模型文件，各专业之间调整相对独立，对于大型模型在协同工作时，性能表现较好，但被链接的模型不能直接修改，还需要回到模型完成编辑。工作集模式也称为中心文件方式，是根据各专业的参与人员及专业性质确定权限和工作范围，将成果汇总至中心文件，同时在各成员处有一个中心文件的实时镜像，可以查看其他成员的工作进度。这种多专业共用模型的方式方便文件集中存储，数据交换的及时性较强，但对相应设备配置要求较高。

在机电项目设计过程中，建筑、结构和机电内部各专业间需要及时沟通设计成果，共享设计信息。如在进行机电设计时，必须参考建筑专业提供的标高和轴网等信息；给排水和暖通专业要提供设备的位置和设计参数给机电专业进行配线设计等，而机电专业则需要提供管线等信息给建筑或结构专业进行管线与梁、柱等构件的碰撞及相应洞口等预留。标高和轴网是机电设计中重要的定位信息，在Revit中机电项目设计时，必须先确定项目的标高和轴网定位信息，再根据标高和轴网信息建立设备中风管、机械设备、管道、电气设备和照明设备等模型构件。在 Revit 中可以利用标高和轴网工具手动为项目创建标高和轴网，也可以通过使用链接的方式，链接已有的建筑、结构专业项目文件。本书主要介绍链接的方式。

4.2.1 链接模型操作

在机电专业设计时，一般都会参考已有的土建专业提供的设计数据。Revit 提供了“链接模型”功能，可以帮助设计团队进行高效的协同工作。Revit 中的“链接模型”是指工作组成员在不同专业项目文件中可以链接由其他专业创建的模型数据文件，从而实现在不同专业间共享设计信息的协同设计方法。这种设计方法的特点是各专业主体文件独立、文件较小，运行速度较快，主体文件可以随时读取链接文件信息以获得链接文件的有关修改通知，被链接的文件无法在主体文件中对其进行直接编辑和修改，以确保在协作过程中各专业间的修改权限。

由于被链接的模型属于链接文件，只有将链接模型中的模型转换为当前主体文件中的模型图元，才可以在当前主体文件中使用。Revit 提供了“复制/监视”功能，用于在当前主体文件中复制链接文件中的图元，并且复制后的图元自动与链接文件中的原图元进行一致性监视，当链接文件中的图元发生变更时，Revit 会自动提示和更新当前主体文件中的图元副本。这种专业项目文件的相互链接也同样适用于各设备专业（给排水、暖通和电气）之间。

Revit 项目中可以链接的文件格式有 Revit 文件（RVT）、CAD 文件（DWG、DXF、DGN、SAT 和 SKP）和 DWF 标记文件。开始机电设计前，可以通过创建空白项目文件，并在该文件中链接已创建完成的建筑专业模型，作为机电设计的基础。下面以办公楼项目为例，说明链接 Revit 模型的操作方法。

启动 Revit，在“最近使用的文件”界面中点击“项目”列表中的“新建”按钮，弹出“新建项目”对话框。如图 4.2 所示，在“样板文件”列表中选择“机械样板”，确认创建类型为“项目”，点击“确定”按钮创建空白项目文件。软件将默认打开标高 1 楼层平面视图。

图 4.2 选择样板文件

点击“插入”→“链接”→“链接 Revit”，打开“导入/链接 RVT”对话框。如图 4.3 所示，选择第 3 章完成的建筑模型。设置底部“定位”方式为“自动-原点到原点”方式，点击“打开”按钮，在当前项目中载入办公楼项目文件。点击右下角的“打开”按钮，该建筑模型文件将链接到当前项目文件中，且链接模型文件的项目原点自动与当前项目文件的项目原点对齐。

链接后，当前的项目将被称为“主体文件”。

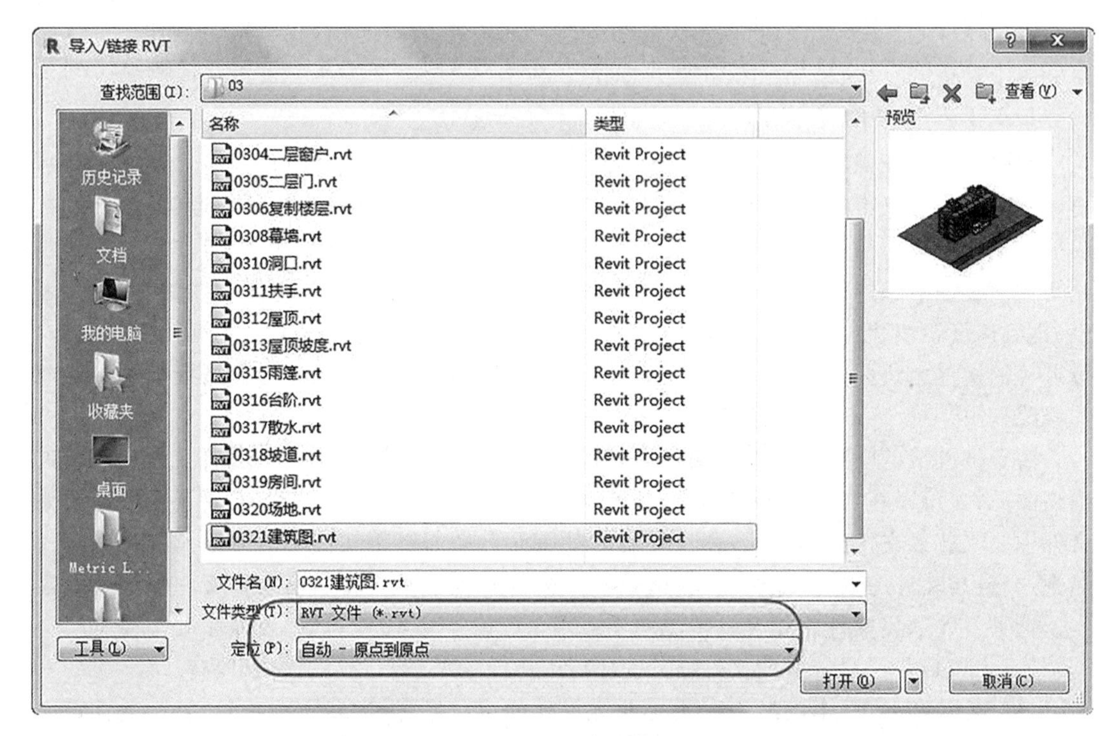

图 4.3　导入建筑模型

Revit的六种定位方式具体如下：①“自动-中心到中心”是将导入的链接文件的模型中心放置在主体文件的模型中心上。Revit模型的中心是通过查找模型周围的边界框中心来计算的。②“自动-原点到原点”是将导入的链接文件的原点定位在主体文件的原点上，一般使用该种定位方式。③“自动-通过共享坐标”是根据导入的模型相对于两个文件之间共享坐标的位置，放置导入的链接文件的模型。如果文件之间当前没有共享的坐标系，则这个选项不起作用，系统会自动选择“自动-中心到中心”的方式，该选项仅适用于Revit文件。④“手动-原点”是手动把链接文件的原点定位在主体文件的自定义位置。⑤“手动-基点”是手动把链接文件的基点放置在主体文件的自定义位置。该选项只用于带有已定义基点的AutoCAD文件。⑥“手动-中心”是手动把链接文件的模型中心放置在主体文件的自定义位置。

模型链接到项目文件中后，在视图中选择链接模型，可以像其他图元一样对链接模型执行拖拽、复制、粘贴、移动和旋转操作。在操作过程中，由于链接模型将作为定位信息，因此必须将链接模型锁定以避免被意外移动。选中链接模型，自动切换至“修改RVT链接”上下文选项卡，点击“修改”面板中“锁定”工具，将该链接模型锁定。

如果要修改或者删除链接文件，可以点击“插入”→“链接”→“管理链接”，在弹出的“管理链接”对话框中进行相应设置。

4.2.2　删除标高

链接后的模型和信息仅可在主体项目中显示。链接模型中的标高、轴网等信息不能作为当前项目的定位信息使用。因此还要基于链接模型生成当前项目中的标高和轴网等图元，Revit 提供了“复制/监视”工具，用于在当前项目中复制创建链接模型中图元，并保持与链接模型中图元协调一致。

链接 Revit 项目文件后，当前主体项目中存在两类标高：一类是链接的建筑模型中包含的标高；另一类是当前项目中自带的标高。在办公楼项目中，由于采用“机械样板”创建了空白项目，则当前项目中的标高为该样板文件中预设的标高图元。为确保机电项目中标高设置与已链接的“办公楼项目”文件中标高一致，使用“复制/监视”功能在当前项目中复制创建“办公楼项目”中的标高图元。在复制链接文件的标高之前，需要先删除当前项目中已有的标高。

切换至“南-卫浴”立面视图，如图 4.4 所示，该视图中显示了当前项目的标高和链接文件的标高。

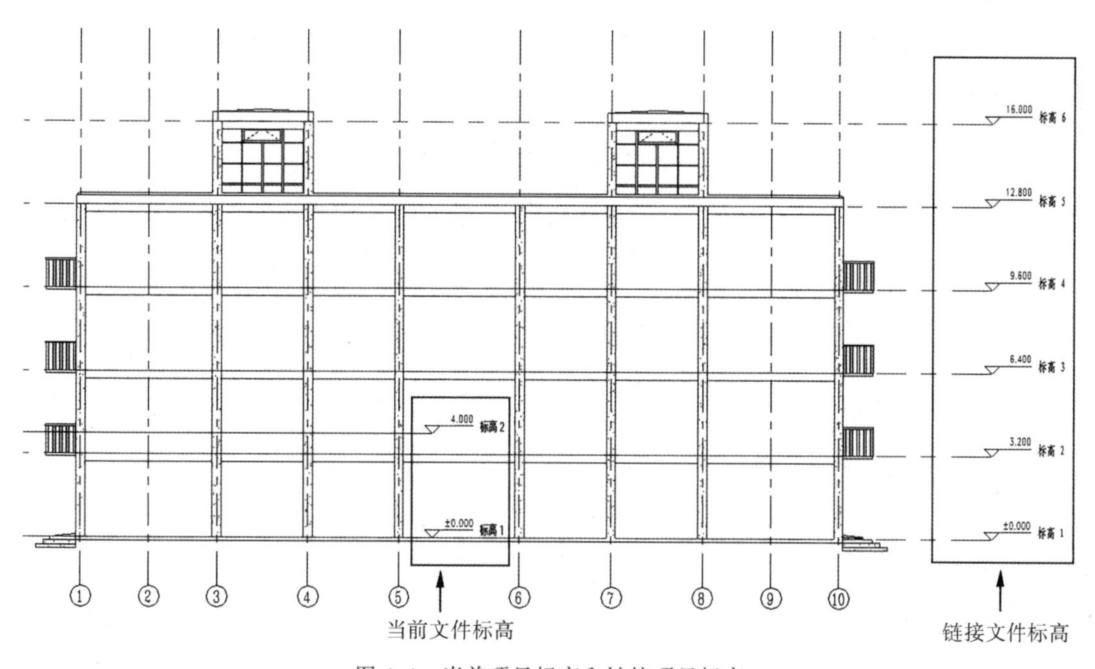

图 4.4　当前项目标高和链接项目标高

点击选择当前项目中标高 1 及标高 2，配合使用 Ctrl 键选择当前项目的所有标高并删除。由于当前项目中包含有与标高关联的平面视图，因此在删除标高时系统会给出如图 4.5 所示警告对话框，提示相关视图将被删除，点击“确定”按钮确认该信息。

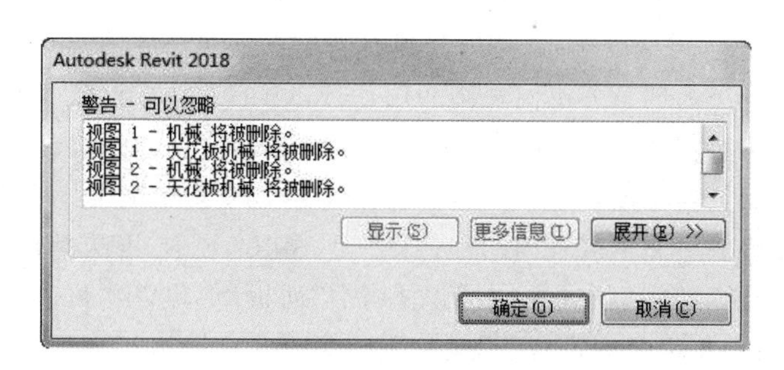

图 4.5　删除样板标高

4.2.3 复制监视

点击“协作”→“坐标”→“复制/监视”工具的下拉列表，在列表中选择“选择链接”选项，移动鼠标至链接项目任意标高位置并点击左键，选择该链接项目文件，进入“复制/监视”状态，自动切换至“复制/监视”上下文选项卡，点击“工具”面板中“选项”工具，在弹出的“复制/监视选项”对话框中，包含了被链接的办公楼项目中可以复制到当前项目的构件类别。切换至“标高”选项卡，在“要复制的类别和类型”中，列举了被链接的项目中包含的标高族类型；在“新建类型”中设置复制生成当前项目中的标高时使用的标高类型。将新建标高类型分别设置为“上标头”“下标头”“零三角形”，其他参数默认，点击“确定”按钮退出“复制/监视选项”对话框。

点击“工具”选项卡中“复制”工具，如图 4.6 所示，勾选“多个”选项，配合使用 Ctrl 键，依次点击选择链接模型中的所有标高，完成后点击选项栏“完成”按钮，Revit 将在当前项目中复制生成办公楼的标高。

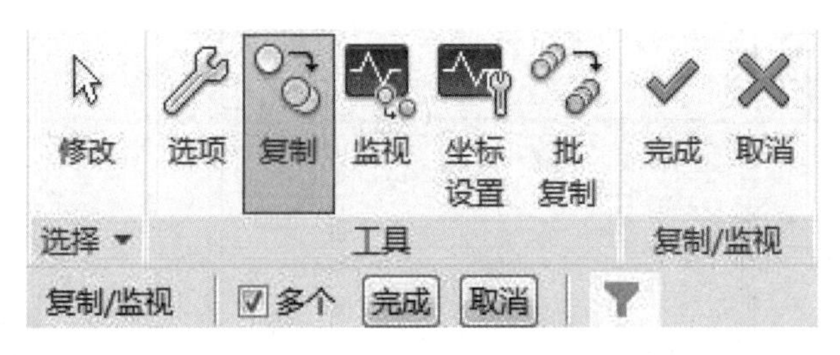

图 4.6 “复制”工具

点击“复制/监视”面板中“完成”按钮，完成复制监视操作，生成与链接项目完全一致的轴网。

4.2.4 视图规程

点击“视图”→“创建”→“平面视图”，在列表中选择“楼层平面”工具。打开“新建楼层平面”对话框，点击办公楼项目的标高，则在项目浏览器中的机械视图中显示出相应标高。配合使用 Ctrl 键，选择所有标高，在“楼层平面”属性窗口中，点击“标识数据”中的“视图样板”右侧的“机械平面”，如图 4.7 所示。在弹出的“指定视图样板”中，确认“视图类型过滤器”设置为“楼层、结构、面积平面”，在视图样板名称列表中选择“卫浴平面”，如图 4.8 所示，点击“确定”按钮返回“类型属性”对话框。完成后，在项目浏览器中的卫浴视图中可以正确显示出标高。

在 Revit 中，根据各专业的需求，可以为项目创建任意多个视图，包括楼层平面视图、立面视图和剖面视图等。为区分各不同视图的用途，Revit 提供了“建筑”“结构”“机械”“卫浴”“电气”“协调”共计六种视图规程，规程决定着项目浏览器中视图的组织结构。“协调”选项兼具“建筑”和“结构”选项功能。选择“结构”选项将隐藏视图中的非承重墙，而使用机械或电气规程在视图中会淡显非本规程内的构件图元。在 Revit 中，不选择任何图元，则“属性”面板中将显示当前视图的实例属性。在视图“属性”面板“规程”中，可以设置当前视图使用的“规程”，还可以进一步为视图设置“子规程”，以便于对视图进行更进一步的分类和管理。设置不同的规程后，视图将自动在项目浏览器中根据浏览器组织的设置显示为不同的视图类别。

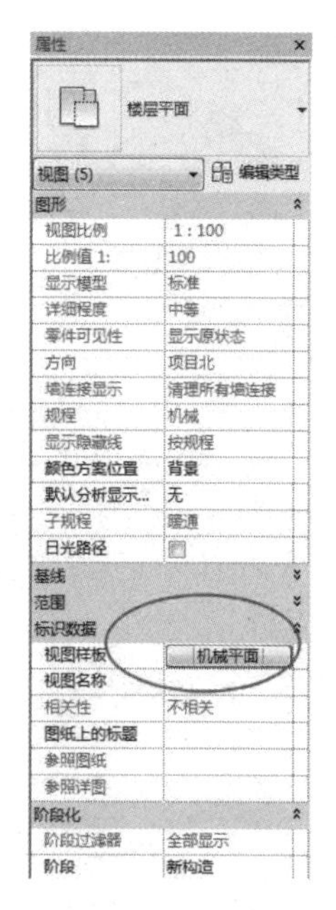

图 4.7　视图属性

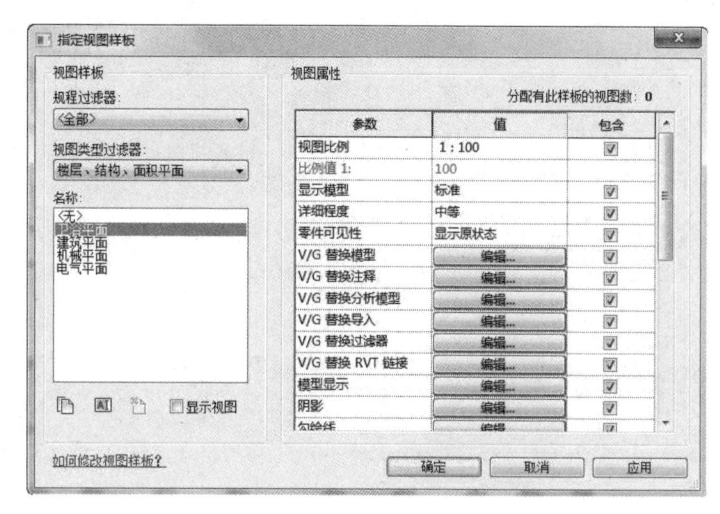

图 4.8　指定视图样板

4.3　消防系统

4.3.1　定义系统

消防栓系统

在一个项目中，不同的管道有不同的用途，如给水、污水、热水、雨水和废水等。卫浴管道布置可以通过为管道创建不同的管道类型来管理不同用途的管道材质和连接方式。同一种管道也可以有多个用途，如 PVC-U 管道可以用于污水系统，也可以用于雨水系统。Revit 提供了“系统分类”，即定义管道的功能。管道系统中预定义了卫生设备、家用冷水、家用热水、循环供水、循环回水、干式消防系统、湿式消防系统、预作用消防系统、其他消防系统、通风孔和其他，共十一种系统分类。若给水系统中含有需要做保温处理的管道，可以利用 Revit 的“添加隔热层”功能为管道创建保温层。虽然无法增加或者删除系统分类，但可以根据项目需要，基于某一个系统分类复制新的系统类型。Revit 提供了管道系统类型工具，允许用户创建不同形式的管道系统类型。

本书案例绘制消防栓系统，要在“其他消防系统”中绘制，也可以在项目浏览器中选择“管道系统”，将“其他消防系统”重命名为“消防栓系统”。

提示：绘制管道时需要首先明确系统类型。只有当前管道和设备属于同一系统时，管道和设备之间才能正确连接。

4.3.2　消火栓箱

切换至标高 1 卫浴平面视图，点击“系统”→“机械”→“机械设备”，进入“修改 | 放置机械

设备”上下文选项卡。设置“放置”方式为“放置在垂直面上”，如图 4.9 所示。

图 4.9　放置机械设备

选择机械设备为消防栓，路径为“消防\给水和灭火\消火栓”，本书案例选取“双栓-底面单进水接口带卷盘”，默认高程为 1100 mm，在楼梯间两侧墙体上布置消火栓，如图 4.10 所示。

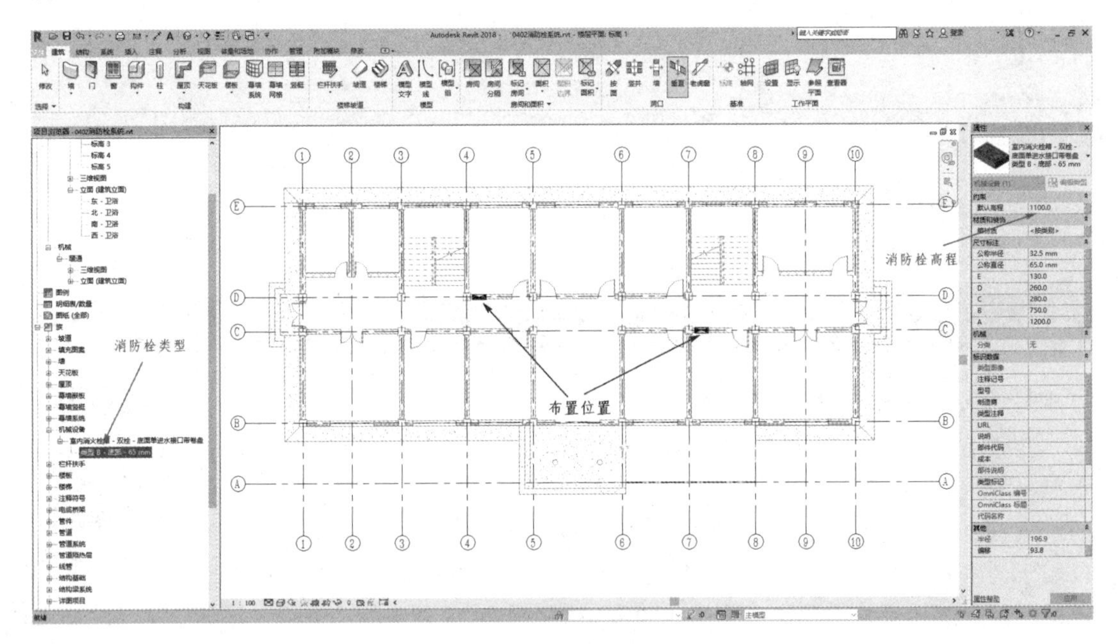

图 4.10　布置消防栓

提示：选择“机械设备”的快捷键是“ME”。

4.3.3　消防管道

在 Revit 中，“管道”属于系统族，可以在管道的“类型属性”中，复制出不同类型的管道，并在布管系统配置相应的材质、尺寸和自动生成的管件。点击“系统”→“卫浴与管道”→“管道”，进入管道绘制状态。

点击“属性”面板中的“编辑类型”按钮，打开“类型属性”对话框，复制并新建“消防管道”，如图 4.11 所示。点击“管段和管件”列表下“布局系统配置”右侧的“编辑”，弹出“布局系统配置”对话框，在管段中选取“钢，碳钢- Schedule 80”作为管材，即选择壁厚为 80 mm 的碳钢作为消防栓系统的管材；在“最小尺寸”下拉列表中选取 65 mm，在“最大尺寸”下拉列表中选取

100 mm，即本项目中消防栓系统的管径在 DN65～DN100 之间，如图 4.12 所示。

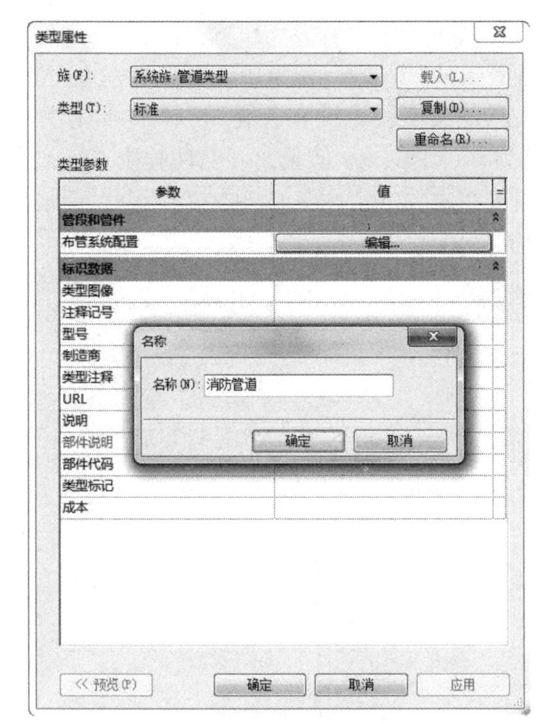

图 4.11　消防管道

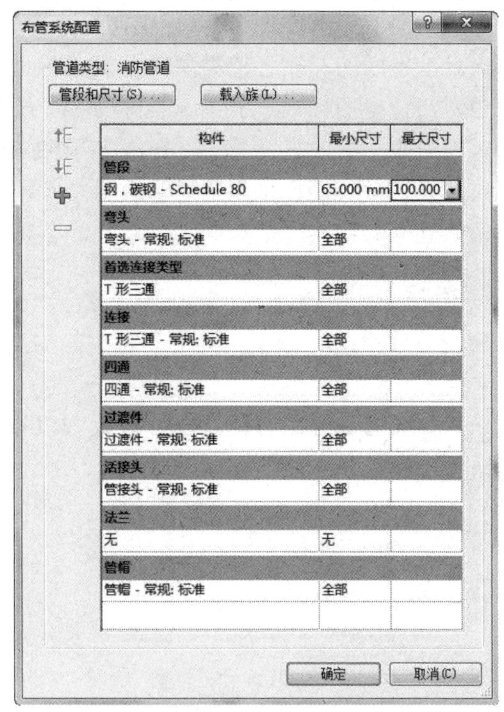

图 4.12　消防栓布管系统配置

提示：系统中默认的“PVC－U 排水”和“标准”管道类型为项目样板中预定义的管道类型。

在“布管系统配置”对话框中，可以在“管段”参数中设置当前管道类型的材质、压力等级和范围，并可以为该管道类型指定弯头、连接和四通的形式。弯头、连接和四通等参数用于指定在管道与管道连接时采用设定的弯头、连接和四通的族。该列表中的可用族取决于当前项目中已预载入的所有可用管道管件族。

在“布管系统配置”对话框中，通过点击“添加”或“删除”按钮，确定在不同的管径范围内采用的弯头族的形式。例如，对于镀锌钢管，在管径小于 DN80 时一般采用丝扣连接，但管径大于 DN80 时，一般采用预制沟槽卡箍连接、法兰连接等其他连接方式进行连接。在这种情况下，可以利用添加行工具，为每种连接方式添加并指定新的连接件族，并设定使用该族进行连接的管径范围。点击“布置系统配置”对话框中“管段和尺寸”按钮，打开“机械设置”对话框，并自动切换至“管段和尺寸”类别设置。在该对话框中可以分别添加管道的管段材料、压力标准，并在该管段类别中根据需要创建和修改管道的公称直径、内径和外径等尺寸信息。所有管段的尺寸信息，应根据管道的实际标准和规范添加和修改。如果没有相应的管件时，需要载入新的族。在绘制管道时，有时会出现连接不正确或者连接不上的情况，可能是系统找不到匹配的管件，因此一个完整的样板文件中包含的管件要全面。

 **注意：**Revit 在项目样板中，预设了所有可用的管段及管径信息。因此，在进行管

线的定义与创建时，务必确认使用了正确的项目样板，以方便在项目中设置和使用。

确认当前系统类型为“其他消防系统”后布置消防立管。立管一般是通过更改管道的标高来自动生成的。在管道类型属性窗口中，设置管道的“水平对正”为中心对正，“垂直对正”为中对正，“参照标高”为“标高 1”，在“放置管道”选项面板中设置管径为“100”，偏移量为“0”，即消防立管的直径为 100 mm，起点底标高为 0，如图 4.13 所示。在消防栓附近适当位置布置立管，点击后，将偏移量修改为“3200”，点击两次“应用”按钮，结束立管绘制。完成后的消防立管的终点底标高为 3200，即立管贯穿整个楼层。

图 4.13　消防立管起点设置

选择放置好的消防栓，点击“修改→机械设备”→“连接到”，再点击绘制好的立管，完成消防栓箱和消防立管的连接，如图 4.14 所示。

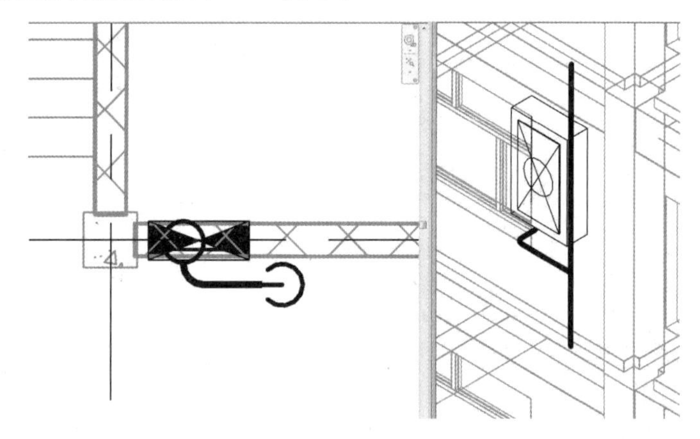

图 4.14　连接好的消防栓箱和立管

使用“连接到”的方法可以自动布置连接管，也可以在点击消防栓后，根据进水点的位置手动绘制连接管道。

 **提示**：精确定位立管位置需要先绘制参考平面。

本书案例中的消防水泵位于地下一层，在此不再赘述立管和消防水泵的连接。

4.4　喷淋系统

4.4.1　喷头布置

自动喷淋系统

在卫浴视图-标高 1 中，根据工程设计图，绘制参考平面，确定喷头位置。点击“系统”→“卫浴和管道”→“喷头”，进入“修改|放置喷头”上下文选项卡。选择喷头类型为“喷淋头- ZST 型-闭式-下垂型”，路径为“消防\给水和灭火\喷淋头”。本书案例选取“ZSTX - 15 - 68 ℃”型喷头，这是一种用于环境温度为 4～70 ℃的快速响应闭式喷头，高程为 2600 mm，在参照平面交叉点处布置喷头，如图

4.15 所示为建筑部分区域内布置喷头的位置。

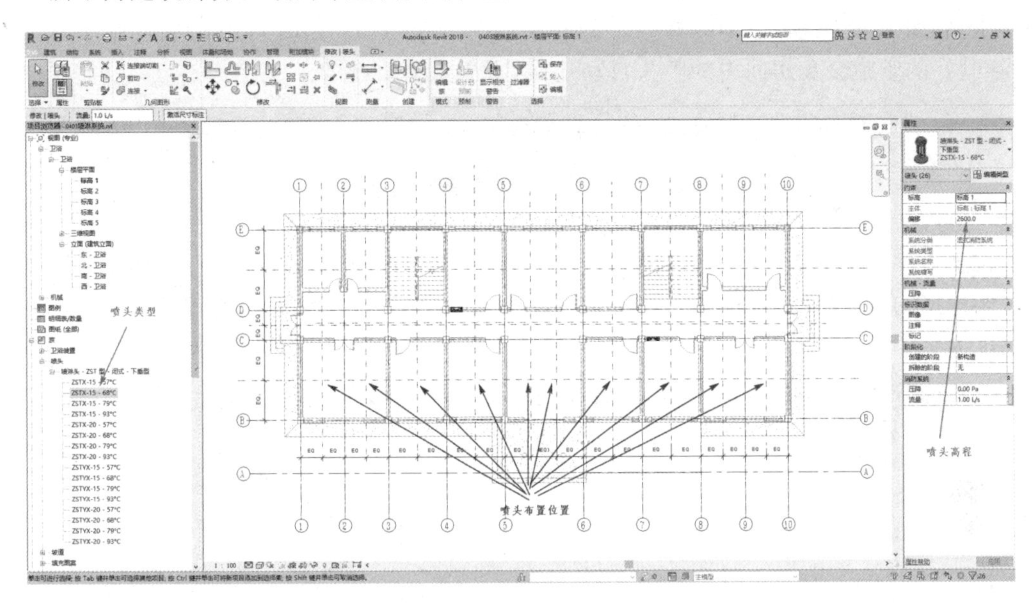

图 4.15　喷头布置

4.4.2　喷淋管道

点击“系统”→“卫浴与管道”→“管道”，进入管道绘制状态。点击“属性”面板中的“编辑类型”按钮，打开“类型属性”对话框，复制并新建“喷淋管道”，如图 4.16 所示。点击“管段和管件”列表下“布局系统配置”右侧的“编辑”，弹出“布局系统配置”对话框，在管段中选取“不锈钢-GB/T 19228”作为管材，即选取标准 GB/T 19228 的不锈钢作为喷淋系统的管材；在“最小尺寸”下拉列表中选取 15 mm，在“最大尺寸”下拉列表中选取 32 mm，如图 4.17 所示，即本书案例中喷淋系统的管径在 DN15～DN32 之间。

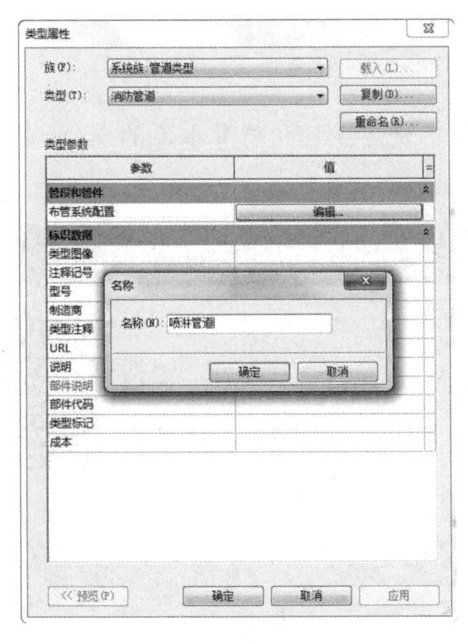

图 4.16　喷淋管道

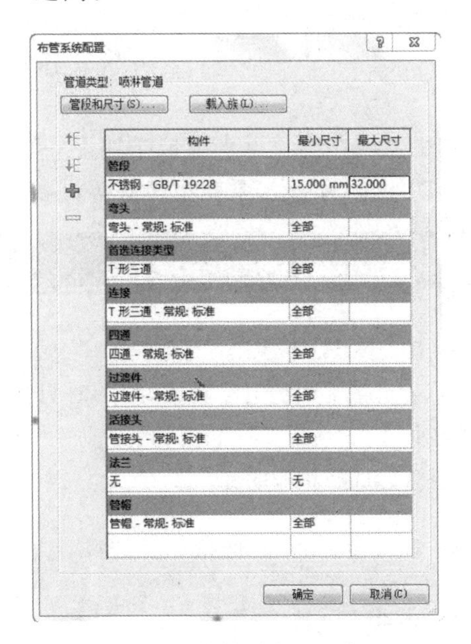

图 4.17　喷淋管道布置系统配置

确定管道系统类型是“湿式消防系统”，绘制水平管段，设置管径为 15 mm，偏移高度为 2650 mm，如图 4.18 所示，即在标高 1 的高度 2650 mm 处布置水平管段，绘制喷淋水平支管，绘制好的管道会和房间内的喷头自动连接，不需要手动连接。

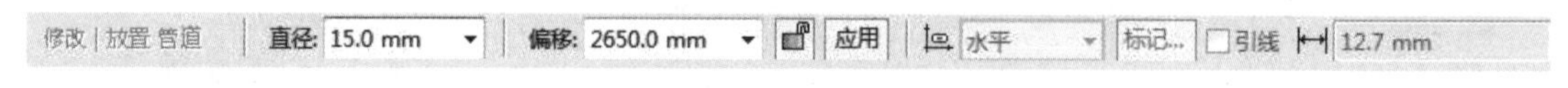

图 4.18　喷淋支管的设置

位于走廊的喷头，管道不会与喷头自动连接，可以先点击喷头，配合使用“连接到”命令，点击要连接的管道，即可完成喷头与管道的连接。本书案例中的水平干管管径为 25 mm，偏移高度为 2650 mm，立管管径为 32 mm。完成后的喷淋管道，如图 4.19 所示。

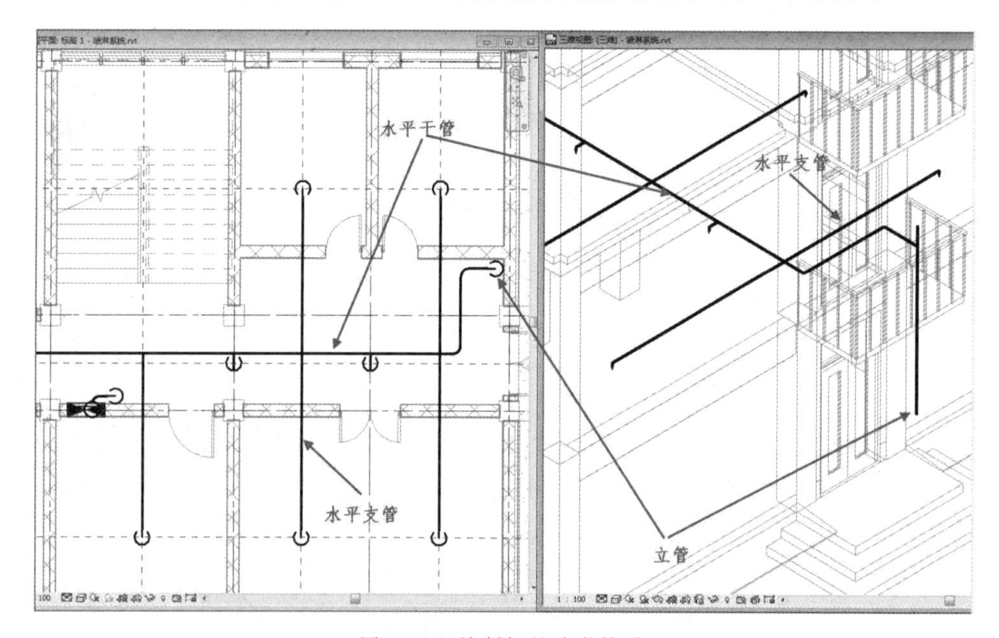

图 4.19　绘制好的喷淋管道

本书案例中的喷淋水泵位于地下一层，在此不再赘述立管和喷淋水泵的连接。地下室设有消防水池、喷淋水泵和报警阀等设备。

4.5　给水系统

4.5.1　卫浴装置

Revit 自带常用的卫浴装置，绘图时只需要载入即可。切换到卫浴-1F 楼层平面视图，点击“系统”→“卫浴和管道”→“卫浴装置”，如图 4.20 所示，打开“载入族”对话框后选择相应的族。

卫生器具

图 4.20　系统选项卡

提示：所有机电设备和管线的工具均位于“系统”选项卡。

在“载入族”对话框中默认打开 Revit 自带的族目录。注意要选取“机电”文件夹下面的卫浴设备，这些设备自带连接件，其路径为“机电\卫生器具”。为绘制方便，可以暂时隐藏自动喷水灭火系统所有构件，根据需要在卫生间内布置卫生洁具。布置好的卫生洁具如图 4.21 所示。

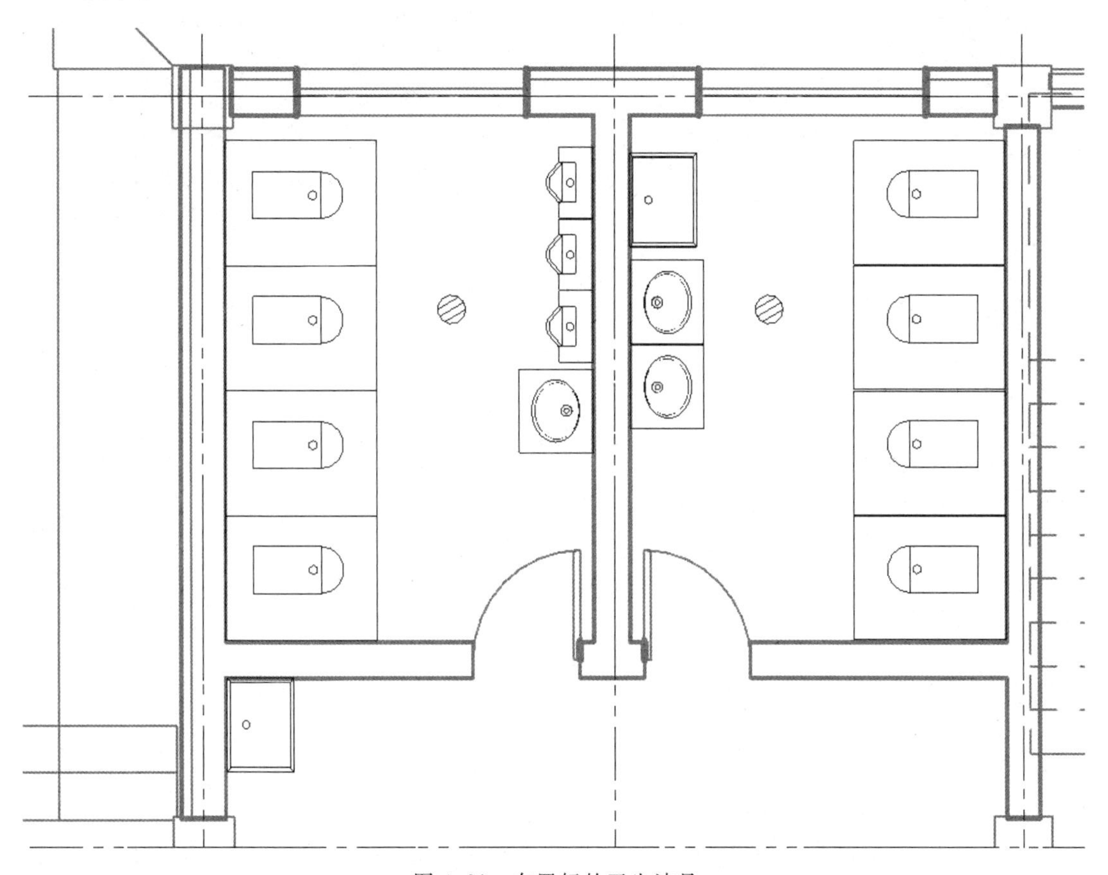

图 4.21　布置好的卫生洁具

注意：地漏属于管道附件，因此不能通过点击“卫浴装置”来载入。

4.5.2　给水管道

给水系统

点击“系统”→“卫浴与管道”→“管道”，进入管道绘制状态。点击“属性”面板中的“编辑类型”按钮，打开“类型属性”对话框，复制并新建“给水管道”，如图 4.22 所示。点击“管段和管件”列表下“布局系统配置”右侧的“编辑”，弹出“布局系统配置”对话框，在管段中选取“PE 63 - GB/T 13663 - 0.6 MPa”作为管材，即选取标准 GB/T 13663 的聚乙烯管作为给水系统的管材，该管的最大承压能力是 0.6 MPa；在“最小尺寸”下拉列表中选取 20 mm，在“最大尺寸”下拉列表中选取 25 mm，如图 4.23 所示，即本书案例中给水系统的管径在 DN20～DN25 之间。

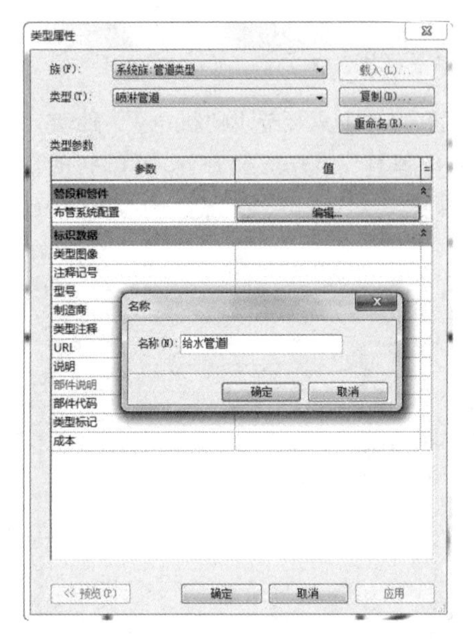

图 4.22　给水管道

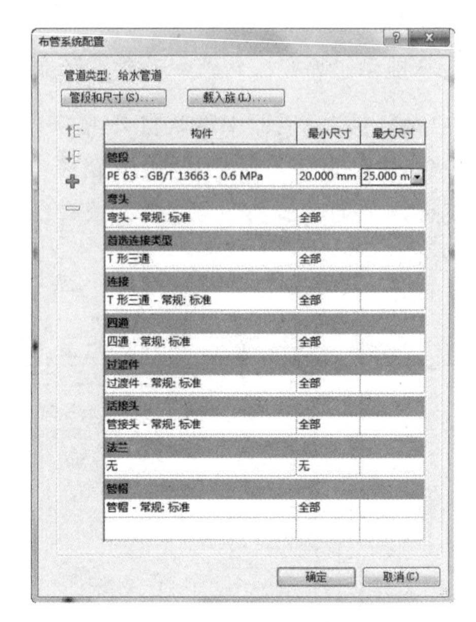

图 4.23　给水管道布置系统配置

继续为该类型的管道指定弯头、连接和四通等连接时采用的管道接头族，在本操作中，均采用默认设置值。完成后点击“确定”按钮返回“类型属性”对话框。

使用“管道”工具，确认当前系统类型为“家用冷水”，设置选项栏管道直径为 25 mm，偏移量修改为 0 mm，如图 4.24 所示。根据参照平面交叉点的位置点击立管位置，应用之后将偏移量修改为 3200 mm，两次点击“应用”，完成立管的绘制。

图 4.24　给水立管的设置

绘制给水系统中横管，该管径为 DN20，高度为 1200 mm。点击“系统”→“卫浴和管道”→“管道”，在“属性”面板类型中，确定当前管道类型为“家用冷水”。在上下文选项卡中，确认激活“放置工具”面板中的“自动连接”选项，激活“带坡度管道”面板中的“禁用坡度”选项，即绘制不带坡度的管道图元，如图 4.25 所示。

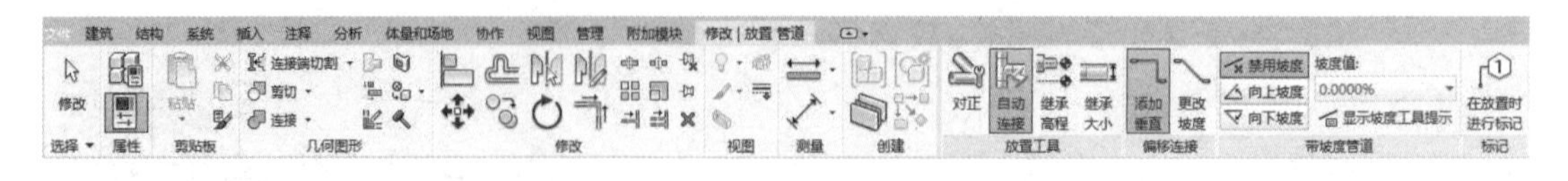

图 4.25　给水管道选项卡

提示： 给水管道选项卡中的“继承高程”是指连续绘制管道时，绘制管道的起点与已绘制管道的高程相同。熟练使用“继承高程”命令可提高绘图速度。

将光标移至卫生间内卫生洁具进水口端方向绘制给水管，并自动与立管连接。管线在拐弯时会自动生成90°的弯头。

点击卫生洁具后，出现该洁具的接水口，在接水口位置点击鼠标右键，在弹出的菜单中选择绘制管道，将横管和卫生洁具连接，此时会自动生成三通或者四通等管件。在管道与设备连接时，Revit仅会捕捉设备族中定义为“接口”的图元位置。连接好洁具和管道后，要注意在管道末端通常会有多余的管道，此时要删除多余管道。如果删除后末端管件是三通，此时选择三通，会在其周边出现“＋”和“－”标志，点击“－”标志即可将三通修改为弯头。编辑管件时在绘图区域中点击某一管件，管件周围会显示一组管件控制柄，可以用于修改管件尺寸，调整管件方向和进行管件升级或降级。如果管件的所有连接件都连接水管，可能出现“＋”，表示该管件可以升级。例如，弯头可以升级为T形三通，T形三通可以升级为四通等。如果管件有一个未使用的连接水管的连接件，在该连接件的旁边可能出现“－”，表示该管件可以降级。例如，带有未使用连接件的四通可以降级为T形三通，带有未使用连接件的T形三通可以降级为弯头等。如果管件上有多个未使用的连接件，则不会显示加减号。如果所有连接件都没有连接水管，点击尺寸标注可以改变管件尺寸。

绘制好的给水管道如图4.26所示。连接好的洁具会以蓝色显示，而没有连接的洁具以黑色显示。

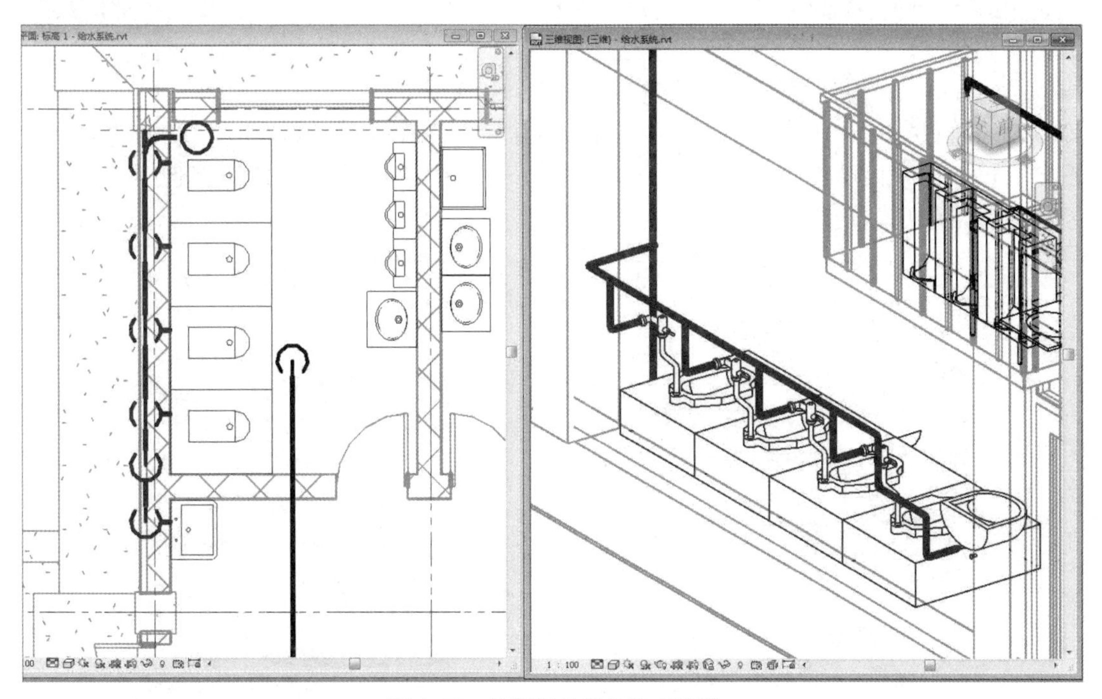

图4.26　绘制好的部分给水管道

注意：洗手盆有热水进水口和冷水进水口，要选择右边的冷水进水口与冷水管相连接。地漏和污水池没有进水口，因此不需要和给水管道连接。

重复以上步骤，绘制所有给水立管和横管，并将卫生洁具和横管相连接。在Revit中，管道与卫浴装置连接时，必须连接至该装置的“连接件”位置。“连接件”在所采用的卫浴装置族中进行定义。卫浴装置族中每一个连接件均可定义与该连接件连接时管道的大小和作用，例如家用冷水或家用热水。当管道与该接口连接时，管道会自动继承该连接件所定义的系统分类。当与设备连接件所需要的尺寸不同的管道连接时，Revit 会自动为管道添加过渡件。

在 Revit 中，当管线相交时，软件会自动使用当前管道类型属性“布管系统配置”对话框中定义的连接件族进行连接。当管道管径不同时，Revit 将自动根据管径为管线添加过滤件图元。连接类型用于指定当管线连接时，可以设置优先采用 T 形三通还是接头连接管道。如果设置为“T 形三通”，在管道 T 形连接时将生成 T 形三通连接件。如果设置为“接头”，则不再生成三通连接件。用于表示“焊接”相连的管道，如果在“布管系统配置”对话框中，指定了“法兰”，则在绘制管道时会在所有的连接件与管道之间生成法兰。

在 Revit 中，管道在视图粗略或中等详细程度下，均以单线的方式显示，而且可以调整视图的详细程度以满足不同管道的显示要求。

4.6 排水系统

4.6.1 排水管道

排水系统

点击“系统”→“卫浴与管道”→“管道”，进入管道绘制状态。点击“属性”面板中的“编辑类型”按钮，打开“类型属性”对话框，复制并新建“排水管道”，如图 4.27 所示。点击“管段和管件”列表下“布局系统配置”右侧的“编辑”，弹出“布局系统配置”对话框，在管段中选取“PVC－U－GB/T 5836”作为管材，即选取标准 GB/T 5836 的硬聚氯乙烯管作为排水系统的管材；在“最小尺寸”下拉列表中选取 65 mm，在“最大尺寸”下拉列表中选取 100 mm，如图4.28 所示，即本书案例项目中排水系统的管径在 DN65～DN100 之间。

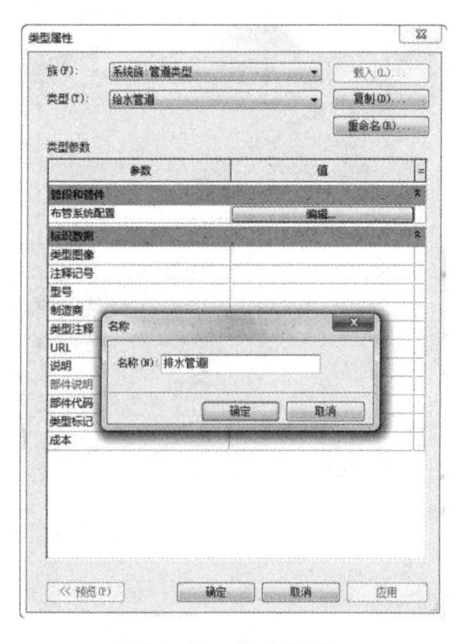

图 4.27 排水管道

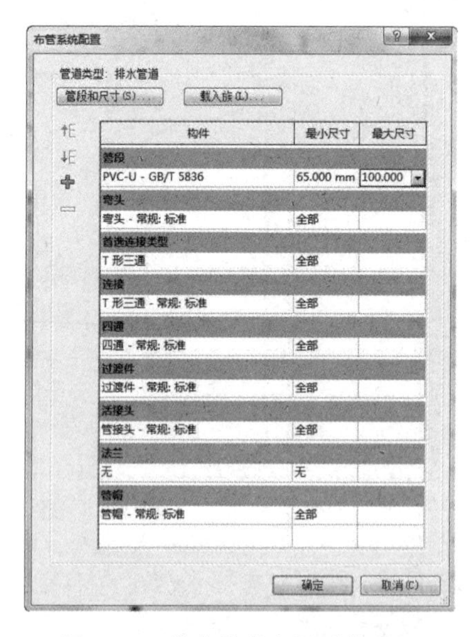

图 4.28 排水管道布置系统配置

继续为该类型的管道指定弯头、连接和四通等连接时，采用的管道接头族在操作中均采用默认设置值。完成后点击“确定”按钮返回“类型属性”对话框。

使用“管道”工具，确认当前系统类型为“卫生设备”，设置选项栏管道直径为 100 mm，偏移量为 0 mm，如图 4.29 所示。根据参照平面交叉点的位置确定立管位置，应用之后将偏移量修改为 3200 mm，再次点击“应用”，完成立管的绘制。

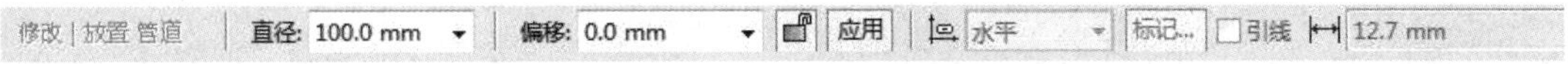

修改 | 放置 管道
直径: 100.0 mm
偏移: 0.0 mm
应用
水平
标记...
引线
12.7 mm

图 4.29　排水立管的设置

与供水管道等有压管道不同的是，一般排水管道采用重力排水，因此绘制的水平管道带有一定的坡度，绘制前需要进行坡度值设置。切换至标高 1 的卫浴楼层平面视图。使用管道工具，点击“修改|放置管道”→“带坡度管道”的“向上坡度”或“向下坡度”，在“坡度值”列表中可根据需要选择需要的坡度。本操作中，设置管道的坡度为 2.6%。设置管道的直径为“100 mm”，偏移为“－200 mm”，即在标高 1 下方 200 mm 处绘制直径为 100 mm 的排水管，如图 4.30 所示。

修改 | 放置 管道
直径: 100.0 mm
偏移: -200.0 mm
应用
水平
引线
12.7 mm

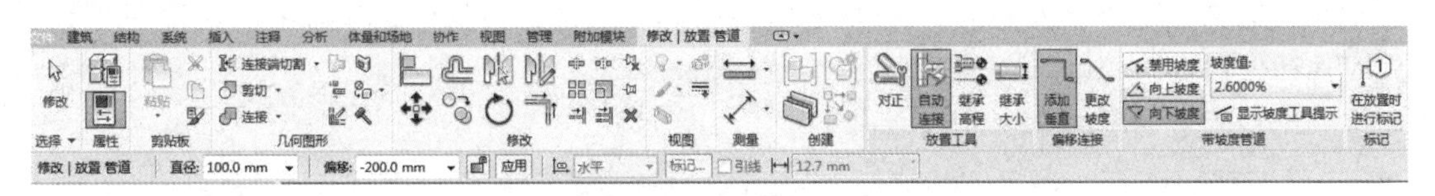

图 4.30　排水横管的设置

如果系统没有所需要的坡度，假设要新建 3%坡度，则点击“系统”→“机械”的右下箭头，打开“机械设置”对话框，切换至“坡度”选项，点击“新建坡度”按钮，在弹出的“新建坡度”对话框中输入“3”，点击“确定”按钮即可添加新的坡度值。完成后再次点击“确定”按钮退出“机械设置”对话框。

提示：可用管道两端的标高拉制整个管道的坡度。具体操作为：单击要调整的管道，选中一端的数值，该值则成为可编辑状态，输入所需标高值，使用相同方法修改另一端的标高，即可完成整个管道坡度的修改。

确认系统处于管道绘制状态下，将系统类型设置为“卫生器具”，绘制排水横管并与立管连接，管道坡向立管方向。管线在拐弯时会自动生成 90°的弯头。

由于绘制的管线位于当前标高之下，为确保该管线正确显示在视图中，需要修改视图范围。在楼层平面的“属性”面板中，确定“视图样板”为“无”，点击“视图范围”后的“编辑”按钮，弹出“视图范围”对话框，修改主要范围中的“底部”和视图深度中的“标高”的偏移量均为“－200”，如图 4.31 所示，完成后点击“确定”按钮退出“视图范围”对话框。

此时，绘制好的横管可显示在当前视图中。在机电工程中，经常会遇到创建的管线在三维视图中可见而在平面视图看不见的情况，这时一般要检查视图可见性和视图范围的设置。在视图属性栏中的“可见性/图形替换”对话框中，检查想要显示的类别前后方格是否有勾选，同时检查过滤器的可见性是否有勾选。另外影响平面视图的就是“视图范围”，当平面视图绘制的管道在视图范围外就不会显示，这时就需要调整视图范围。

选择要连接的卫生器具，与连接消防栓箱类似，配合使用“连接到”命令；或者与连接给水管道类似，使用“绘制管道”命令，将卫生器具和管道相连。连接好卫生器具和管道后，要

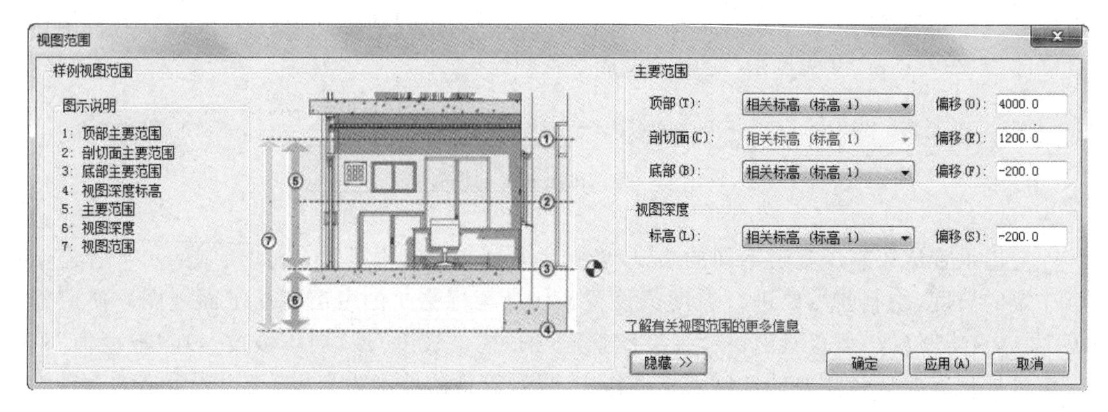

图 4.31　视图范围

注意在管道末端通常会有多余的管道，此时要删除多余管道。如果删除后末端管件是三通，此时选择三通，会在其周边出现“+”和“−”标志，点击“−”标志即可将三通修改为弯头。绘制好的排水管道如图 4.32 所示。

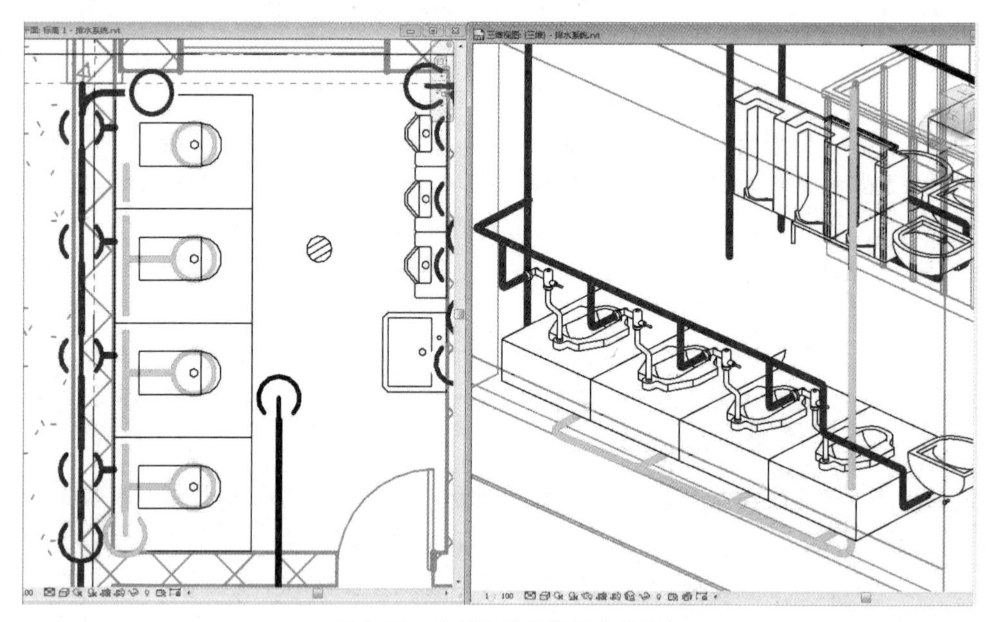

图 4.32　绘制好的部分排水管道

提示：*将末端管件修改为弯头连接件后，可以通过单击顶部的“+”符号，再次恢复为三通连接管件。*

使用同样方法，连接所有的卫生器具和排水管道。注意不要遗漏横管和地漏的连接。

选择绘制好的消防栓系统、自动喷水灭火系统、给水系统和排水系统中所有的机械设备、卫浴装置、管道和管件，配合使用“复制到剪贴板”和“与选定的标高对齐”粘贴命令，将其对齐粘贴至标高 2、标高 3 和标高 4。一些立管不需要伸至屋顶，在立面视图删除多余的给水立管和喷淋立管，由于本书案例中没有屋顶消防栓箱，故也要删除多余的消防栓立管，并修改末端的三通为弯头。

4.6.2 通气管道

本书案例中的通气管的材料和管径，均与排水立管相同，故不需要新建管道材料。打开立面视图，点击“系统”→“卫浴与管道”→“管道”，进入管道绘制状态，确定管道类型是“卫生设备”，保持与排水管径相同，将各立管向上延伸 300 mm。点击“系统”→“卫浴与管道”→“管路附件”，载入通气帽，其路径为“机电\卫浴附件\通气帽”，在立管上方连接对应管径的通气帽，完成通气管系的绘制，如图 4.33 所示。绘制好的单层三维视图如图 4.34 所示。

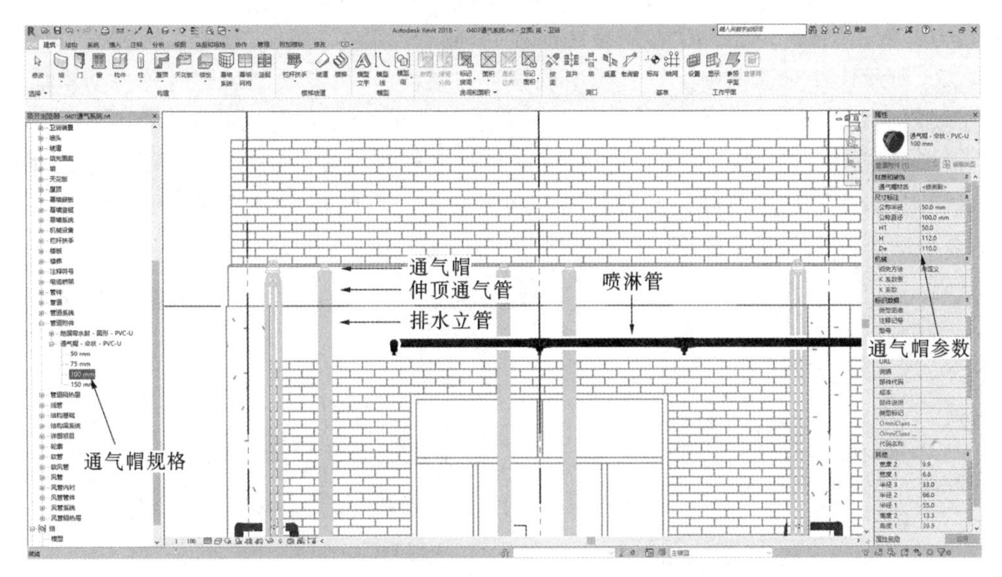

图 4.33 通气管系

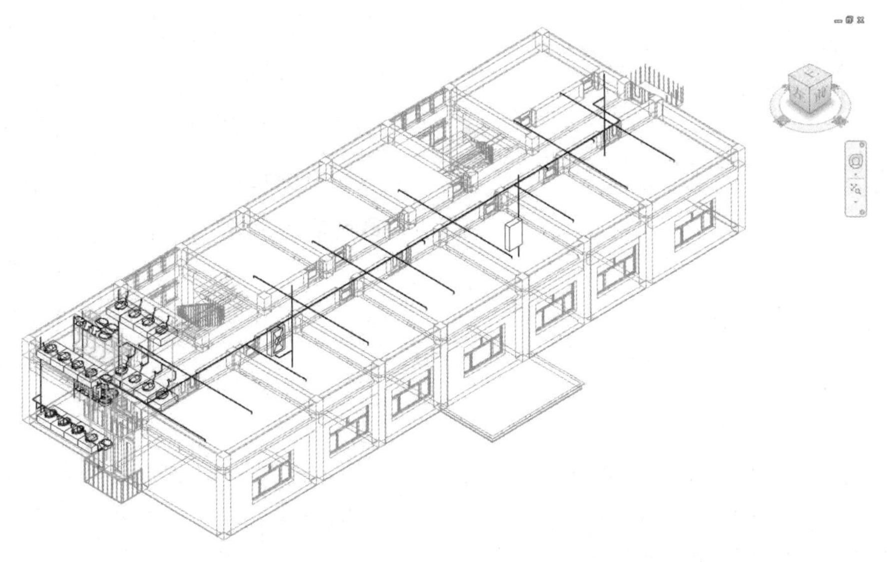

图 4.34 给水排水的单层三维视图

4.7 空调系统

4.7.1 风系统

空调风系统

本书案例中的空调系统和给排水系统不在一个文件中绘制,重新打开本章4.2节的链接文件,切换至标高1平面视图。点击"系统"→"HVAC"→"风管",点击"属性"面板中的"编辑类型"按钮,打开"类型属性"对话框,复制并新建"送风管道",如图4.35所示。风管材料中的"粗糙度",用于计算风管的沿程阻力。点击"管件"列表下"布局系统配置"右侧的"编辑",弹出"布局系统配置"对话框,如图4.36所示。在对话框中配置各类型风管管件族,可以指定绘制风管时是自动添加管件还是手动添加管件到风管系统中。以下管件类型可以在绘制风管时自动添加到风管中:弯头、T形三通、接头、交叉线(四通)、过渡件(变径)、多形状过渡件矩形到圆形、多形状过渡件矩形到椭圆形、多形状过渡件椭圆形到圆形和活接头。不能在"管件"列表中选取的关键类型,需要手动添加到风管系统中,如Y三通、斜四通等。

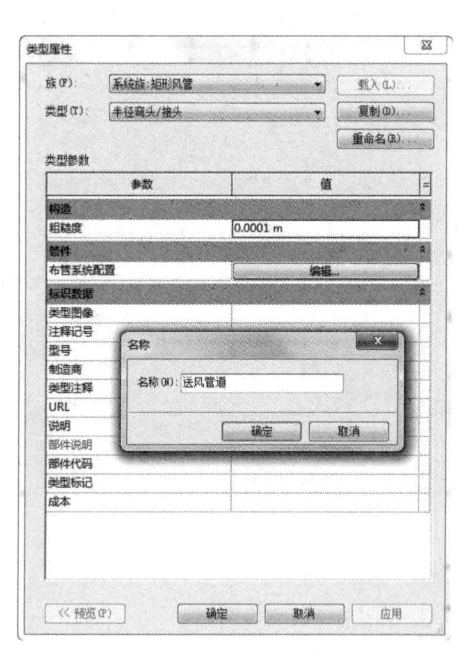

图4.35 送风管道

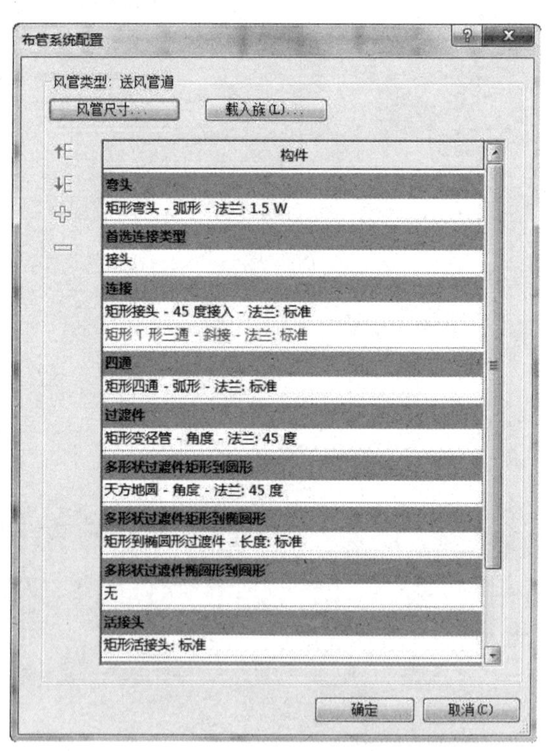

图4.36 送风管布置系统配置

提示: 如果创建机电管线时,风管管件不能自动生成的话,就需要检查该系统的配置是否正确,在机电工程中选择合适的专业样板很重要,每个样板文件会对本专业设置专门的系统配置、视图样板和可见性设置。

点击"风管尺寸",弹出"机械设置"对话框,如图4.37所示,可以查看、添加和删除当前项目文件中的风管尺寸信息。

图 4.37　机械设置

点击“矩形”“椭圆形”或者“圆形”可以分别定义对应形状的风管尺寸。点击“新建尺寸”或者“删除尺寸”按钮可以添加和删除风管的尺寸。Revit 不允许复制添加列表中已有的风管尺寸。如果在绘图区域已绘制了某尺寸的风管，该尺寸在“机械设置”尺寸列表中将不能删除。如需删除该尺寸，需要先删除项目中的风管，再删除“机械设置”尺寸列表中的尺寸。通过勾选“用于尺寸列表”和“用于调整大小”可以定义风管尺寸在项目中的应用。如果勾选某一风管尺寸的“用于尺寸列表”，该尺寸将会出现在风管布局编辑器和“修改|放置风管”中风管“宽度”/“高度”/“直径”下拉列表中，在绘制风管时可以直接选用，也可以直接选择选项栏中“宽度”/“高度”/“直径”下拉列表中的尺寸。如果勾选某一风管尺寸的“用于调整大小”，该尺寸可以用于 Revit 提供的“调整风管/管道大小”功能。在“机械设置”对话框“管道设置”选项中，还可以设置风管尺寸标注、坡度和管内流体属性等参数。

Revit 将风管系统作为系统族添加到项目文件中，并对“送风”“回风”“排风”三种风管系统分类进行界定。本书案例中的新风系统属于送风系统。

提示： 可以基于预定义的“送风”“回风”“排风”三种系统来添加新的风管系统类型，如可以添加多个属于“送风”分类下的风管系统，如送风系统 1 和送风系统 2 等。但不允许定义新风管道系统分类，如不能自定义添加一个“新风”系统分类。

Revit 中提供的项目样板文件中默认设置了四种类型的矩形风管、三种类型的圆形风管和四种类型的椭圆风管，默认的风管类型跟风管连接方式有关。风管有水平对正和垂直对正绘制模式。水平对正是指当前视图下，以风管的“中心”“左”或“右”侧边缘作为参照，将相邻两段风管边缘进行水平对齐。“水平对正”的效果与画管时的方向有关，自左向右绘制风管时，左对齐、中心对齐和右对齐分别对应于风管的顶对齐、中心对齐和底对齐。

垂直对齐是指当前视图下，以风管的“中”“底”或“顶”作为参照，将相邻两段风管边缘进行垂直对齐。垂直对齐的设置决定风管偏移量指定的距离。点击“系统”→“HVAC”→“风管”，进入风管绘制状态，确定“自动连接”处于激活状态，如图 4.38 所示。自动连接用于某一段风管管路开始或结束时自动捕捉相交风管，并添加风管管件完成连接。默认情况下，这一选项是勾选的。如绘制两段不在同一高程的正交风管，将自动添加风管管件完成连接。如果取消勾选“自动连接”，绘制两段不在同一高程的正交风管，则不会生成配件完成自动连接。

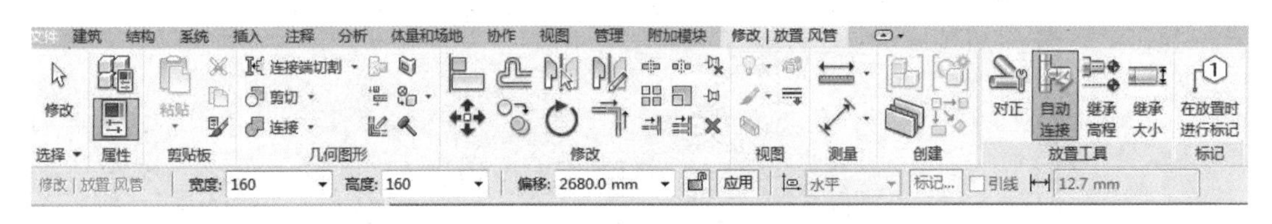

图 4.38 “自动连接”

确定风管系统类型是“送风系统”，绘制水平风管，风管干管从新风机组引出，并从 400 mm×160 mm 过渡到 250 mm×160 mm，房间风管截面为 160 mm×160 mm，所有风管偏移高程为 2680 mm，即在标高 1 的高度 2680 mm 处布置风管，在风管类型属性窗口中，设置管道的“水平对正”为“中心”，“垂直对正”为“中”，参照标高为“标高 1”，绘制好的风管会在相交处自动连接，不需要手动连接。绘制好的风管如图 4.39 所示。

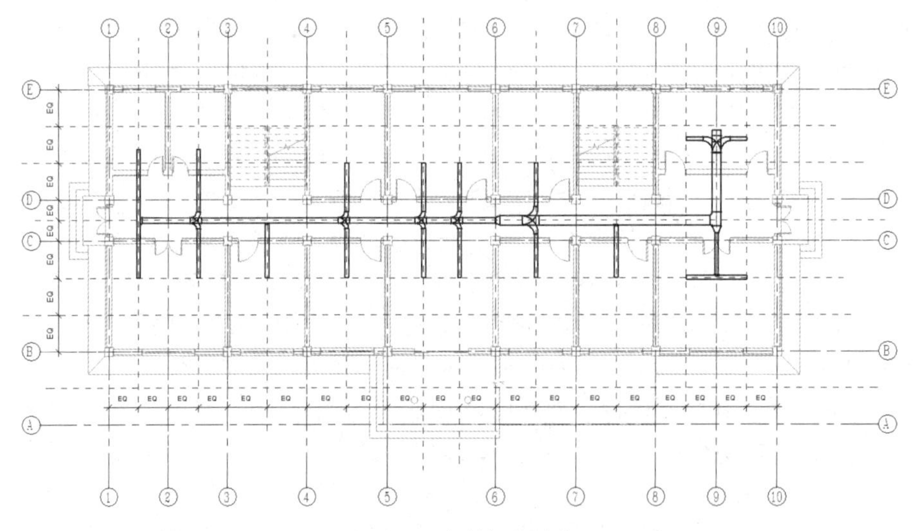

图 4.39 绘制好的风管

设备接管主要有以下四种连接方法：①单击设备，右击设备的风管连接件符号，单击“绘制风管”。②拖动已绘制风管到相应的风管连接件，风管将自动捕捉设备上的风管连接件，完成连接。③用“连接到”功能为设备连接风管。单击需要连管的设备，单击功能区中“连接到”命令，如果设备包含一个以上的连接件，将打开“选择连接键”对话框，选择需要连接风管的连接件，然后单击该连接件所要连接到的风管，完成设备与风管的自动连接。④选中设备，单击设备的风管连接件图标，点击“创建风管”。本书案例为了减少弯头的数量，直接将送风口放置在了风管上。

点击“系统”→“HVAC”→“风管末端”，进入“修改 | 放置风道末端装置”上下文选项卡，

如图 4.40 所示。选择机械设备为送风口，路径为“机电\风管附件\送风口”，本书案例选取“送风口-矩形-双层-可调”，设置高度为 2600 mm，注意不要布置在与自动喷淋灭火系统中喷头的同样位置，应在风管末端布置送风口。

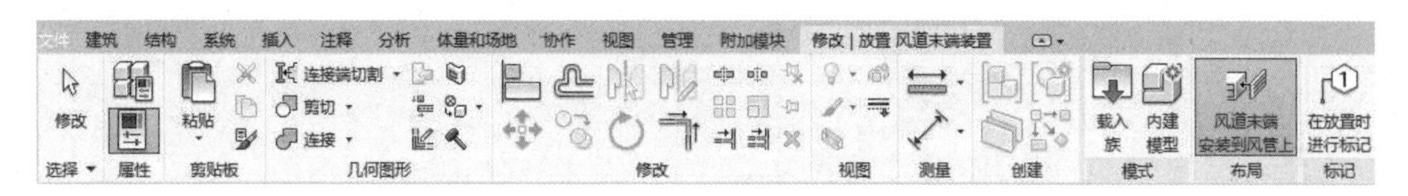

图 4.40 “修改|放置风道末端装置”选项卡

在风管起端连接新风机组，绘制好的送风系统如图 4.41 所示。

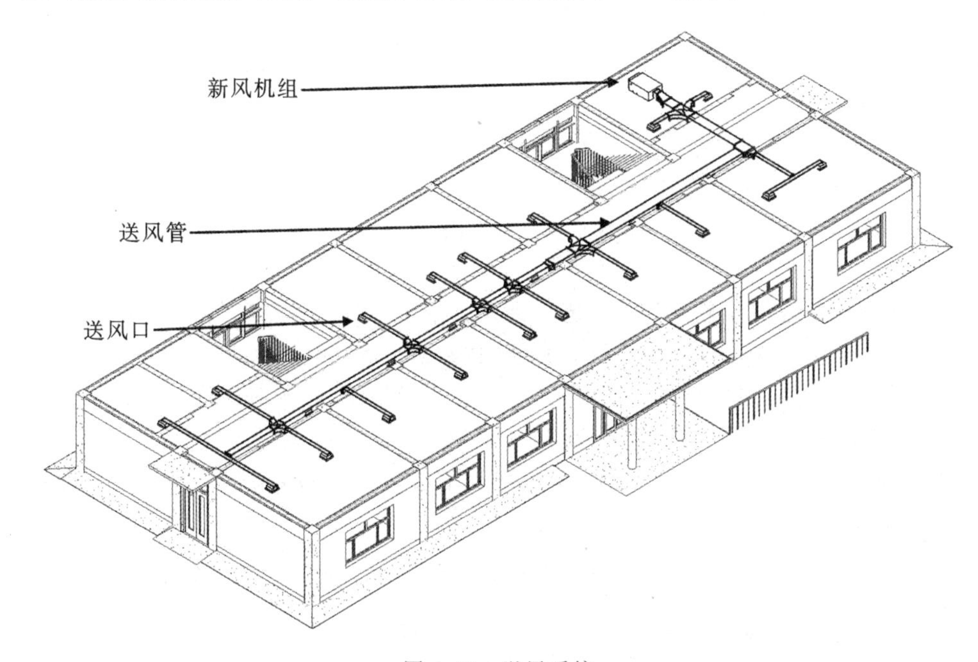

图 4.41 送风系统

提示：连接管线时有时会出现“风管/管线已修改为位于导致连接无效的反方向上”的提示框，其主要原因是要连接的末端与管线之间的距离太近，一般加大二者的距离后尽量用接口方式连接就可以。从设备连接开始绘制风管时，按空格键，可自动根据设备连接件的尺寸和高程调整绘制风管的尺寸和高程。不能使用“连接到”命令将设备连接到软风管上。

4.7.2 水系统

空调水系统

切换至“标高 2”平面视图，点击“系统”→“机械”→“机械设备”，进入“修改|放置机械设备”上下文选项卡。设置“放置”方式为“放置在垂直面上”。选择机械设备为风机盘管，路径为“机电\空气调节\风机盘管”，本书案例选取“风机盘管-卧式暗装-双管式-底部回风”，设置高程为 2600 mm，分别布置功率为 2650 W 和 4000 W 的风机盘管，如图 4.42 所示。

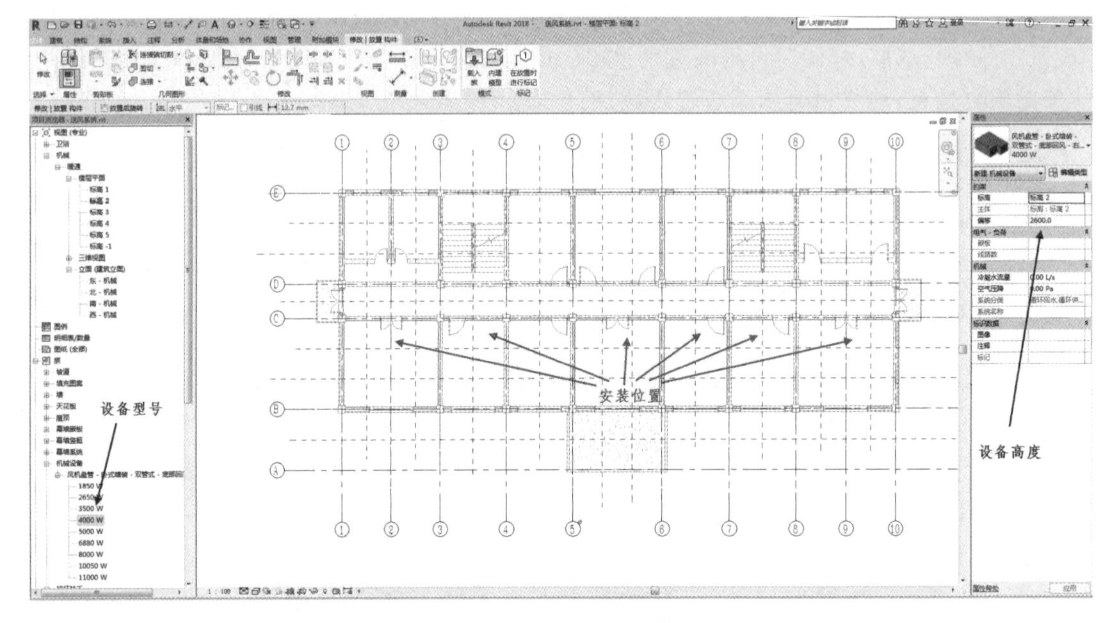

图 4.42　放置风机盘管

点击“系统”→“卫浴与管道”→“管道”，进入管道绘制状态。点击“属性”面板中的“编辑类型”按钮，打开“类型属性”对话框，复制并新建“冷冻供水”，如图 4.43 所示。点击“管段和管件”列表下“布局系统配置”右侧的“编辑”，弹出“布局系统配置”对话框，在管段中选取“不锈钢-5S”作为管材，即选取壁厚为 5 mm 的不锈钢管作为冷冻供水管的管材；在“最小尺寸”下拉列表中选取 20 mm，在“最大尺寸”下拉列表中选取 40 mm，如图 4.44 所示，即本项目中冷冻供水管的管径在 DN20～DN40 之间。

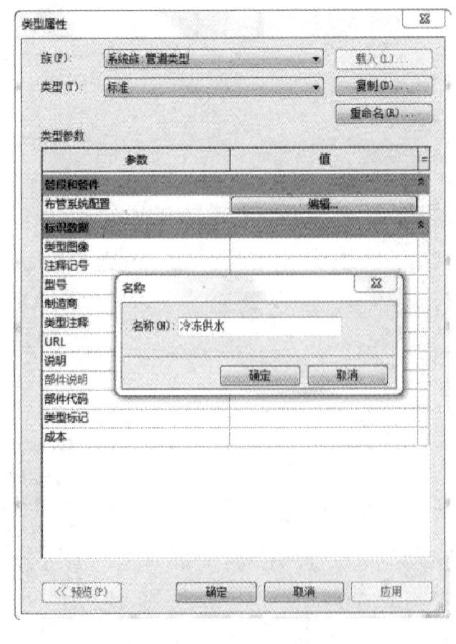

图 4.43　冷冻供水管道

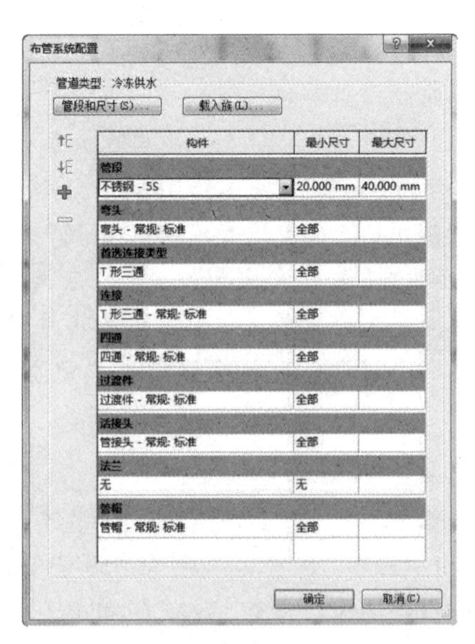

图 4.44　冷冻供水管道布置系统配置

确定管道系统类型是“循环供水”，绘制水平管段，设置管径为 32 mm，偏移高度为

2730 mm，如图 4.45 所示，即在标高 2 的高度 2730 mm 处布置水平管段，绘制冷冻供水水平干管。

修改 | 放置 管道 直径: 32.0 mm 偏移: 2730.0 mm 应用 水平 标记... 引线 12.7 mm

图 4.45 冷冻供水干管的设置

类似地新建冷冻回水管，管材同冷冻供水管，确定管道系统类型是"循环回水"，绘制水平管段，设置管径为 32 mm，偏移高度为 2810 mm，绘制冷冻回水干管。

类似地再新建冷凝水管，管材同排水管，确定管道系统类型是"卫生设备"，绘制水平管段，设置管径为 32 mm，偏移高度为 2650 mm，绘制冷凝水管。

与消防栓系统类似，配合使用"连接到"或者从设备接水口引出水管，将风机盘管与水管相连接。绘制好的图形如图 4.46 所示。

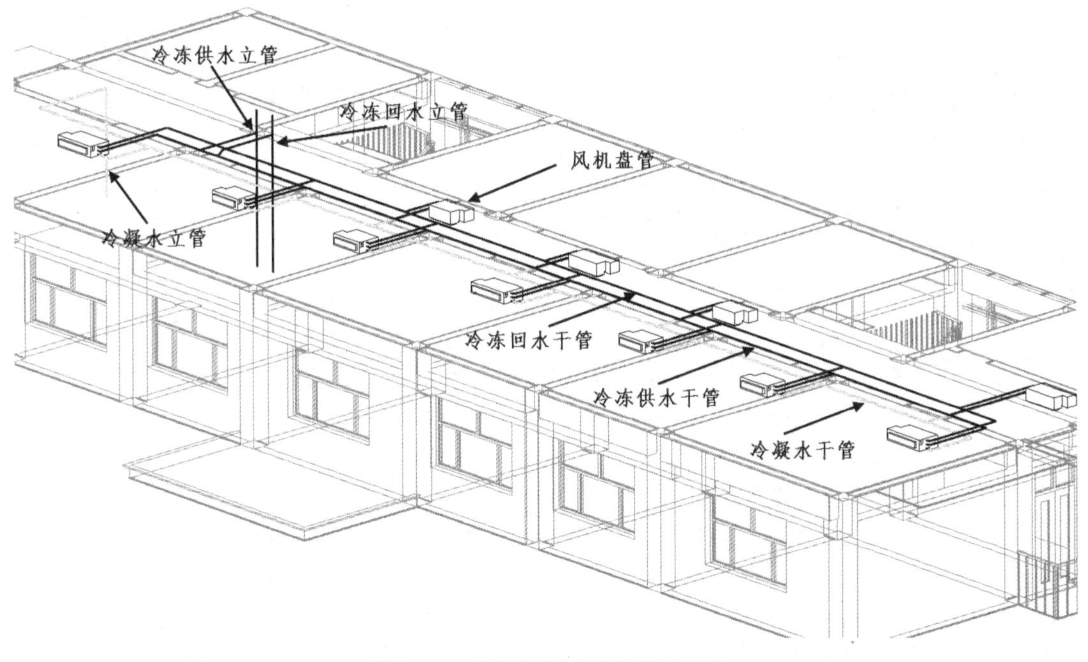

图 4.46 绘制好的二层空调水系统

选择绘制完成的风系统和水系统，配合使用"复制到剪贴板"和"与选定的标高对齐"粘贴命令，将其对齐粘贴至没有布置好的楼层，完成空调系统的绘制。

4.8 系统显示

4.8.1 系统检查

Revit 提供了检查系统的功能，用于检查管道是否完整。如果发现以下状况，则会显示警告信息：①系统未连接好。当系统中的图元未连接到任何一个物理管网时，则认为系统未连接好。例如，如果系统的一个或多个设备未连接到任何一个管网，则视为没有连接好。②存在流/需求配置不匹配。③存在流动方向不匹配。

在空调系统绘制结束后，将给排水文件链接至当前文件中。点击“分析”→“检查系统”→“检查管道系统”，如图 4.47 所示。

图 4.47　分析选项卡

当存在没有连接好的管道系统时，Revit 会弹出警告系统。本书案例中的管道系统均连接正确，故不会提示没有定义的系统选项。点击“分析”→“检查系统”→“显示隔离开关”，弹出“显示断开连接选项”对话框，勾选“管道”选项，执行命令后，系统会显示所有管道中开放的端点位置，本书案例中的进水口和出水口处于开放状态，系统会显示隔离开关符号，忽略此警告。同样地，检查风管系统的连接情况。

样式显示

4.8.2　样式显示

Revit 可以根据系统类型的不同，显示不同的视觉效果。点击“视图”→“图形”→“过滤器”，如图 4.48 所示。

图 4.48　视图选项卡

在弹出的“过滤器”对话框中，左侧是现有过滤器的名称。在“类别”下，选择将包括在过滤器中的一个或多个类别，选定类别将确定“过滤条件”列表中可用的参数，显示的参数将适用于所有选定类别。在“过滤条件”列表中，选择作为过滤条件的参数，如果所需过滤参数不在列表中，可以创建自定义参数。

本书案例中新建名称为“消防”的过滤器，在“类别”一栏中选择过滤器列表为“管道”，勾选机械设备、管件、管道、管道系统和管道附件，在“过滤器规则”一栏中设置过滤条件为“系统分类”“等于”“其他消防系统”，如图 4.49 所示。

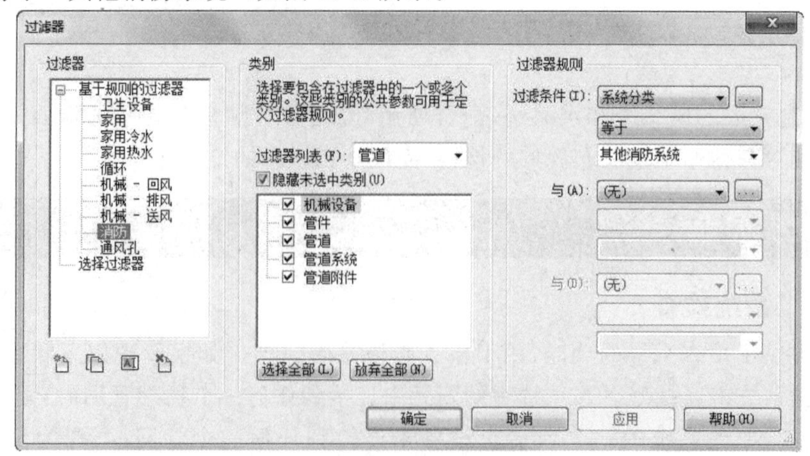

图 4.49　过滤器设置

同样再新建或者复制名称为“喷淋系统”的过滤器。系统的“卫生设备”过滤器用于排水系统，系统的“家用冷水”过滤器用于给水系统，系统的“机械-送风”过滤器用于送风系统，系统的“循环”过滤器用于冷冻水系统。完成后，点击“确定”，结束过滤器的定义。也可以根据需要输入其他过滤器条件，最多可以再添加三个条件。当输入多个过滤器标准时，图元必须满足所有要被选择的标准。如果选择等于运算符，则所输入的值必须与搜索值相匹配，此搜索区分大小写。

提示：“过滤器”对话框中默认显示的“卫生设备”“家用”“家用冷水”等过滤器为项目样板中预设过滤器。

点击“视图”→“图形”→“可见性/图形”，在弹出的对话框中选取“过滤器”，根据需要修改可见性、投影、表面和截面线型图案及样式、半色调以及透明度，本书案例中为不同的过滤器修改了“投影/表面”中“线”的颜色，将“填充图案”修改为“实体填充”，如图 4.50 所示。

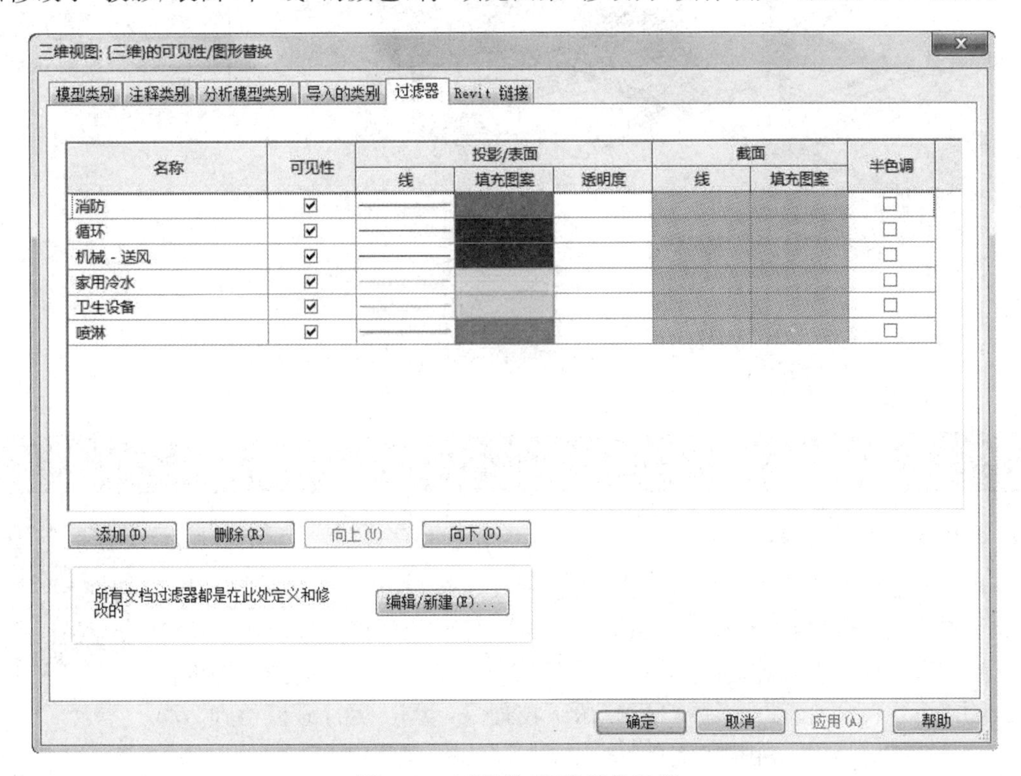

图 4.50 可见性/图形替换设置

完成后，所有满足过滤器中定义条件的图元，会按过滤器中定义的方式显示在视图中，如图 4.51 所示是显示详细程度为粗略的效果。

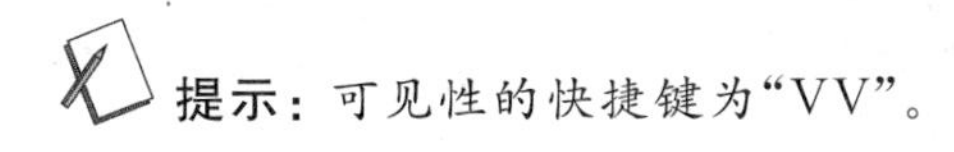

提示：可见性的快捷键为“VV”。

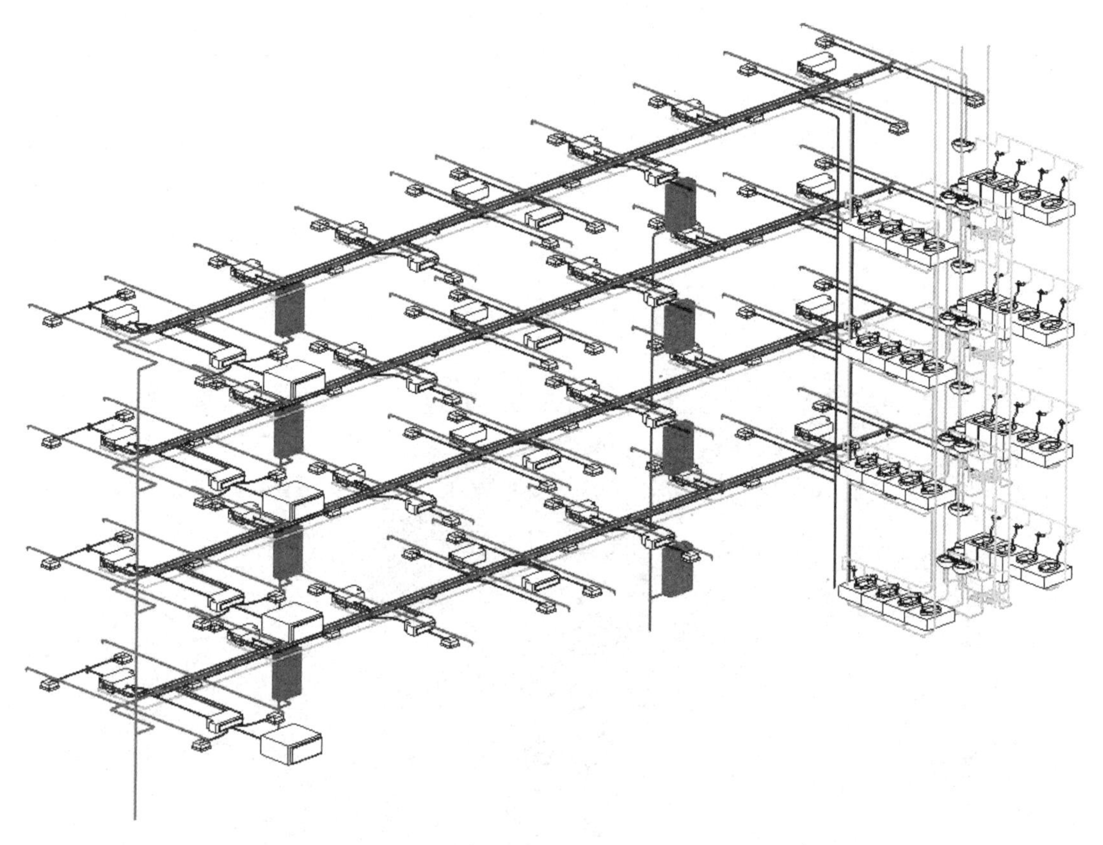

图 4.51　样式显示

4.9　碰撞检查

4.9.1　发现碰撞

碰撞检查

在各专业管线完成设计之后，需要进行管线综合，找出碰撞并调整，从而完成管路优化，同时也要检查管道系统和结构构件间的碰撞。要对项目中部分图元进行碰撞检查，应选择所需检查的图元。选择所需进行碰撞检查的图元，点击“协作”→“坐标”→“碰撞检查”的下拉列表，点击“运行碰撞检查”，弹出“碰撞检查”对话框，如图 4.52 所示。

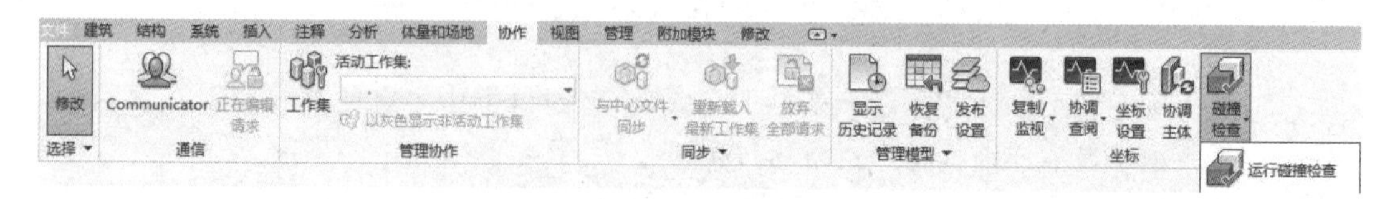

图 4.52　碰撞检查

在“碰撞检查”对话框中，分别从左侧的第一个“类别来自”和右侧的第二个“类别来自”下拉列表中选择一个值，这个值可以是“当前项目”，也可以是链接 Revit 模型，系统将检查

"类别 1"中的图元和"类别 2"中的图元的碰撞。Revit 可以检查"当前项目"和"链接模型(包括其中的嵌套链接模型)"之间的碰撞,但不能检查项目中两个"链接模型"之间的碰撞。如果类别 1 选择了链接模型,"类别 2"就无法再选择其他链接模型。分别在"类别 1"和"类别 2"下勾选要检查图元的类别,本书案例检查空调水系统和喷淋系统的碰撞,检查结果如图 4.53 所示,说明冷凝水管和喷淋水管有碰撞。

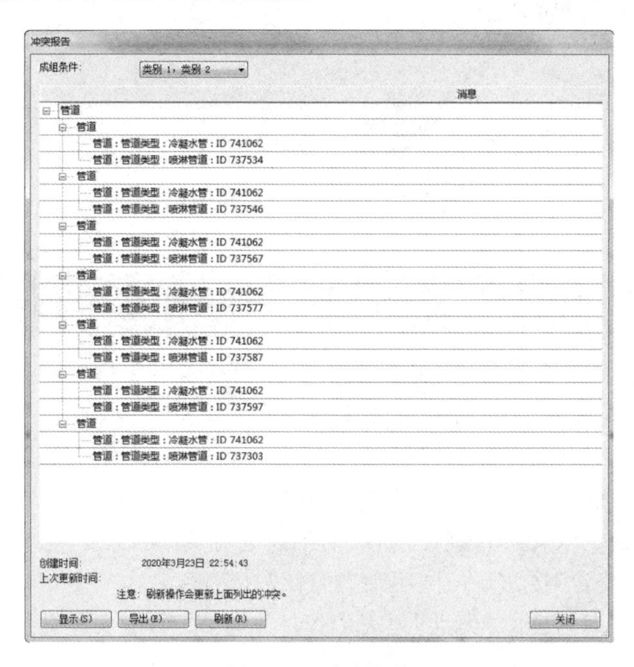

图 4.53　冲突报告

在"冲突报告"对话框中,点击"显示"按钮,该碰撞图元将在当前视图中高亮显示。"导出"可以生成 HTML 版本的报告。解决冲突后,在"冲突报告"对话框中点击"刷新"按钮,则会从冲突列表中删除发生冲突的图元。

 **注意:**"刷新"仅重新检查当前报告中的冲突,不会重新进行碰撞检查。

4.9.2　修复碰撞

点击"修改"→"编辑"→"拆分",在发生碰撞的给水管道两侧单击,将水管拆分为三段,选择中间交叉的水管管道,按 Delete 键删除该管道。点击"管道"工具,把鼠标光标移动到管道缺口处,出现捕捉时点击鼠标,输入修改后的标高,移动到另一个管道缺口处,点击即可完成管道碰撞的修改。本书案例中冷凝水管和喷淋水管的标高都是 2650 mm,而冷凝水属于无压流,故调整喷淋水管标高至 2710 mm,即可以实现水管不在同一平面交叉,如图 4.54 所示。

当水管与结构构件发生碰撞时,只能修改水管的标高来避免碰撞。如本书案例中主梁高度为 500 mm,距地面的高度为 2700 mm,冷冻供水管标高为 2730 mm,修改冷冻供水管标高为 2660 mm,即可以实现冷冻供水管在垂直方向上绕梁。

 **提示:**拆分工具的快捷键为"SL"。

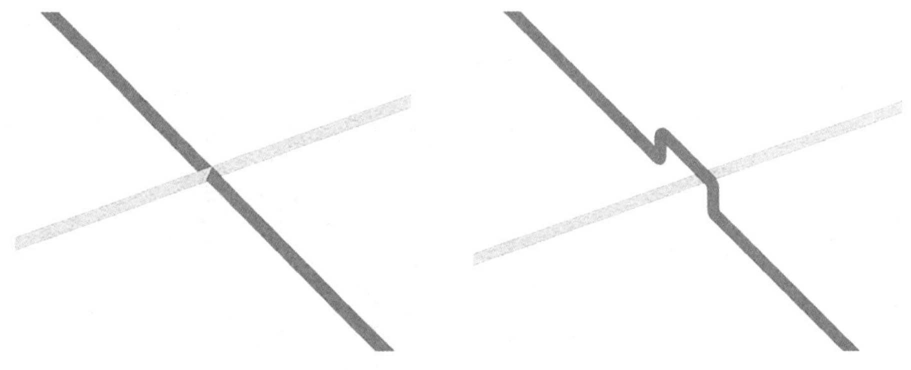

图 4.54　调整标高前后对比

4.10　安装算量

安装算量

在 Revit 中的算量主要是使用“明细表”功能。明细表以表格的形式显示模型信息，这些信息是从项目中的图元属性中提取出来的，可以将明细表导出到其他软件程序中。同第 3 章门窗的统计类似，点击“视图”→“创建”→“明细表”→“明细表/数量”，在弹出的“新建明细表”对话框中选择“管道”类别。本书案例对空调系统的水管进行统计，修改明细表名称为“办公楼-空调系统水管明细表”，点击“确定”按钮，打开“明细表属性”对话框。

在“新建明细表”对话框的“类别”列表中选择水管，在明细表属性中“字段”选项卡中选择“系统分类”“材质”“直径”“长度”信息，在“排序/成组”选项卡上，指定排序形式为升序，并在“总计”一栏中选取“仅总数”，如图 4.55 所示，即可以生成空调系统的水管明细表，如图 4.56 所示。

明细表属性
字段 | 过滤器 | 排序/成组 | 格式 | 外观
排序方式(S): 系统分类　升序(C)　降序(D)
页眉(H)　页脚(F):　空行(B)
否则按(T): 材质　升序(N)　降序(I)
页眉(R)　页脚(O):　空行(L)
否则按(E): 直径　升序　降序
页眉　页脚:　空行
否则按(Y): (无)　升序　降序
页眉　页脚:　空行
总计(G): 仅总数
自定义总计标题(U)
总计
逐项列举每个实例(Z)
确定　取消　帮助

图 4.55　“排序/分组”选项卡

从明细表中可以看出，材质为 PVC-U 的冷凝水管有两种直径规格，其中直径为 25 mm 的管长共 65.495 m，直径为 32 mm 的管长共 118.53 m。工程量确定后，根据定额可以得到安装造价。

<办公楼——空调系统水管明细表>			
A	B	C	D
系统分类	材质	直径	长度
卫生设备	PVC-U	25.0 mm	65495
卫生设备	PVC-U	32.0 mm	118530
循环供水	不锈钢	20.0 mm	57118
循环供水	不锈钢	32.0 mm	101470
循环供水	不锈钢	40.0 mm	11966
循环回水	不锈钢	20.0 mm	60768
循环回水	不锈钢	32.0 mm	100829
循环回水	不锈钢	40.0 mm	11972
			528149

图 4.56　空调系统水管明细表

 本章小结

链接土建模型后绘制机电工程，先要定义系统，一般按照立管、干管和支管的顺序绘制管道系统，并将管道与各种设备连接。利用过滤器区分不同系统，并在视图中以不同的颜色区分。在 Revit 中完成碰撞检查并修复碰撞点。根据绘图精度的不同，考虑是否增加阀门附件。

第5章　绿色建筑

5.1　概述

绿色建筑是指在建筑的全生命周期内，最大限度地实现建筑物的安全耐久、健康舒适、生活便利、资源节约和环境宜居，达到人与自然和谐共生。建筑环境的模拟分析是绿色建筑评价的重点内容。

BIM技术为改善绿色建筑设计中的不足带来了新的契机，BIM的设计模式为绿色建筑的设计提供了一种全新的技术支持平台。首先，BIM优化了建筑设计全过程。绿色建筑设计是一个跨学科、跨阶段的综合性设计过程，而BIM模型则正好顺应此需求，实现了单一数据平台上各个工种的协调设计和数据集中。BIM的实施能将建筑各项物理信息分析从设计后期显著提前，有助于建筑师在方案甚至概念设计阶段进行绿色建筑相关的决策。其次，通过实时分析和模拟，BIM保障了绿色建筑与自然相融合。周边环境对建筑的影响很多，不同区域的定位也许会带来很大的差别。通过实时分析模型技术，BIM提供了可靠分析，使建筑师可以自由调用环境数据对建筑体量、外形进行推敲、分析和验证，引导建筑被自然环境所接纳。因此，将BIM技术与绿色建筑设计相结合，凭借其先进的技术进行复杂的数据计算和实时的动态模拟，可以为建筑物理性能模拟的科学性和合理性提供重要参考，如图5.1所示。最后，BIM技术可以辅助绿色建筑做好后期运营，未来BIM在绿色建筑中更广阔的应用会体现在施工管理、质量控制以及后期的运营管理方面。

目前市场上基于BIM的绿色建筑系列软件，包括节能设计、能效测评、日照分析、采光分析、暖通负荷、通风模拟及噪声分析等软件，采用模型共享技术，利用国内主流的施工图设计图档，转成绿色建筑BIM模型，实现一模多算，并且通过绿色建筑可扩展的标记语言接口输出给其他绿色建筑分析软件，实现广泛的信息模型复用的价值。

目前基于BIM的建筑性能化分析有以下方面。

(1)室外风环境模拟：改善居住区建筑周边人行区域的舒适性；通过调整规划方案的建筑布局、景观绿化布置，改善居住区流场分布，减小涡流和滞风现象，提高居住区环境质量；分析大风情况下，哪些区域可能因狭管效应引发安全隐患等。

(2)自然采光模拟：分析相关设计方案的室内自然采光效果，通过调整建筑布局、饰面材料、围护结构的可见光透射比等，改善室内自然采光效果，并根据采光效果调整室内布局和布置等。

(3)室内自然通风模拟：分析相关设计方案，通过调整通风口位置、尺寸、建筑布局等改善室内流场分布情况，并引导室内气流组织有效通风换气，改善室内舒适程度。

(4)小区热环境模拟分析：模拟分析住宅区的热岛效应，采用合理优化建筑单体设计、群体布局和加强绿化等方式削弱热岛效应。

(5)建筑环境噪声模拟分析：建立几何模型之后，能够在短时间内通过材质的变化、房间

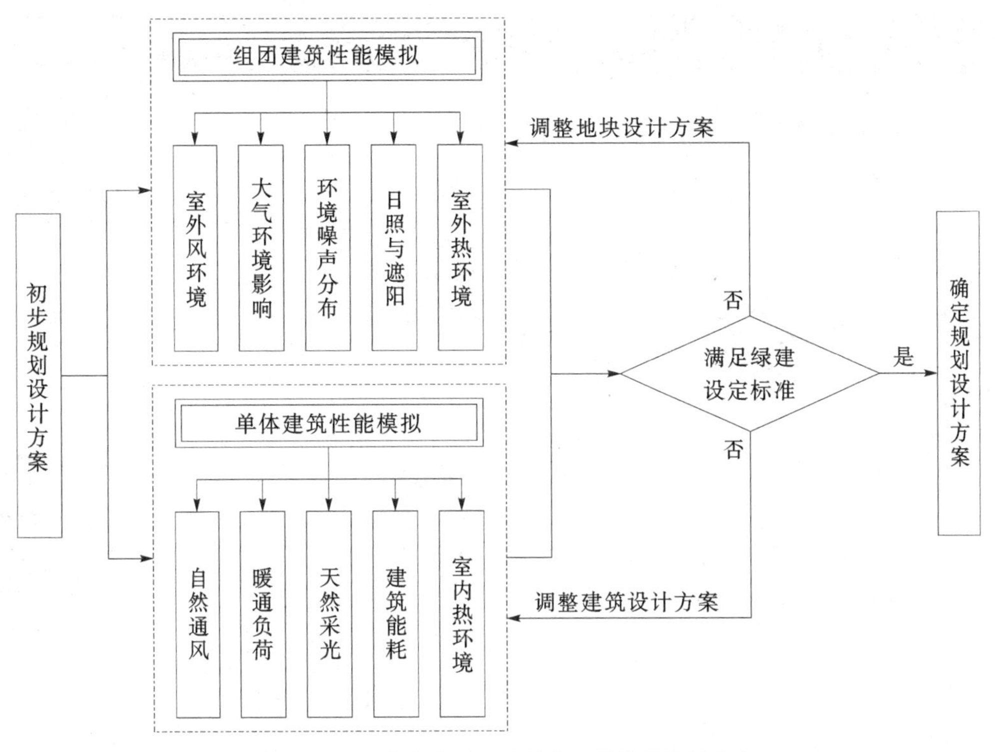

图 5.1　BIM 技术应用于建筑物理性能模拟的内容

内部装修的变化来预测建筑的声学质量，以及对建筑声学改造方案进行可行性预测。

(6)建筑能耗：以三维建模为基础，通过一系列设置，模拟计算建筑的全年耗冷耗热量、供暖、空调、照明、动力和热水等全部能耗，根据相关标准生成比对建筑，计算出节能率。

(7)建筑日照：以单体日照及太阳能利用为基础，解决日照分析、绿色建筑指标分析、太阳能计算问题，可以在满足日照要求前提下通过优化计算获得最大可建面积和最大建造空间，为提高容积率提供途径和依据。

目前市场上的绿色建筑软件比较多，如国外的 EnergyPlus、PHOENICS、DOE-2、Ecotect、FLUENT 和 Airpak 等，国内的 DeST、PKPM 和绿建斯维尔等。本章采用绿建斯维尔为例说明 BIM 技术在建筑物理性能模拟方面的优势。绿建斯维尔目前由十款独立软件组成，根据适用情况可以分为单体建筑和组团建筑两大类别，本章各取其中一个软件作为说明，其模拟流程基本接近，如图 5.2 所示。

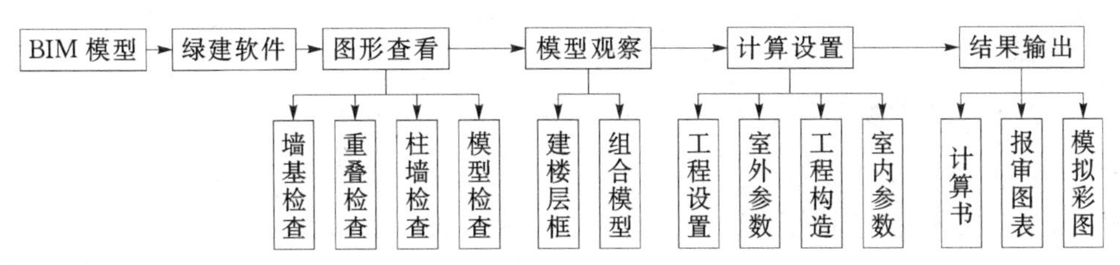

图 5.2　绿建斯维尔软件操作流程

5.2 模型生成

5.2.1 数据转换

导出模型

本书案例以节能软件为例说明如何进行数据的转换。

在 Revit 软件中，点击“附加模块”→“外部工具”→“导出斯维尔”，如图 5.3 所示，将 Revit 模型导出，其文件扩展名为 SXF。

图 5.3 导出数据

导入模型

打开斯维尔节能设计软件(BECS)，点击“条件图”→“导入 Revit”，选择刚才导出的 SXF 文件，如图 5.4 所示。

图 5.4 导入数据

提示：绿建斯维尔软件是基于 AutoCAD 平台的，因此要在使用前先安装好 AutoCAD。

5.2.2 门窗编号和整理

1. 门窗编号

屏幕菜单命令为“门窗”→“门窗编号”。

该命令是为图中的门窗编号，可以单选编号也可以批量多选编号，分支命令“自动编号”

与门窗插入对话框中的“自动编号”一样，按门窗的洞口尺寸自动组号，原则是由四位数组成，前两位为宽度，后两位为高度，按四舍五入提取，比如“900×2100”的门编号为“M0921”。这种规则目前被广泛采用，其编号可以直观地看到门窗规格。

应用BECS进行节能分析，门窗编号是一个重要的属性，用来标识同类制作工艺的门窗，即同编号的门窗，除了位置不同外，它们的材料、洞口尺寸和三维外观都应当相同。如果没有编号就会形成空号门窗，这会给后期的节能检查和分析造成麻烦。因为无标识的门窗无法在“门窗类型”中确定其与节能相关的参数。补救的方法就是采用该命令给门窗进行统一的编号。

注意：Revit导入模型中玻璃幕墙上的门窗是无法识别的，需要在BECS中重新插入门窗。电梯门无法自动编号，需要手动编号。

2. 门窗整理

在绘制工程图时，门窗高度等信息常出现与实际不相符的情况，通过门窗整理命令可快速批量编辑修改。

屏幕菜单命令为“门窗”→“门窗整理”。

“门窗整理”命令可从图中提取全部门窗对象的信息，并列出编号和尺寸参数表格，用光标点取某个门窗信息，视口自动对准到该门窗并将其选中，用户可以在图中修改图形对象，然后按“提取”按钮将图中参数更新到表中，也可以在表中输入新参数后按“应用”按钮将数据写入图中。在某个编号行修改参数，该编号的全部门窗一起修改，如图5.5、图5.6所示。

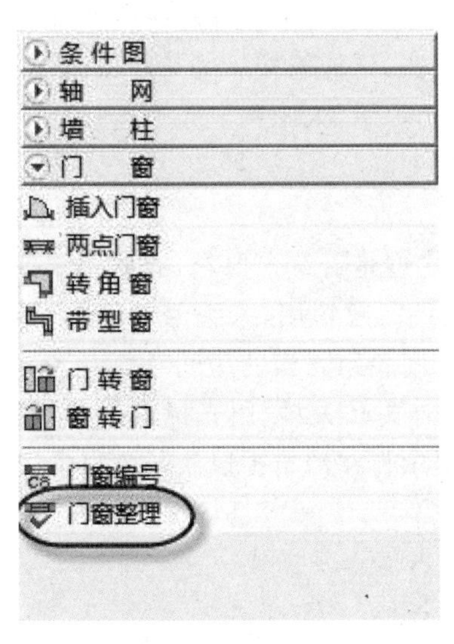

图5.5　选择“门窗整理”

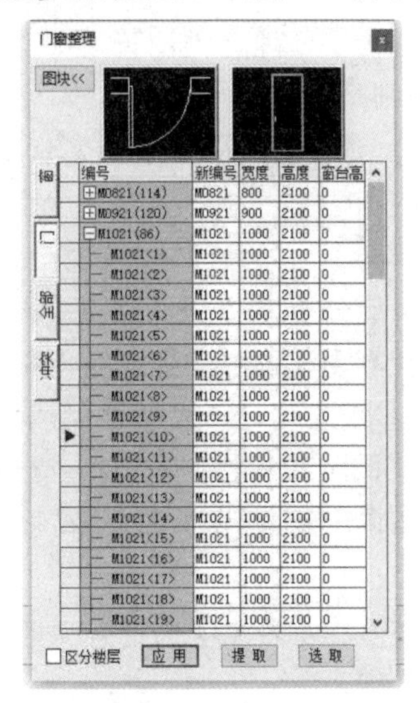

图5.6　门窗整理

5.2.3　图形检查

导入的工程图难免产生一些瑕疵，如建模过程中构件的重叠、墙体不闭合、柱内墙不连接等，这些问题会造成后续搜索房间不成功，给计算带来不便。“检查”菜单提供的智能检查命令可快速准确识别并实现智能处理。首先选中“墙体”→“双线”，显示墙体基线，然后依次完成重叠检查、柱墙检查、模型

模型检查

检查和墙基检查。

1. 重叠检查

屏幕菜单命令为“检查”→“重叠检查”。

该命令用于检查图中重叠的墙体、柱子、门窗和房间，可删除或放置标记。检查后如果有重叠对象存在，则弹出检查结果，提示此时处于非模式状态，可用光标缩放和移动视图，以便准确地删除重叠对象。

命令栏有下列分支命令可操作，具体含义说明如下：

(1)“下一处(Q)”：转移到下一重叠处；

(2)“上一处(W)”：退回到上一重叠处；

(3)“删除黄色(E)”：删除当前重叠处的黄色对象；

(4)“删除红色(R)”：删除当前重叠处的红色对象；

(5)“切换显示(Z)”：交换当前重叠处黄色和红色对象的显示方式；

(6)“放置标记(A)”：在当前重叠处放置标记，不做处理；

(7)“退出(X)”：中断操作。

2. 柱墙检查

屏幕菜单命令为“检查”→“柱墙检查”。

该命令用于检查和处理图中柱内的墙体连接。节能计算要求房间必须由闭合墙体围合而成，即便有柱子，墙体也要穿过柱子相互连接起来。有些图形，特别是建筑图形，往往会有这个缺陷，因为在建筑中柱子可以作为房间的边界，只要能满足搜索房间、建立房间面积对建筑就够了。为了处理这类图形，BECS 采用“柱墙检查”对全图的柱内墙进行批量检查和处理，处理原则是该打断的给予打断；未连接墙端头，延伸连接后为一个节点时则自动连接；未连接墙端头，延伸连接后多余一个节点时则给出提示，人工判定是否连接。

3. 模型检查

屏幕菜单命令为“检查”→“模型检查”。

在进行节能分析之前，利用本功能检查建筑模型是否符合要求，有些错误或不恰当之处将使分析和计算无法正常进行。模型检查的项目有：超短墙，未编号的门窗，超出墙体的门窗，楼层框层号不连续、重号、断号，与围合墙体之间关系错误的房间对象。

检查结果将提供一个清单，这个清单与图形有关联关系，用光标点击提示行，图形视口将自动移至错误之处，可以即时修改，修改过的提示行在清单中以淡灰色显示。

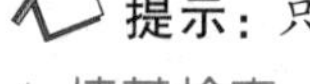

提示：只有经过检查无误的模型方可进入下一步操作。

4. 墙基检查

屏幕菜单命令为“检查”→“墙基检查”。

该命令用来检查并辅助修改墙体基线的闭合情况，系统能判定自动闭合，有多种可能的则给出示意线辅助修改。但当一段墙体的基线与其相邻墙体的边线超过一定的距离时，软件则不会去判定这两段墙是否连接。

提示：软件默认距离为 50 mm，可在 sys/Config.ini 中手动修改墙基检查控制项“WallLinkPrec”的值。

5.2.4 搜索房间

搜索房间

屏幕菜单命令为“空间划分”→“搜索房间”。

“搜索房间”是建筑模型处理中一个重要的命令和步骤，能够快速地划分室内空间和室外空间，即创建或更新一系列房间对象和建筑轮廓，同时自动将墙体区分为内墙和外墙。需要注意的是建筑总图中如果有多个区域则要分别搜索，也就是一个闭合区域搜索一次，建立多个建筑轮廓。如果某房间区域已经有一个（且只有一个）房间对象，本命令不会将其删除，而只是更新其边界和编号。

需要特别注意的是，房间搜索后系统记录了围成房间的所有墙体信息，在节能计算中若使用这些信息，不要随意更改墙体，如果必须更改就要重新搜索房间。另外，使用“搜索房间”命令后即便生成了房间对象也不意味这个房间能为节能计算所用。有些貌似合格的房间在进行“数据提取”等后续操作时，系统会给出“房间找不到地板”等提示，一旦有这样的提示就要用图形检查工具或手动纠正，然后再进行“搜索房间”。

直观区分有效和无效房间的方法为：选中房间对象后，能够为节能所接受的有效房间在其周围的墙基线上有一圈蓝色边界，无效房间则没有。界面灰度图如图 5.7 所示。

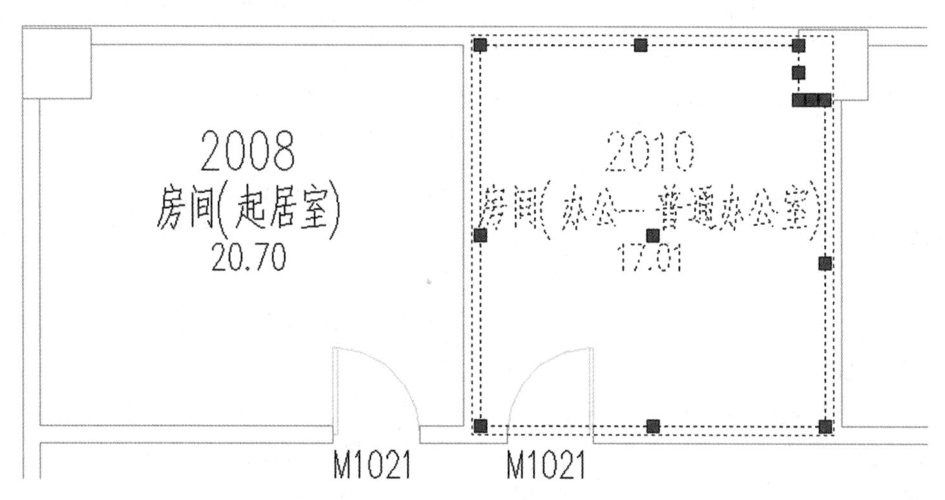

图 5.7　无效房间和有效房间（灰度图）

图 5.8 是“房间生成选项”对话框，进行节能设计时一般按照默认设置就可以。当以“显示房间名称”方式搜索生成房间时，房间对象的默认名称为“房间”，通过在位编辑或对象编辑可以修改名称。这个名称是房间的标准名称，不代表房间的功能，房间的功能在特性表中设置。一旦设置了房间功能，名称的后面会加带一个“（　）”以注明房间功能。比如一个房

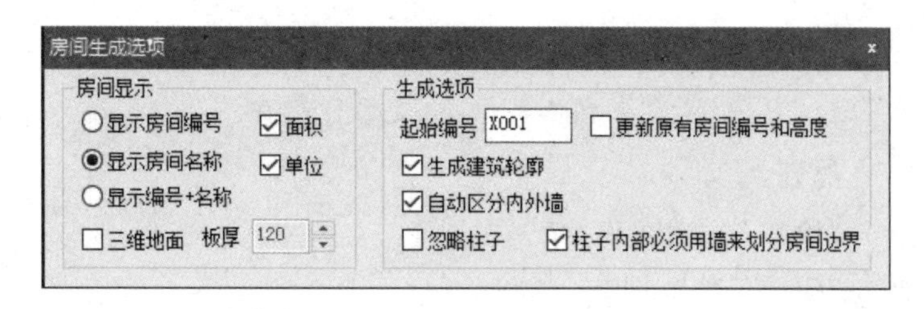

图 5.8　“房间生成选项”对话框

间对象为“资料室(办公室)”,则“资料室”是房间的名称,“办公室”为房间的功能。

“房间生成选项”对话框各选项和操作的解释如下:

(1)“显示房间名称”:房间对象以名称方式显示。

(2)“显示房间编号”:房间对象以编号方式显示。

(3)“面积”/“单位”:房间面积的标注形式,显示面积数值或面积加单位。

(4)“三维地面”/“板厚”:房间对象是否具有三维楼板,以及楼板的厚度。

(5)“更新原有房间编号和高度”:是否更新已有房间编号。

(6)“生成建筑轮廓”:是否生成整个建筑物的室外空间对象,即建筑轮廓。

(7)“自动区分内外墙”:自动识别和区分内外墙的类型。

(8)“忽略柱子”:房间边界不考虑柱子,以墙体为边界。

(9)“柱子内部必须用墙来划分房间边界”:当围合房间的墙只搭到柱子边而柱内没有墙体时,系统给柱内添补一段短墙作为房间的边界。

应用该命令要注意的是,如果搜索的区域内已经有一个房间对象,则更新房间的边界,否则创建新的房间;对于敞口房间,如客厅和餐厅,可以用虚墙来分隔;修改了墙体的几何位置后,要重新进行房间搜索;节能设计中需要设置出不采暖房间,如楼梯间。

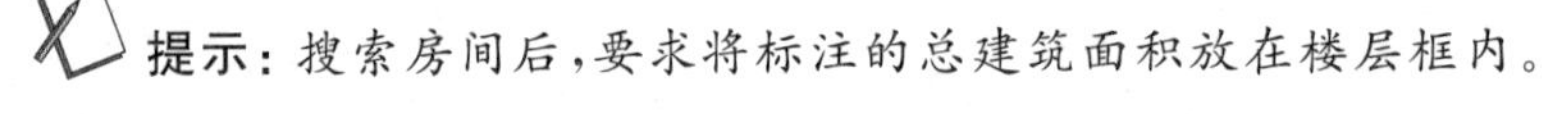

提示: 搜索房间后,要求将标注的总建筑面积放在楼层框内。

5.2.5 建楼层框

本案例工程中的模型是从Revit导出的,导出过程中已经加入了楼层框,可以跳过此步骤。如果模型是从AutoCAD文件中建立的,需要执行建楼层框命令。

屏幕菜单命令:“楼层组合”→“建楼层框”(JLCK)。

该命令用于全部标准层在一个DWG文件的模式下,确定标准层图形的范围,以及标准层与自然层之间的对应关系,其本质就是一个楼层表。

楼层框从外观上看就是一个矩形框,内有一个对齐点,左下角有层高和层号信息,“数据提取”中的层高取自本设置。被楼层框圈在其内的建筑模型,系统认为是一个标准层。建立过程中提示录入“层号”时,是指这个楼层框所代表的自然层,输入格式与楼层表中输入相同。

楼层框的层高和层号可以采用在位编辑进行修改,方法是首先选择楼层框对象,再用鼠标直接点击层高或层号数字,数字呈蓝色被选状态,直接输入新值替代原值,或者将光标插入数字中间,像编辑文本一样再修改。楼层框具有五个夹点,鼠标拖拽四角上的夹点可修改楼层框的包容范围,拖拽对齐点可调整对齐位置。

提示: 存在标准层的高层建筑可以只保留一个楼层框,将层数修改为“××～××”,即为××层到××层,这样减少楼层框,减少运行内存。

5.2.6 模型观察

屏幕菜单命令:“检查”→“模型观察”。

右键菜单命令:“模型观察”。

该命令用渲染技术实现建筑热工模型的真实模拟,用于观察建筑热工模型的正确性和查看建筑数据。进行模型观察前必须正确完成如下设计：建立标准层，完成搜索房间并建立有效的房间对象，创建除了平屋顶之外的坡屋顶，建立楼层框(表)，这样才能查看到正确的建筑模型和数据。

用鼠标右键可选取不同的围护结构，可查看结构的热工参数。此外，观察窗口支持鼠标直接操作平移、旋转和缩放。生成的三维图如图 5.9 所示。

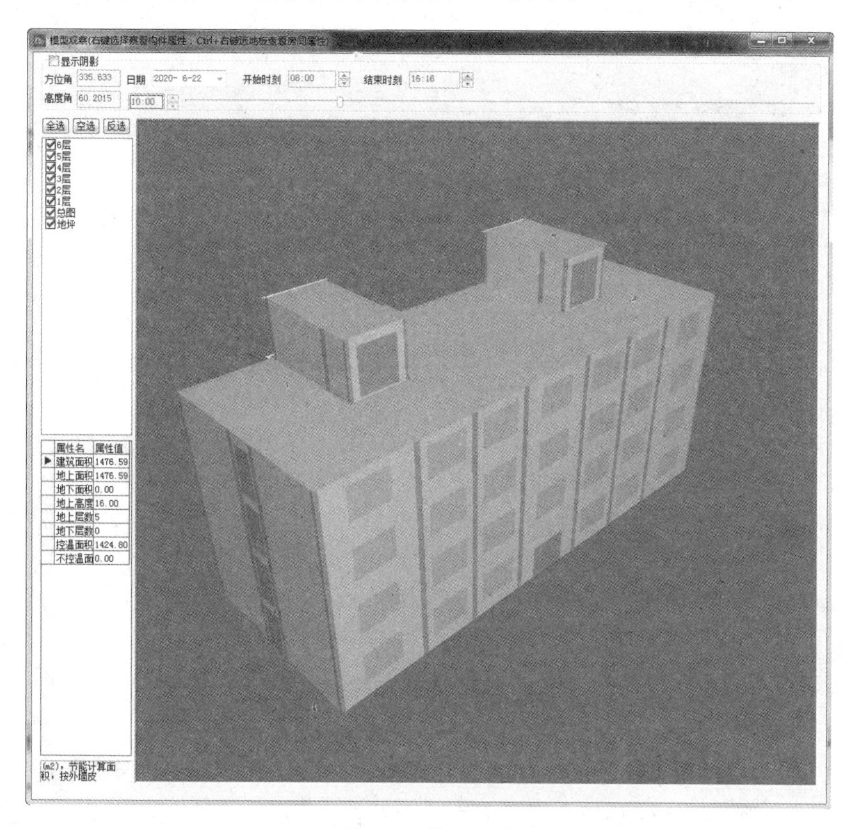

图 5.9　模型观察

5.3　建筑节能

5.3.1　工程设置

节能计算

屏幕菜单命令："设置"→"工程设置"。

工程设置就是设定当前建筑项目的地理位置(气象数据)、建筑类型、节能标准和能耗种类等计算条件。有些条件是节能分析的必要条件，并关系到分析结果的准确性，需要准确填写。

"工程设置"对话框如图 5.10 所示。

(1)地理位置：工程所在地点，这个选项决定了工程的气象参数。打开地理位置后，点击"更多地点"，进入省和地区列表找到工程所在城市，如果在名单中没有找到该城市，可以选择气象条件相似的邻近城市作为参考。工程名称、建设单位、设计单位和设计编号可填可不填，不会影响检查和计算，如果填写以上信息，节能报告中就会输出。

图 5.10　工程设置

(2)建筑类型:确定建筑物是居住建筑还是公共建筑或者工业建筑。

(3)标准选用:选择工程所用的节能标准或细则,可供选择的标准由所选城市和建筑类型确定。

(4)能耗种类:能耗计算的种类,决定“能耗计算”命令所用的计算方法,可供选择的种类由所选节能标准确定。

(5)体形特征:一些地方的居住建筑节能细则中规定,建筑物按“条形”或“点状”分开考虑。

(6)上下边界:当一幢建筑物的下部是公共建筑,上部是居住建筑时,因为适用不同的节能标准,必须分别单独进行节能分析。同时因为二者的接合部不与大气接触,计算中可以视公共建筑的屋顶和居住建筑的地面为绝缘构造。在进行公共建筑节能分析时设置“上边缘绝热”,进行居住建筑节能分析时设置“下边界绝热”。其他类似的建筑可参照这个原理进行设置。

(7)太阳辐射吸收系数:对南方地区影响较大,这个参数与屋顶和外墙的外表面颜色及粗糙度有关,可以点击右侧的按钮选取合适的数值。

(8)北向角度:北向与世界坐标系(WCS)X 轴的夹角。

(9)楼梯间采暖:当建筑类型为居住建筑时,设置楼梯间是否采暖。

(10)首层封闭阳台挑空:当建筑类型为居住建筑时,设置首层封闭阳台挑空,即不落地。

5.3.2　热工设置

建筑模型建立后,首先设定房间的功能和门窗类型,以及其他必要的设置,然后设置围护结构的构造。

屏幕菜单命令:“设置”→“工程构造”。

构造调整

构造是指建筑围护结构的构成方法。一个构造由单层或若干层一定厚度的材料按一定顺序叠加而成,组成构造的基本元素是建筑材料。

为了设计方便和保持思路清晰,软件提供了基本材料库,并用这些材料根据各地的节能细则建立了一个丰富的构造库。它的特点是按地区分类并且种类繁多。当进行一项节能工程设计时,软件采用"工程构造"的方式为每个围护结构赋给构造,"工程构造"中的构造可以从"构造库"中选取导入,也可以即时手工创建。

工程构造用一个表格形式的对话框管理本工程用到的全部构造。每个类别下至少要有一种构造。如果一个类别下有多种构造,则位居第一位的构造作为默认值赋给模型中对应的围护结构,位居第二位及后面的构造需采用"局部设置"赋给围护结构。

工程构造分为"外围护结构""地下围护结构""内围护结构""门""窗""材料"六个选项卡。前五项列出的构造赋给了当前建筑物对应的围护结构,材料项则是组成这些构造所需的材料以及每种材料的热工参数。构造的编号由系统自动统一编制。

"工程构造"对话框下边的表格中显示当前选中构造的材料组成,材料的顺序是从上到下或从外到内。右边的图示是根据左边的表格绘制的,点击它后可以用鼠标滚轮进行缩放和平移。表格下方是构造的热工参数,如图 5.11 所示。

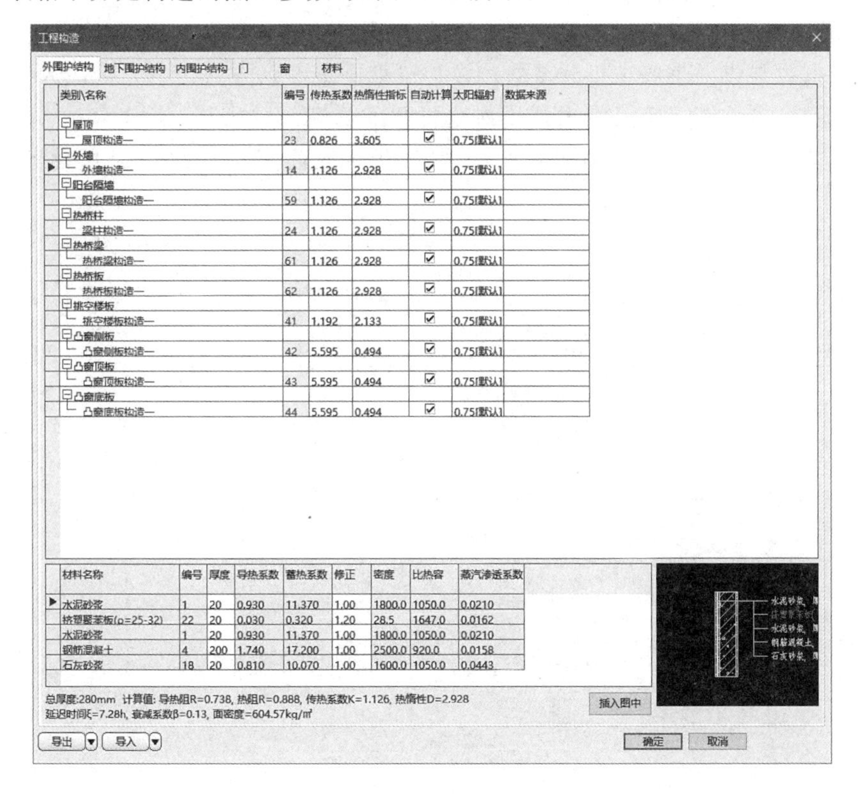

图 5.11 工程构造

(1)新建构造:在已有构造行上单击鼠标右键,在弹出的右键菜单中选择"新建构造"创建空行,然后在新增加的空行内点击"类别\名称"栏,其末尾会出现一个按钮,点击按钮可以进入系统构造库中选择构造。

(2)复制构造:拷贝上一行内容,然后进行编辑。

(3)编辑构造:更改名称直接在"类别\名称"栏中修改。

(4)添加/复制/更换/删除材料:单击要编辑的构造行,在对话框下边的材料表格中右键单击准备编辑的材料,在"添加""复制""更换""删除"中选择一个编辑项,如图 5.12 所示。

添加和更换这两个编辑项将切换到材料页中，选定一个新材料后，点击下边的“选择”按钮完成编辑。

	材料名称	编号	厚度	导热系数	蓄热系数	修正	密度	比热容	蒸汽渗透系数
	种植介质	29	200	0.760	9.370	1.00	1600.0	1010.0	0.0000
▶	聚氯乙			0.048	0.830	1.00	130.0	1380.0	0.0000
	粒径1			0.140	1.790	1.00	1200.0	262.3	0.0000
	细石防			1.510	15.360	1.00	2300.0	934.1	0.0000
	细石防			1.510	15.360	1.00	2300.0	934.1	0.0000
	挤塑聚			0.030	0.320	1.10	28.5	1647.0	0.0000

从材料库添加
添加
复制
更换
删除

总厚度:54 … , 热阻R=2.720, 传热系数K=0.368, 热惰性D=6.300
延迟时间 … 密度=876.06kg/m²

图 5.12　添加/复制/更换/删除材料

(5)改变厚度：直接修改表格中的厚度值。

(6)修正系数：资料中给出的保温材料导热系数一般是实验值，不能直接应用，需要根据材料应用的部位乘以一个修正折减系数。在构造组成表中点击修正单元格，会出现“修正系数参考”按钮，点击这个按钮可调出常用保温材料的修正系数表格，如图 5.13 所示，本地节能标准中规定了修正系数则调用本地的，如没有本地标准，则调用《民用建筑热工设计规范》。

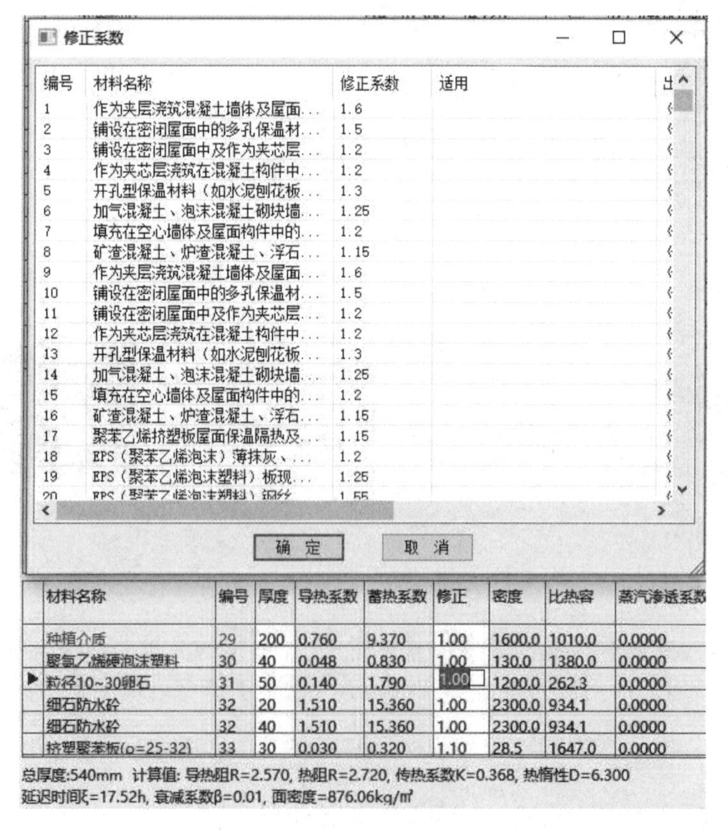
修正系数

编号	材料名称	修正系数	适用
1	作为夹层浇筑混凝土墙体及屋面…	1.6	
2	铺设在密闭屋面中的多孔保温材…	1.5	
3	铺设在密闭屋面中及作为夹芯层…	1.2	
4	作为夹芯层浇筑在混凝土构件中…	1.2	
5	开孔型保温材料（如水泥刨花板…	1.3	
6	加气混凝土、泡沫混凝土砌块墙…	1.25	
7	填充在空心墙体及屋面构件中的…	1.2	
8	矿渣混凝土、炉渣混凝土、浮石…	1.15	
9	作为夹层浇筑混凝土墙体及屋面…	1.6	
10	铺设在密闭屋面中的多孔保温材…	1.5	
11	铺设在密闭屋面中及作为夹芯层…	1.2	
12	作为夹芯层浇筑在混凝土构件中…	1.2	
13	开孔型保温材料（如水泥刨花板…	1.3	
14	加气混凝土、泡沫混凝土砌块墙…	1.25	
15	填充在空心墙体及屋面构件中的…	1.2	
16	矿渣混凝土、炉渣混凝土、浮石…	1.15	
17	聚苯乙烯挤塑板屋面保温隔热及…	1.15	
18	EPS（聚苯乙烯泡沫）薄抹灰、…	1.2	
19	EPS（聚苯乙烯泡沫塑料）板现…	1.25	

确　定　　取　消

	材料名称	编号	厚度	导热系数	蓄热系数	修正	密度	比热容	蒸汽渗透系数
	种植介质	29	200	0.760	9.370	1.00	1600.0	1010.0	0.0000
	聚氯乙烯硬泡沫塑料	30	40	0.048	0.830	1.00	130.0	1380.0	0.0000
▶	粒径10~30卵石	31	50	0.140	1.790	1.00	1200.0	262.3	0.0000
	细石防水砼	32	20	1.510	15.360	1.00	2300.0	934.1	0.0000
	细石防水砼	32	40	1.510	15.360	1.00	2300.0	934.1	0.0000
	挤塑聚苯板(ρ=25-32)	33	30	0.030	0.320	1.10	28.5	1647.0	0.0000

总厚度:540mm 计算值: 导热阻R=2.570, 热阻R=2.720, 传热系数K=0.368, 热惰性D=6.300
延迟时间ξ=17.52h, 衰减系数β=0.01, 面密度=876.06kg/m²

图 5.13　修正系数

(7)材料顺序:选中一个材料行,光标移到行首时会出现上下的箭头,此时按住鼠标上下拖拽即可改变材料的位置顺序。可以修改材料页中的材料参数,需要注意的是,此更改将影响本工程中采用此材料的所有构造。

(8)选择构造:直接在构造库中编辑,然后再选择编辑好的构造。方法是点击所要编辑构造的“类别\名称”列中对应的单元格,再点击弹出的按钮,进入外部系统构造库中,可以选择合适的围护结构构造,按“确定”按钮或双击该行完成选择,如图 5.14 所示。

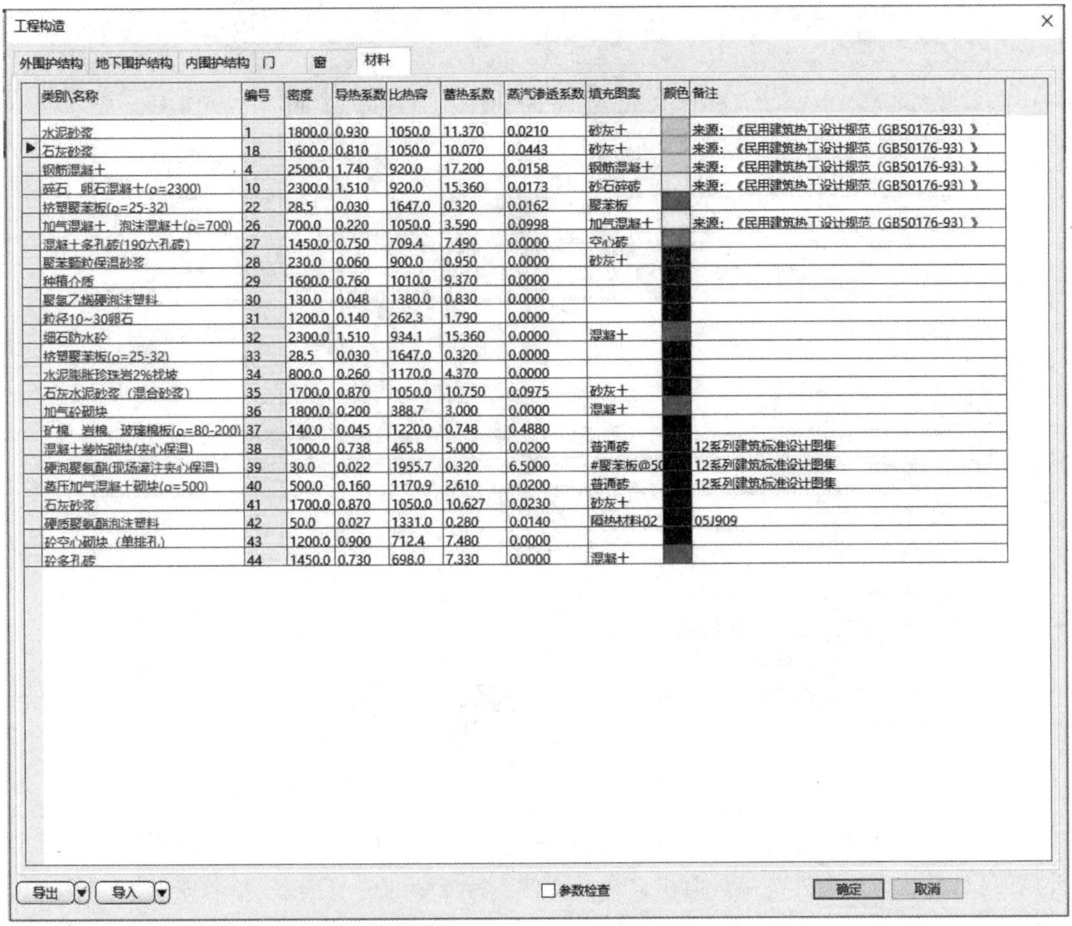

工程构造 ×

外围护结构 | 地下围护结构 | 内围护结构 | 门 | 窗 | 材料

类别\名称	编号	密度	导热系数	比热容	蓄热系数	蒸汽渗透系数	填充图案	颜色	备注
水泥砂浆	1	1800.0	0.930	1050.0	11.370	0.0210	砂灰土		来源:《民用建筑热工设计规范(GB50176-93)》
▶ 石灰砂浆	18	1600.0	0.810	1050.0	10.070	0.0443	砂灰土		来源:《民用建筑热工设计规范(GB50176-93)》
钢筋混凝土	4	2500.0	1.740	920.0	17.200	0.0158	钢筋混凝土		来源:《民用建筑热工设计规范(GB50176-93)》
碎石、卵石混凝土(ρ=2300)	10	2300.0	1.510	920.0	15.360	0.0173	砂石碎砖		来源:《民用建筑热工设计规范(GB50176-93)》
挤塑聚苯板(ρ=25-32)	22	28.5	0.030	1647.0	0.320	0.0162	聚苯板		
加气混凝土、泡沫混凝土(ρ=700)	26	700.0	0.220	1050.0	3.590	0.0998	加气混凝土		来源:《民用建筑热工设计规范(GB50176-93)》
混凝土多孔砖(190六孔砖)	27	1450.0	0.750	709.4	7.490	0.0000	空心砖		
聚苯颗粒保温砂浆	28	230.0	0.060	900.0	0.950	0.0000	砂灰土		
种植介质	29	1600.0	0.760	1010.0	9.370	0.0000			
聚氨乙烯硬泡沫塑料	30	130.0	0.048	1380.0	0.830	0.0000			
粒径10~30卵石	31	1200.0	0.140	262.3	1.790	0.0000			
细石防水砼	32	2300.0	1.510	934.1	15.360	0.0000	混凝土		
挤塑聚苯板(ρ=25-32)	33	28.5	0.030	1647.0	0.320	0.0000			
水泥膨胀珍珠岩2%找坡	34	800.0	0.260	1170.0	4.370	0.0000			
石灰水泥砂浆(混合砂浆)	35	1700.0	0.870	1050.0	10.750	0.0975	砂灰土		
加气砼砌块	36	1800.0	0.200	388.7	3.000	0.0000	混凝土		
矿棉、岩棉、玻璃棉板(ρ=80-200)	37	140.0	0.045	1220.0	0.748	0.4880			
混凝土装饰砌块(夹心保温)	38	1000.0	0.738	465.8	5.000	0.0200	普通砖		12系列建筑标准设计图集
硬泡聚氨酯(现场灌注夹心保温)	39	30.0	0.022	1955.7	0.320	6.5000	#聚苯板@50		12系列建筑标准设计图集
蒸压加气混凝土砌块(ρ=500)	40	500.0	0.160	1170.9	2.610	0.0200	普通砖		12系列建筑标准设计图集
石灰砂浆	41	1700.0	0.870	1050.0	10.627	0.0230	砂灰土		
硬质聚氨酯泡沫塑料	42	50.0	0.027	1331.0	0.280	0.0140	隔热材料02		05J909
砼空心砌块(单排孔)	43	1200.0	0.900	712.4	7.480	0.0000			
砼多孔砖	44	1450.0	0.730	698.0	7.330	0.0000	混凝土		

导出 ▾ 导入 ▾ ☐参数检查 确定 取消

图 5.14 工程构造中的各种材料

(9)删除构造:只有本类围护结构下的构造有两个以上时才能删除构造,也就是说每类围护结构下至少要有一个构造,不能为空。将光标点击选中构造行,再单击鼠标右键,在弹出的右键菜单中选择删除构造,或者按“Delete”键。

提示: 确认删去的是无用的构造,否则,被赋予了该构造的围护结构将无法被正确计算。

(10)导出/导入:表格下方提供了将当前工程构造库“导出”的功能,可以存为软件的初始默认工程构造库,或者导出一个构造文件“*.wsx”,遇到其他构造相似的工程时可“导入”

采用。可全部导入也可以部分导入相似的工程的数据。

5.3.3　数据提取

屏幕菜单命令:“计算”→“数据提取”。

该命令在建筑模型中按楼层提取详细的建筑数据,包括建筑面积、外侧面积、挑空楼板面积和屋顶面积等,以及整幢建筑的地上体积、地上高度、外表面积和体形系数等,如图5.15所示。

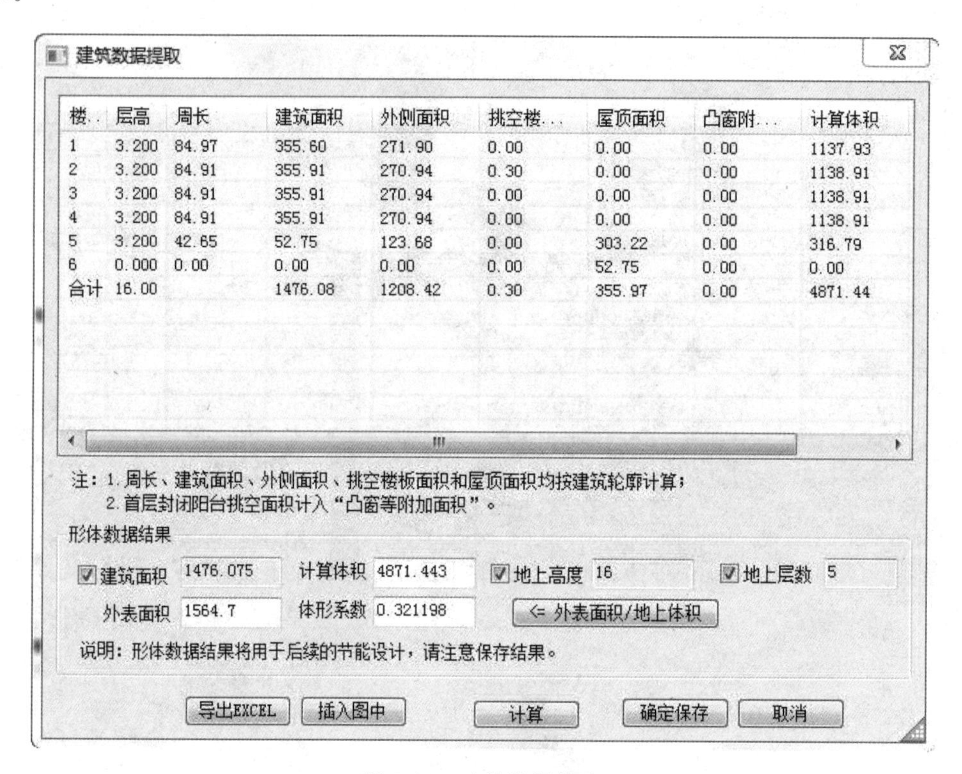

图5.15　建筑数据提取

建筑数据的准确度依赖于建筑模型的真实性。建筑层高等于楼层框高,外表面积等于外侧面积、屋顶面积与挑空楼板面积之和。软件支持复杂的建筑形态,如老虎窗、人字屋顶、多坡屋顶、凸窗、塔式、门式、天井和半地下室等都能自动提取数据和进行能耗计算。建筑数据表格可以插入图中,也可以输出到Excel中,以便后续的编辑和打印。

体形系数是建筑外表面积和建筑体积之比,是反映建筑形态是否节能的一个重要指标。体形系数越小,意味着同一使用空间下,接触室外大气的面积越小,因此越节能。

当需要手动修正建筑数据的特殊情况下,“形体数据结果”下的数据可以手动输入变更。如果修改的是外表面积或地上体积,将影响体形系数的大小,点击“外表面积/地上体积”按钮更新体形系数。此外还需注意,节能分析以最后“确定保存”的数据为准,因此每次重新提取或更改数据都要“确定保存”一次。第一次数据提取自动计算,以后的提取模型数据都需要按一次“计算”按钮才从模型中提出数据,否则列出的是上次的数据。

5.3.4　能耗计算

屏幕菜单命令:“计算”→“能耗计算”。

该命令根据所选标准中规定的评估方法和所选能耗种类，计算建筑物不同形式的能耗。它用于在规定性指标检查不满足时，采用综合权衡判定的情况。标准和能耗种类可以用“工程设置”命令选择。

(1)评估方法，见表5.1。

表5.1 评估方法表

评估方法	定义	典型标准
限值法	设计建筑能耗不得大于标准给定的限值	《夏热冬冷地区居住建筑节能设计标准》(JGJ 134—2010)
参照对比法	设计建筑能耗不得大于参照建筑能耗	《公共建筑节能设计标准》(GB 50189—2005)
基础对比法	设计建筑能耗不得大于基准建筑能耗的50%	《湖南省居住建筑节能设计标准》(DBJ 43/001—2017)

(2)能耗种类，见表5.2。

表5.2 能耗种类表

能耗种类	典型应用范围
采暖空调耗电指数	夏热冬暖北区居住建筑 夏热冬冷和夏热冬暖居住建筑
空调耗电指数	夏热冬暖南区居住建筑
空调耗电量	夏热冬暖南区居住建筑
采暖耗电量	公共建筑
耗冷耗热量	公共建筑
耗热量指标	采暖地区居住建筑
耗冷量指标	采暖地区居住建筑

5.3.5 节能检查

屏幕菜单命令：“计算”→“节能检查”。

当完成建筑物的工程构造设定和能耗计算后，执行该命令进行节能检查并输出两组检查数据和结论，分别对应规定性指标检查和性能权衡评估。在表格下端选取“规定指标”，如图5.16所示，则是根据工程设置中选用的节能设计标准对建筑物节能限值和规定逐条检查的结果；如果选取“性能指标”则是权衡评估的检查结果。当“规定指标”的结论满足时，可以判定为节能建筑。在“规定指标”不满足而“性能指标”的结论满足时，也可判定为节能建筑。

节能检查输出的表格中列出了检查项、计算值、标准要求、结论和可否性能权衡，其中“可否性能权衡”是表示在进行性能权衡判定时该检查项是否可以超标，“可”表示可以超标，“不可”表示无论如何不能超标。

节能检查的结论往往是“不满足”，此时有两种方法：一是调整维护结构热工性能使其达标，这就需要在工程构造中修改相应不满足项的构造或材料，修改完成后再次进行“能耗计算”和“节能检查”；二是采用性能权衡评估法，对建筑物的整体进行“能耗计算”，直至达到节

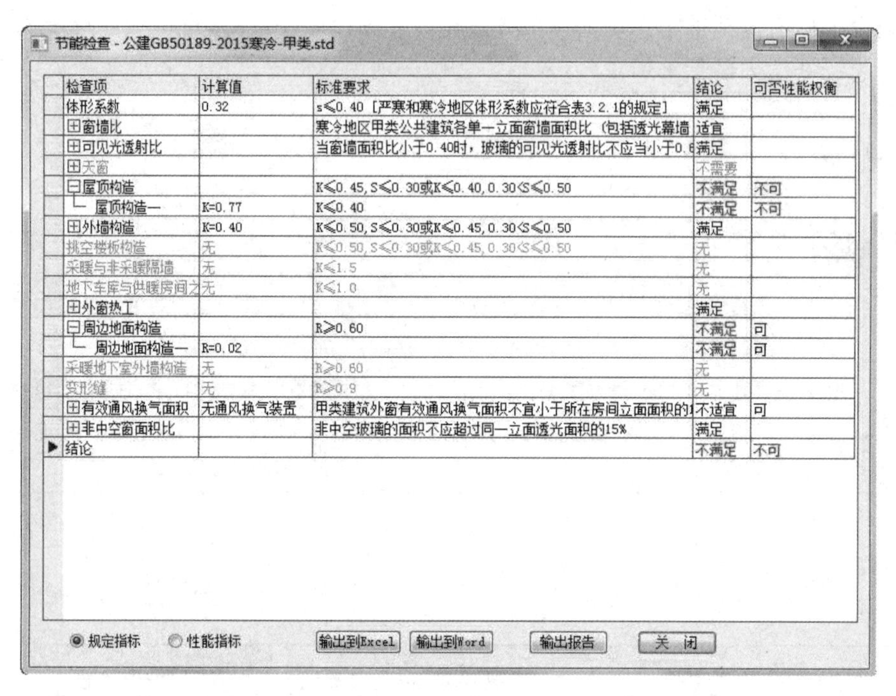
节能检查 - 公建GB50189-2015寒冷-甲类.std

检查项	计算值	标准要求	结论	可否性能权衡
体形系数	0.32	s≤0.40 [严寒和寒冷地区体形系数应符合表3.2.1的规定]	满足	
⊞窗墙比		寒冷地区甲类公共建筑各单一立面窗墙面积比（包括透光幕墙	适宜	
⊞可见光透射比		当窗墙面积比小于0.40时，玻璃的可见光透射比不应当小于0.6	满足	
⊞天窗			不需要	
⊟屋顶构造		K≤0.45, S≤0.30或K≤0.40, 0.30<S≤0.50	不满足	不可
└ 屋顶构造一	K=0.77	K≤0.40	不满足	不可
⊞外墙构造	K=0.40	K≤0.50, S≤0.30或K≤0.45, 0.30<S≤0.50	满足	
挑空楼板构造	无	K≤0.50, S≤0.30或K≤0.45, 0.30<S≤0.50	无	
采暖与非采暖隔墙	无	K≤1.5	无	
地下车库与供暖房间之	无	K≤1.0	无	
⊞外窗热工			满足	
⊟周边地面构造		R≥0.60	不满足	可
└ 周边地面构造一	R=0.02		不满足	可
采暖地下室外墙构造	无	R≥0.60	无	
变形缝	无	R≥0.9	无	
⊞有效通风换气面积	无通风换气装置	甲类建筑外窗有效通风换气面积不宜小于所在房间立面面积的1	不适宜	可
⊞非中空窗面积比		非中空玻璃的面积不应超过同一立面透光面积的15%	满足	
▶ 结论			不满足	不可

◉ 规定指标 ○ 性能指标 输出到Excel 输出到Word 输出报告 关 闭

图 5.16　节能检查

能标准的规定和要求，直到规定指标或性能指标二者有一项的结论为“满足”时，说明本建筑已经通过节能设计，此时可以输出报告和报表。

在本书案例中屋顶构造和周边地面构造不满足要求，这时重复执行“工程构造”命令，调整适合建筑材料，使其满足要求，如图 5.17 所示。

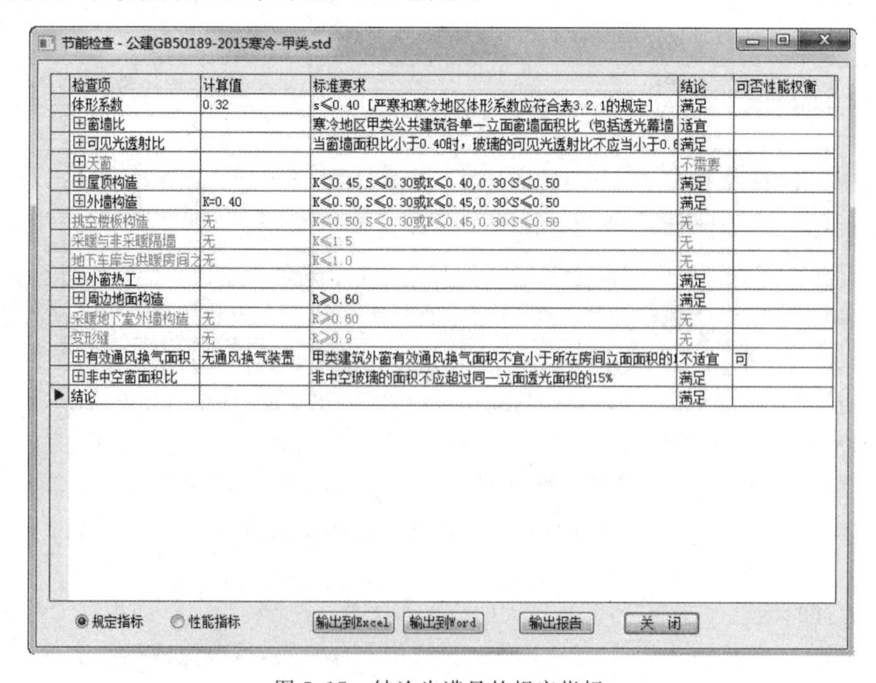
节能检查 - 公建GB50189-2015寒冷-甲类.std

检查项	计算值	标准要求	结论	可否性能权衡
体形系数	0.32	s≤0.40 [严寒和寒冷地区体形系数应符合表3.2.1的规定]	满足	
⊞窗墙比		寒冷地区甲类公共建筑各单一立面窗墙面积比（包括透光幕墙	适宜	
⊞可见光透射比		当窗墙面积比小于0.40时，玻璃的可见光透射比不应当小于0.6	满足	
⊞天窗			不需要	
⊞屋顶构造		K≤0.45, S≤0.30或K≤0.40, 0.30<S≤0.50	满足	
⊞外墙构造	K=0.40	K≤0.50, S≤0.30或K≤0.45, 0.30<S≤0.50	满足	
挑空楼板构造	无	K≤0.50, S≤0.30或K≤0.45, 0.30<S≤0.50	无	
采暖与非采暖隔墙	无	K≤1.5	无	
地下车库与供暖房间之	无	K≤1.0	无	
⊞外窗热工			满足	
⊞周边地面构造		R≥0.60	满足	
采暖地下室外墙构造	无	R≥0.60	无	
变形缝	无	R≥0.9	无	
⊞有效通风换气面积	无通风换气装置	甲类建筑外窗有效通风换气面积不宜小于所在房间立面面积的1	不适宜	可
⊞非中空窗面积比		非中空玻璃的面积不应超过同一立面透光面积的15%	满足	
▶ 结论			满足	

◉ 规定指标 ○ 性能指标 输出到Excel 输出到Word 输出报告 关 闭

图 5.17　结论为满足的规定指标

 **注意**：在节能软件设置好的材料构造，应该返回至 Revit 模型中做相应修改。

5.3.6 其他工具

其他计算

软件除了可以完成节能计算外，还能计算窗墙面积比、平均 K 值、遮阳系数，以及进行隔热计算、结露检查、防潮验算和热桥节点计算等。以窗墙比为例说明操作方法。

屏幕菜单命令："节能设计"→"窗墙比"(CQB)。

窗墙比是影响建筑能耗的重要指标。该命令用于提取计算建筑模型的窗墙比。按目前正在实施的一系列节能标准，有三种窗墙比：一是平均窗墙比，即东西南北四个朝向的平均窗墙比；二是开间窗墙比，即单个房间的窗墙比，也是按东西南北四个朝向计算；三是天窗屋顶面积比。在节能设计中，"窗"是指透光围护结构，包括玻璃窗、玻璃门、阳台门的透光部分和玻璃幕墙。透光部分是保温的薄弱环节，也是夏季太阳传热的主要途径，因此从节能角度出发，较小的透光比例对建筑节能更加有利。同时建筑设计还要兼顾室内采光的需要，因此也不能过小。对于夏热冬暖地区，温差传热不是建筑耗能的主要方式，控制窗墙比实际上是控制太阳辐射得热。采取适当的遮阳，可以允许较大的透光面积。生成的窗墙比如图 5.18 所示。

窗墙比

平均窗墙比 | 开间窗墙比

朝向	窗面积	墙面积(包括洞)	窗墙比
东	6.480	188.992	0.034
南	116.640	407.808	0.286
西	6.480	188.992	0.034
北	155.520	407.808	0.381
平均	285.120	1193.600	0.239
屋顶	0.000	342.857	0.000

注：外墙和屋顶面积均按轴线面积计算。
当前标准--公建GB50189-2015寒冷-甲类.std

插入图中 | 导出Excel | 取消

图 5.18 窗墙比

5.3.7 节能报告

屏幕菜单命令："节能设计"→"节能报告"(JNBG)。

节能分析完成后，可以输出 Word 格式的"建筑节能计算报告书"。除了个别需要设计者叙述的部分外，报告书内容从模型和计算结果中自动提取数据填入，如建筑概况、工程构造、指标检查、能耗计算和结论等，如图 5.19 所示。

图 5.19　节能报告书

5.4　建筑日照

建筑日照设计的基本原理是根据建筑物所在的地点、节气和时间确定纬度、赤纬、时差和时角等参数，利用基本计算公式进行太阳位置计算，获得太阳高度角、太阳方位角等数值，然后通过投影原理计算阴影轮廓或用光线返回法判断某个位置是否被遮挡，从而确定建筑间距。日照软件可以轻松地对建筑群体间的相互影响进行分析，给出直观的结果。通过对结果的分析利用可以在居住区范围内更加科学合理地安排建筑物的位置。同时日照软件可依据国家规范的要求对建筑物的窗户日照时间进行控制。

建筑日照的分析可以提高审批土地的使用效率、改善居住环境和提高科学管理水平。

5.4.1　日照标准

建筑日照标准是根据建筑物(场地)所处的气候区、城市规模和建筑物(场地)的使用性质，在日照标准日的有效日照时间带内阳光应直接照射到建筑物(场地)上的最低日照时数。

"日照标准"屏幕菜单命令："设置"→"日照标准"(RZBZ)。

日照分析软件 Sun 用"日照标准"来描述日照计算规则，全面考虑了各种常用日照分析设置参数，以满足各地日照分析标准不相同的情况。用户根据项目所在地的日照规范建立日照标准，并且将其设为当前标准，用于规划项目的日照分析。"日照标准"设置对话框如图 5.20 所示。

标准名称中默认包含了几个常用日照标准，用户可以根据工程所在地的地方日照规定设定参数自建标准，然后命名存盘。

有效入射角有三种设定方式：设定日光光线与含窗体的墙面之间的最小水平投影方向

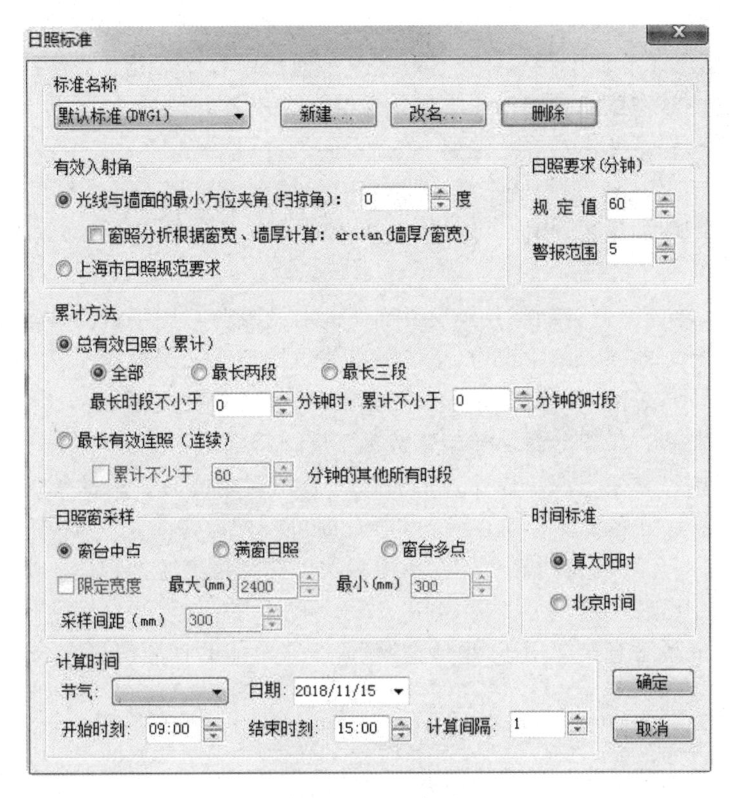

图 5.20 日照标准

夹角,根据窗宽和窗体所在墙的墙厚计算日光光线照入室内的最小夹角,以及按地方市政府规定的表格内容执行。

累计方法有总有效日照(累计)和最长有效连照(连续)两种计算方法。

日照窗有窗台中点、满窗日照和窗台多点三种采样方法。窗台中点是指当日光光线照射到窗台外侧中点处时,本窗的日照即算作有效照射。满窗日照是指当日光光线同时照射到窗台外侧两个下角点时,算作本窗的有效照射。窗台多点是指当日光光线同时照射到窗台多个点时,算作本窗的有效照射。

计算时间设置包括日照分析的日期、时间段及计算间隔设置。日期是指计算采用的节气日期。时间段是指开始时刻和结束时刻。大寒日为 8:00—16:00,冬至日为 9:00—15:00。计算间隔是指间隔多长时间计算一次。计算间隔越小,结果越精准,计算耗时也更多。

时间标准分为真太阳时和北京时间。太阳连续两次经过当地观测点的上中天(正午 12:00,即当地当日太阳高度角最高之时)的时间间隔为 1 真太阳日,1 真太阳日分为 24 真太阳时,通常应使用真太阳时作为时间标准。

"日照要求"最终判断日照窗是否满足日照要求的规定日照时间,低于此值不合格,在日照分析表格中用红色标识。警报范围可以设置临界区域,即危险区域,接近不合格规定,在日照分析表格中用黄色标识。

5.4.2 单总关系

与建筑节能不同的是,建筑日照研究的是群体建筑之间的关系。一个建筑必然要处于一个环境之中，体现在建模中是单体建筑必须处于总平面图中。根据不同软件的特点，绿建斯维尔软件中将单体建筑放在总平面图中有以下几种方法。

导入建筑

1. 屏幕菜单命令："单总分析"→"本体入总"(BTRZ)

在当前图中包含单体模型和总图时，该命令可将单体模型插入总图或将修改过的单体模型更新到总图，以建筑轮廓的形式展现在总图中，方便更好地观察单体在总图中的位置、朝向及形态，及时发现单体模型不足之处，以便及时修改。

运行命令后，单体图会自动将其楼层平面图的对齐点与总图框的对齐点重合，并且按照楼层图中的指北针方向在总图中设定，生成一个建筑模型。如果更改了楼层图的轮廓、高度或方向，运行该命令，总图中的建筑轮廓、标高和朝向也会随之更新。

2. 屏幕菜单命令："单总分析"→"单体链接"(DTLJ)

在规划设计中经常会出现单体建筑的设计与总图规划同时进行的情况，如果已经在其他 DWG 文件上设计好了单体建筑，运行该命令即可。该命令不但可以将多个外部单体链接到同一个总图中，还可以将同一个外部单体多次以任意角度链接到同一个总图中，让设计师最大限度地利用已有单体模型。

"单体链接"成果可直接应用于"单体窗照"命令对单体的日照窗进行分析。两个命令配合使用可使工作效率大大提高。

3. 屏幕菜单命令："基本建模"→"导入建筑"(DRJZ)

该命令支持导入建筑设计软件绘制的完整建筑模型，支持内部楼层表和外部楼层表(楼层框)两种情况。导入建筑时要求建筑图中每层都有建筑轮廓对象，并且有正确的楼层表(内部楼层表或楼层框)，层号无重叠、无间断。

本书案例中执行"导入建筑"命令，结果如图 5.21 所示，主要考察周边建筑对新建办公建筑的影响，因此周边建筑没有显示窗户，仅办公建筑显示窗户。本例中的项目为虚拟工程，案例建筑位于周边四个建筑物的对角中心位置，以便观察日照影响。

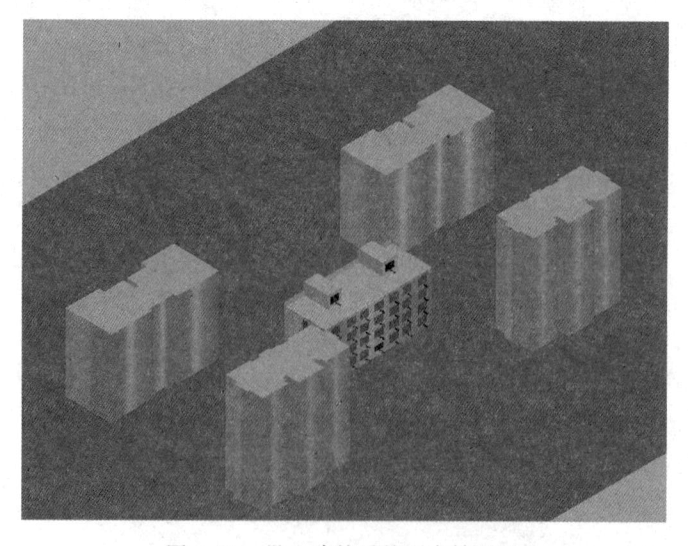

图 5.21　导入建筑后的西南轴测图

5.4.3 命名编组

1.窗户命名

建筑命名

日照窗的编号在创建时自动产生,但可能有重号或排序不连贯,在正式进行日照窗分析前,需要保证这些编号的正确性,如有混乱需要进行再编辑。

完整的窗编号由位号和层号表示,位号代表平面上的位置,层号代表竖向的位置。在一个日照窗上有三个数字,立面上的格式为"$X-Y$",X 为层号,Y 为位号,平面上只有位号 Y。成组的日照窗默认编号排序是从左到右、从下到上。

屏幕菜单命令:"命名编组"→"重排位号"(CPWH)。

屏幕菜单命令:"命名编组"→"重排层号"(CPCH)。

这两个命令从层号和窗号两个方向重新排列一个或多个建筑物轮廓上给定的日照窗编号。"重排层号"默认从下到上重新排列日照窗的层号。选择一组日照窗后按回车键,输入起始层号,该命令即将所有窗户按从下到上的顺序重新排列层号。"重排位号"用来排列同层日照窗的窗号,操作方法同上,输入起始窗位号后,该命令即沿着建筑物逆时针的方向对同一层日照窗位号进行重新排列。

如果要对同一建筑不同朝向的窗进行分析,必须确保每个窗编号是唯一的,插入后进行该命令的操作,使日照窗计算后生成的表格中,不会因为窗编号相同产生混淆。图 5.22 为经过重新排号后的日照窗图。

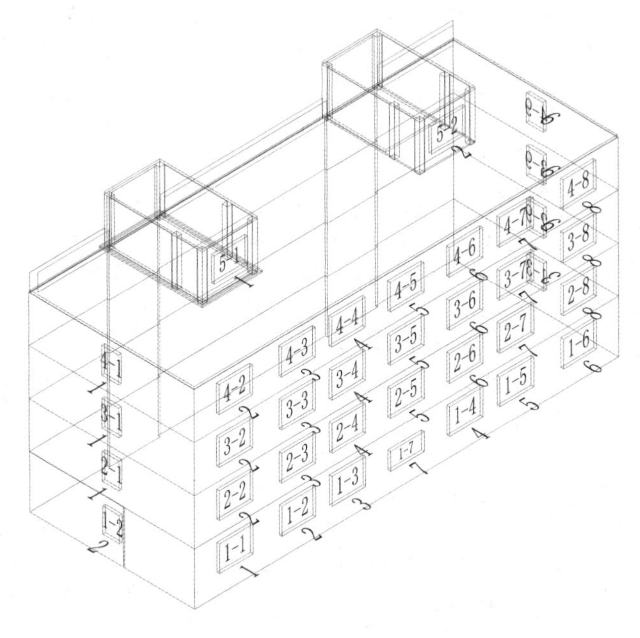

图 5.22 日照窗重新排号图

2.建筑命名

对于情况复杂的建筑群需要进行编组和命名,以便理清日照遮挡关系和责任。建筑命名包括建筑名称和建筑编组,建筑名称能够区分不同客体建筑的日照状况,建筑编组能够区分不同建设项目对客体建筑的日照影响。建筑命名和编组信息分别记载于组成日照模型的图元上，但系统无法保证编组和命名的完全合理，用户应当恰当地维持这种逻辑上的合理性，即拥有同一个建筑命名的图元只能属于一个编组，而不应当出现组成同一建筑物的图元某些属于一个编组，另一些属于其他编组的混乱局面。

“建筑命名”的屏幕菜单命令：“命名编组”→“建筑命名”(JZMM)。

一个日照模型可能由多个建筑轮廓(包括日照窗和附属构件)构成，建筑命名把这些“零散”的部分归到同名称下。“遮挡关系”等一系列分析都需要给每个建筑物赋予一个唯一的ID。此外，“创建模型”命令也可以给建筑命名。

“建筑编组”的屏幕菜单命令：“命名编组”→“建筑编组”(JZBZ)。

“建筑编组”功能可为建筑群编组，便于分析不同建筑组对客体建筑的日照影响。

通常按下列原则编组：将拟建建筑分为一组，已建建筑分为一组；或者根据项目的建设档期或业主隶属关系进行编组。建议编组名称的顺序和建设时的顺序保持一致，这样在日照窗报表中不同建筑组对客体建筑的日照影响才能正确叠加。

“创建模型”命令也可以给建筑编组。

提示：“建筑编组”命令执行后屏幕没有可见的信息反馈，只能用“编组查询”查看结果。

5.4.4 遮挡关系

屏幕菜单命令：“高级分析”→“遮挡关系”(ZDGX)。

该命令分析求解建筑物作为被遮挡物时，哪些建筑对其产生遮挡，分析结果给出遮挡关系表格，为该建筑群的进一步日照分析划定关联范围，指导规划布局的调整和加快分析速度。执行该命令前必须对参与分析的建筑物进行命名，否则建筑无ID，分析无法进行。遮挡关系的对话框设置如图5.23所示。

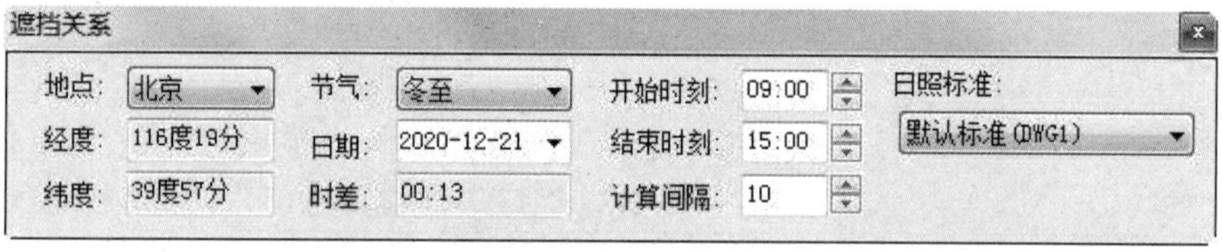

遮挡关系
地点：北京　节气：冬至　开始时刻：09:00　日照标准：
经度：116度19分　日期：2020-12-21　结束时刻：15:00　默认标准(DWG1)
纬度：39度57分　时差：00:13　计算间隔：10

图5.23　遮挡关系

在图中选取待分析的客体建筑，再选取主体建筑，为了不遗漏遮挡关系，主客体建筑可以全选。建筑平面的遮挡位置如图5.24所示。表5.3是获得遮挡关系的表格。

表5.3　遮挡关系表

被遮挡建筑	遮挡物建筑
原有1#	
原有2#	原有1#，原有3#，新建
原有3#	
原有4#	原有3#，新建
新建	原有1#，原有3#

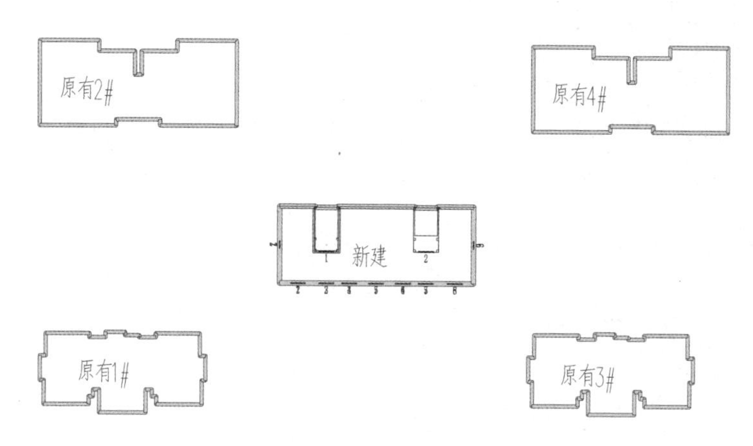

图 5.24　遮挡关系平面图

5.4.5　阴影轮廓

常规日照分析

屏幕菜单命令:“常规分析”→“阴影轮廓”(YYLK)。

“阴影轮廓”命令计算并生成遮挡建筑物在给定平面上所产生的阴影轮廓线,支持多个时刻和某一时刻。不同时刻的轮廓线用不同颜色的曲线表示。

“阴影轮廓”对话框如图 5.25 所示。

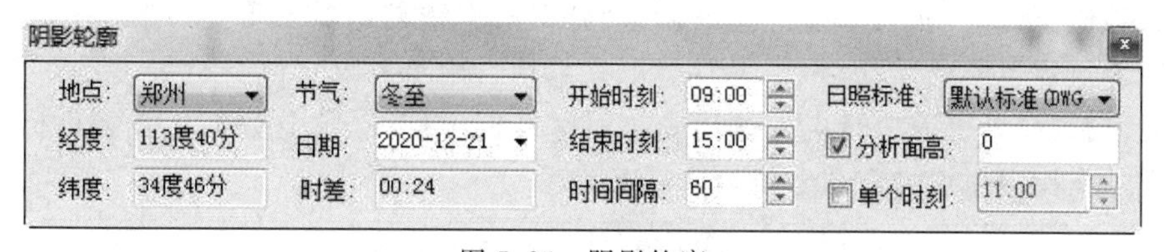

图 5.25　阴影轮廓

勾选“分析面高”选项并设置阴影投射的平面高度,生成平面阴影,否则生成投射到某墙面上的立面阴影。勾选“单个时刻”选项并给定时间,计算这个时刻的阴影线;不选此项,计算开始到结束的时间区段内,按给定的时间间隔计算各个时刻的阴影线。生成的日照阴影轮廓线如图 5.26 所示。

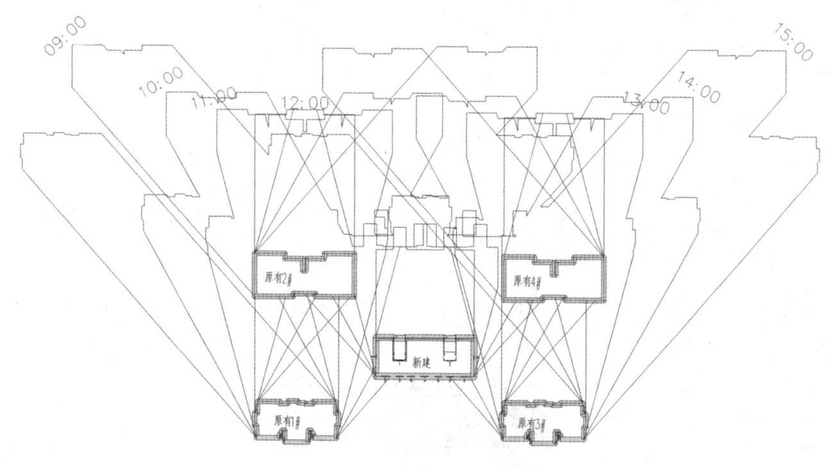

图 5.26　日照阴影轮廓线

5.4.6 窗照分析

“窗照分析”的屏幕菜单命令:“常规分析”→“窗照分析”(CZFX)。

“窗照分析”命令分析计算选定的日照窗的日照有效时间,是日照分析的重要工具。“窗照分析”对话框如图 5.27 所示。

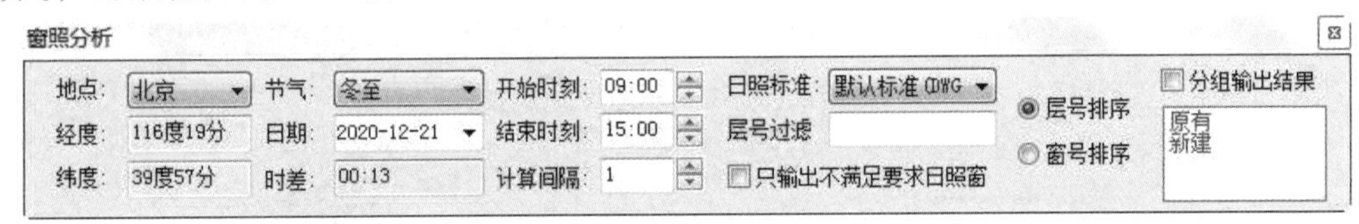

图 5.27 窗照分析

如果建筑未编组,只分析计算每个日照窗的总有效日照时间。如果建筑进行了编组,则对话框右侧会显示编组清单,计算输出的是各组的叠加遮挡分析表。对话框中编组的排列顺序即为叠加顺序,日照分析表中对日照窗的影响分为“原有建筑”和“原有建筑+新建建筑”两组,可用鼠标拖拽改变清单顺序,从而改变遮挡的叠加关系。

对话框中的时差=北京时间-真太阳时,软件缺省采用真太阳时。

执行该命令之前,可为建筑物编组,也可不编组。如果建筑编组且勾选了对话框上的“分组输出结果”,系统将自动搜索编组的遮挡建筑物,并得出窗日照分析表,此时未编组的建筑不参与遮挡计算;如果未编组或未勾选“分组输出结果”,需要手工选取遮挡建筑物,日照窗所在建筑物也应选择,因为建筑自身也有遮挡。输出的窗日照分析表可以放置到图中任何位置,窗日照分析表中红色数据代表日照时间低于标准;黄色数据代表临近标准,处于警报状态。本例中生成的窗照分析表如表 5.4 所示。

表 5.4 窗照分析表(第一层)

层号	窗位	窗台高/m	日照时间	
			日照时间	总有效日照
1	1	1.35	09:00—14:40	05:40
	2～4	1.35	09:00—15:00	06:00
	5	1.35	09:06—15:00	05:54
	6	1.35	09:48—15:00	05:12

5.4.7 区域分析

屏幕菜单命令:“常规分析”→“区域分析”(QYFX)。

“区域分析”命令用于分析并获得某一给定平面区域内的日照信息,按给定的网格间距进行标注。区域日照分析的对话框如图 5.28 所示。

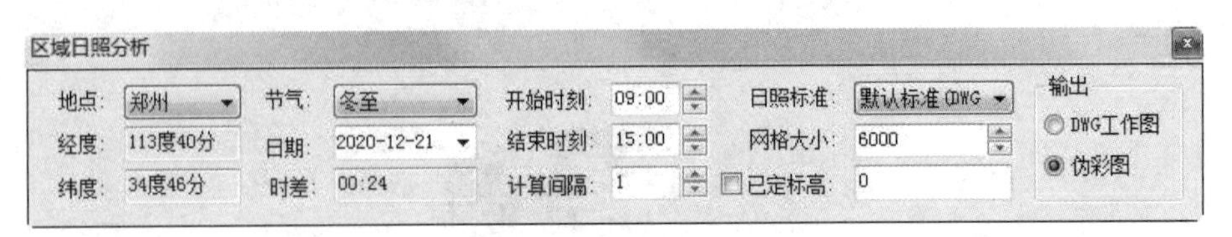

图 5.28 区域日照分析

执行该命令后，会在选定的区域内用彩色数字显示出各点的日照时数，或者以伪彩图的形式显示，灰度图如图 5.29 所示。

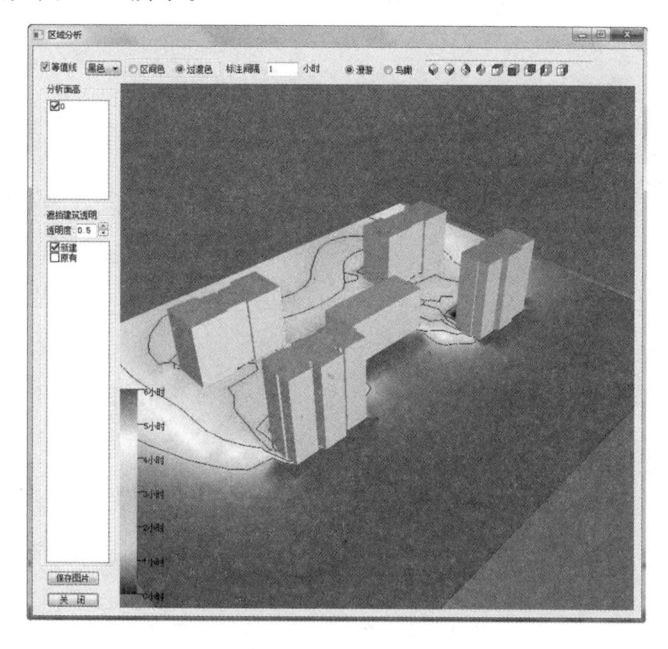

图 5.29　区域分析的伪彩图

5.4.8　等日照线

“等日照线”的屏幕菜单命令：“常规分析”→“等日照线”(DRZX)。

“等日照线”命令在给定的平面上绘制出等日照线，即日照时间满足与不满足规定时数的区域之间的分界线。N 小时的等日照线内部为少于 N 小时日照的区域，其外部为大于或等于 N 小时日照的区域。“等日照线”对话框如图 5.30 所示。

图 5.30 中的“网格设置”包括“网格大小”和“标注间隔”。“网格大小”表示计算单元和结果输出的网格间距，“标注间隔”表示间隔多少个网格单元标注一次。“输出等照线”用于设定等日照线的输出单位，单位可选择小时或分钟；输入栏中可以设定同时输出多个等日照线，需用逗号间隔开。“分析面设置”选择“平面分析”时，在给定的标高平面上计算等日照线；选择“立面分析”时，在给定的直墙平面上计算等日照线。可根据需要选择在墙立面上输

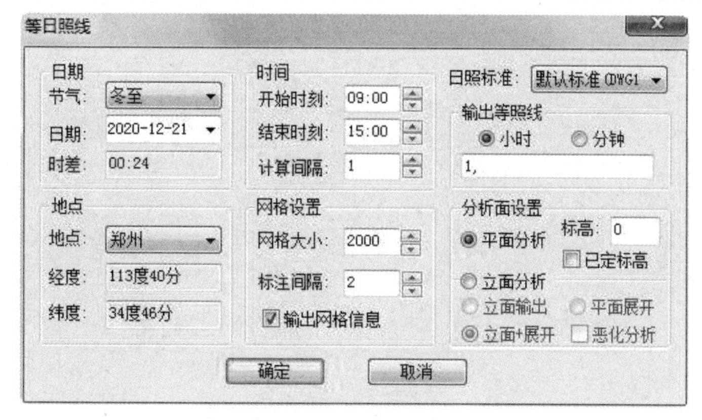

图 5.30　等日照线

出或平面展开输出等日照线，也可同时按两种方式输出。

命令交互设置好选项参数后，按“确定”按钮对话框关闭，命令行提示如下：

对于平面分析时：

选择遮挡物：(选取产生遮挡的多个建筑物，可多次选取)

请给出窗口的第一点〈退出〉：(点取分析计算的范围窗口的第一点)

窗口的第二点〈退出〉：(点取分析计算的范围窗口的第二点)

对于立面分析时：

选择遮挡物：(选取产生遮挡的多个建筑物，可多次选取)

请点取要生成等照时线的直外墙线〈退出〉：(点取准备计算等照线的建筑物直线外墙边线，可多选)

本书案例中生成的平面分析图如图 5.31 所示，立面分析图如图 5.32 所示。

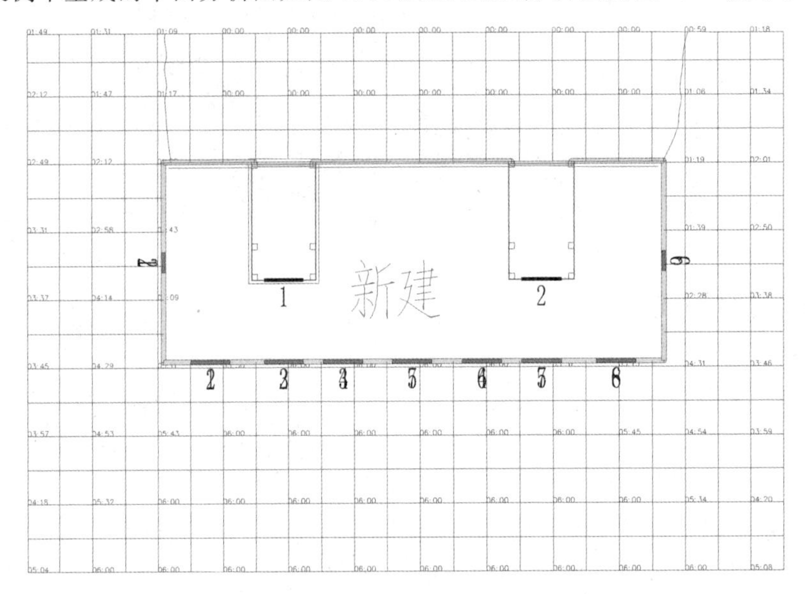

图 5.31　等日照线平面分析图

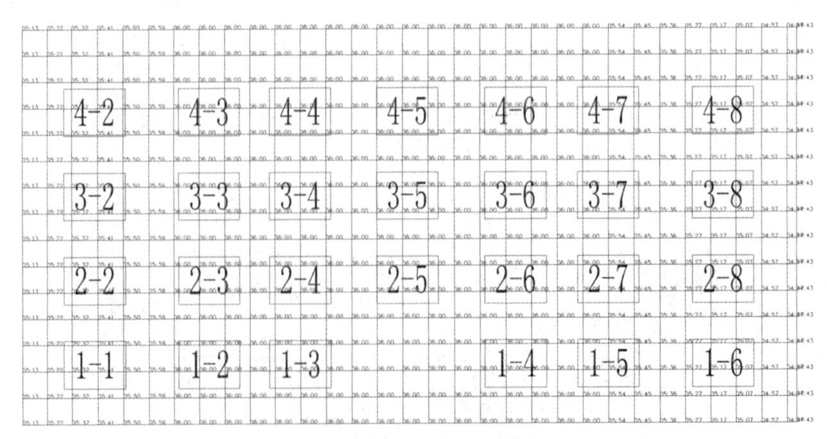

图 5.32　等日照线立面分析图

5.4.9 日照仿真

高级日照分析

“日照仿真”的屏幕菜单命令：“高级分析”→“日照仿真”(RZFZ)。

“日照仿真”采用先进的三维渲染技术，在指定地点和特定节气下，真实模拟建筑场景中的日照阴影投影情况，帮助设计师直观地分析、判断结果的正误，给业主提供可视化演示资料。日照仿真对话框如图 5.33 所示。

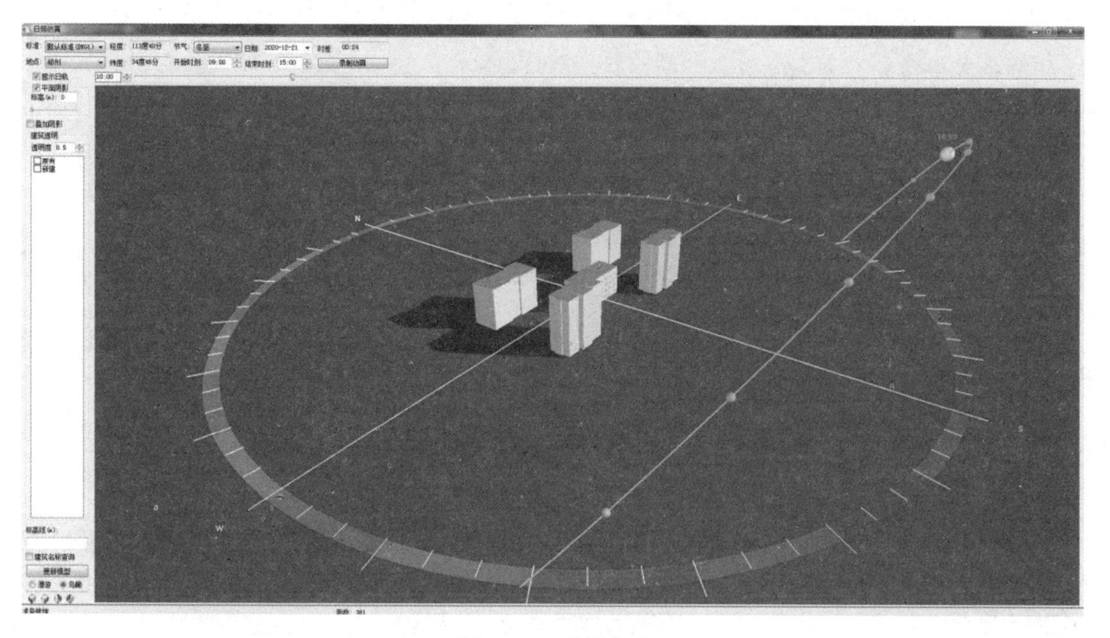

图 5.33　日照仿真

在图 5.33 中，对话框左侧上部为参数区，在此给定观察条件，如日照标准、地理位置和日期时间等。日照阴影在缺省情况下，只计算投影在地面或是不同标高的平面上。将选项“平面阴影”去掉后，系统进入真实的全阴影模式，建筑物和地面全部有阴影投射。点击代表四个方向的轴测图按钮，可快速将视口调整到西南、东南、西北或东北四个轴测视角。日照仿真窗口为浮动对话框，用户编辑建筑模型时无须退出仿真窗口。仿真窗口的观察视角采用鼠标和键盘键进行调整，过程类似于实时漫游时的鼠标与键盘的键。拖动视窗上方的时间进程滚动条，可以实时观察动态日照阴影，左框中显示实时的时间。

提示：影响三维阴影仿真速度的主要因素有模型本身的复杂程度和计算机硬件的配置。

5.4.10 日照报告

“日照报告”的屏幕菜单命令：“常规分析”→“日照报告”(RZBG)。

“日照报告”命令按项目所在地，自动匹配日照报告模板，填写相关分析内容，输出 Word 格式的日照分析报告。执行过程中会提示选取相关表格，如果不需要选取而是后期手工加入，忽略即可。需要注意的是生成的报告有一些空白项，需要自行填入。

5.4.11 其他功能

另外日照分析软件 Sun 提供对建筑日照的各种分析手段，包括点面分析、坡地分析、动态分析、光线分析以及可视化的日照仿真，这些手段从不同角度分析建筑物的日照状况，辅助设计师完成建筑规划布局。以动态日照为例，在方案设计时，可以用动态手段分析确定拟建建筑的相对最佳位置，通过在 *XY* 平面上移动拟建建筑的位置，实时观察被遮挡建筑的日照时间，当达到满意时点击固定拟建建筑的位置。

屏幕菜单命令："方案分析"→"动态日照"(DTRZ)。

执行命令后弹出下列对话框，如图 5.34 所示。

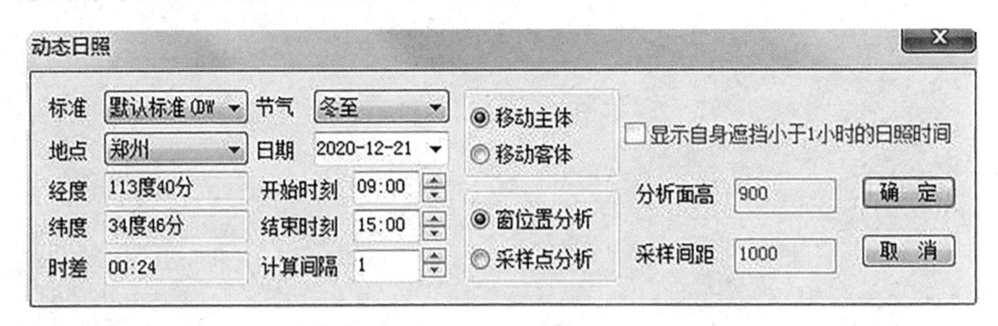

图 5.34 动态日照

图中可移动建筑是指主体建筑和客体建筑，可观察日照是指窗点位置和建筑边界。为了观察得更清楚，建议开两个窗口，一个窗口用于操作移动建筑，另一个窗口用于放大观察日照时间。

日照分析软件还提供有太阳能分析功能，包括建立集热面板、倾角分析、辐照分析、集热需求和经济分析等功能。

本章小结

绿色建筑模拟和分析是当前建筑领域的热门话题。本章利用绿建斯维尔软件完成模型数据的转换、建筑节能和建筑日照的分析，软件的操作过程比较相似。模型不能只停留在建模阶段，BIM 的灵魂在于如何利用模型，一模多算充分显示出 BIM 的优越性。

第6章　工程造价

6.1　概述

建筑工程量的计算十分复杂且工作量极大,传统的计算方式耗费大量的人力且容易出现错误,导致工程算量不准确,从而影响工程的建设。利用计算机软件可以准确处理大量的重复数据,且可以直接利用电子设计图的成果,将造价人员从复杂、繁重和枯燥的工作中解放出来,因此,在本案例中,重点讲解利用计算机软件对三维模型进行自动化算量。三维算量软件计算方法主要有数据导入法和建模法。数据导入法是将电子文档直接导入三维图形算量软件,软件自动识别工程设计图中的各种建筑结构构件,快速虚拟仿真出建筑。建模法是通过在计算机软件上绘制基础、梁、板、柱、楼梯和墙等构件的模型图,软件根据设置的清单和定额工作量自动计算工程量。

工程造价的字面意思就是工程的建造价格,是指进行某项工程建设所花费的全部费用。工程造价是一个泛称概念,对于业主来说,其是指建设一项工程预期开支或实际开支的全部资产投资费用;对于承包商来说,其是建筑安装工程的价格和建设工程总价格。工程造价的两种含义是从不同角度把握同一事物的本质。工程造价包括建筑安装工程费用,设备、工器具及家具购置费和工程建设其他费用。其中,建筑安装工程费用也称建安工程造价,一般情况下,若没有特别说明时,工程造价就是指建安工程造价,其构成如表6.1所示。工程造价的计价具有动态性和阶段性(多次性)的特点。工程建设项目从决策到交付使用,都有一个较长的建设期,在整个建设期内,构成工程造价的任何因素发生变化都必然会影响工程造价的变动,不能一次确定可靠的价格,要到竣工决算后才能最终确定工程造价,因此需对建设程序的各个阶段进行计价(如估算、概算、预算、招标标底、控制价、报价、合同价、竣工结算价和决算价),以保证工程造价确定和控制的科学性。工程造价管理就是合理地确定和有效地控制工程造价。

表6.1　建安工程造价构成表

费用	明细费用	具体内容或含义
工程费	1.人工费	①基本工资;②工资性补贴;③生产工人辅助工资;④职工福利费;⑤生产工人劳动保护费
	2.材料费	①材料原价;②材料运杂费;③运输损耗费;④采购及保管费;⑤检验试验费
	3.施工机械使用费	①折旧费;②大修理费;③经常修理费;④安拆费及场外运费;⑤人工费;⑥燃料动力费;⑦养路费及车船使用税

续表

费用		明细费用	具体内容或含义
措施费	施工技术措施费	1.大型机械进出场及安拆费	机械进出场运输转移费用及施工现场进行安装、拆卸所需人工费、材料费、机械费、试运转费和安装所需的辅助设施费用
		2.混凝土、钢筋混凝土模板及支架费	混凝土施工过程中需要的各种钢模板、木模板、支架等的支、拆、运输费用及模板、支架的摊销(或租赁)费用
		3.脚手架费	施工需要的各种脚手架搭、拆、运输费用及脚手架的摊销(或租赁)费用
		4.已完工程及设备保护费	竣工验收前,对已完工程及设备进行保护所需的费用
		5.施工排水、降水费	为确保工程在正常条件下施工,采取各种排水、降水措施降低地下水位所发生的各种费用
		6.垂直运输机械及超高增加费	工程施工需要的垂直运输机械和建筑物高度超过 20 m 时,人工、机械降效等所增加的费用
		7.构件运输及安装费	混凝土、金属构件、门窗等自堆放地或构件加工厂至施工吊点的运输费用,以及混凝土、金属构件的吊装费用
		8.其他施工技术措施费	指根据各专业特点、各地区和工程情况所需增加的施工技术措施费用
	施工组织措施费	1.总包服务费	指为配合、协调招标人进行的工程分包和材料采购所需的费用
		2.环境保护费	指施工现场为达到环保部门要求所需要的各项费用
		3.文明施工费	指施工现场文明施工所需要的各项费用
		4.安全施工费	指施工现场安全施工所需要的各项费用
		5.临时设施费	指施工企业为进行建筑工程施工所必须搭设的生活和生产用的临时建筑物、构筑物和其他临时设施费用等
		6.夜间施工费	指因夜间施工所发生的夜班补助费、夜间施工降效、夜间施工照明设备摊销及照明用电等费用
		7.二次搬运费	指因施工场地狭小等特殊情况而发生的二次搬运费用
		8.冬雨季施工增加费	指在冬雨季施工期间,采取保温、防雨、防滑、排雨水等措施费,以及因工效和机械作业效率降低所增加的费用
		9.工程定位复测、工程交点、场地清理费	指开工前测量、定位、钉龙门板桩及经规定部门派员复测的费用;办理竣工验收,进行工程交点的费用;以及竣工后清扫场地所发生的费用。
		10.室内环境污染物检测费	指为保护公众健康,维护公共利益,对民用建筑中由于建筑材料和装修材料所产生的室内环境污染物进行检测所发生的费用
		11.缩短工期措施费	指由于建设单位原因,要求施工工期少于合理工期,施工单位为满足工期要求而采取相应措施发生的费用
		12.生产工具用具使用费	指施工生产所需不属于固定资产的生产工具及检验用具的购置、摊销和维修费
		13.其他施工组织措施费	指根据各专业特点、地区和工程特点所需增加的施工组织措施费用

续表

费用	明细费用	具体内容或含义
企业管理费	1.管理人员工资	指管理人员的基本工资、工资性补贴、职工福利费和劳动保护费
	2.办公费	指企业管理办公用的文具、纸张、账表、印刷、邮电、书报、会议、水电和集体取暖(包括现场临时宿舍取暖)用煤等费用
	3.差旅交通费	指职工因公出差和调动工作的差旅费、住勤补助费、市内交通费、工伤就医路费、工地转移费以及管理部门使用的交通工具的油料、燃料、养路费等
	4.固定资产使用费	指管理和试验部门及附属生产单位使用的属于固定资产的房屋、设备仪器等的折旧、大修、维修或租赁费用
	5.工具用具使用费	指管理使用的不属于固定资产的生产工具、器具、家具、交通工具和检验、试验、测绘、消防用具等的购置、维修和摊销费
	6.劳动保险费	指由企业支付离退休职工的异地安家补助费、职工退休金、六个月以上的病假人员工资、职工死亡丧葬补助费、抚恤金等
	7.工会经费	企业按职工工资总额计提的工会经费
	8.职工教育经费	指企业为职工学习先进技术和提高文化水平,按职工工资总额计提的费用
	9.财产保险费	指施工管理用财产、车辆保险费用
	10.财务费	指企业为筹集资金而发生的各种费用
	11.税金	指企业按规定交纳的房产税、车船使用税、土地使用税、印花税等
	12.其他	包括技术转让费、技术开发费、业务招待费、绿化费、广告费、公证费、法律顾问费、审计费和咨询费等
规费	1.工程排污费用	指施工现场按规定缴纳的工程排污费用
	2.工程定额测定费	指按规定支付工程造价(定额)管理部门的定额测定费
	3.社会保障费	指养老保险、失业保险、医疗保险等
	4.住房公积金	指企业按照国家规定标准为职工缴纳的住房公积金
	5.危险作业意外伤害保险	指按照建筑法规定,企业为从事危险作业的建筑安装施工人员支付的意外伤害保险费
利润		
税金	销项增值税	

BIM的技术核心是一个由计算机三维模型所形成的数据库,这些数据库信息在建筑全生命周期中是动态变化的,随着工程施工及市场变化,相关责任人员会调整BIM数据,所有参与者均可共享更新后的数据。在项目全生命周期中,可将项目从投资策划、项目设计、工程开工到竣工的全部相关造价数据资料存储在基于BIM系统的后台服务器中,BIM这种富有时效性的共享数据平台,改善了沟通方式,使拟建项目工程管理人员及后期项目造价人员及时、准确地筛选和调用工程基础数据成为可能。BIM数据库有利于快速生成业主方需要的各种进度报表、结算单、资金计划。造价咨询单位可以建立自己的企业BIM数据库、造价指标,还可以为同类工程提供对比指标。正是BIM这种统一的项目信息存储平台,实现了经验、信息的积累、共享及管理的高效率。同时造价管理中的多算对比对于及时发现问题并纠偏、降低工程费用至关重要。

从BIM技术在工程项目全生命周期中的使用方面来讲,BIM建模软件中的设计模型可以导入相应造价软件进行工程量计算及套价,实现设计阶段的 BIM 所携带的各种几何信息、造价信息、厂家信息进入造价软件中,实现 BIM 所携带的数据信息的一次输入、全生命周期使用,形成建设项目全过程的施工进度、过程控制和成本监控等施工信息综合体。造价软件利用 BIM 提供的信息进行工程量统计和造价分析,由于 BIM 结构化数据的支持,基于 BIM 技术的造价软件可以根据施工计划,动态提供造价管理需要的数据。国内算量和造价软件有新点 BIM 5D 算量软件(Revit 平台)、广联达 BIM 算量软件(自主平台)、鲁班 BIM 算量软件(自主平台)、斯维尔 BIM 算量软件(Revit 平台)、晨曦 BIM 算量软件(Revit 平台)和品茗 BIM 算量软件(Revit 平台)等。

6.2 钢筋算量

6.2.1 数据转换

钢筋算量

在第 2 章完成结构计算时,分存后的图纸在左下角会带有"钢筋算量接口数据"几个字,说明"钢筋算量接口数据"生成成功,可以进行钢筋算量。钢筋算量接口数据在广厦 AutoCAD 自动成图 GSPLOT 启动下可随字串"钢筋算量接口数据"拷贝粘贴。

注意:"钢筋算量接口数据"几个字比较小,需放大才能看到;这几个字不能删除,这个字串带有接口数据,删除后数据会丢失。

用"广厦广联达钢筋算量接口软件"生成 GSM 文件。打开"广厦广联达钢筋算量接口软件",选择 DWG 文件,选择图纸文件中左下角带有"钢筋算量接口数据"的 DWG 文件,例如本例中的"结构验算_钢筋施工图.dwg",如图 6.1 所示。

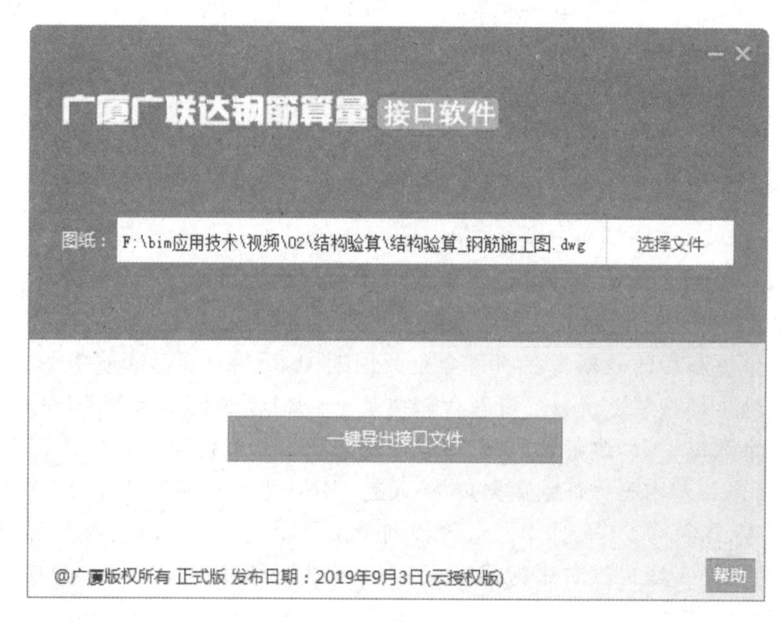

图 6.1 钢筋算量接口软件界面

然后点击“一键导出接口文件”，导出成功可以看到如图6.2所示的提示，此时在工程文件夹里可以找到后缀为“gsm”的文件。

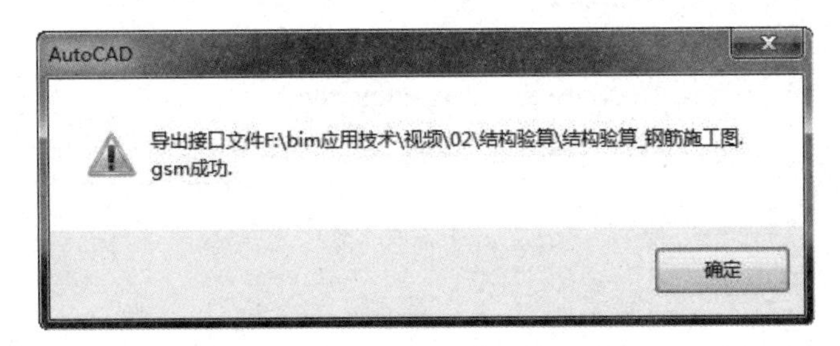

图6.2　gsm文件导出成功提示

注意：点击“一键导出接口文件”前不能用AutoCAD打开此DWG文件，否则可能无法生成gsm文件。

6.2.2　工程设置

打开广联达钢筋算量软件GGJ，如图6.3所示，点击“导入BIM模型”，选择导出的GSM文件。

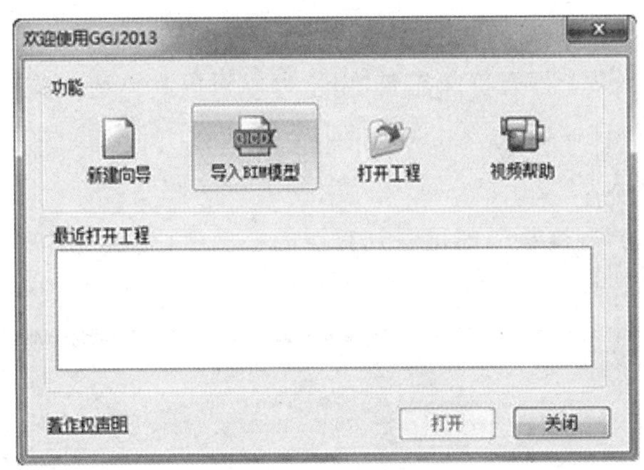

图6.3　导入BIM模型

软件会自动填入结构类型、设防烈度、檐高、抗震等级和建筑楼层的信息，如图6.4所示。

分别检查左侧界面的工程信息、比重设置、弯钩设置、损耗设置、计算设置和楼层设置的参数，根据工程情况修改。目前国内市场没有直径为6 mm的钢筋，一般用直径为6.5 mm的钢筋代表，这种情况要在“比重设置”页面中将直径为6 mm的钢筋修改为6.5 mm的钢筋比重。在“弯钩设置”中，如果选择了图元抗震考虑，非框架梁按照非抗震考虑，它的箍筋平直段就是$6.9d$；如果选择了工程抗震考虑，箍筋的平直段就和框架梁一样，在$10d$与75 mm取大值后再加$1.9d$计算。

在“计算设置”页面，可以对当前工程计算方面的设置进行修改。计算设置部分有计算设置、节点设置、箍筋设置、搭接设置和箍筋公式。计算设置部分的内容可以导入或导出，方便其他工程使用。这部分包括各类构件计算过程中所用到的参数的设置，直接影响钢筋计

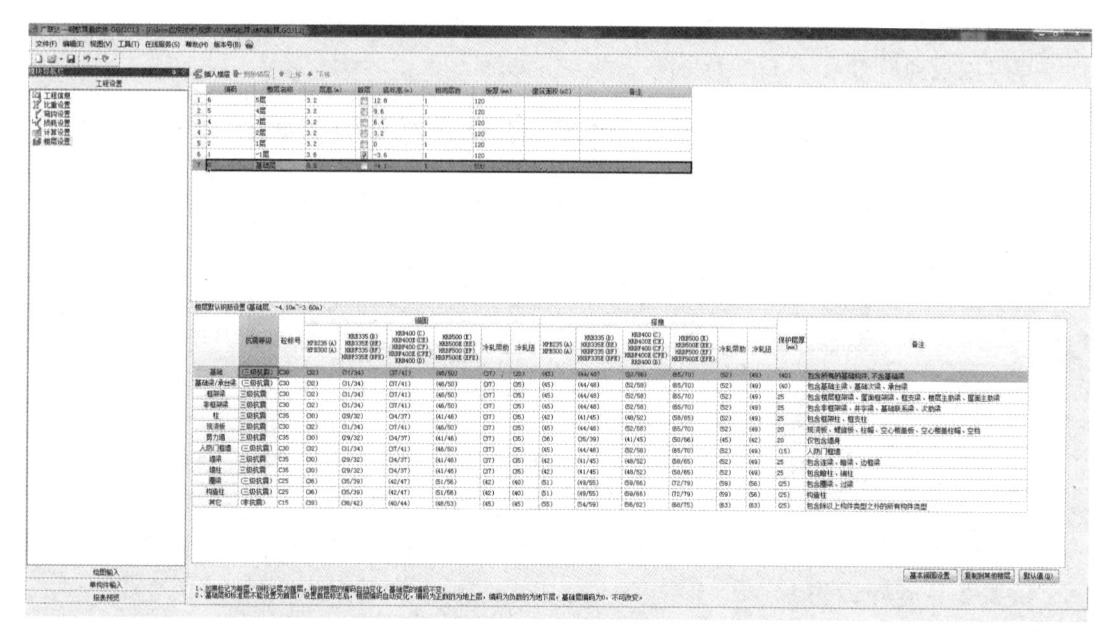

图 6.4 工程设置

算结果。软件中默认的都是标准中规定的数值和工程中最常用的数值。按照图集设计的工程，一般不需要修改，如果工程有特殊需要，用户可以根据具体情况修改，本书案例工程中只将各构件的接头修改为百分比 25%。

6.2.3 绘图输入

点击“绘图输入”的“现浇板”，即可看到首层的平面图，如图 6.5 所示。

点击“选择楼层”，选择“全部楼层”；点击“动态观察”，用鼠标在屏幕上调整查看方向，即

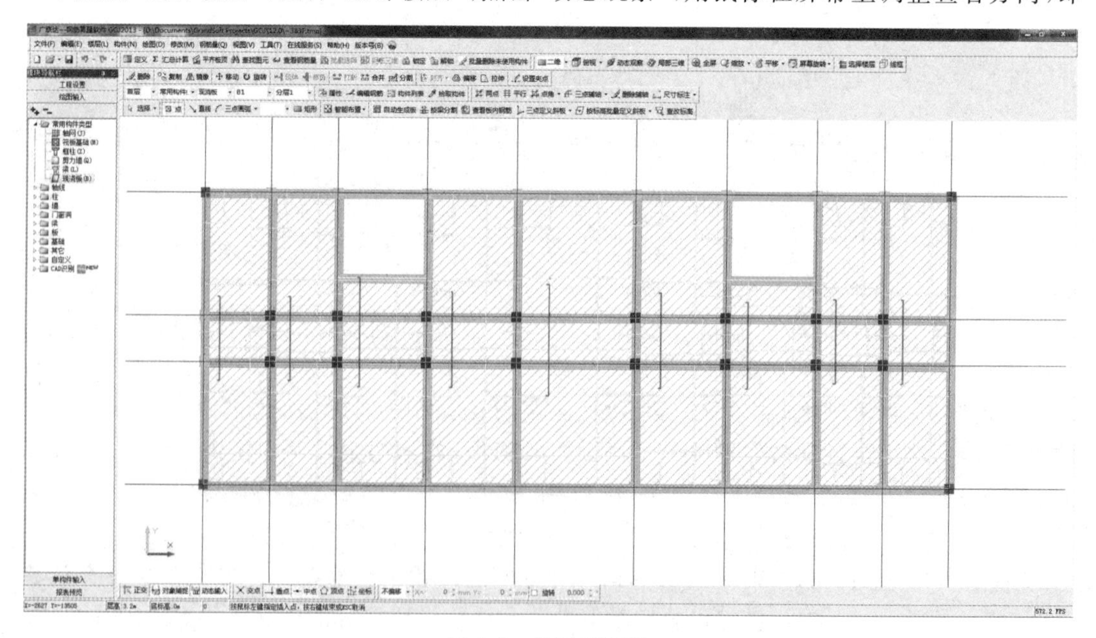

图 6.5 首层平面图

可看到模型的三维显示，如图 6.6 所示。

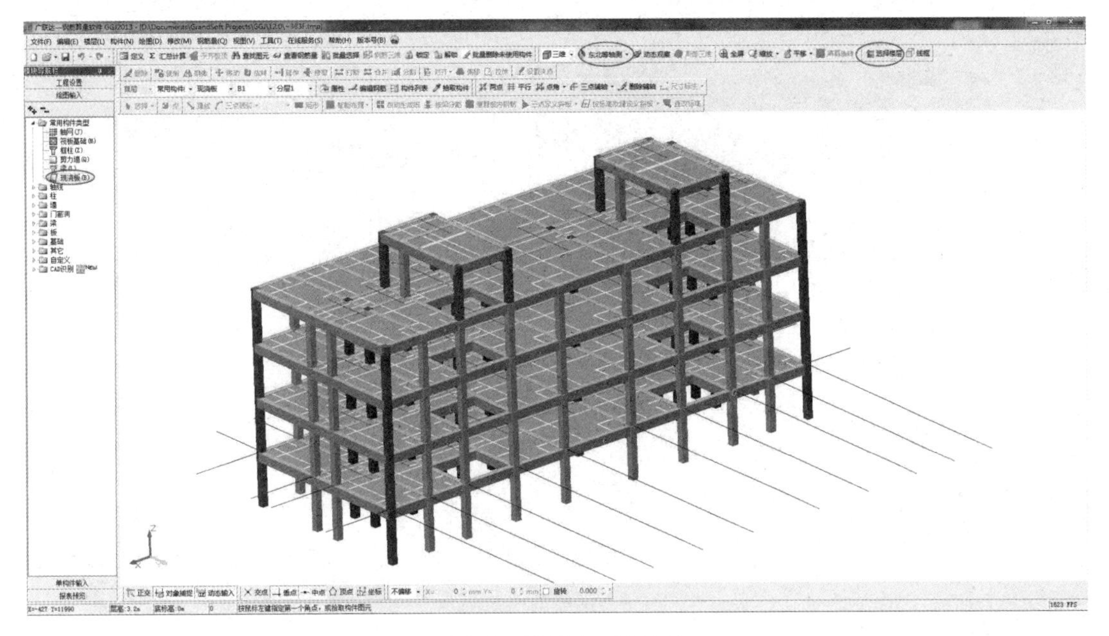

图 6.6　模型的三维显示

点击“汇总计算”，在弹出的“汇总计算”对话框中点击“全选”，点击“计算”，如图 6.7 所示。计算成功后弹出“计算汇总”对话框，如图 6.8 所示。

图 6.7　汇总计算

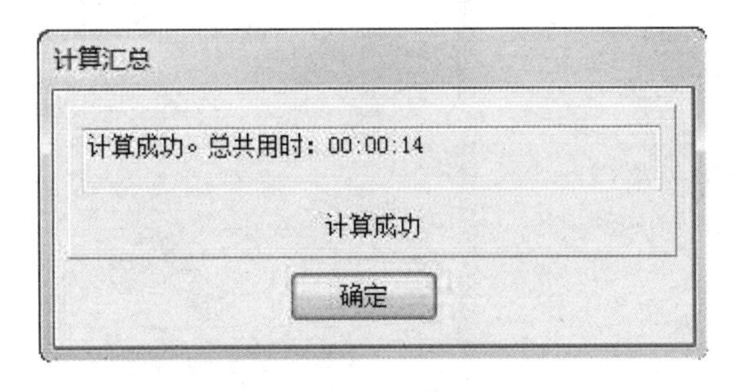

图 6.8　计算汇总

点击“梁”，选择右下角的柱，点击“钢筋三维”，框选梁，用鼠标调整角度，即可看到梁的三维钢筋模型，如图 6.9 所示。

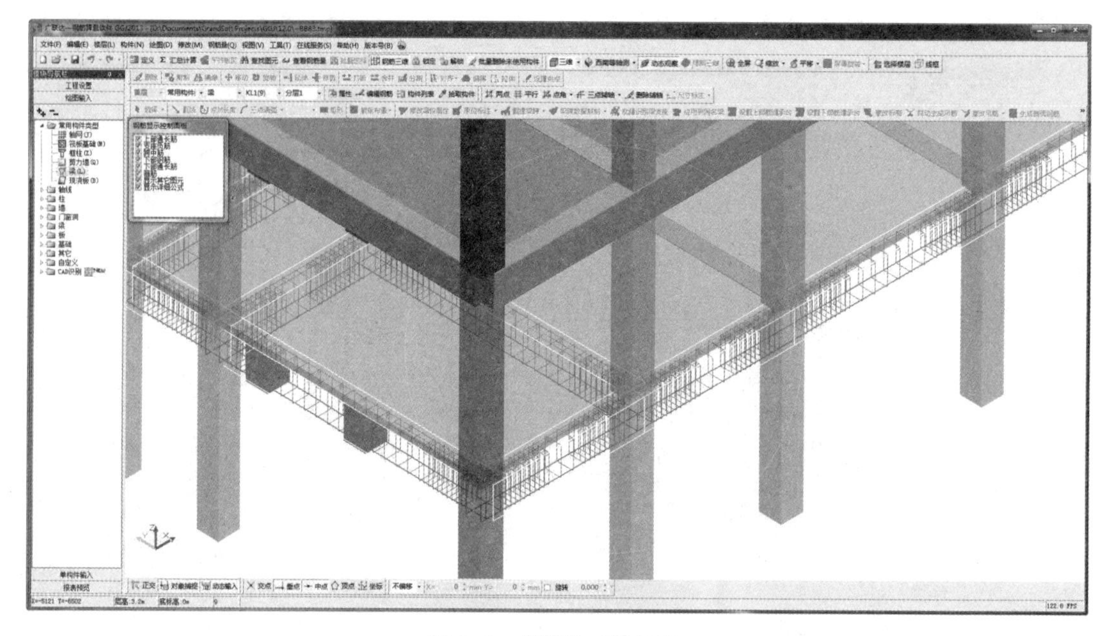

图 6.9　钢筋的三维显示

6.2.4　报表预览

点击“报表预览”，选择相应的报表，即可看到相关信息，如图 6.10 所示。

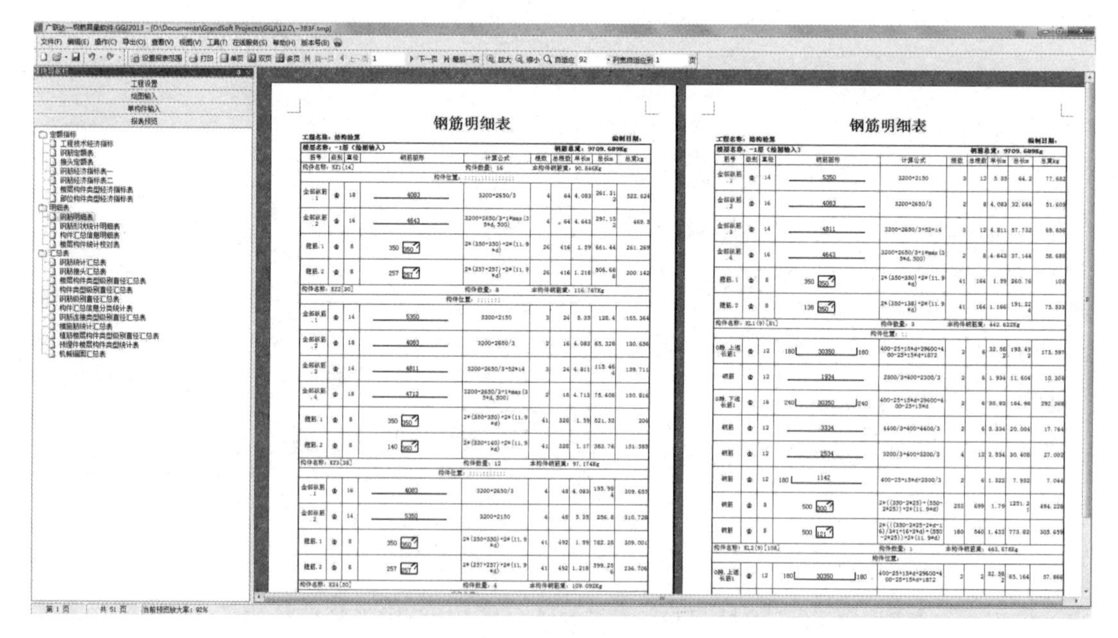

图 6.10　报表预览

钢筋工程量计算后，还需要考虑钢筋工程施工下料需求。工程造价没有考虑施工下料时的钢筋排布、下料模数和施工情况。造价需求的钢筋计算是以设计长度计算的，而下料的计算是钢筋下料的长度计算，二者既有区别又有联系。

6.3 工程算量

使用 Revit 明细表可以统计各种建筑构件的总数，但不能与计价软件相对接，因此国内软件公司开发了专业软件，可以将 Revit 模型导入算量软件中，极大地提高了工作效率。与传统算量相比，BIM 算量最大的特点是设计、施工等多阶段共用一个模型，应用于工程设计、施工管理、成本控制等多个环节，有效地避免了重复建模，实现了“一模多用”，从而消除多种软件之间由于模型互导造成的数据丢失、不一致问题。新点 BIM 算量软件节约了传统算量软件重复建模的时间，大幅提高了工作效率及工程量计算的精度，并可按照不同地区清单、定额规则计算工程量。

6.3.1 流程介绍

在能拿到完善的模型情况下，BIM 专业算量需要六步即可出量：工程设置、模型映射、套做法、汇总计算、统计和查看报表，如图 6.11 所示。实际工作中很多情况下，并不能拿到非常完善的模型，此时需通过智能布置、装饰布置等模块功能完成模型的快速补充。

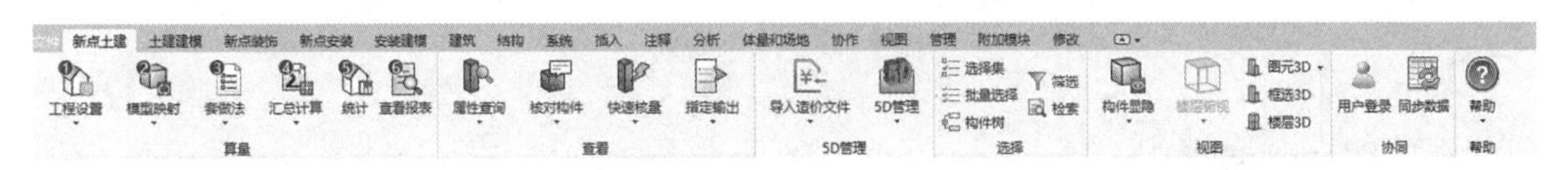

图 6.11　新点土建算量功能区

即使拿不到完善模型，也可以完成工程算量。在工程设置中选择项目所需的清单、定额库，定义构件的楼层归属、材料以及计算规则等(通常不用调整设置)，然后通过模型映射将构件按照算量所需类型重新分类，当模型不全的时候，通过智能布置快速补充模型中缺失的构件。装饰部分由于 Revit 系统族自带装饰对柱面、梁面等位置的支持尚需完善，通常为满足三维视觉效果而创建的装饰模型并不能满足预算所需，因此采用视觉表达与算量分离的方式解决计算问题。按房间自动布置功能可自动抓取模型中所有已经创建的房间，只需要定义并指定各房间所对应的装饰做法，即可完成装饰的自动布置，装饰以二维线的形式在平面视图中创建，这样在不干扰三维表达的前提下，完成精确的工程量计算。通过上述布置命令完成模型补充后，可以得到完善模型的实物量，如此时还需要出清单、定额量，则需在构件列表中对构件套用做法。最后通过汇总计算将构件按照计算规则分类汇总统计，在弹出的统计界面可以直接查看计算结果，如需按照不同类型查看数据，则通过查看报表选择所需样式。

6.3.2 工程设置

工程算量

点击“BIM 算量”→“工程设置”，执行命令后弹出工程设置对话框，如图 6.12 所示，分为计量模式、楼层设置、映射规则、结构说明和工程特征五个模块。

1. 计量模式

(1)楼层设置：设置正负零距室外地面的高差值，用于定义土方开挖的坑顶高度。

(2)超高设置：设置定额规定的柱、梁、墙、板的标准高度，水平高度超过了此处定义的标准高度时，其超出部分就是超高高度。

(3)计算精度：设置算量的计算精度，这里的缺省值按《全国统一建筑工程预算工程量计

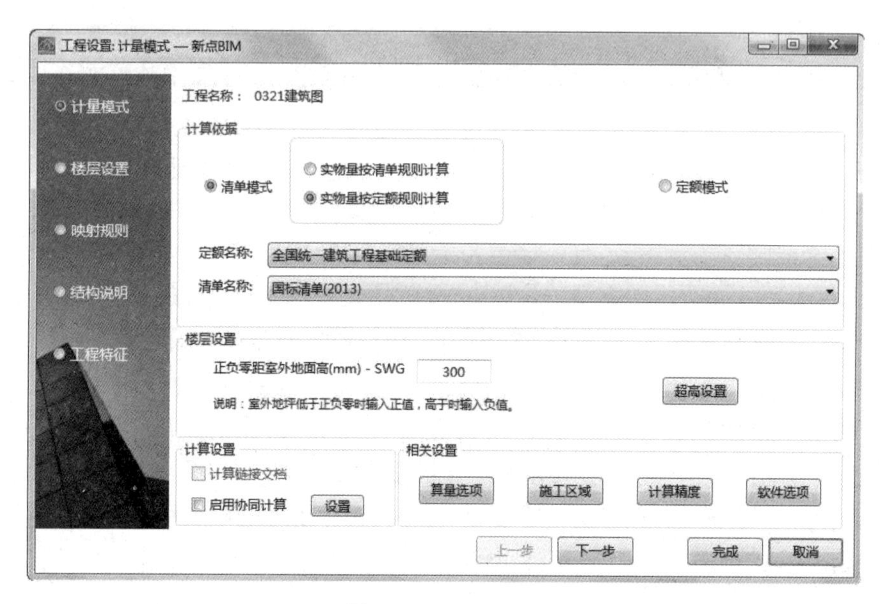

图 6.12　工程设置

算规则》第 1.0.4 条默认。

(4)算量选项:用于定义或者调整工程量计算相关的规则,包含工程量输出、扣减规则、参数规则、规则条件取值和工程量优先顺序五个模块。

①工程量输出:设置构件需要输出的工程量,如图 6.13 所示。

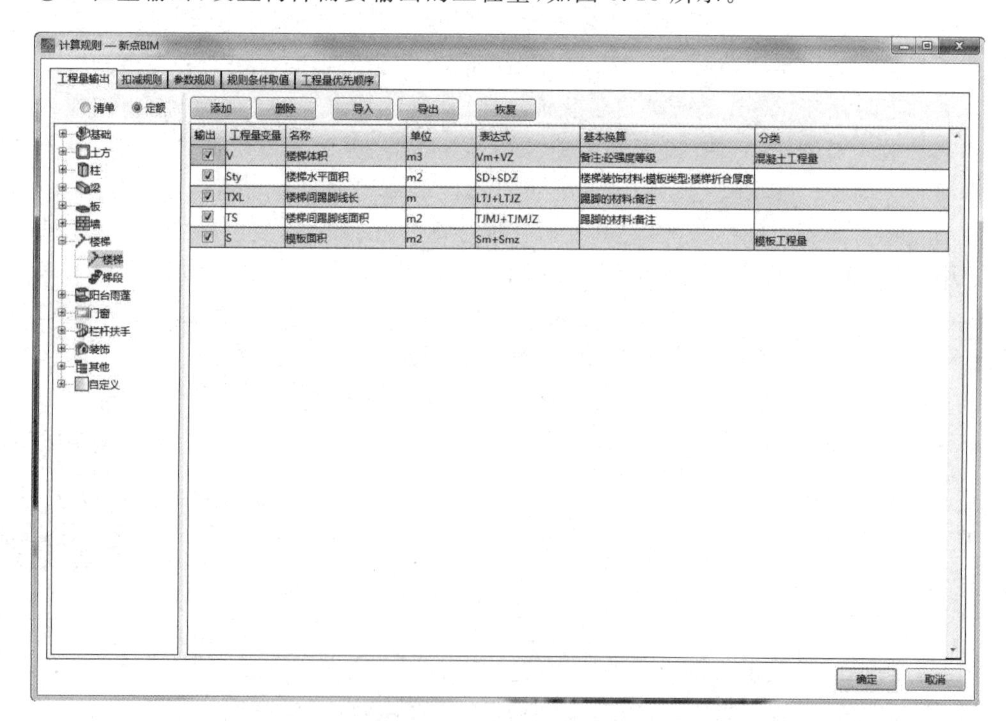

图 6.13　工程量输出

②扣减规则:按照清单、定额分别设置构件计算的构件扣减关系,如图 6.14 所示。

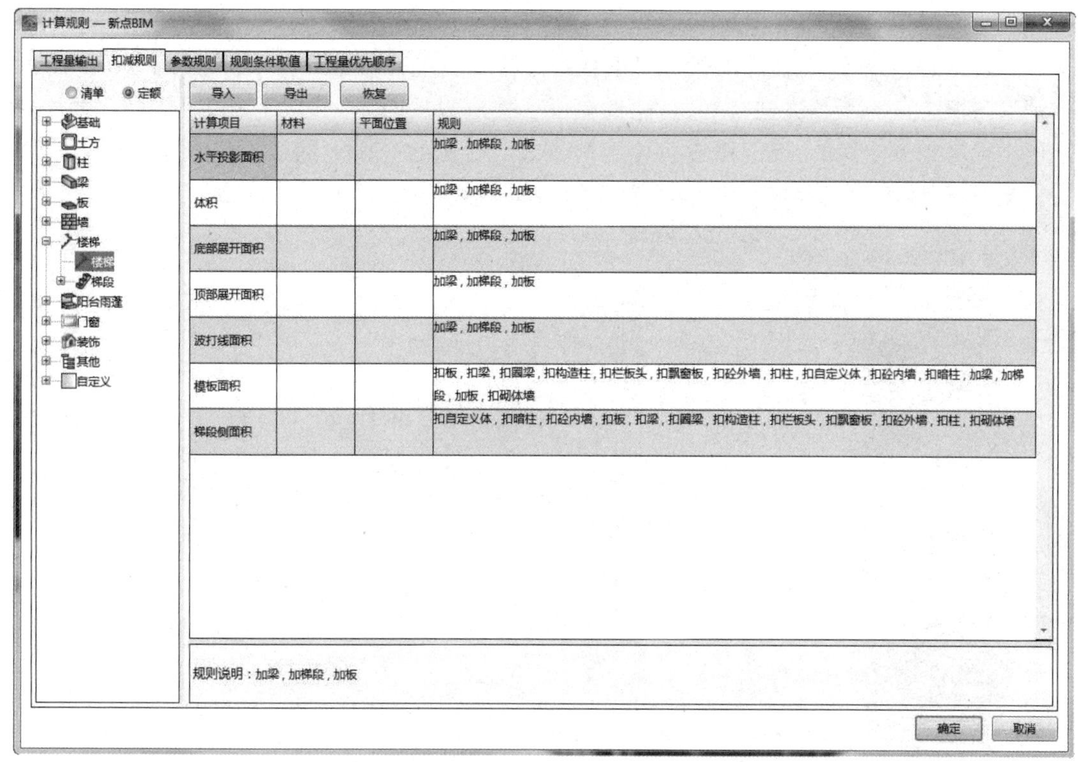

图 6.14　计算规则

③参数规则：用于定义构件计算过程中，满足一些特殊参数条件下的特殊处理。

④规则条件取值：定义坑槽不同条件下的工作面宽、放坡系数的取值条件。

⑤工程量优先顺序：描述构件间的扣减优先级，如图 6.15 所示。

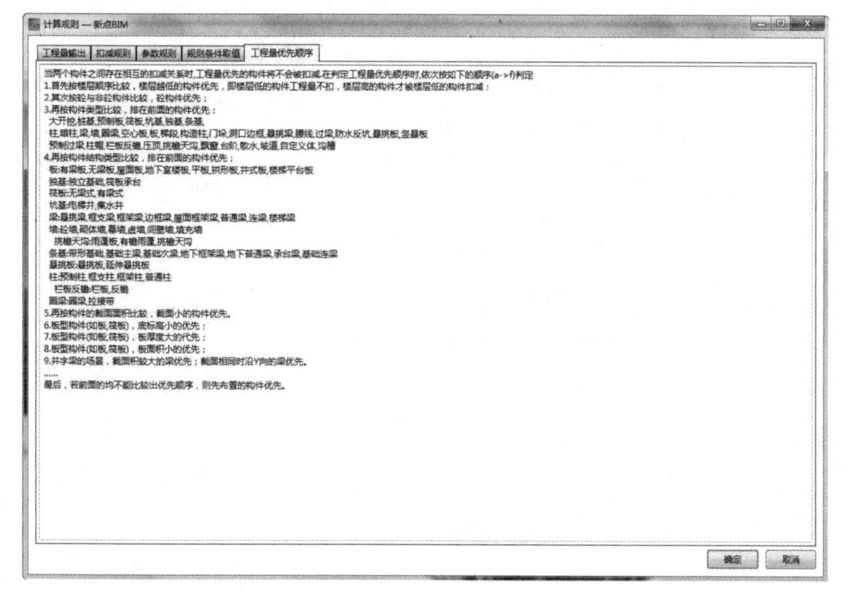

图 6.15　工程量优先顺序

2.楼层设置

通常工程量统计、对比的时候需要以楼层作为标准单元，而 Revit 仅有标高和视图而没有楼层的概念。为了解决这个问题，软件提供了楼层设置命令，勾选工程中的标高，通过上下两个标高划分空间的方法，构造出楼层的概念。右侧的表格中的楼层信息根据所选标高自动生成，可编辑归属楼层名称，操作界面如图 6.16 所示。

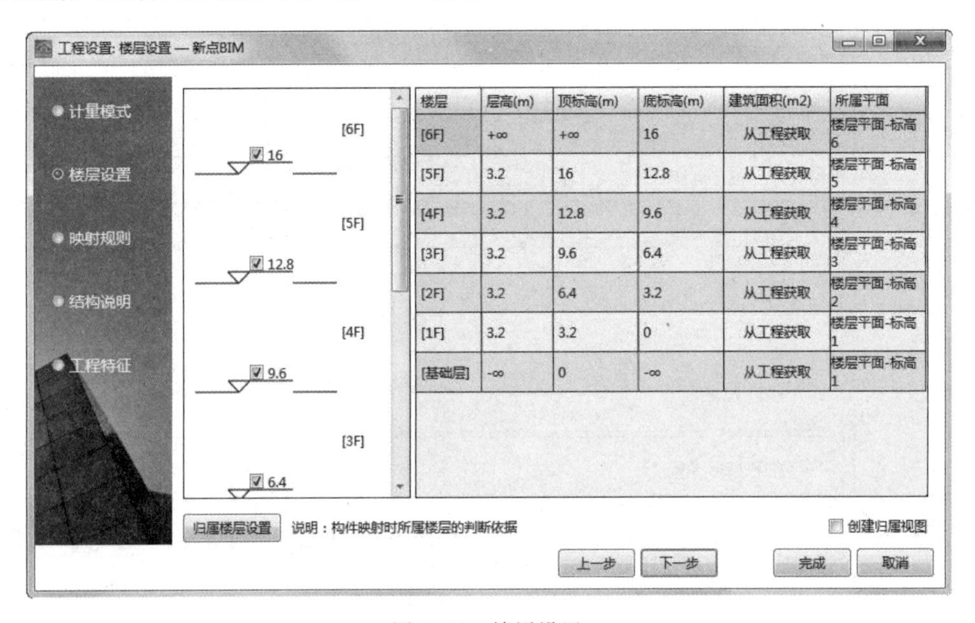

图 6.16　楼层设置

(1)创建归属视图：若楼层对应的标高未创建相应视图，则以红色字体显示，此时勾选创建归属视图将对未创建视图的标高创建其相应视图平面。

(2)归属楼层设置：仅对空间进行划分是不足以完成对构件楼层归属的判断的，例如一根柱顶高超过了层顶 30 cm，以构件的顶作为判断条件，则这根柱归属于上一层，而这不是想要的结果，因此软件柱默认取构件时，就算局部高或者低于平面一定距离，其高度方向的中点标高仍然处于上下标高之间。

3.映射规则

映射规则是用于设计模型按照算量所需，重新划分类型以族类型名称作为判断条件，依据内置的规则模糊匹配，以便后续不同构件类型采用不同的统计和计算方法。映射规则界面如图 6.17 所示，对话框按钮选项解释如下。

(1)构件名称：映射类型的构件分类名称。

(2)构件关键字：从族类型名称中模糊匹配的关键字条件。双击“构件关键字”可添加、修改关键字。

(3)方案库：用于映射规则的存储和复用。

4.结构说明

结构说明用于统一赋予不同楼层的主体构件材质，也可通过材质映射从模型中直接获取。操作界面如图 6.18 所示。

图 6.17 映射规则

图 6.18 结构说明

混凝土材料设置:设置楼层、构件类型范围,采用何种材料、强度等级、搅拌制作方式。

楼层选择:点击楼层单元格后的"…",在弹出的对话框中勾选所需楼层,也可借用底部的全选、全清或反选按钮进行快速选择。

构件名称、材料名称、强度等级、搅拌制作的设置操作基本同上。

材质映射:用于从 Revit 构件上提取相关信息,赋予构件算量所需的材质中。软件提供了三种类型的材质读取，分别为族类型名、类型属性、实例属性，可根据实际需要选用。族类型名是从族的族类型名称中获取材质信息；类型属性是从 Revit 族类型的属性中获取材质信息；实例属性是从 Revit 模型构件实例的属性中获取材质信息。

5. 工程特征

工程特征用于设置工程的通用信息，填写栏中的内容可手动填写，也可在下拉选择列表中选择。蓝色标识属性为工程量计算所需的必要信息，需准确填写。例如：地下水位深在计算挖土方时用于划分干、湿土的范围。

工程概况包含工程中的建筑面积、结构特征和总楼层数量等内容，如图 6.19 所示。

计算定义用于设置模板类型、钢丝网贴缝宽、阴角是否计算钢丝网、外墙是否满铺钢丝网等内容。土方定义用于定义大开挖形式、土壤类别、坑槽开挖形式、地下水位深、坑槽垫层工作面宽和坑槽混凝土垫层施工方式等内容。

图 6.19　工程特征

当导入的模型包含有链接文件时，软件会询问是否将链接文件参与计算，本土建模型中没有链接文件。

6.3.3　模型映射

模型映射是将当前模型中创建的所有族类型名称，按照软件内置符合我国工程量计值规则的分类方法进行多层次模糊匹配，自动按照算量类型划分构件，匹配后如果发现不妥，可手动进行类型调整。构件类型的准确划分，为后续按照不同的计算规则，对构件分门别类的准确计量提供了有力保障。

点击“BIM 算量”→“模型映射”，弹出“模型映射”对话框，操作界面如图 6.20 所示，对话框按钮选项解释如下。

全部构件：显示全部构件。

未映射构件：仅显示工程中未映射的构件。

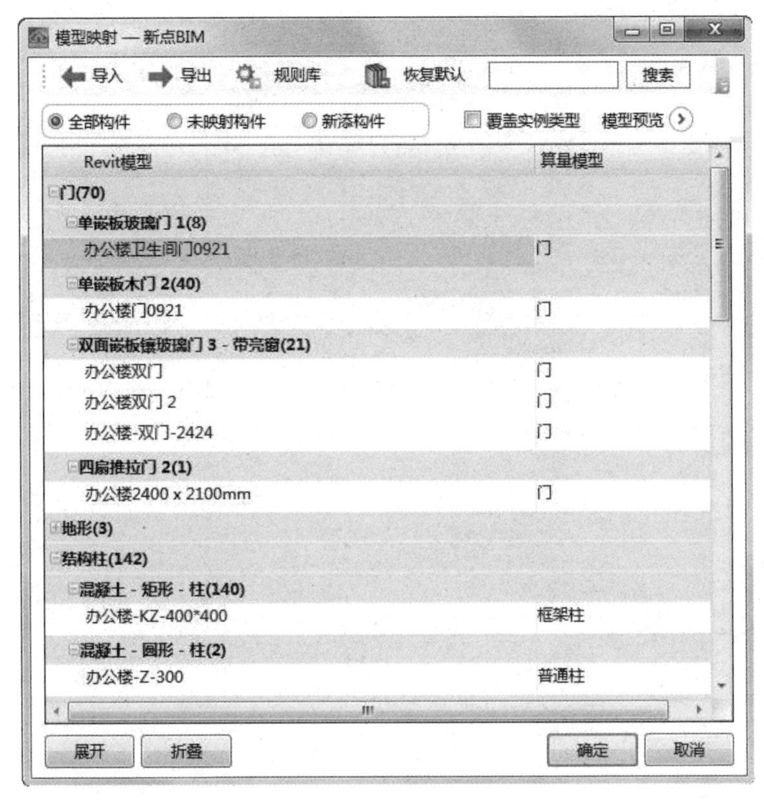

图 6.20　模型映射

新添构件:仅显示工程在上次映射后新增构件。

搜索:按照关键字定位列表中所在位置。

覆盖实例类型:覆盖通过属性查询调整构件类型的实例。

Revit 模型:把模型中创建的所有构件按族类别、族名称、族类型分类。

算量模型:按照预算相关规范,将 Revit 构件转化为算量的构件分类。

表格中可以使用 Ctrl 或 Shift 键选择多个类型。如果下拉的默认构件类别无法满足需要,可以点击单元格后的按钮来进行类别设置。

规则库是用于定义构件自动匹配类型的规则。软件将构件的族类型名称与列表中的关键字进行匹配,完成算量所需类型的划分,其中默认的关键字为相关规范术语与相关行业俗语,可以根据项目实际情况适当调整。

方案库是将映射规则库以模板的形式储存,在不同情景下选用所需的样板,多人协同作业,通过导入导出传递样板文件,如图 6.21 所示。

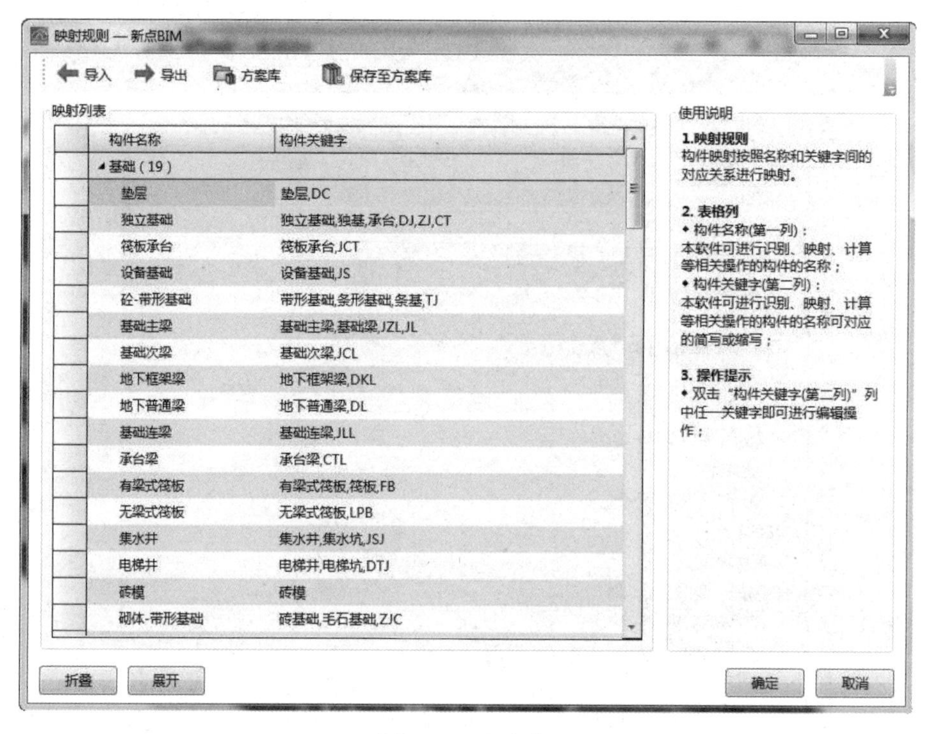

图 6.21　方案库

6.3.4　核对构件

核对构件用于用户快速核对查看构件的计算结果，如果发现计算值有问题，可以及时调整相应的扣减规则。选择某个构件后，点击“BIM 算量”→“核对构件”，弹出的对话框如图 6.22 所示。

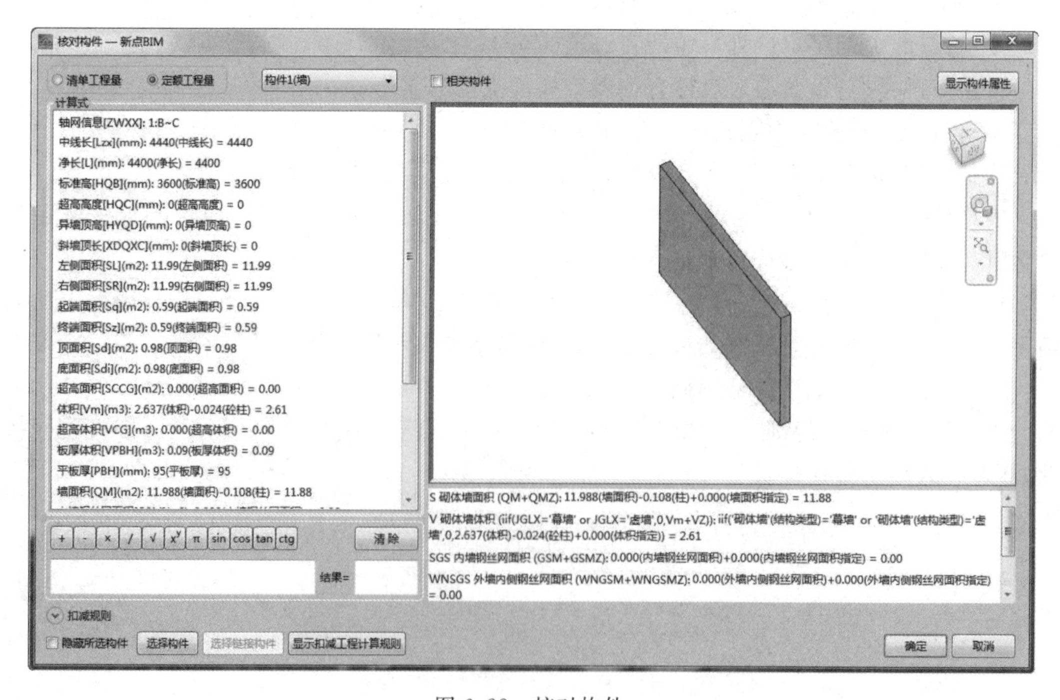

图 6.22　核对构件

(1)清单工程量:切换清单规则模式下进行工程量核对,即按清单规则执行工程量分析。

(2)定额工程量:切换定额规则模式下进行工程量核对,即按定额规则执行工程量分析。

(3)计算式:列出所有的计算值及计算式。

(4)相关构件:勾选此选项时右侧示例将显示相关扣减的实体。

(5)手工计算:位于"计算式"栏的下面,可以手工输入计算式,以核对"计算式"栏内的结果。

(6)结果:手工输入计算式后,在结果栏内显示计算结果。如果计算式没有输入完全或者输入的计算式无法计算时将显示错误位置。

(7)扣减规则:可以快速查看相关构件的详细扣减规则设置。

(8)选择构件:可以核对选中的构件。

6.3.5 智能布置

通常采用 Revit 软件进行模型的创建,柱、梁、墙和板等大部分构件可以通过系统自带的功能完成创建,但垫层、构造柱、圈梁、过梁、土方和后浇带等部分由于建模效率低、定位困难等造成模型难以创建,而这些构件作为建筑的重要组成不可缺少,为此软件通过智能布置模块快速、准确地完成构件补充,本例以构造柱为例进行说明。

点击"构件"→"智能布置"→"构造柱智能布置",弹出对话框如图 6.23 所示,按钮选项解释如下。

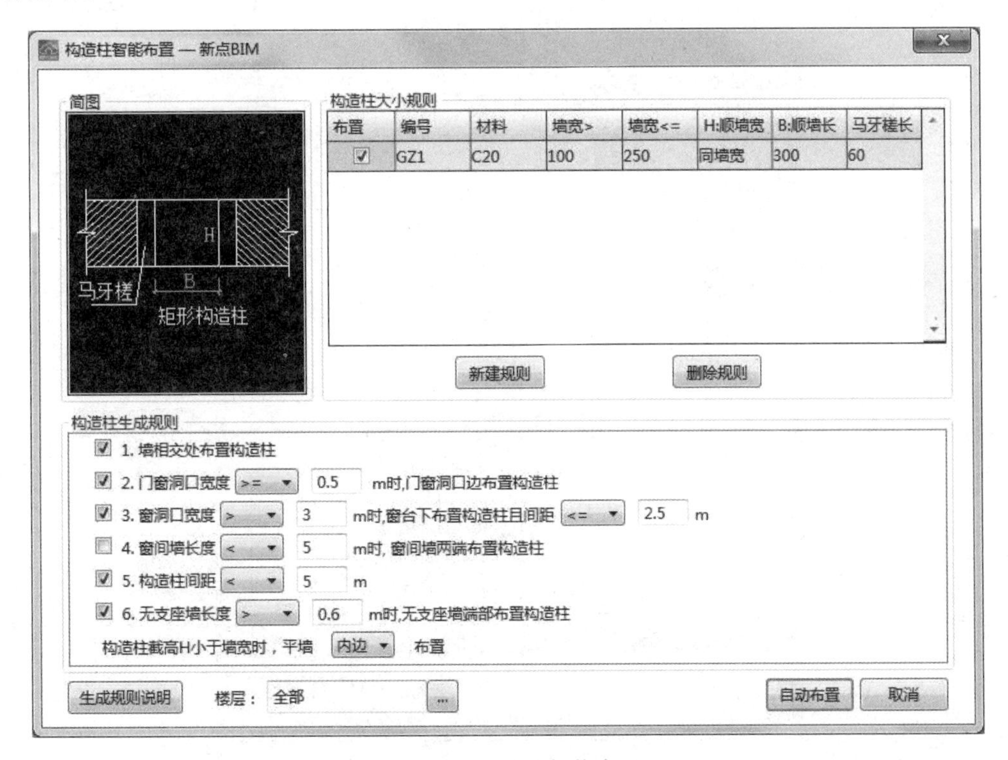

图 6.23 构造柱智能布置

构造柱大小规则:用于定义在找墙厚的范围内生成的构造柱编号与规格。

构造柱生成规则:设置墙厚范围、洞宽、构造柱间距等生成的条件后,软件将自动检索模型中符合条件的墙体及洞口，并在规则设置的位置创建构件。

楼层：用于设置参与构造柱布置的楼层范围。

生成规则说明：构造柱生成说明。

在构造柱大小规则中设置构造柱布置的条件，然后选择需要布置的楼层范围，最后点击自动布置按钮即可。设置完成后，软件会弹出布置进度显示窗口，如图 6.24 所示。

图 6.24　构造柱进度显示

6.3.6　自动套

自动套

执行自动套命令，软件将按照内置的挂接做法规则为工程中所有符合条件的构件挂接做法。

点击“新点 BIM 土建”→“自动套”，弹出的对话框如图 6.25 所示。

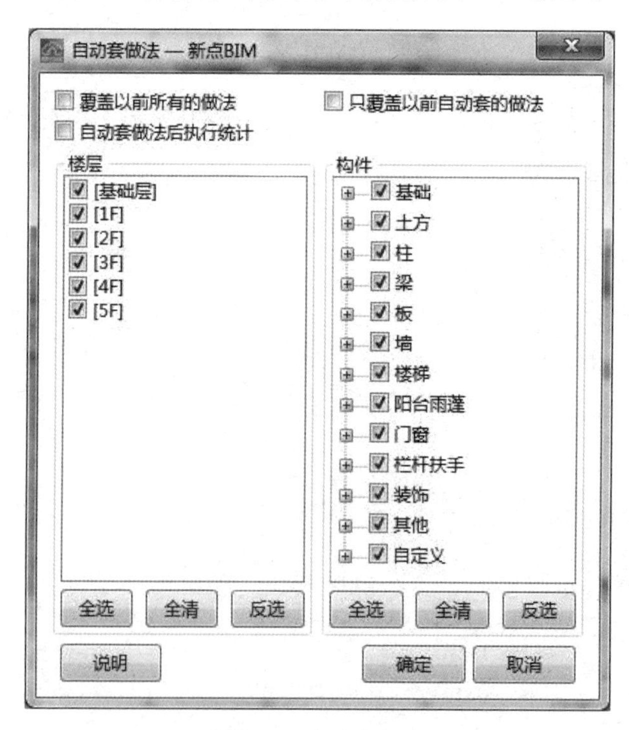

图 6.25　自动套做法

自动套做法是根据用户选择的楼层和构件名称，在所选楼层中找所选择的构件，找到相应构件后再根据做法库中设置的做法顺序，查找是否有该类构件的做法，如果不存在该类构件的做法，该类构件就是挂接做法失败；如果存在该类构件的做法，系统就根据做法库中的条件进行判断，找到适合的挂接做法，如果没有找到适合的做法，该类构件也是挂接做法失败。

该界面在初始化时确认选中当前楼层，在自动套做法时提供了三种方式对构件进行挂接做法，通过“覆盖以前所有的做法”“只覆盖以前自动套的做法”“自动套做法后执行统计”三种选择框来实现。

(1)选择“覆盖以前所有的做法”，系统会将复选框“只覆盖以前自动套的做法”设置成未选中状态，这种状态下所有的构件都会挂上这次选择的做法。

(2)选择“只覆盖以前自动套的做法”，系统在为构件挂接做法时会判断，如果该构件本身存在做法且该做法是用户手动挂的，该构件的做法将不会改变；否则将全部挂上本次选择的做法。

(3)选择“自动套做法后执行统计”，系统自动套做法完成后，根据自动套勾选的条件执行统计命令。

(4)如果上述(1)、(2)的两个复选框均未选择，系统会判断构件和编号上是否存在做法，如果构件或编号上存在做法，将不会改变该构件的做法，否则将挂接本次选择的做法。

提示：“覆盖以前所有的做法”和“只覆盖以前自动套的做法”，在操作上可以二者选一个，也可以二者都不选，但不能二者同时选择。

6.3.7 做法维护

做法维护功能用于定义及管理自动套的做法套用模板。各省份规则不同，模板库也不同，根据自身理解调整模板。若构件不满足做法维护里的判断条件，或者无对应构件类型规则条件，则不挂接做法，此时若想挂接则在维护中进行补充。

点击“BIM 算量”→“自动套”→“做法维护”，弹出的对话框如图 6.26 所示，操作说明

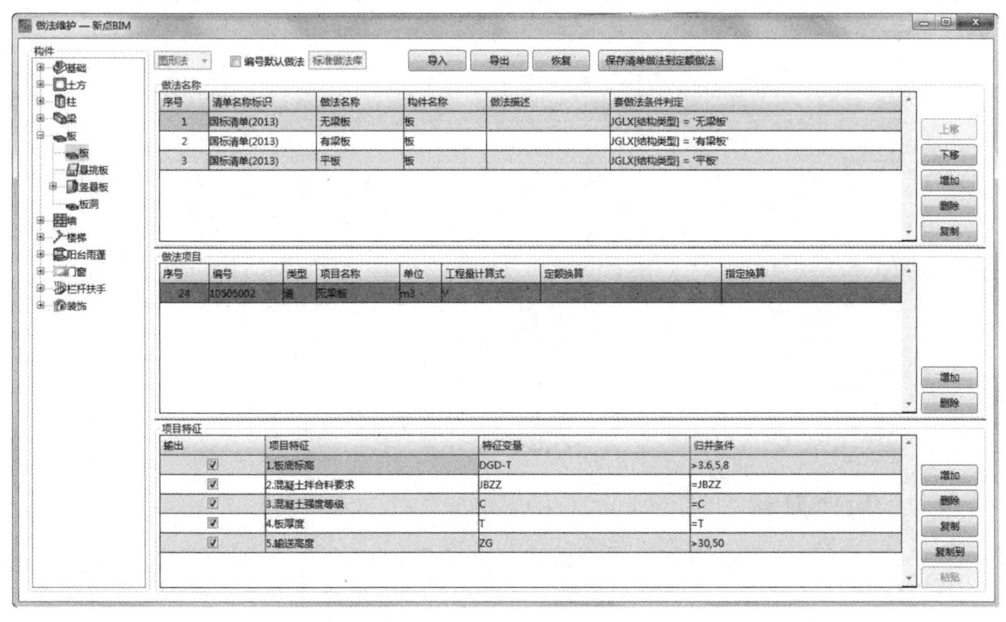

图 6.26 做法维护

如下。

在左侧构件列表中选择需要修改做法模板的构件类型。

做法名称表格中列出该构件类型下的所有做法，包括做法名称以及套做法条件判定，自动套时按照该列表顺序进行做法匹配。

项目特征表格中列出做法项目选中清单下的项目特征，包括项目特征、特征变量、归并条件，根据情况勾选输出。

新增一个做法名称，默认会给出序号、清单名称标识和构件名称，手动编辑做法名称以及套做法条件判定，做法名称不能和已有名称重复。

做法项目中选中清单条目，可以增加、删除、复制项目特征条目。

做法维护提供了导入导出功能，方便做法模板数据的共享。

6.3.8 做法清空

当做法数据套用有误、模型中残留之前的做法时，可使用清空做法命令，再重新完成做法的挂接。“清空所有”为清除模型中挂接的所有做法。“清空自动套”则仅清除自动套挂接的做法。“清空构件私有”则仅清空属性查询中挂接的做法。

设置完毕后，软件开始挂接做法。挂接完毕后，如果工程中存在没有挂接上做法的构件，将生成详细的报表，如图 6.27 所示。本书案例中的个别门没有在标准库中，此时需要手动挂接做法。

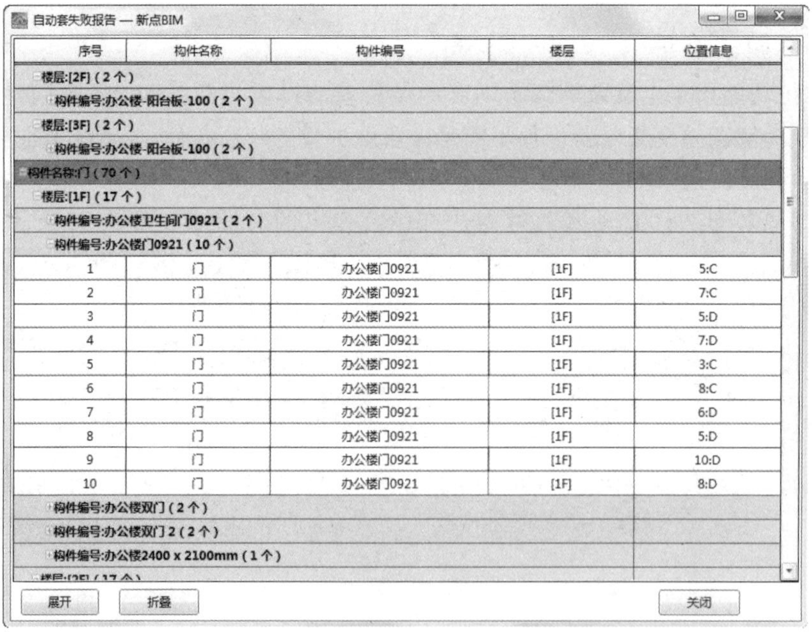

自动套失败报告 — 新点BIM

序号	构件名称	构件编号	楼层	位置信息
楼层:[2F]（2 个）				
构件编号:办公楼-阳台板-100（2 个）				
楼层:[3F]（2 个）				
构件编号:办公楼-阳台板-100（2 个）				
构件名称:门（70 个）				
楼层:[1F]（17 个）				
构件编号:办公楼卫生间门0921（2 个）				
构件编号:办公楼门0921（10 个）				
1	门	办公楼门0921	[1F]	5:C
2	门	办公楼门0921	[1F]	7:C
3	门	办公楼门0921	[1F]	5:D
4	门	办公楼门0921	[1F]	7:D
5	门	办公楼门0921	[1F]	3:C
6	门	办公楼门0921	[1F]	8:C
7	门	办公楼门0921	[1F]	6:D
8	门	办公楼门0921	[1F]	5:D
9	门	办公楼门0921	[1F]	10:D
10	门	办公楼门0921	[1F]	8:D
构件编号:办公楼双门（2 个）				
构件编号:办公楼双门 2（2 个）				
构件编号:办公楼2400 x 2100mm（1 个）				
楼层:[2F]（17 个）				

展开　折叠　关闭

图 6.27　挂接失败的构件列表图

6.3.9 构件列表

构件列表对话框中列举项目中所有已建立并转换完成的构件，用户可根据需要在相应构件下挂接清单、定额。对于装饰构件需先在此列表中创建构件定义，才能进行后期装饰布置。对于挂接失败的构件，可以在这里手动挂接接法。

以图 6.27 中的门挂接失败为例，打开构件列表，弹出“构件列表”对话框。“属性”选项卡中主体是构件属性，包含属性与属性值。属性功能包含构件类型、物理属性、施工属性、计算属性和其他属性。属性值列出了各属性对应信息。属性中以蓝色标识的项表示可以进行修改的项目，以深灰色为背景的均表示不可修改属性。“做法”选项卡中的做法页面与构件编号定义中的做法页面完全一致，不同的是在这里挂接的做法是挂接到选中的图形构件上，没被选中的构件哪怕是同一个编号，其构件上没有做法。对在编号上统一挂了做法的构件，个别构件在这里又挂了其他做法，其做法只对该部分构件有效。本例中根据工程特点，先在左侧选择楼层的门构件，然后在右上侧选择对应的清单，在右下侧选择对应的定额，则手动挂接成功。如果对清单的条目基本熟悉，但又拿不准时，可在查找栏内输入隐约记得的编号和条目名称，栏内就会显示出对应的清单条目。查找是一个模糊功能，输入的内容越具体，栏内显示的内容就会越准确。对显示的内容进行甄别后，双击需要的条目，就将这条清单挂接到构件编号，如图 6.28 所示。

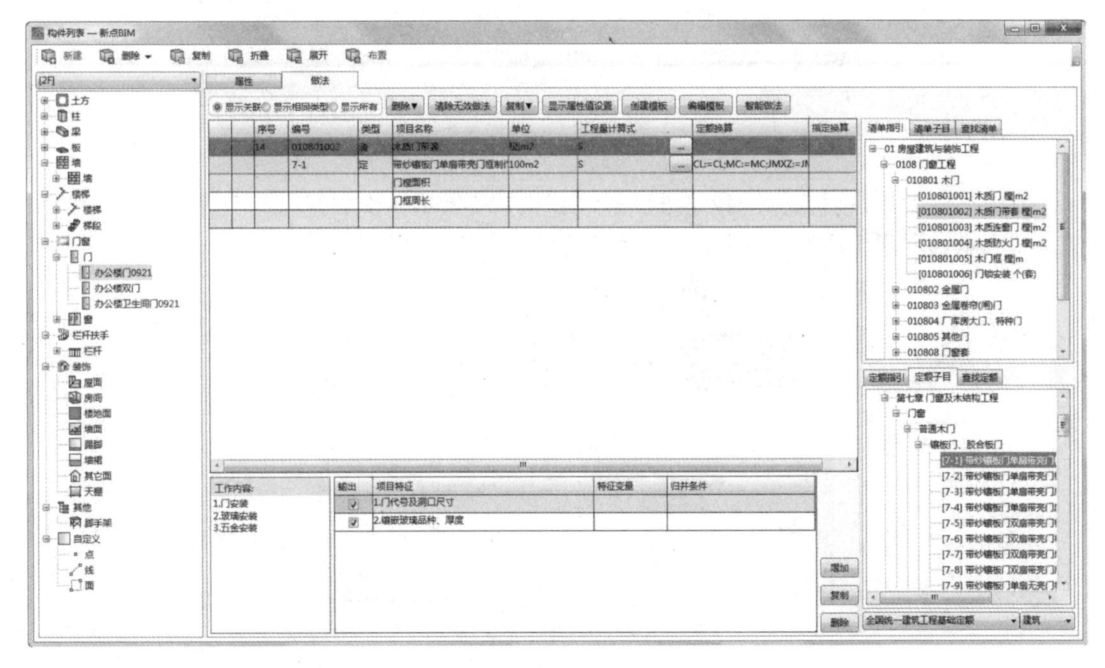

图 6.28　构件列表

6.3.10　汇总计算

汇总计算是按照工程量计算规则，根据所选的楼层、区域、构件类型和进度等条件完成工程量计算。操作界面如图 6.29 所示。

清除历史数据：勾选后，汇总计算之前会清除历史计算数据，选中的所有构件重新计算。

分析后执行统计：勾选后，汇总计算结束后直接进行工程量统计。

实物量不统计已挂做法构件：勾选后，统计实物量时跳过已经挂接做法的构件，只统计没有做法的构件。

构件汇总计算结束后，执行统计命令，在弹出对话框中筛选需要统计输出的构件。软件还提供了浏览上次结果功能，方便快速查看统计结果。

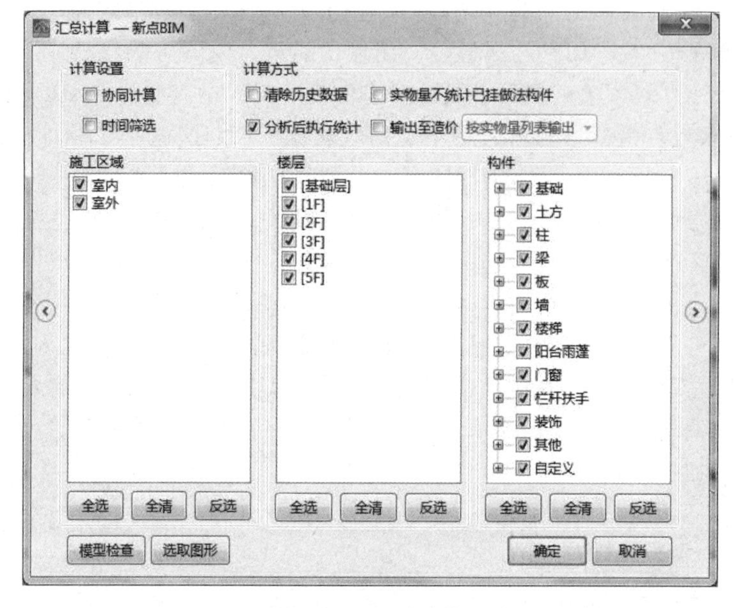

图 6.29　汇总计算

点击“确定”后，进行统计，弹出进度条，如图 6.30 所示。工程量统计包括实物量归并和清单工程量归并两个内容，同时显示归并进度以及当前归并构件信息。

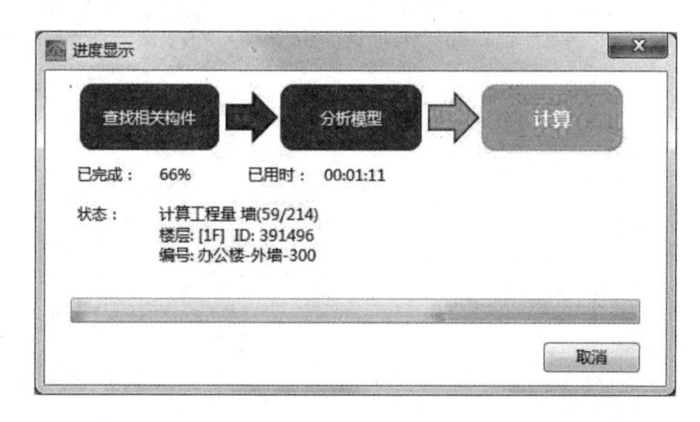

图 6.30　统计进度条

统计结束后，弹出工程量分析统计对话框，对话框主要包括两页，分别是实物工程量和清单工程量，如图 6.31 所示。

实物工程量主要显示实际模型工程量，按照工程设置的工程量输出规则来统计归并需要输出的构件实物量。在该表格中，双击或者右键点击汇总实物量条目也可挂接做法。

清单工程量选项卡包括工程量清单、清单定额、定额子目汇总和措施定额汇总。工程量清单只显示清单条目；清单定额显示所有挂接的清单条目、定额条目；定额子目汇总只显示挂接在清单下的定额子目；措施定额汇总显示所有的措施定额条目。对话框中还显示出当前选中做法条目下对应的构件及其基本信息。

工程量筛选　查看报表　导入工程　导出工程　导出Excel　导出至造价　退出

清单工程量　实物工程量

显示方式
◉ 工程量清单　◎ 清单定额　◎ 定额子目汇总　◎ 措施定额汇总

项目编码	项目名称(含特征描述)	工程量	单位	施工区域
1.2001	砌墙脚手架	2073.53	m2	室内
10402001001	砌块墙 1.空心砖、砌块品种、规格、强度:加气砼砌块; 2.墙体厚度:0.22m; 3.砂浆强度等级:M5; 4.墙体类型:内墙	371.54	m3	室内
10502001001	矩形柱 1.混凝土拌合料要求:预拌商品砼; 2.混凝土强度等级:C30; 3.柱高度:<=3.6m; 4.柱截面尺寸:<=1.6m; 5.输送高度:<=30;	71.40	m3	室内
10502003001	异形柱 1.混凝土拌合料要求:预拌商品砼; 2.混凝土强度等级:C30; 3.柱高度:<=3.6m; 4.柱截面尺寸:<=1.6m; 5.输送高度:<=30;	0.46	m3	室内

构件名称	构件编号	楼层	工程量	构件Id	计算表达式
楼层:[1F] (60 个)			475.00		
构件编号:办公楼-内墙-240 (24 个)			290.32		
构件编号:办公楼-弧外墙-300 (18 个)			20.52		
构件编号:办公楼-外墙-300 (18 个)			164.16		
楼层:[2F] (43 个)			466.95		
楼层:[3F] (43 个)			466.95		
楼层:[4F] (43 个)			466.95		
楼层:[5F] (16 个)			197.68		

展开明细　折叠明细

图 6.31　清单工程量

6.3.11　输出报表

软件内置了多种样式报表，包含实物量汇总表、实物量明细表、做法明细表等，用户根据实际情况选择。点击“BIM 算量”→“查看报表”，也可以直接点击统计界面的查看报表，如图 6.32 所示。

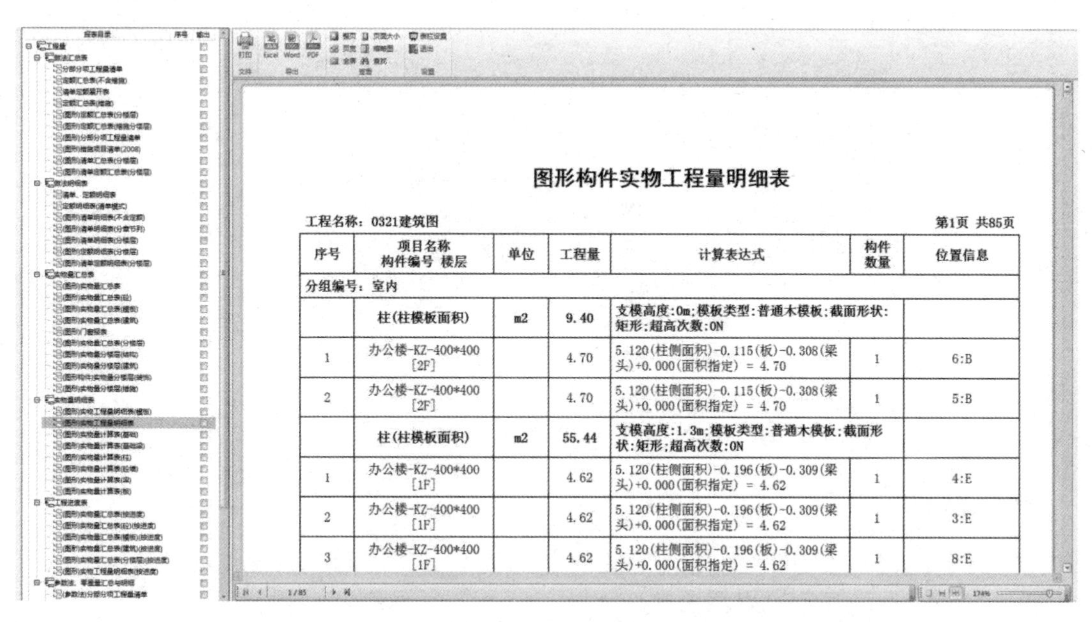

图形构件实物工程量明细表

工程名称：0321建筑图　　　　第1页 共85页

序号	项目名称 构件编号 楼层	单位	工程量	计算表达式	构件数量	位置信息
分组编号：室内						
	柱(柱模板面积)	m2	9.40	支模高度:0m;模板类型:普通木模板;截面形状:矩形;超高次数:0N		
1	办公楼-KZ-400*400 [2F]		4.70	5.120(柱侧面积)-0.115(板)-0.308(梁头)+0.000(面积指定) = 4.70	1	6:B
2	办公楼-KZ-400*400 [2F]		4.70	5.120(柱侧面积)-0.115(板)-0.308(梁头)+0.000(面积指定) = 4.70	1	5:B
	柱(柱模板面积)	m2	55.44	支模高度:1.3m;模板类型:普通木模板;截面形状:矩形;超高次数:0N		
1	办公楼-KZ-400*400 [1F]		4.62	5.120(柱侧面积)-0.196(板)-0.309(梁头)+0.000(面积指定) = 4.62	1	4:E
2	办公楼-KZ-400*400 [1F]		4.62	5.120(柱侧面积)-0.196(板)-0.309(梁头)+0.000(面积指定) = 4.62	1	3:E
3	办公楼-KZ-400*400 [1F]		4.62	5.120(柱侧面积)-0.196(板)-0.309(梁头)+0.000(面积指定) = 4.62	1	8:E

图 6.32　查看报表

 **提示：**可以将报表直接打印或者保存为 Excel、PDF、Word 等文件格式。

6.4 工程计价

新点软件可以将算量和计价打通，实现了"量"与"价"的结合，为成本的动态控制提供了有力的支撑。计价软件操作主要有对清单套定额、措施费调整、人材机价格调整、规费和税金费率调整等内容。算量与造价融为一体是通过 BIM 算量软件将挂接做法的清单工程导入计价软件中进行计价部分操作。

6.4.1 数据转换

将 BIM 算量输出至计价软件的操作，需要在 BIM 算量软件中根据自己选择的分组、楼层、构件进行汇总计算，并按实物量列表或做法列表将统计的数据传递到造价软件中。在完成 BIM 算量工作后，首先需要点击 BIM 算量软件中"切换至造价"图标，如图 6.33 所示。

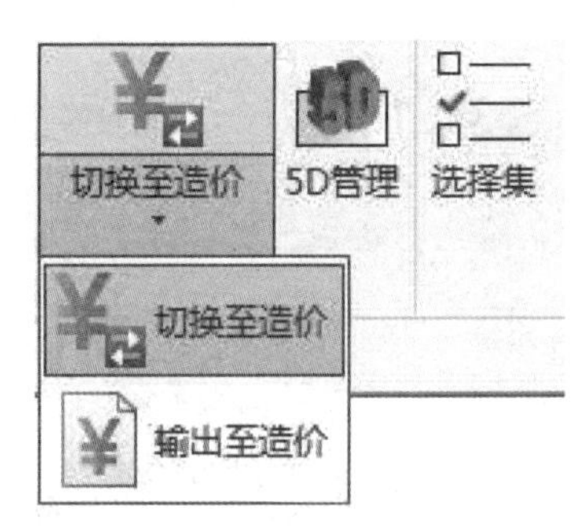

图 6.33 切换至造价

"输出至造价"操作在 BIM 算量软件中有两种方式，分别为"按实物量列表输出"和"按做法列表输出"。"按实物量列表输出"用于在 BIM 算量软件中并未挂接做法的情况，此时可在计价模块中的实物量下挂接做法。而"按做法列表输出"用于已在 BIM 算量软件中完成做法的挂接，此时可以直接将挂接的做法同步至计价模块。图 6.34 是"按实物量列表输出"的界面，此时"分析后执行统计"和"输出至造价"这两个功能不能同时勾选。

输出计价

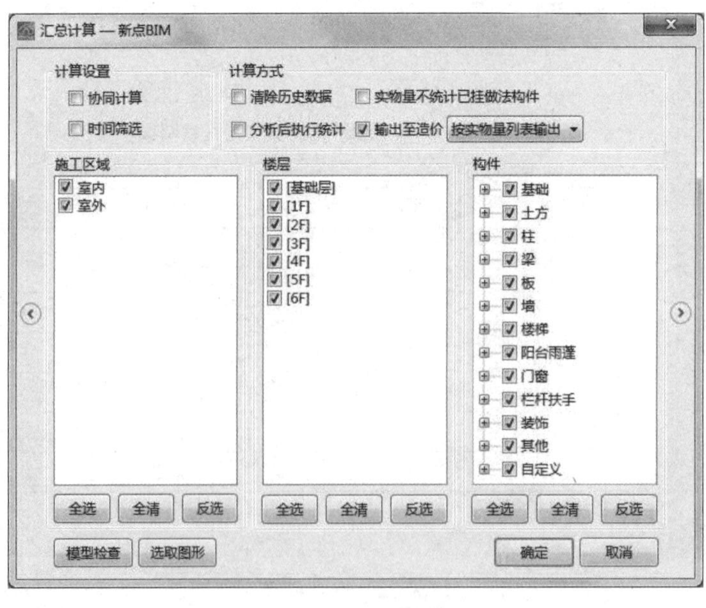

图 6.34 按实物量列表输出

点击"确定"后，进行汇总计算，进度如图 6.35 所示。

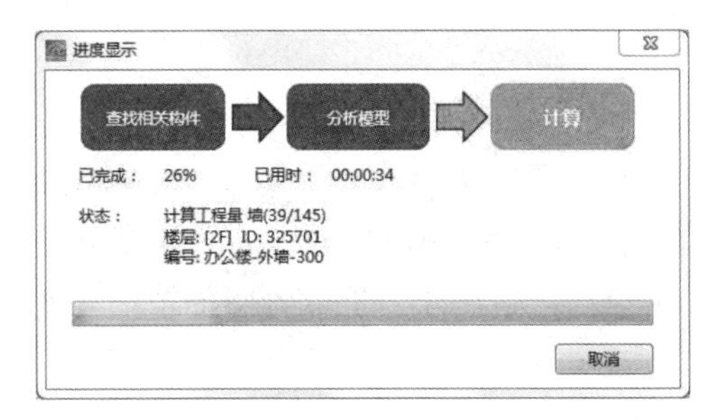

图 6.35 进度显示图

6.4.2 工程信息

目前我国工程通常采用“项目—单项工程—单位工程”三级结构。项目是指在一个总体设计或初步设计范围内，由一个或几个单项工程所组成，经济上实行统一核算，行政上实行统一管理的建设单位，如一个小区的建设。单项工程是建设项目的组成部分，是具有独立的设计文件，在竣工后可以独立发挥效益或生产能力的独立工程，如一个仓库、一幢住宅。单位工程是不能独立发挥生产能力，但有独立的施工组织设计和图纸的工程，如土建工程、安装工程。输出至计价软件后会进入工程信息界面，如图 6.36 所示。

工程造价

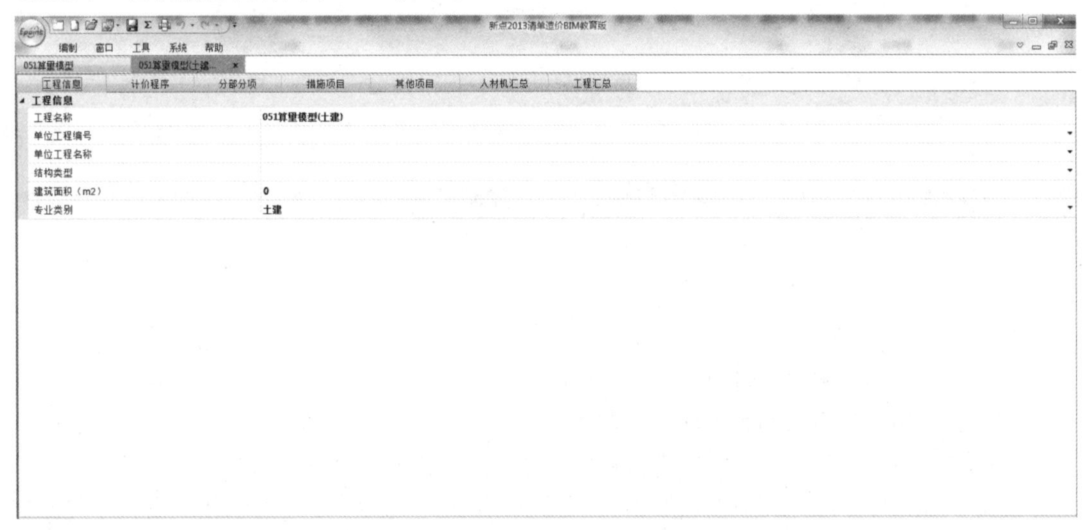

图 6.36 工程信息界面

建设工程造价由分部分项工程费、措施项目费、其他项目费、规费和税金组成。工程量清单计价程序见表 6.2。

表 6.2 工程量清单计价程序表

序号	内容	计算式
1	分部分项工程费	∑(综合单价×工程量)+可能发生的差价
2	措施项目费	∑(综合单价×工程量)+可能发生的差价
3	其他项目费	∑(综合单价×工程量)+可能发生的差价
4	规费	(1+2+3)×费率
5	税金	(1+2+3+4)×税率
6	工程造价	1+2+3+4+5

6.4.3 类别调整

在项目树中双击单位工程，即可打开该单位工程，点击“计价程序”页签进入相应界面。界面显示的计价程序和费率与新建工程时选择的专业工程模块是一致的。例如，新建工程是土建专业，工程模板选择的是“建筑工程”，默认的计价程序就为“建筑工程”，对应的费率与规范的参考值一致。在“工程类别”中选择“三类工程”，如图 6.37 所示。

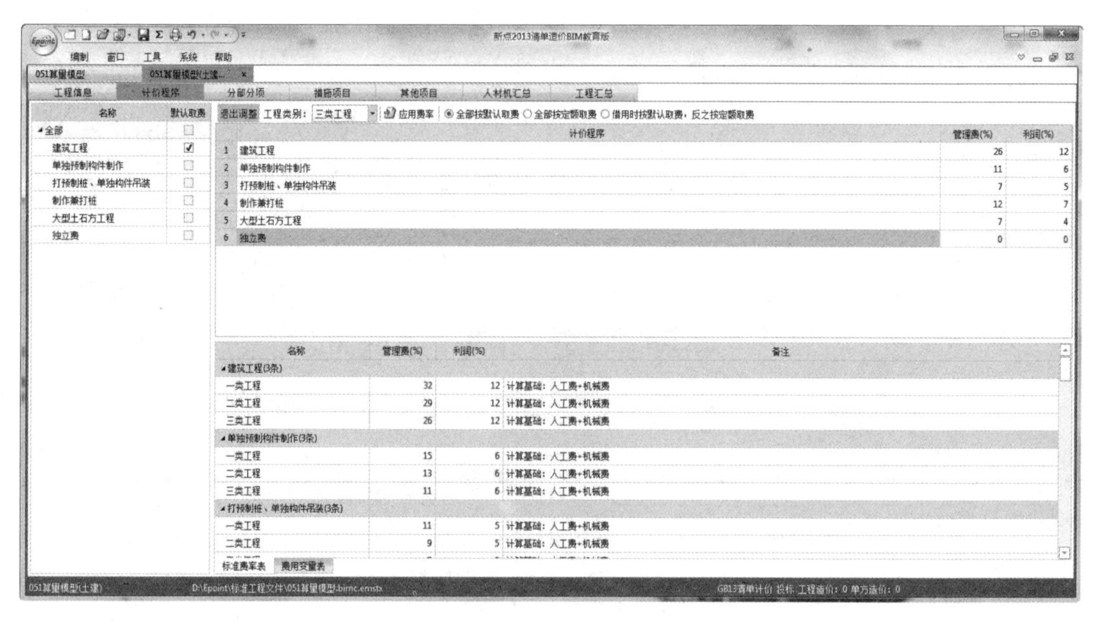

图 6.37 计价程序

6.4.4 套定额

点击“分部分项”进入定额操作界面，如图 6.38 所示，此阶段没有单价，需要输入定额。

定额输入有直接输入和查询输入两种方法。直接输入即直接在预算书录入界面清单行的“项目编号”中输入清单的 9 位国家清单编码，软件会自动加入 3 位顺序码，例如输入“010101001”，软件自动扩充成“0101001001”的 12 位清单编号，项目名称自动填入“平整场地”，单位自动填入“m^2”。查询输入有章节查询，即在左侧清单树中选择相应章节，找到所需的清单，双击即可将此清单插入预算书，如图 6.39 所示；也可以用条件查询，即在清单树中上方的搜索框中，输入所需清单的编号或名称，弹出查询窗口，从中双击所需清单即可插入。

点击输入定额时可以对基础定额中的混凝土等级进行换算，如图 6.40 所示。

如果定额需要换算，则需要对定额进行相应的换算调整。当定额工程量与清单工程量计算规则不同时，也需要对定额工程量进行调整。

选择合适的材料后，即可完成清单下套定额。

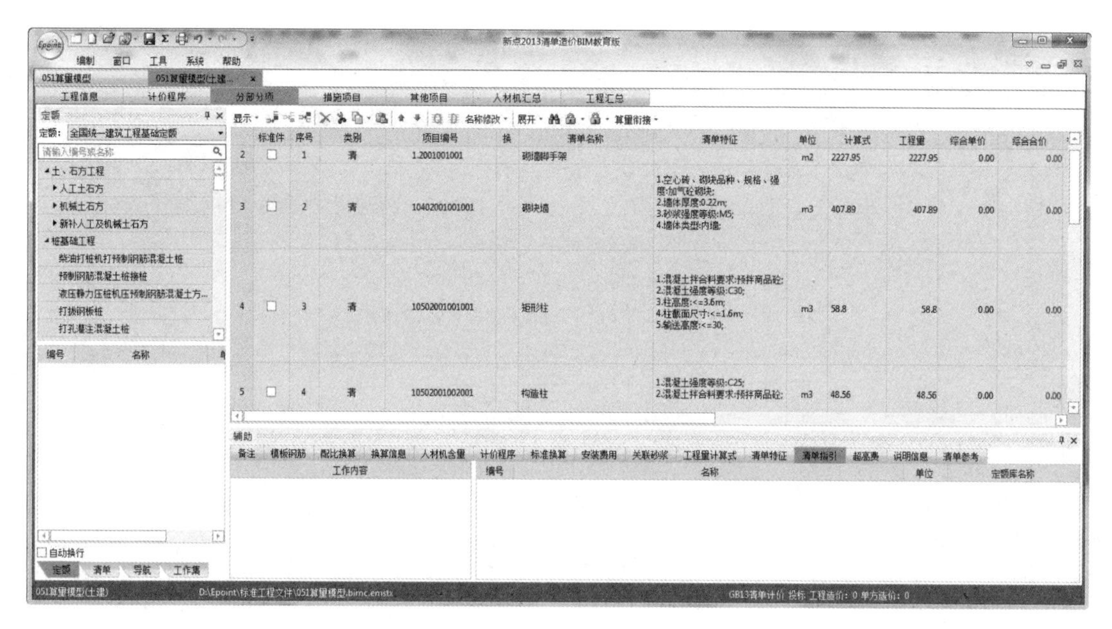

图 6.38　分部分项

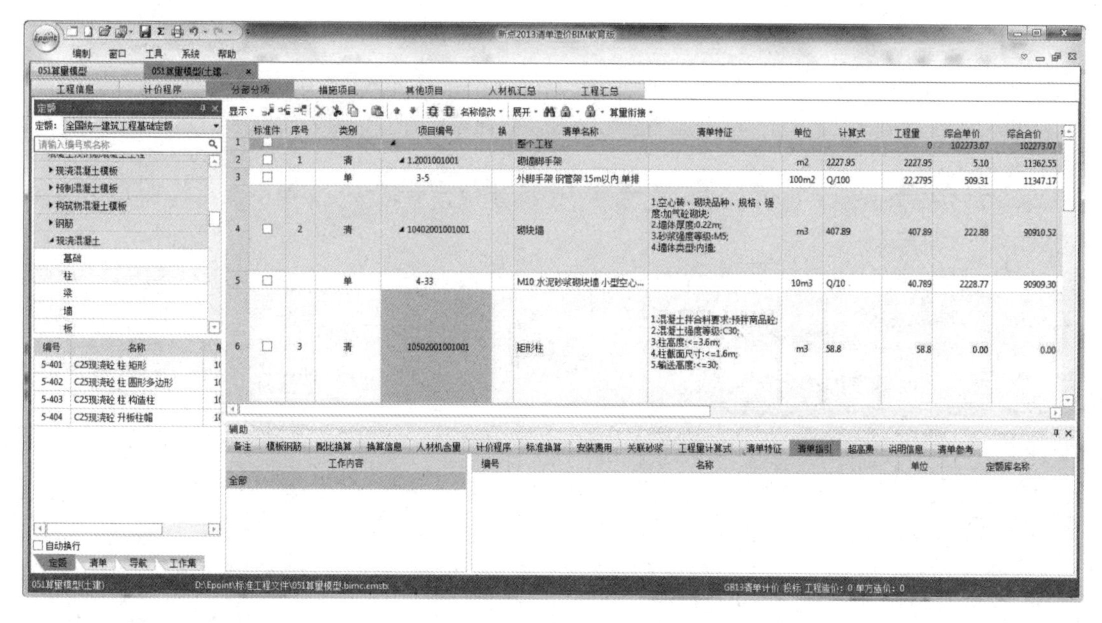

图 6.39　清单下完成套定额

6.4.5　措施项目

点击“措施项目”进入定额操作界面，措施项目分为“措施项目一”和“措施项目二”。措施项目一是以“费率”为计价的措施项目；措施项目二是以“项”为计价的措施项目，需要套用相应的定额。在界面中可以看到，软件还将通用措施项目与专业工程措施项目区分开来。软件根据新建工程时选择的模板已经预置了部分措施项目，如果需要新增措施项目，可从左侧清单树选择输入。进入措施项目调整页面，首先进行单项措施费的输入，再进行总价费部

图 6.40 混凝土材料换算

分调整,其中安全文明措施费为不可竞争费,按各省规定费率输入,其余费率按题目要求调整,如图 6.41 所示。

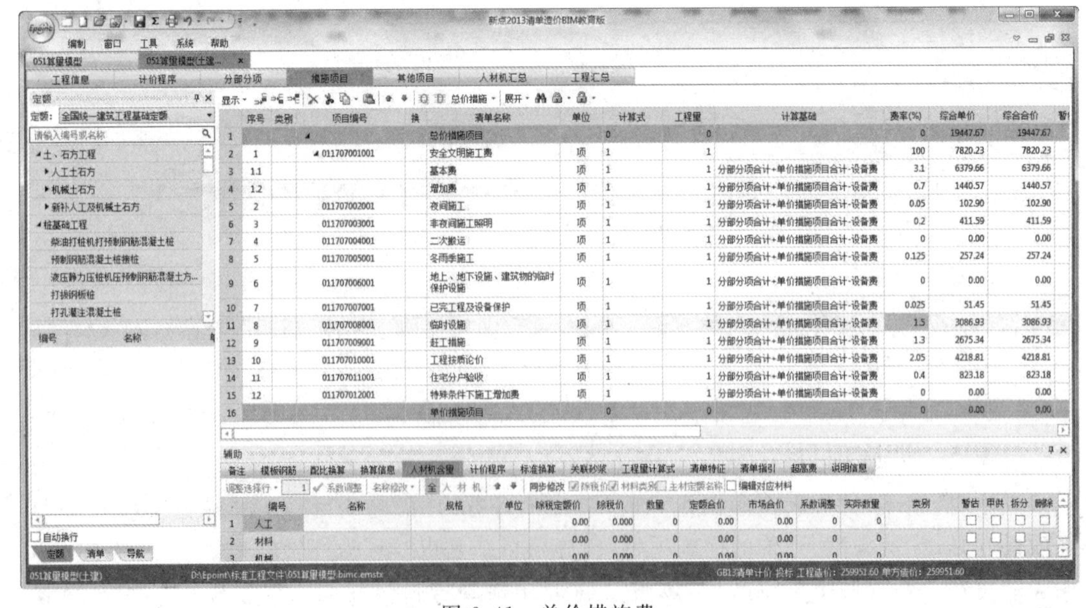

图 6.41 单价措施费

6.4.6 其他项目

点击“其他项目”进入定额操作界面，其他项目根据项目实际情况填写输入，如图 6.42 所示。

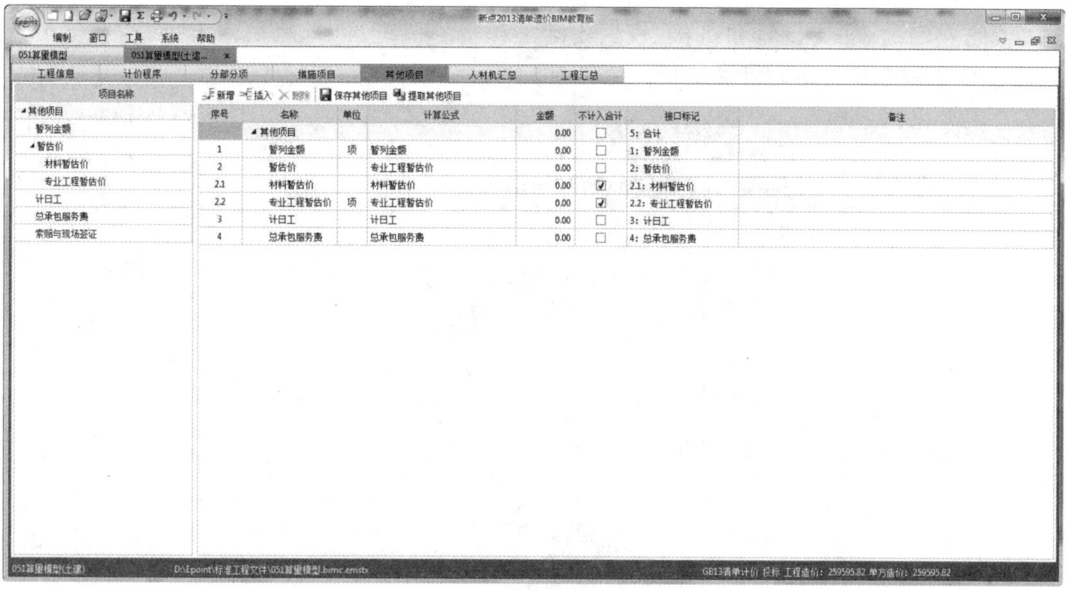

序号	名称	单位	计算公式	金额	不计入合计	接口标记	备注
	其他项目			0.00	☐	5：合计	
1	暂列金额	项	暂列金额	0.00	☐	1：暂列金额	
2	暂估价		专业工程暂估价	0.00	☐	2：暂估价	
2.1	材料暂估价		材料暂估价	0.00	☑	2.1：材料暂估价	
2.2	专业工程暂估价	项	专业工程暂估价	0.00	☑	2.2：专业工程暂估价	
3	计日工		计日工	0.00	☐	3：计日工	
4	总承包服务费		总承包服务费	0.00	☐	4：总承包服务费	

图 6.42 其他项目费

6.4.7 人材机调整

点击“人材机汇总”进入人材机汇总界面，如图 6.43 所示。人材机汇总界面汇总了工程中的所有人材机，包含了人材机编号、名称、规格、单位、单价、现行价和消耗量等信息。“市

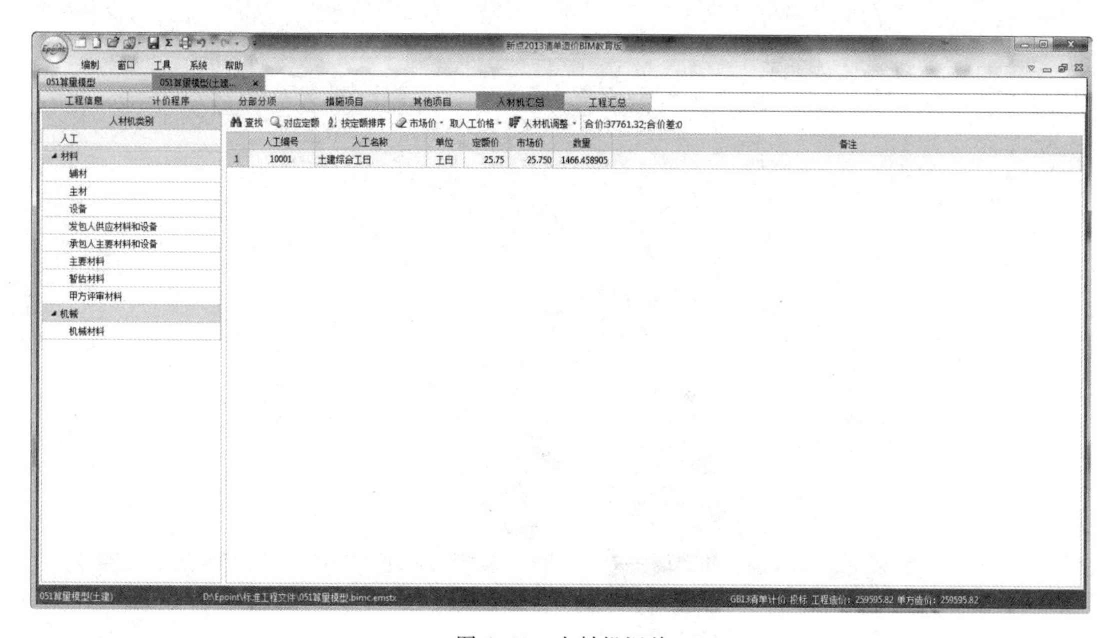

图 6.43 人材机汇总

场价”列可直接修改，或通过“更新信息价”和“取其他工程市场价”功能来更新市场价，切换界面软件会按照调整后的市场价重新计算工程造价。如果市场价格大于材料定额价格，则字体的颜色就会以蓝色表示；若低于材料定额价格的话，就会以红色表示。主材、设备会以浅蓝底色区分显示。

点击左侧的人工、材料和机械，根据实际工程中的情况，进行填写输入。图 6.44 和图 6.45 分别是调整材料费和机械费价格的界面。

	暂估	甲供	差额	材料编号	材料名称	规格型号	单位	拆分	数量	除税定额价	除税价	含税价	综合税率(%)	合价	市场合价	单位价
1	☑	☐	☐	3010058	镀锌铁丝	8#	kg	☐	92.014335	2.4103	2.4103	2.820	17.00	221.78	221.78	0.
2	☐	☐	☐	3010066	钢板		t	☐	0.184128	2733.547	2733.547	3198.250	17.00	503.32	503.32	0
3	☐	☐	☐	3010103	钢管	Φ48×3.5	kg	☐	964.70235	2.3726	2.3726	2.780	17.00	2288.85	2288.85	0
4	☐	☐	☐	3010152	角钢		t	☐	0.046032	2326.9077	2326.9077	2722.480	17.00	107.11	107.11	0
5	☐	☐	☐	3010246	圆钢		t	☐	0.023016	2379.4752	2379.4752	2783.990	17.00	54.77	54.77	0
6	☐	☐	☐	3020048	铝合金型材		kg	☐	985.69856	15.9906	15.9906	18.710	17.00	15761.91	15761.91	0
7	☐	☐	☐	3030007	垫木	60×60×60	块	☐	47.455335	0.0889	0.0889	0.100	17.00	4.22	4.22	0
8	☐	☐	☐	3030038	缆风桩木		m3	☐	0.066839	365.8111	365.8111	428.000	17.00	24.45	24.45	0
9	☐	☐	☐	3030043	木脚手板		m3	☐	1.80464	742.3103	742.3103	868.500	17.00	1339.60	1339.60	0
10	☐	☐	☐	3040020	水泥	32.5(R)	kg	☐	150509.03714	0.2487	0.2487	0.290	17.00	37431.60	37431.60	0
11	☐	☐	☐	3050020	空心砌块	190×190×190	块	☐	9809.7545	1.1581	1.1581	1.350	17.00	11360.68	11360.68	0
12	☐	☐	☐	3050021	空心砌块	390×190×190	块	☐	22021.9811	2.3598	2.3598	2.760	17.00	51967.47	51967.47	0
13	☐	☐	☐	3050022	空心砌块	90×190×190	块	☐	9809.7545	0.5487	0.5487	0.640	17.00	5382.61	5382.61	0
14	☐	☐	☐	3050063	中(粗)砂		m3	☐	183.830339	31.5563	31.5563	32.500	3.00	5801.01	5801.01	0
15	☐	☐	☐	3050064	中砂(干净)		m3	☐	40.38111	31.5563	31.5563	32.500	3.00	1274.28	1274.28	0

图 6.44　调整材料费价格

	甲供	材料编号	材料名称	规格型号	单位	除税定额价	除税价	含税价	综合税率(%)	数量
1	☐	ACF	安拆费		元	1.00	1.000	1.000	0.00	187.586636
2	☐	CY	柴油(机械用)		kg	2.7957	2.7957	3.270	17.00	78.889482
3	☐	DIAN	电(机械用)		kwh	0.4103	0.4103	0.480	17.00	875.45947
4	☐	DXLF	大修理费		元	0.8547	0.8547	1.000	17.00	127.933122
5	☐	GR	机械综合工日		工日	26.32	26.320	26.320	0.00	44.571529
6	☐	JCF	经常修理费		元	0.8547	0.8547	1.000	17.00	360.944082
7	☐	TZF	其他费用		元	0.8547	0.8547	1.000	17.00	19.5636
8	☐	YLF	养路费及车船使用税		元	1.00	1.000	1.000	0.00	118.616058
9	☐	ZJF	折旧费		元	0.8547	0.8547	1.000	17.00	1040.687581

图 6.45　调整机械费价格

输入材料费时,注意单位变化,例如材料表中单位是“t”,计价软件中单位是“kg”。

注意除税价和含税价的区分,填写到相应位置。

机械费中有机械人工需要填写时,注意不要漏项。

计价软件中对于价格发生变化部分,字体颜色会改变,方便区分是否调整。

6.4.8 工程汇总

点击“工程汇总”进入工程汇总界面,如图 6.46 所示。

图 6.46 工程汇总

在这个页面可以看到工程造价组成及各部分费用的计算汇总方式。规费及税金等费率可在页面进行调整。汇总表中每笔费用都有一个接口标记,接口标记列为电子招投标重要信息,不要随便改动。各接口标记表示如下:“1”表示分部分项费;“2”表示措施项目费;“3”表示其他项目费;“4”表示规费,“4.1”表示工程排污费,“4.2”表示安全生产监督费,“4.3”表示社会保障费,“4.4”表示住房公积金,“4.5”表示农民工工伤保险费;“5”表示税金;“6”表示工程造价;“7”表示计入工程造价部分;“8”表示不计入工程造价部分;“9”表示招标控制价系数;“10”表示招标控制价。

6.4.9 工程自检

完成清单计价操作后,利用软件的“工程自检”功能,排查清单操作中的问题并及时修改。在软件主界面“项目”选项卡中打开“工程自检”,界面如图 6.47 所示。

工程自检主要检查工程量为 0、报价为 0、序号重复等,且可双击错误项自动跳转到错误行,方便修正。项目自检的内容如下。①分部分项工程量清单:清单编码不规范、清单编码重复、清单工程量为 0、定额工程量为 0、清单报价为 0 等;②措施项目清单:措施项目一序号为空、措施项目一序号重复、措施项目二序号为空、措施项目二序号重复、安全文明施工费重

图 6.47　工程自检

复、安全文明施工费明细重复、安全文明施工费与明细合计不符；③其他项目清单：暂列金额序号重复、专业工程暂估价序号重复、总承包服务费序号重复、计日工序号重复、暂列金额与明细合计不符、专业工程暂估价与明细合计不符、计日工与明细合计不符、总承包服务费与明细合计不符；④人材机汇总：暂估、甲供材料编码重复，未对应、多项。⑤单位工程费汇总：规费明细接口标记不符合规范、规费或其明细重复。

6.4.10　输出报表

修改完成后，在软件主界面"项目"选项卡可以打印相应报表或者生成招标文件，如图 6.48 所示。

图 6.48　"项目"选项卡

执行汇总计算后，可以打印相应的报表，如图 6.49 所示。

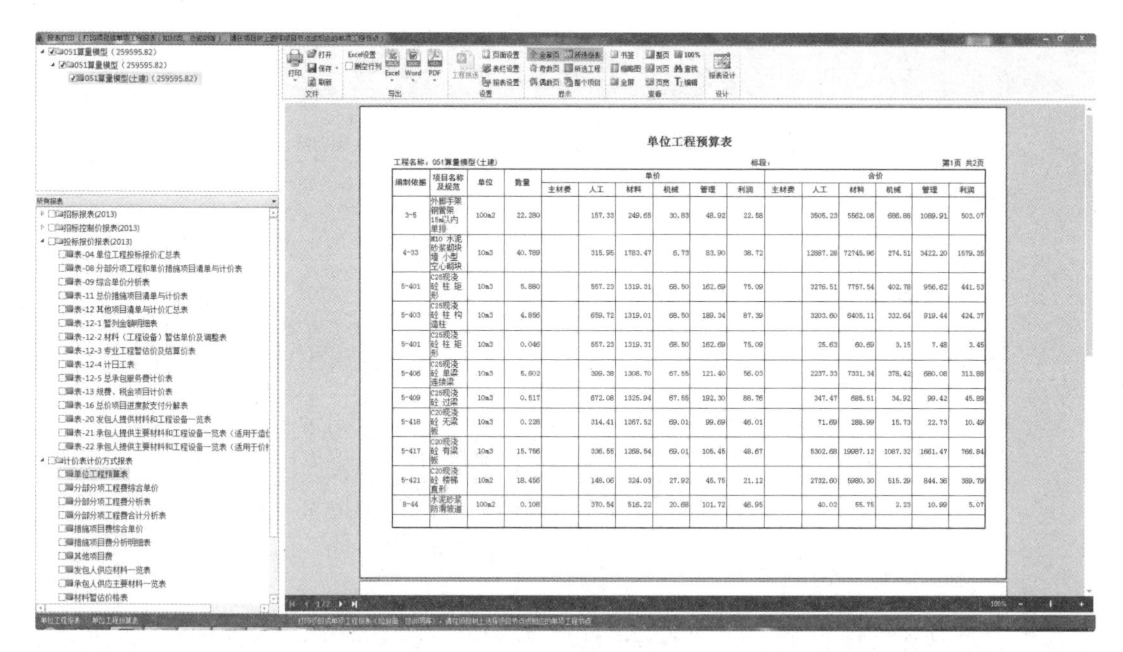

单位工程预算表

工程名称：051算量模型(土建)　　标段：　　第1页 共2页

编制依据	项目名称及规范	单位	数量	单价						合价					
				主材费	人工	材料	机械	管理	利润	主材费	人工	材料	机械	管理	利润
3-5	外脚手架钢管架15m以内单排	100m2	22.280		157.33	249.65	30.83	48.92	22.58		3505.23	5562.08	686.88	1089.91	503.07
4-33	M10 水泥砂浆砌块墙 小型空心砌块	10m3	40.789		315.95	1783.47	6.73	83.90	38.72		12887.28	72745.96	274.51	3422.20	1579.35
5-401	C25现浇砼 柱 矩形	10m3	5.880		557.23	1319.31	68.50	162.69	75.09		3276.51	7757.54	402.78	956.62	441.53
5-403	C25现浇砼 柱 构造柱	10m3	4.856		659.72	1319.01	68.50	189.34	87.39		3203.60	6405.11	332.64	919.44	424.37
5-401	C25现浇砼 柱 矩形	10m3	0.046		557.23	1319.31	68.50	162.69	75.09		25.63	60.69	3.15	7.48	3.45
5-406	C25现浇砼 单梁连续梁	10m3	5.602		399.38	1308.70	67.55	121.40	56.03		2237.33	7331.34	378.42	680.08	313.88
5-409	C25现浇砼 过梁	10m3	0.517		672.08	1325.94	67.55	192.30	88.76		347.47	685.51	34.92	99.42	45.89
5-418	C20现浇砼 无梁板	10m3	0.228		314.41	1267.52	69.01	99.69	46.01		71.69	288.99	15.73	22.73	10.49
5-417	C20现浇砼 有梁板	10m3	15.756		336.55	1268.54	69.01	105.45	48.67		5302.68	19987.12	1087.32	1661.47	766.84
5-421	C20现浇砼 楼梯直形	10m2	18.456		148.06	324.03	27.92	45.75	21.12		2732.60	5980.30	515.29	844.36	389.79
8-44	水泥砂浆防滑坡道	100m2	0.108		370.54	516.22	20.68	101.72	46.95		40.02	55.75	2.23	10.99	5.07

图 6.49　报表预览

6.5　BIM 5D

6.5.1　简述

BIM 5D 是在 3D 建筑信息模型基础上，融入“时间进度信息”与“成本造价信息”，形成由 3D 模型＋1D 进度＋1D 造价的五维建筑信息模型。BIM 5D 集成了工程量信息、工程进度信息、工程造价信息，不仅能统计工程量，还能将建筑构件的 3D 模型与施工进度的各种工作相链接，动态地模拟施工变化过程，实施进度控制和成本造价的实时监控。BIM 5D 建筑信息模型是建筑业信息化技术和虚拟建造技术的核心基础模型。BIM 具有单一工程数据源，可解决分布式数据之间的一致性和全局共享问题，支持建设项目生命期中动态的工程信息创建、管理和共享。BIM 5D 实际上就是一个平台，可以协同两个或者两个以上不同资源或者个体一致完成某一目标的过程或能力。BIM 5D 是存储和管理 BIM 数据，通过 BIM 为媒介将各专业各阶段的数据信息导入平台之中，通过互联网技术，让项目参与各方对工程数据实现共享，从而满足不同人群的需求，BIM 5D 应用方案如图 6.50 所示。目前市场上国产 BIM 5D 软件有广联达、斯维尔和鲁班等。

BIM 5D 通过三维模型数据接口集成土建、钢构、机电和幕墙等多个专业模型，并以集成模型为载体，将施工过程中的进度、合同、成本、工艺、质量、安全、图纸、材料和劳动力等信息集成到同一平台，利用 BIM 的形象直观、可计算分析的特性，为施工过程中的进度管理、现场协调、合同成本管理、材料管理等关键过程及时提供准确的构件几何位置、工程量、资源量、计划时间等，帮助管理人员进行有效决策和精细管理，减少施工变更，缩短项目工期、控制项目成本、提升质量。BIM 5D 云端提供在线浏览、数据协同、构件配置、模型渲染和项目

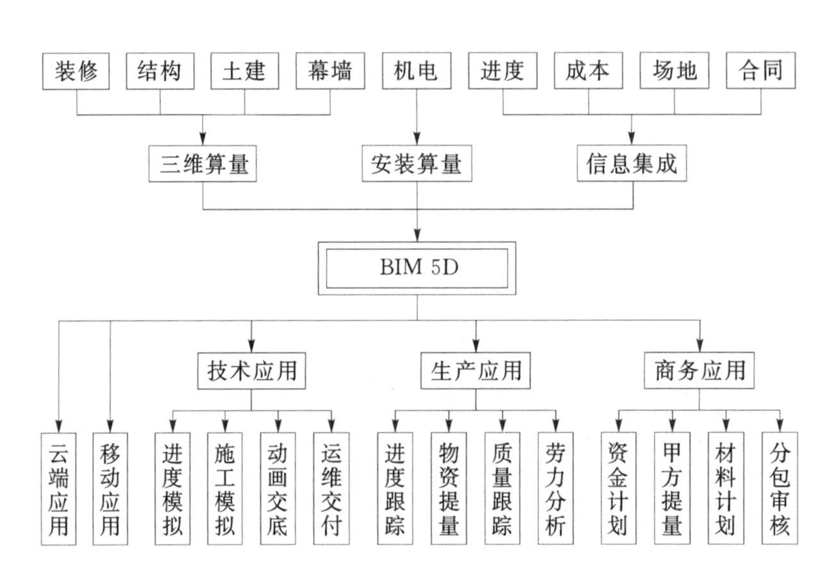

图 6.50　BIM 5D 应用方案

看板等功能，使操作基于协同与共享平台，提升 BIM 应用效率；管理层基于项目，随时掌控项目的进度、成本、质量和安全等信息。

6.5.2　价格反馈

BIM 5D

在新点计价软件中点击“分部分项”进入分部分项界面，点击“算量衔接”选项下的“构件价格反馈”，如图 6.51 所示。此功能可以将造价中的清单、定额及价格信息反馈至算量软件中的每一个构件上，结合 5D 管理中造价属性功能，可查看每个构件对应的清单、定额和价格信息。

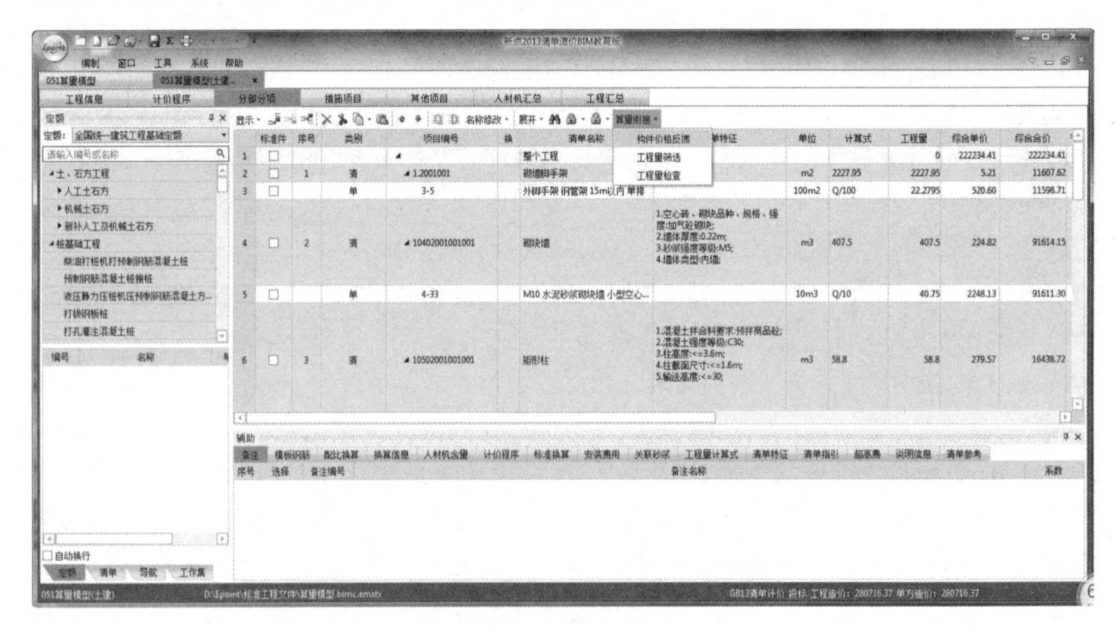

图 6.51　算量衔接

反馈成功后，可以返回到算量界面查看。在5D管理界面下，选择某一构件，可以显示该构件的工程量名称、特征、单位、工程量、单价和合价等信息，如图6.52所示。

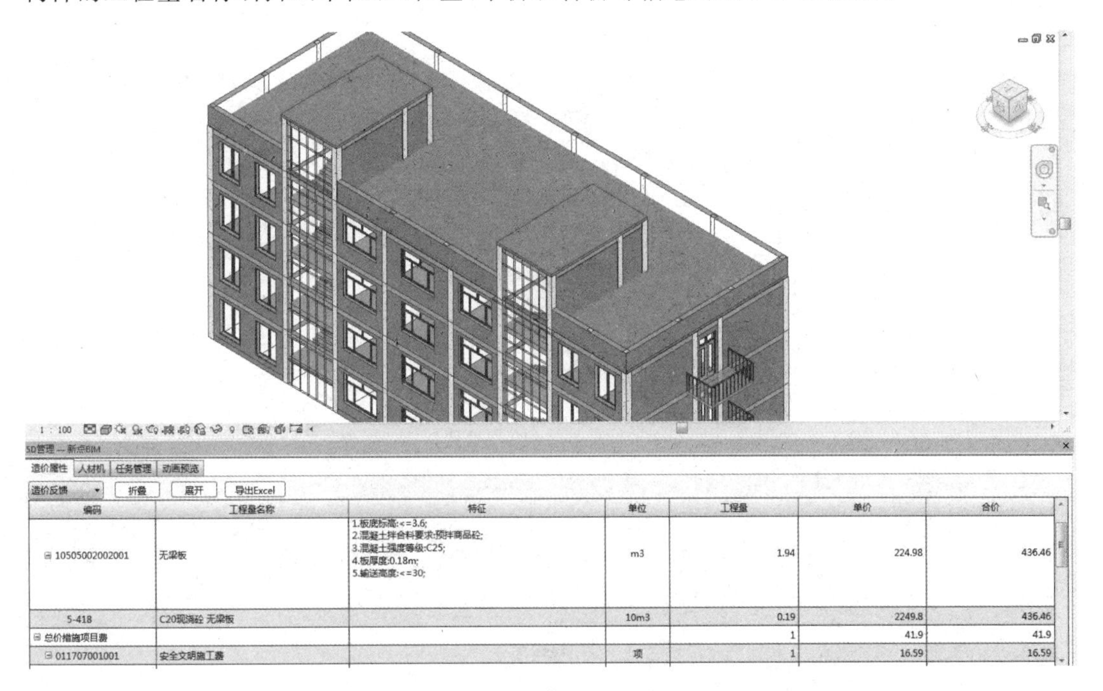

图6.52 算量界面图

6.5.3 任务管理

通过任务管理功能，可将构件与工程进度关联。点击"新点BIM土建"→"5D管理"，弹出"5D管理"软件界面。

根据工程需要，点击"新建任务集"建立总的任务，之后新建子任务，形成完整阶段性任务体系。不同阶段都需建立总任务与子任务关系。根据工程内容，设置任务名称、计划开始时间、计划结束时间、实际开始时间、实际结束时间、附着构件等列的取值，用户可根据项目需要，在"选择列"中增减需要的列。利用选择集功能，选择工程中相关构件，用鼠标右击任务行中的附着构件，选择"附着"关联选中的构件，完成的效果如图6.53所示。

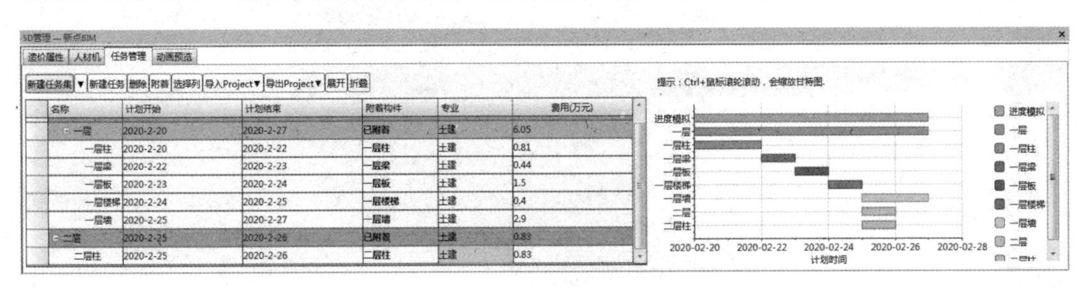

图6.53 虚拟完成任务

6.5.4 动画预览

通过动画预览功能，实现了工程的5D虚拟施工模拟，以三维的形式展示工程的进度偏差与成本偏差。其中,造价属性的联动需要通过构件价格反馈实现构件与价格的关联。在“动画预览”界面,勾选“启用动画”,点击播放按钮,进行动画展示,如图 6.54 所示为动画预览截图。

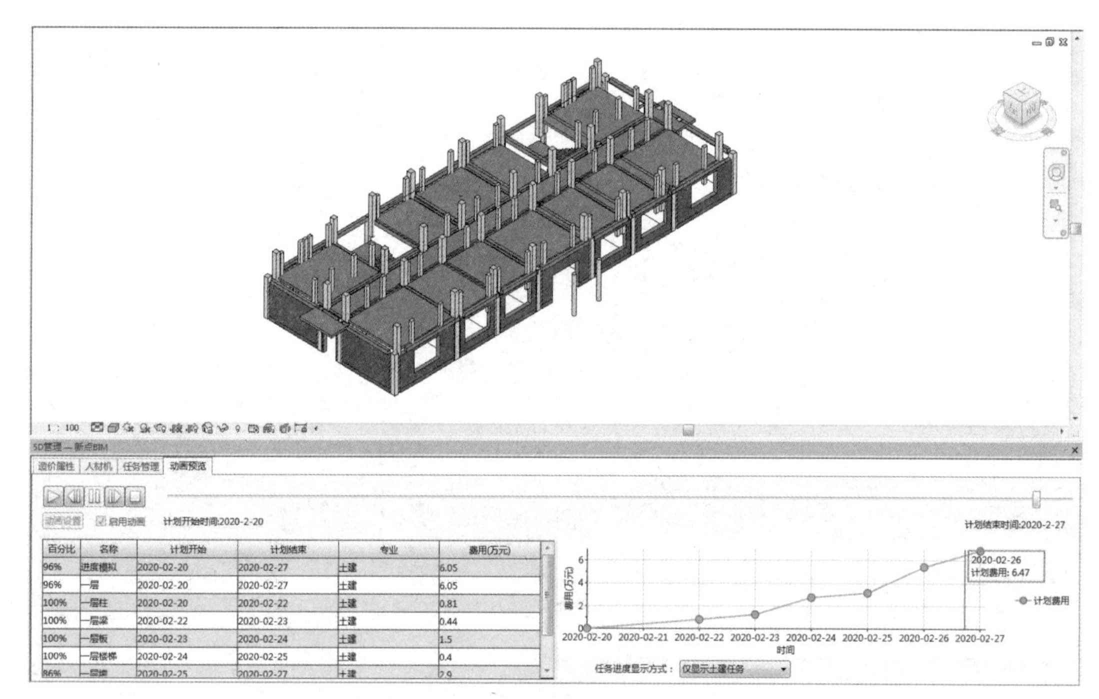

图 6.54　动画预览截图

如果需要合同管理、质量管理、安全管理、施工模拟和物资管理等更多内容,可以使用其他 BIM 5D 软件制作,本书不再阐述。图 6.55 是斯维尔 BIM 5D 工作界面,图 6.56 是广联

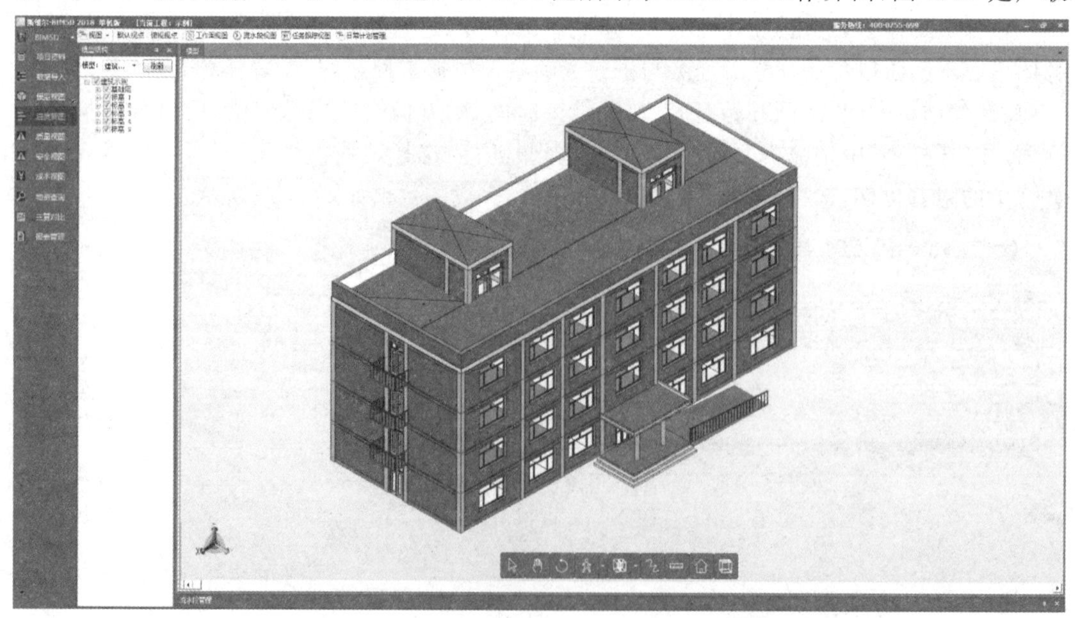

图 6.55　斯维尔 BIM 5D 工作界面

达 BIM 5D 工作界面。

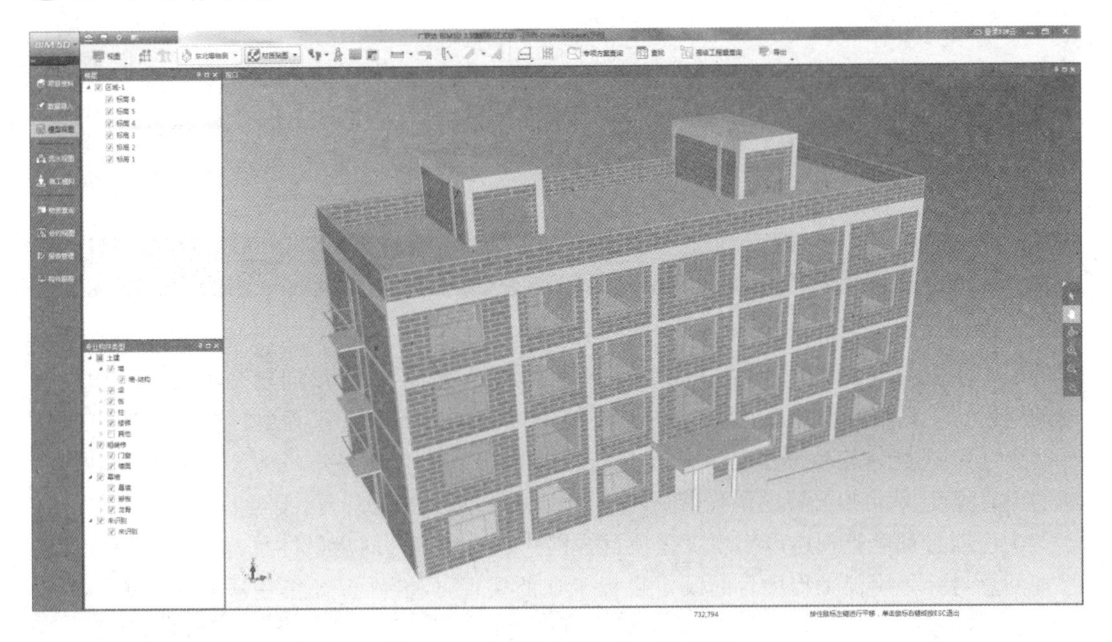

图 6.56 广联达 BIM 5D 工作界面

本章小结

工程造价是 BIM 应用成熟的一个领域，本章利用广联达软件完成钢筋算量，利用新点软件完成工程算量和工程计价。本章进一步描述了数据转换和一模多用的过程，实现了数据的流动和软件之间的互联互通。

第7章　进度计划

7.1　概述

工程项目的三大目标，即质量、进度和成本是对立统一的关系。进度控制是项目管理工作的一个主要的组成部分，但由于时间易于测量、缺乏弹性，故进度问题是项目管理中最普遍的问题。工程项目进度管理是指在既定的工期内，编制出最优的工程项目进度计划；在执行计划的过程中，经常检查工程实际情况，比较计划的进度，若发现偏差，分析产生的原因和对工期的影响程度，制订出必要的调整措施，修改原计划，不断地循环往复，直至工程竣工验收。

工程项目进度管理应以实现工程项目合同约定的交工日期为最终目标。工程项目进度管理的总目标是确保工程项目的既定目标工期的实现，或者在保证工程质量和不增加工程实际成本的条件下，适当缩短工期。工程项目进度管理的总目标应进行层层分解，形成实施进度管理、相互制约的目标体系。目标分解可按单项工程分解为交工分目标，按承包的专业或实施阶段分解为完工分目标，按年、季、月计划期分解为时间分目标。

进度目标控制是业主方项目管理的任务，包括设计前准备、设计、招投标、施工前准备、工程施工、物资采购、动用前准备等阶段的进度目标。进度纲要的主要内容有项目实施的总体部署、进度规划、各子系统进度规划、里程碑事件（主要阶段的开始和结束时间）的计划进度目标、总进度目标实现的条件和应采取的措施等。图7.1是某工程的进度计划系统图。

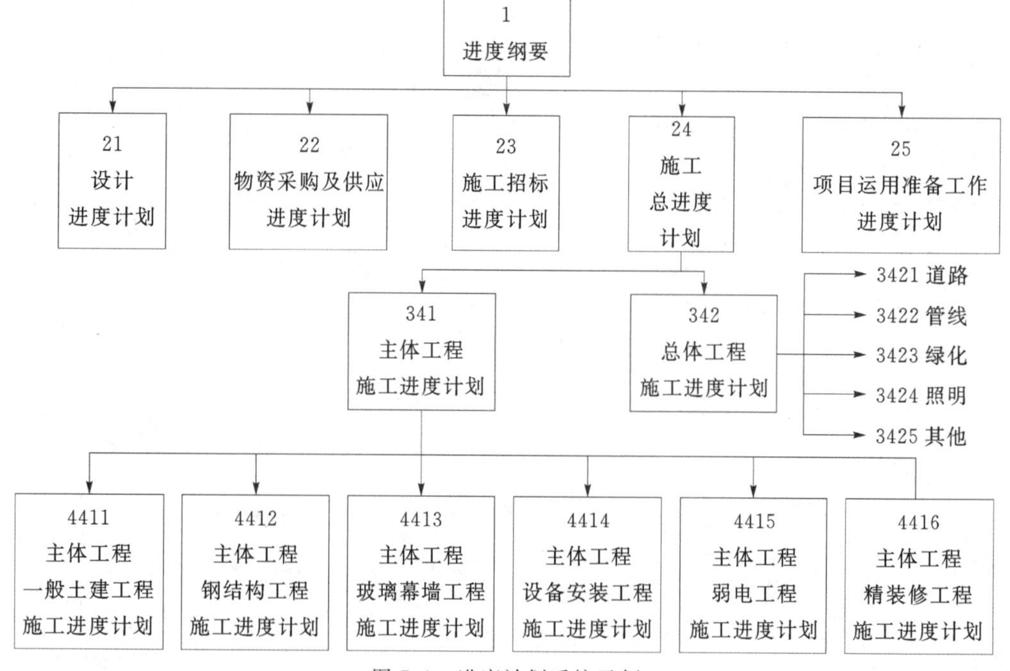

图7.1　进度计划系统示例

进度计划的表达方式通常有横道图、里程碑图、网络图和滚动计划等。目前常用的项目管理软件有 Primavera 6.0 和 Microsoft Project 等,这些软件不仅可以以里程碑、横道图、日历、网络图的方式显示进度,还可以用来跟踪进度及任务完成情况,以及产生项目的现金流和人力资源成本费用情况等报表信息。

7.2 施工组织

7.2.1 基本概念

计划是组织为实现一定目标而科学地预测并确定未来的行动方案。任何计划都是为了解决三个问题:一是确定组织目标;二是确定为达成目标的行动时序;三是确定行动所需的资源比例。

制订计划是根据既定目标确定行动方案、分配相关资源的综合管理过程。具体而言,制订计划就是通过对过去和现在、内部和外部的有关信息进行分析和评价,对未来可能的发展进行评估和预测,最终形成一个有关行动方案的建议说明——计划文件,并以此文件作为组织实施工作的基础。

进度计划是为实现施工工期目标而科学地预测并确定未来的行动方案,是在确定施工目标的工期基础上,对各项施工过程的施工顺序、起止时间和相互衔接关系以及所需的劳动力和各种技术物资的供应所做的具体设想和统筹安排,从而保证施工项目能够在合理的工期内,尽可能以低成本和高质量完成。

进度计划是项目实施的基础,也是最先发生并处于首要地位的职能。进度计划是龙头,它引导项目各种管理职能的实现,是项目管理工作的首要环节。做好进度计划工作,就可以提挈全局,成为项目得以实施和完成的基础和依据。

进度计划可以确定完成项目目标所需的各项工作范围,落实责任,制订各项工作的时间表,明确各项工作所需的人力、物力、财力并确定预算,保证项目的顺利实施和目标实现;可以确定项目实施规范,成为项目实施的依据和指南;可以确立项目各成员及工作责任范围和地位以及相应的职权,以便按要求去指导和控制项目的工作,减少风险;可以促进项目组成员及项目委托人和管理部门之间的交流与沟通,增加客户满意度,并使项目各工作协调一致,并在协调关系中了解关键因素;可以使项目组成员明确自己的奋斗目标、实现目标的方法与途径及期限,并确保以时间、成本及其他资源需求的最小化实现项目目标;可作为分析、协商及记录项目范围变化的基础,也是约定时间、人员和经费的基础。进度计划为项目的跟踪控制过程提供了一条基线,可用以衡量进度、计算各种偏差及决定预防或整改措施,有利于对项目变化进行管理。

7.2.2 施工生产要素

生产要素一般是指人和物的要素及其结合因素。通常将劳动力和生产资料列为最基本的要素。工程施工一般都要通过生产要素(4M1E)进行,即劳动主体——人(man),施工对象——材料、半成品(material),施工手段——机具设备(machine),施工方法——技术工艺(method),施工环境——外部条件(environment)。另外,构成施工生产要素的还有资金(money)、信息(information)等资源。工程施工组织与管理的任务就是通过对施工生产要素的优化配置和动态管理,以实现施工项目的质量、成本、工期和安全的管理目标。

7.2.3 工作分解结构

工作分解结构(work breakdown structure,WBS)是由三个关键元素构成的名词:工作(work)——可以产生有形结果的工作任务;分解(breakdown)——一种逐步细分和分类的层级结构;结构(structure)——按照一定的模式组织各部分。WBS是项目管理重要的专业术语之一。WBS是以可交付成果为导向对项目要素进行的分组、逐层归纳和定义项目的工作目标和工作范围。WBS总是处于计划过程的中心,也是制订进度计划、资源需求、成本预算、风险管理计划和采购计划等的重要基础。WBS同时也是控制项目变更的重要基础。项目范围是由WBS定义的,所以WBS也是一个项目的综合工具。

7.2.4 施工组织方式

施工组织方式是指对施工对象在空间和时间上的组织安排方式。施工对象包括工区、单位工程、分项工程、工序等。施工组织方式有顺序施工、平行施工和流水施工三种常用方式。

顺序施工又叫依次施工,是将拟建工程项目的整个建造过程分解成若干个施工过程,按照一定的施工顺序进行施工,前一个施工过程完成后,下一个施工过程才开始施工,或前一个工程完成后,下一个工程才开始施工。

平行施工是在拟建工程任务十分紧迫、工作面允许以及资源保证供应的条件下,可以组织几个相同的工作队,在同一时间、不同空间上,完成同样的施工任务。

流水施工组织方式就是将拟建工程项目分解成若干施工过程,同时在平面上分成若干施工段,在竖向上分成若干施工层,按施工过程分别建立相应的专业工作队并按一定的施工顺序投入施工,依次地、连续地在各施工层各施工段上按规定时间完成各自的施工任务,保证拟建工程项目的施工全过程在时间和空间上有节奏、连续、均衡地进行下去,直到完成全部施工任务。

其中,流水施工是最常用的施工组织方式,也是最合理的施工组织方式。流水施工的特点是科学地利用了工作面,争取了时间,工期比较合理;工作队及其工人实现了专业化施工,可使工人的操作技术熟练,更好地保证了工程质量,提高了劳动生产率;专业工作队及其工人能够连续作业,使相邻的专业工作队之间实现了最大限度的合理搭接;单位时间投入施工的资源量较为均衡,有利于资源供应的组织工作;为文明施工和进行现场的科学管理创造了有利条件。

在非节奏流水施工中,通常采用累加数列错位相减取大差法计算流水步距,其基本步骤为先对每一个施工过程在各施工段上的流水节拍依次累加,求得各施工过程流水节拍的累加数列,然后将相邻施工过程流水节拍累加数列中的后者错后一位,相减后求得一个差数列,最后在差数列中取最大值,即为这两个相邻施工过程的流水步距。

7.2.5 时间、资金、范围

项目管理三角形,是指项目管理中时间、资金和范围之间的相互关系。如果调整了这三个元素中的任何一个,其他两个就会受到影响。例如,如果要调整项目计划以缩短日程,则可能需要增加成本并减小范围。按照项目三角形,资源被看作成本项。因此,当为完成更多或更少的工时或者根据资源可用性情况而调整资源时,成本将基于资源的支付费率相应提高或降低。调整资源时,日程将发生变化。

在大多数项目中，三角形至少有一条边不变，这意味着不能更改这条边。在某些项目中，这条边是预算，无论怎样，都不会获得更多项目资金。对于其他项目，这条边是日程，即日期不能更改；或者是范围，即可交付结果不会更改。应用中的技巧是，找到项目三角形中“不变”的边或固定的边。出现问题时，就知道可以更改哪些内容以及可以对哪些地方进行调整。在项目开始优化时，首先，确定三个要素中的固定要素。该要素通常是对项目成功（包括按时、按预算或以商定的范围完成）至关重要的因素。其次，确定当前问题出现在哪条边上，找到之后，将明确应对哪个要素进行处理，以使项目回到正轨。如果出现问题的边是固定边，那么需要对三角形的其他两条边做出调整。例如，项目必须按时完成，而出现的问题是项目花费时间太长，则可以调整资源或调整范围，使项目回到正轨。如果出现问题的边不是固定边，那么需要通过调整其他边来进行优化。例如，如果项目必须按时完成但将扩大项目的范围，那么只需对成本边进行调整，如增加资源。对三角形中的一边做出调整时，另两边也很可能被影响。这种影响可能是正面的也可能是负面的，这取决于项目的性质。

质量处于项目三角形的中心。质量会影响三角形的每条边，对三条边中的任何一条所做的更改都会影响质量。质量不是三角形的要素，而是时间、费用和范围协调的结果。例如，如果发现日程有额外时间，可以通过增加任务和延长工期来扩大范围。有了这些额外的时间和范围，就可以提高项目及其可交付结果的质量。或者，如果必须降低成本才能满足预算要求，就可能需要通过减少任务或缩短任务工期来缩小范围。随着范围的缩小，可能很难达到一定的质量等级，因此，削减成本会导致质量下降。

7.3 进度计划过程

7.3.1 基本内容

在进度计划制订过程中必须清楚五个问题(4W1H)：做什么、为什么做、谁来做、什么时候做和怎么做。

(1)做什么(what)：制订进度计划绩效基准——进度计划，批准的进度计划叫作进度基准。

(2)为什么做(why)：为项目制订衡量进度的标尺。

(3)谁来做(who)：项目管理团队和项目团队来做。

(4)什么时候做(when)：定义范围、定义活动、排列活动顺序、估算活动资源和估算活动持续时间。

(5)怎么做(how)：采用进度网络分析、关键线路法、资源优化、建模技术、进度压缩和进度计划编制工具，利用时间的提前量和滞后量。

7.3.2 准备工作

为了完成项目的各项工作，使项目经济、安全、稳定、高效率地实施和运行，必须对实施方案进行全面研究，必须做好充分的准备工作。计划必须在相应阶段对目标和工作进行精确定义，即计划是在相应阶段项目目标的细化、技术设计和实施方案确定后做出的。进行详细的微观的项目环境调查，掌握影响计划的一切内外部因素，写出调查报告。完成项目结构分析，通过项目的结构分析，不仅可以获得项目的静态结构，而且通过逻辑关系分析，还可以获得项目动态的工作流程——网络。定义各项目单元基本情况，将项目目标、工作进行分解，例如项目范围、质量要求和工作量等。

7.3.3　编制程序

进度计划编制的基本程序如下：

(1)分析工程施工任务和条件，分解工程进度目标。

(2)安排施工总体部署，拟订主要施工项目的工艺组织方案。

(3)确定施工活动内容和名称。

(4)确定控制性施工活动的开竣工程序和相互关系，并分析各分项施工活动的工作逻辑关系，分别列出不同层次的逻辑关系表。

(5)确定总进度计划中施工活动的开始和结束时间，估算各分项计划中的施工活动的持续时间。

(6)绘制初步施工进度计划，根据工作逻辑关系和计划绘制要求，合理构图、正确标注，形成初步施工横道图计划或者网络图计划。

(7)确定施工进度计划中各项活动的时间参数，确定关键线路及工期。

(8)进行施工进度计划的调整与优化。

(9)形成正式施工进度计划，并加以贯彻实施。

7.3.4　横道图

横道图，又名甘特图，是一种最简单、运用最广泛的传统的进度计划方法。尽管有许多新的计划技术，横道图在建设领域中的应用仍非常普遍。

通常横道图的表头为工作及其简要说明，项目进展表示在时间表格上，如图7.2所示。按照所表示工作的详细程度，时间单位可以为小时、天、周、月等。这些时间单位经常用日历表示，此时可以表示非工作时间，如停工时间、公众假日和假期等。

	任务名称	工期	开始时间	完成时间	前置任务
1	开工	0 d	2020年4月1日	2020年4月1日	
2	基础	20 d	2020年4月1日	2020年4月20日	1
3	预制柱	35 d	2020年4月21日	2020年5月25日	2
4	预制屋架	20 d	2020年4月21日	2020年5月10日	2
5	预制楼梯	15 d	2020年4月21日	2020年5月5日	2
6	吊装	30 d	2020年5月26日	2020年6月24日	3, 4, 5
7	砌砖墙	20 d	2020年6月25日	2020年7月14日	6
8	屋面找平	5 d	2020年6月25日	2020年6月29日	6
9	钢窗安装	4 d	2020年7月10日	2020年7月13日	7SS+15
10	二毡三油一砂	5 d	2020年6月30日	2020年7月4日	8
11	外粉刷	20 d	2020年7月14日	2020年8月2日	9
12	内粉刷	30 d	2020年7月14日	2020年8月12日	9, 10
13	油漆、玻璃	5 d	2020年8月13日	2020年8月17日	11, 12
14	竣工	0 d	2020年8月17日	2020年8月17日	13

图7.2　横道图

根据横道图使用者的要求，工作可按照时间先后、责任、项目对象和同类资源等进行排序。横道图也可将工作简要说明直接放在横道上。横道图可将最重要的逻辑关系标注在内，但是如果将所有逻辑关系均标注在图上，则横道图简洁性的最大优点将丧失。横道图用于小型项目或大型项目的子项目，或用于计算资源需要量和概要预示进度，也可用于其他计划技术的表示结果。横道图计划表中的进度线(横道)与时间坐标相对应，这种表达方式较直观，使使用者更容易看懂计划编制的意图。

横道图以图示通过活动列表和时间刻度表示出特定项目的顺序与持续时间。一张线条图，横轴表示时间，纵轴表示项目，条形长度就代表该任务的工期长度。用横道图表示的进度计划简单明了，比网络图计划更加直观。在 Project 中，甘特图是不需要“画”的，它是根据任务的信息自动生成的，当然也可以对甘特图进行更多的设置使其更加简捷、美观。对于 Project 中不同类型的任务，其甘特图是不同的，还可以根据这些不同的类型批量设置任务的甘特图样式。除了可以设置甘特图显示的形状、颜色等，还可以在甘特图的上、下、左、右、内部共五个位置显示不同的任务信息。

但是，横道图进度计划法也存在一些问题，如工序（工作）之间的逻辑关系可以设法表达，但不易表达清楚；没有通过严谨的进度计划时间参数计算，不能明确显示时差；计划调整只能用手工方式进行，其工作量较大；通常适用于手工编制计划，难以适应大的进度计划系统。

7.3.5 项目案例

参照建筑工程单位工程、单项工程、项目工程划分惯例，本书案例项目的工作分解结构(WBS)划分思路如下：一级为结构、砌体、门窗安装、装饰装修和室外工程五个部分。结构工程的二级工作分解结构为基础结构、首层结构、二层结构、三层结构、四层结构和屋顶结构，每层结构工程又包含柱、梁、板和楼梯等三级结构。工作分解结构的节选部分见表 7.1。

表 7.1 项目分解结构(节选)

<table>
<tr><th>一级 WBS</th><th>二级 WBS</th><th>三级 WBS</th><th>四级 WBS</th><th>估计工期/d</th></tr>
<tr><td rowspan="10">结构</td><td rowspan="7">基础结构</td><td rowspan="2">独立基础</td><td>A 段</td><td>6</td></tr>
<tr><td>B 段</td><td>6</td></tr>
<tr><td rowspan="2">基础柱</td><td>A 段</td><td>6</td></tr>
<tr><td>B 段</td><td>6</td></tr>
<tr><td rowspan="2">基础梁</td><td>A 段</td><td>5</td></tr>
<tr><td>B 段</td><td>5</td></tr>
<tr><td>基础验收</td><td></td><td>5</td></tr>
<tr><td>首层结构</td><td></td><td></td><td></td></tr>
<tr><td>二层结构</td><td></td><td></td><td></td></tr>
<tr><td>……</td><td></td><td></td><td></td></tr>
</table>

本书案例项目进度计划编制思路如下：

(1)根据项目工作分解结构，本项目采用 2 流水段——A 段和 B 段施工，并在此框架下划分了相应的任务活动，为便于实际操作，进行了简化，任务只划分到构件层次，没有划分到工序层次。

(2)根据住房和城乡建设部《建筑安装工程工期定额》(TY 01－89—2016)，并结合本工程具体情况，估算了单段的工期，例如结构柱每段工期为 6 d，梁的工期为 5 d，板的工期为 8 d 等。

(3)按照建筑工程常规的施工工艺要求，并结合流水施工的特点确定任务间的逻辑关系，考虑到工程实际情况，在关键工作完成后设置了相关验收任务。

7.3.6 软件简介

Project 是微软公司推出的一款专业的项目管理软件，为项目管理而开发，同时又是项目管理软件功能的集大成者。它是一款专用于项目管理的软件，可以适应不同企业规模和不同管理目标的要求，因为 Navisworks 2018 支持的 Project 版本为 2007、2010 和 2013，本章介绍 Project 2013 的相关应用。

Project 的演进是从简单的日程管理到复杂的项目和投资组合管理的发展过程。2013 版的企业项目管理解决方案，涉及财政管理、资源管理、投资组合管理、程序管理、项目协作和报表等各个方面。Project 2013 有 Project Standard 2013（标准版）、Project Professional 2013（专业版）和 Project Server 2013（服务器版）三个版本。Project Standard 2013（标准版）是用于项目管理的基于 Windows 的桌面应用程序，此版本为单一项目管理人员设计，并且不能与 Project Server 交互。Project Professional 2013（专业版）是基于 Windows 的桌面应用程序，包括 Standard 版的完整特性集，还有使用 Project Server 时需要的项目团队计划和通信功能。Project Professional 加上 Project Serve 是 Microsoft 的企业项目管理产品的代表。Project Server 2013（服务器版）是基于内联网的解决方案，结合 Project Professional 使用时支持企业级的项目合作、时间表报表和状态报表。

Microsoft Project 2013 全新、简洁和直观的功能可以帮助各种规模的工作组和组织及时地、低成本地完成项目。Project 以其用户众多、功能强大、界面友好、成本较低和通用性强的特点，成为目前企业和行业中使用较多的项目管理软件。

如图 7.3 所示，Project Standard 2013 的界面上方是上下文选项卡，有任务、资源、报表、项目、视图和格式六个选项卡，每个选项卡下方有若干工具按钮。

图 7.3 Project 操作界面

对于 Project 数据编辑区中的列名称，不管是预置列还是自定义列，都可以修改。修改预置列时，选择需修改的预置列，点击鼠标右键，在弹出的对话框中选择“域设定”，弹出“字段设置”对话框，如图 7.4 所示。在此窗口中可以设置标题、对齐标题、对齐数据和宽度等信息。

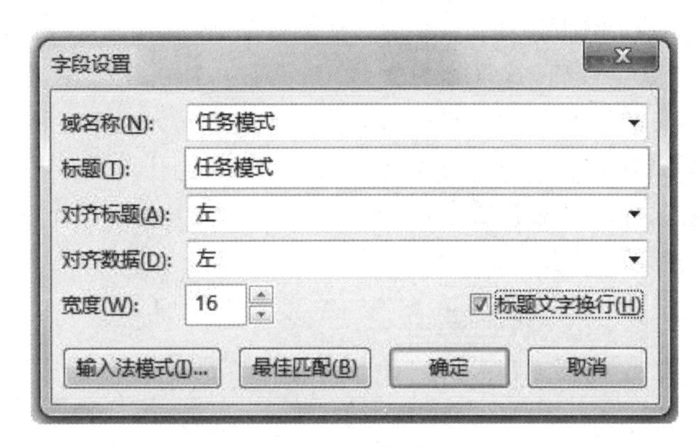

图 7.4　字段设置

自定义列

提示： 每个域有唯一的域名称，要从下拉框中选择。

当插入自定义列时，用鼠标右键点击需插入列之处的列标题，在弹出的选项框中选择“插入列”，在弹出的“键入列名”下拉框中选择“文本 1”，然后用鼠标右键点击“文本 1”列标题弹出对话框，在对话框中选择“域设定”。因为 Navisworks 2018 在导入 Project 2013 文件时最好有任务类型，所以，将“文本 1”列下所有单元格输入“构造”，设置完成后的样式如图 7.5 所示。

	❶	任务名称	工期	开始时间	完成时间	前置任务	资源名称	任务模式
1								构造

图 7.5　自定义字段

提示： Project 包含类似向导的界面，可以利用它创建精细的项目计划，此帮助程序称为项目向导。可以使用项目向导执行许多与任务、资源和分配有关的常见操作。

7.4　编制进度计划

7.4.1　设置日历

新建日历

Project 中日历指的是项目的工作与非工作时间的设置。编制进度计划必须设置日历，否则做出的计划将与实际脱节。Project 中有项目日历、任务日历和资源日历三种类型。项目日历是指整个项目中所有任务默认遵循的日历；任务日历是指当有个别任务的日历与项目日历有冲突时，需要为个别任务设置的日历;资源日历是指如果个别资源的日历与项目日历有冲突,可以为资源设置不同于项目的日历。

项目日历是项目使用的基准日历,项目日历中的工作时间影响所有资源、所有任务的日程排定。除非设定特定的资源日历和任务日历,才允许任务和资源使用特定日历。Project 可以设置工作中能用到的各种复杂日历,这样在排定进度计划时,Project 会根据日历的设置自动计算所有的工作时间而跳过所有的非工作时间,使工作效率大大提升。同时 Project 也可以为特定任务设置特定的日历,比如在一个项目计划中,不同的任务由于是由不同部门、不同负责人完成的,可能会选择不同的日历。

单击“项目”→“更改工作时间”,如图 7.6 所示。

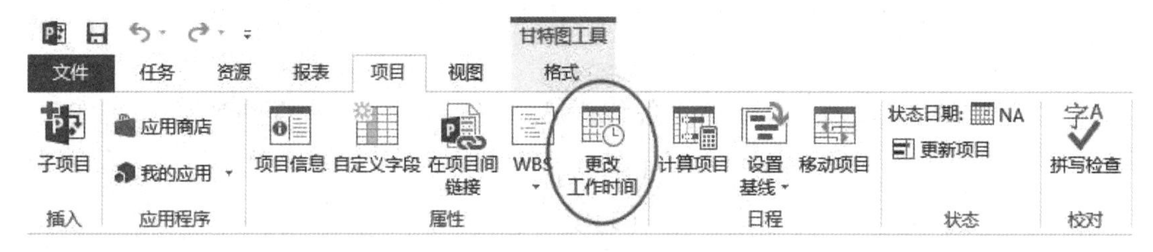

图 7.6 “项目”选项卡

弹出“更改工作时间”窗口,如图 7.7 所示。“标准”日历是 Project 自带的一个默认日历,每周的星期一到星期五工作,每天的工作时间是 8:00—12:00、13:00—17:00。“六”和“日”两列的日历是灰色的,表示非工作日。标准日历没有国家节假日,每月工作 20 天。此外还有 24 小时日历和夜班日历。

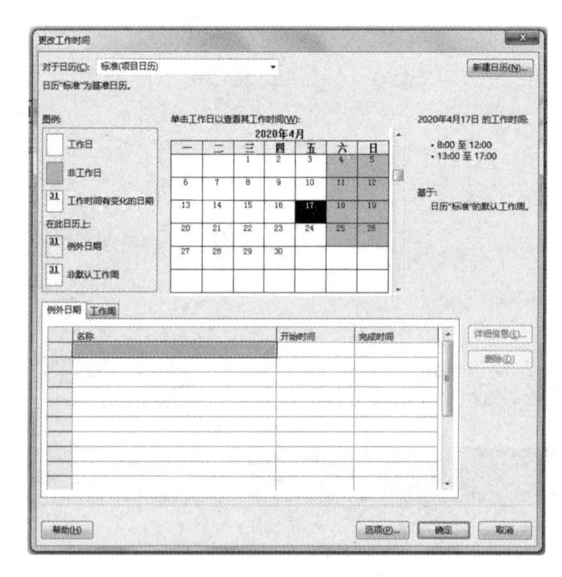

图 7.7 更改工作时间

点击图 7.7 中“新建日历”,弹出“新建基准日历”对话框,新建“五天工作制”日历,复制“标准”日历,在“更改工作时间”窗口中,可以根据项目情况,增加节假日信息,如图 7.8 所示。

本书案例项目采用全年365天无休的“7天工作制”日历，新建“7天工作制”日历。在图7.9中单击“工作周”选项中的“详细信息”，在弹出的“详细信息”窗口中配合“Shift”键同时选择“星期六”和“星期日”，勾选右侧第三个选项“对所列日期设置以下特定工作时间”，分行输入工作时间，如图7.9所示。

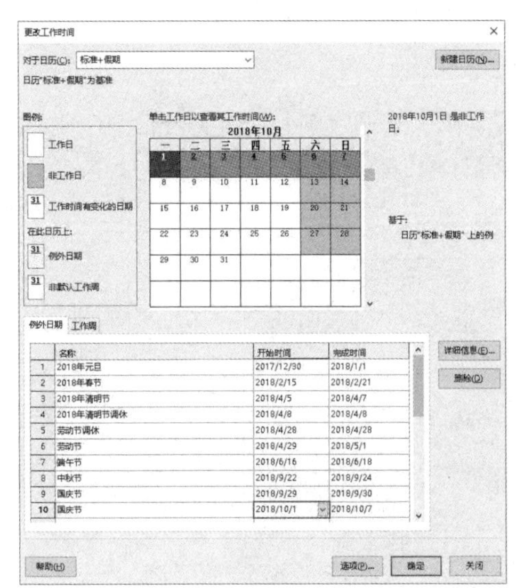

图7.8　五天工作制节假日窗口

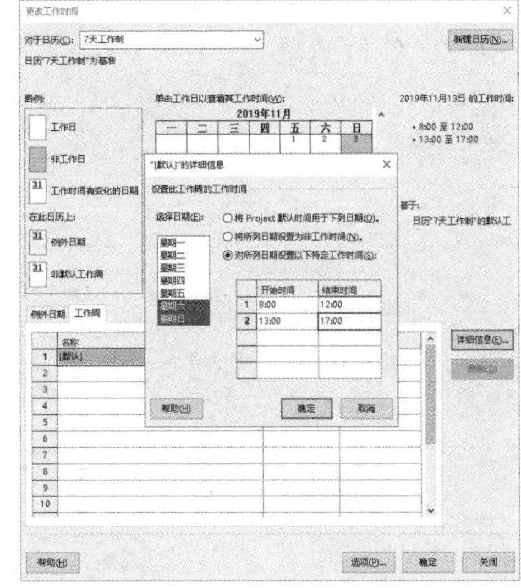

图7.9　更改工作时间

单击图7.9右下方的“选项”，在弹出的“Project选项”对话框中点击左侧“日程”选项，修改“每周工时”为56时、“每月工作日”为28天，即一月按4周计，每周按7天计；修改“默认任务类型”为“固定工期”，如图7.10所示。

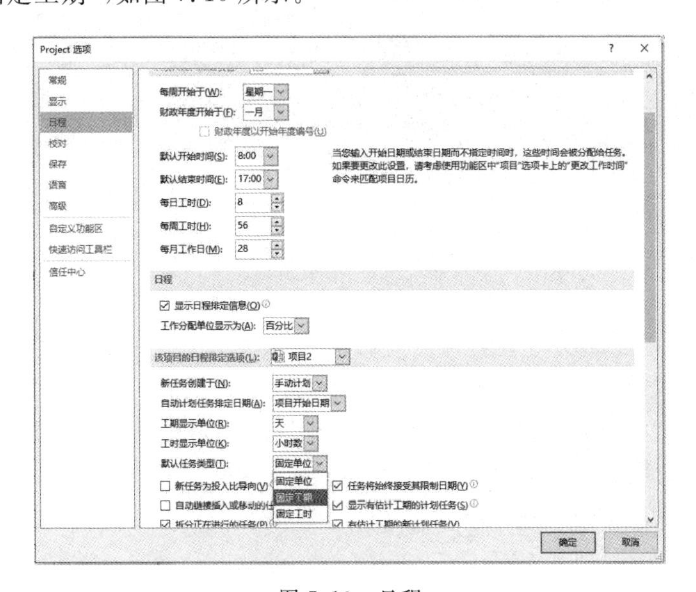

图7.10　日程

在项目计划编制过程中，如果有个别任务与项目日历存在冲突，则需要给该任务设置独立的日历信息。比如说在默认情况下，所有任务在“劳动节”期间是休息的，但是有的任务需要在此期间进行，如果采用默认的项目日历，则无法将该任务安排到该时间区域内，这时候就要建立额外的日历，并且需要将新建的日历与该任务关联。

在没有独立的任务日历、资源日历的情况下，所有任务的时间安排都遵循项目日历，如果某些任务关联了任务日历，则任务日历优先于项目日历；如果某些资源关联了区别于项目日历的特殊日历，则资源日历优先于项目日历。

7.4.2 项目信息

本案例设定的项目开始日期是 2018 年 3 月 1 日，单击“项目”→“项目信息”，在弹出的“项目信息”窗口中，将项目的“开始日期”和“当前日期”都设置为“2018 年 3 月 1 日”，将“日历”设置为“七天工作制”，如图 7.11 所示。

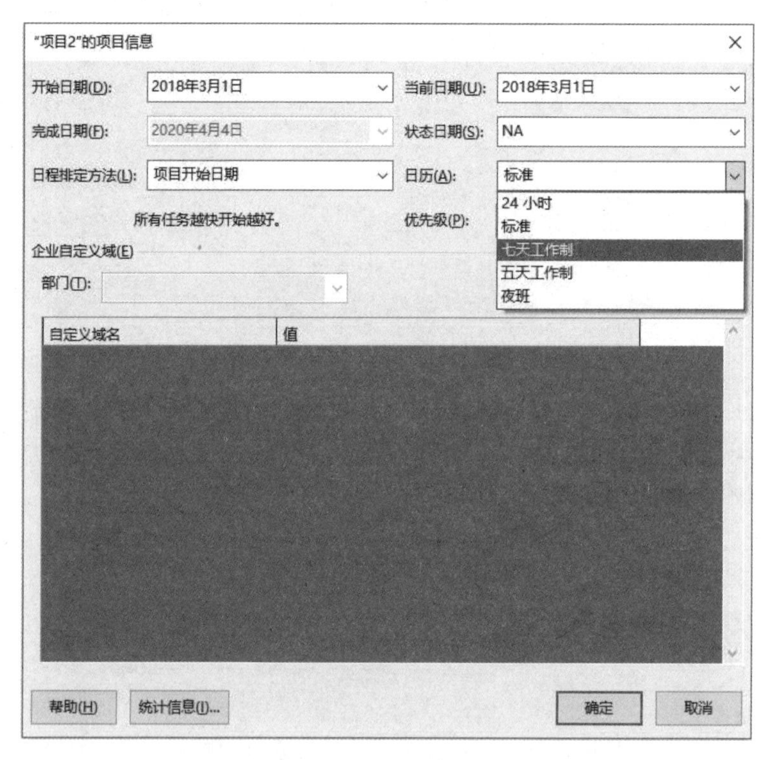

图 7.11　项目信息

不能直接编辑完成日期，因为此项目是根据开始日期安排日程的。Project 根据完成任务所需的总工作日数来计算项目的完成日期，而开始之日为项目的开始日期。在制订项目计划时，对开始日期的任何修改都会导致 Project 重新计算完成日期。Project 支持正排计划和倒排计划两种模式，日程排定方法默认选择“项目开始日期”，为正排计划。在项目进度计划编制时，推荐使用正排计划，所有任务越快开工越好。

提示： Project 主要关注时间问题。项目管理者可能想知道项目的计划开始日期、完成日期或两者。但是，使用 Project 时，只需指定一个日期：项目的开始日期或完成日期。因为输入项目的开始日期（或完成日期）和项目工期后，Project 会自行计算其他时间。Project 不只是一个进度信息的统计库，它还是一个日程安排工具。

7.4.3 任务清单

任务是所有项目最基本的构件，它代表完成项目最终目标所需要做的工作。任务通过工序、工期和资源需求来描述项目工作。输入的任务会被赋予一个标识号(ID)。每个任务的标识号是唯一的，但标识号并不一定代表任务执行的顺序。Project 有摘要任务(概括了子任务的工期、成本等)和里程碑(表明项目生命周期中的重大事件)两种特殊类型的任务。摘要任务是指包含子任务的任务，是分级任务中的上级任务。里程碑任务是在项目内部完成的重要事件(如某工作阶段的结束)或强加于项目的重要事件(如申请资金的最后期限)。因为里程碑本身通常不包括任何工作，所以它表示为工期为 0 的任务。

Project 为新任务分配的工期为一天，在甘特图中会显示相应的任务条，长度为一天。默认情况下，任务的开始日期与项目的开始日期相同。任务的工期是预期完成任务所需的时间。Project 能处理范围从分到月的工期。根据项目的范围，可能希望处理的工期的时间刻度为小时、天和星期。一个常用的经验规则称为 8/80 规则，此规则建议可管理的工期值是 8 小时(一天)和 80 小时(10 个工作日或两个星期)之间。工期少于一天的任务可能过于琐碎，工期长于两个星期的任务可能过长而无法严格管理。现实中存在许多合理的原因需要打破此规则的限制，但对于项目中的大多数任务而言，此规则还是有借鉴意义的。

提示：可以通过计算任务最早的开始日期和最晚的完成日期之间的差值来确定项目的总工期。

表 7.1 完整地列出了项目的任务清单，WBS 编码(任务级别)则清晰地划定了任务之间的层级结构。直接输入任务信息，或者选择表 7.1 中所有的任务名称，复制并粘贴到 Project 中的“任务名称”列中，然后输入相应工期，可以看见甘特图中任务条的长度发生改变，如图 7.12 所示。

图 7.12　创建任务清单

摘要任务的行为不同于其他任务。不能直接修改摘要任务的工期、开始日期或其他计算值，因为这些信息是由具体任务(称为子任务，它们缩进显示在摘要任务之下)派生的。在 Project 中，摘要任务的工期为其子任务的最早开始日期与最晚完成日期之间的时间长度。

可以安排任务在工作和非工作时间执行。为此，可为任务分配占用的工期，在工期前加上缩写“e”表示占用的工期。例如，输入“3ed”表示连续的三天。可以对某一个不能直接控制但对项目而言很关键的任务使用占用的工期。例如，建筑项目中可能有“灌注地基”任务和“去除地基模具”任务，那么应该也有“等待混凝土凝固”任务，因为在混凝土凝固之前不会去除模具。“等待混凝土凝固”任务应有占用的工期，因为混凝土凝固经过的是连续的日期，不管它们是工作时间还是非工作时间。如果混凝土凝固需要 48 小时，可以在该任务工期内输入 2ed，将任务安排在周五上午 9 点开始，预期任务会在周日上午 9 点完成。

7.4.4 任务模式

任务模式

新建的任务默认为手动安排，需将手动安排改为自动安排。手动安排是指子任务安排工期后，父节点工期要根据子任务工期设置（子任务工期的和）人工计算。自动安排是指子任务安排后，父节点任务自动计算工期。施工进度计划的编制中很少用到手动安排，推荐使用“自动安排”。

将所有任务的“任务模式”设置为“自动计划”，如果没有“任务模式”列，参考 7.3.6 节中自定义列的内容。找到任务模式为“自动计划”的单元，将鼠标放置到单元右下角，当出现“+”时即可拖动鼠标左键将相邻单元的任务模式设置为“自动计划”；或者选择全部任务名称，点击“任务”→“自动安排”，如图 7.13 所示。

	任务模式	任务名称	工期	开始时间	完成时间	前置任务	资源名称
1		办公楼项目	1 个工作日?	2018年3月1日	2018年3月1日		
2		开工	1 个工作日?	2018年3月1日	2018年3月1日		
3		结构	1 个工作日?	2018年3月1日	2018年3月1日		
4		基础结构	1 个工作日?	2018年3月1日	2018年3月1日		
5		独立基础	6 个工作日	2018年3月1日	2018年3月8日		
6		A段	1 个工作日?	2018年3月1日	2018年3月1日		
7		B段	1 个工作日?	2018年3月1日	2018年3月1日		
8		基础柱	6 个工作日	2018年3月1日	2018年3月8日		
9		A段	1 个工作日?	2018年3月1日	2018年3月1日		
10		B段	1 个工作日?	2018年3月1日	2018年3月1日		
11		基础梁	5 个工作日	2018年3月1日	2018年3月7日		
12		A段	1 个工作日?	2018年3月1日	2018年3月1日		
13		B段	1 个工作日?	2018年3月1日	2018年3月1日		
14		基础验收	5 个工作日	2018年3月1日	2018年3月7日		

图 7.13 自动安排

当任务模式为自动安排时，Project 会为每个任务指定日期。没有输入任务工期时，工期的数量默认为“1d”或者“1 个工作日”，而且在工作日后面紧跟着一个“?”。Project 中使用“?”来标识该任务的工期是估计工期，还没有最终确定。“估计工期”可以用来标识工期还没有确定的任务，计划编制者向相关人员做项目计划汇报时可以利用此标识来说明哪些任务的工期估计存在困难。消除“?”可以直接在工期的位置重新输入工期值，或者双击任务，进入任务信息对话框，手动修改是否显示“?”。

提示： 对于手动计划任务，工期是一个文本值，也是一个数字。由于工期可以为文本值，Project 尚未自动设置开始日期，甘特图仅部分显示，以反映此时此刻任务日程中的不确定性。

7.4.5 层级关系

层次关系

Project 创建任务清单后，需要设置任务之间的层级关系。先选择需要升级或降级的任务(可以多选)，点击“任务”选项卡中的“升级”按钮或者“降级”按钮，完成任务间的层级关系。每次降级，都会生成一个摘要任务。摘要任务默认加粗处理，下级任务会自动往右边退，明显区分出上下级任务。摘要任务实际上是虚拟的，是为了方便查看工作分解结构。升降级处理完毕后，点击摘要任务(上级任务)前的“三角形”符号可以展开和收起下级任务。创建好的层级关系如图 7.14 所示。

图 7.14 层级关系

也可以通过将光标移至分条形图的右端，单击并拖动光标修改任务的工期。

7.4.6 链接任务

逻辑关系

因为计划是需要定期更新的，在 Project 中开始做计划时就设置好这些依赖关系，这样不管是提前了还是拖后了，都能直观地看到对其他任务的影响。任务相关性是指两个任务之间的关系，即其中一个任务依赖于另一个任务的开始或结束。在 Project 中，任务之间理论上存在四种依赖关系，分别是完成-开始(FS)、开始-开始(SS)、完成-完成(FF)、开始-完成(SF)，设 A 为前置任务，B 为后继任务，则此四种关系如表 7.2 所示。由于还存在提前量和滞后量，因此总共可以有十二种不同的变形。

表 7.2 四种关系类型

任务间的关系	含义	条形图的外观	示例
完成-开始(FS)	任务 A 完成之后 任务 B 才可以开始	A B	“浇注混凝土”任务要在“挖地基”任务完成之后才能开始
开始-开始(SS)	任务 A 开始之后 任务 B 才可以开始	A B	“平整混凝土”任务要在“浇注混凝土”任务开始之后才能开始

续表

任务间的关系	含义	条形图的外观	示例
完成-完成(FF)	在任务 A 完成之后任务 B 才可以完成		“增加线路”和“添加管线”，这两个任务都必须在任何检验执行之前于同一时间完成
开始-完成(SF)	任务 A 开始之后任务 B 才可以完成		“装配屋顶”和“监督工作”，“装配屋顶”可以直接开始，但“监督工作”需要出现在装配屋顶结束之前的某一时间点

默认或省略任务之间的关系是完成-开始(FS)，在“前置任务”列的相应单元中输入前置任务的 ID 号，如果存在多个前置任务，只需在 ID 号之间加个英文逗号即可，如图 7.15 所示。也有可能如 2FS+2d，正数代表延隔时间，负数代表提前时间。2FS+2d 表示该任务与标识符为 2 的前置任务之间是完成-开始的关系，本任务在标识为 2 的任务完成后 2 个工作日开始。

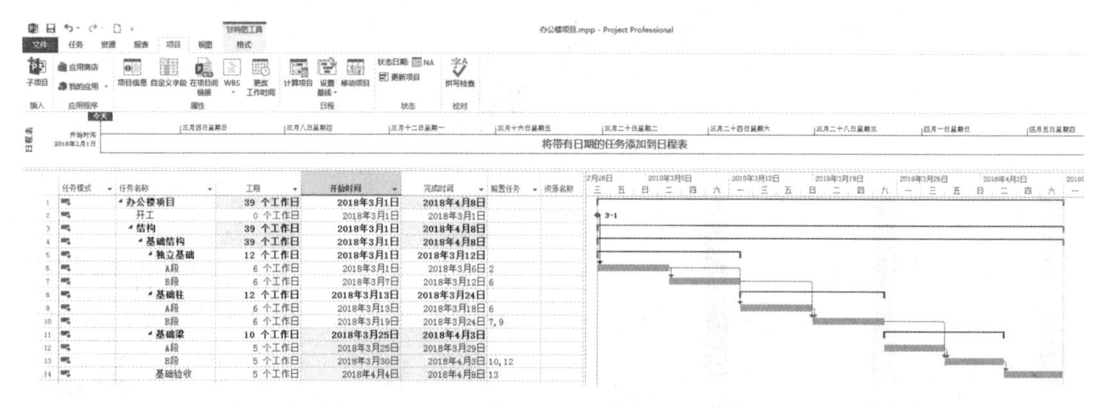

图 7.15　任务关系

项目施工计划编制中，推荐使用 FS，配合使用 SS，不推荐使用 FF 和 SF。任务的紧前紧后关系可以在“前置任务”列中手动输入对应的任务标识号，右侧甘特图中将对应的两个任务连线；如果一个项目有多个紧前任务，可在“前置任务”列中输入多个紧前任务的标识号，标识号直接用英文逗号隔开；如果多个任务成流水作业，可以批量选择多个施工任务，然后点击“任务”选项卡的“链接选定的任务”。

设置好任务的前置关系之后要再次认真检查任务之间的关系，防止遗漏。检查的方法推荐使用插入“后续任务”列来检查。“后续任务”同样可以设置任务之间的依赖关系，也可以作为“前置任务”的补充、检查，以避免关系遗漏，如图 7.16 所示。

如果要修改任务间的关系，则双击任务，在弹出的“任务信息”窗口中选择任务名称和类型，如图 7.17 所示。图中标识号就是任务的 ID 号，也可以在“任务名称”列的下拉菜单中选择某个任务作为前置任务，在“类型”的下拉菜单中则可以随意变换依赖关系的类型，延隔时

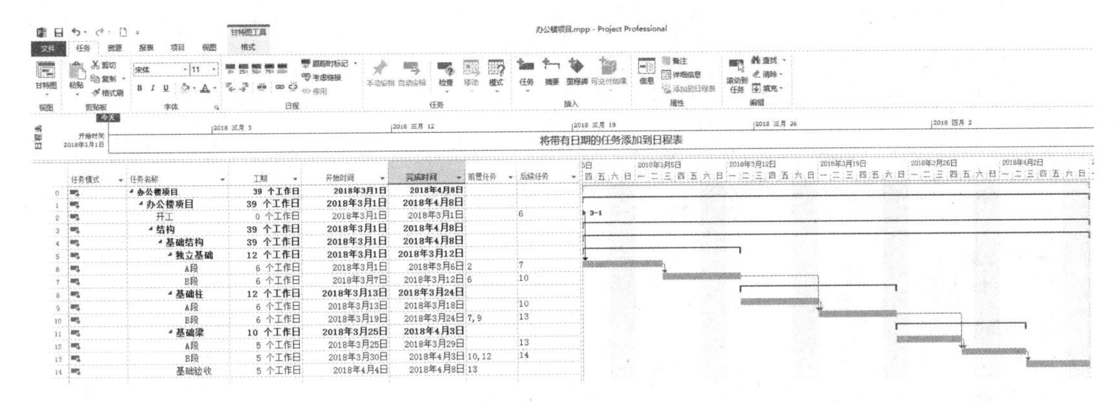

图 7.16　增加“后续任务”列

间也可以根据需要随意设置。

任务信息
常规　前置任务　资源　高级　备注　自定义域
名称(N): A段　工期(D): 6 个工作　估计(E)
前置任务(P):

标识号	任务名称	类型	延隔时间
2	开工	完成-开始(FS)	0d

完成-开始(FS)
开始-开始(SS)
完成-完成(FF)
开始-完成(SF)
(无)

帮助(H)　确定　取消

图 7.17　前置任务修改

可以直接在甘特图中创建完成-开始关系。指向前置任务的任务条，直到指针变成指向四周的星状，然后向上或向下拖动鼠标指针到后续任务的任务条。当拖动鼠标指针创建任务关系时，指针图像变成链节形状。

如果要撤销任务相关性，先选择要撤销任务相关性的任务，然后单击“常用”→“取消任务链接”按钮。

提示：链接任务时，某些“工期”“开始时间”“完成时间”的域，变为蓝底突出显示，这是因为每一次对项目计划做出修改后，Project 就会突出显示那些受影响的值。此特性称为“更改突出显示”，可以通过“视图”菜单将其关闭。

检查关联任务相互之间的时间间隔，如果存在时间间隔大于0，双击任务，在“任务信息”窗口的“高级”选项中设置，在“限制类型”的下拉选项中，选择“越晚越好”，即可最大限度满足流水施工任务的搭接，如图7.18所示。

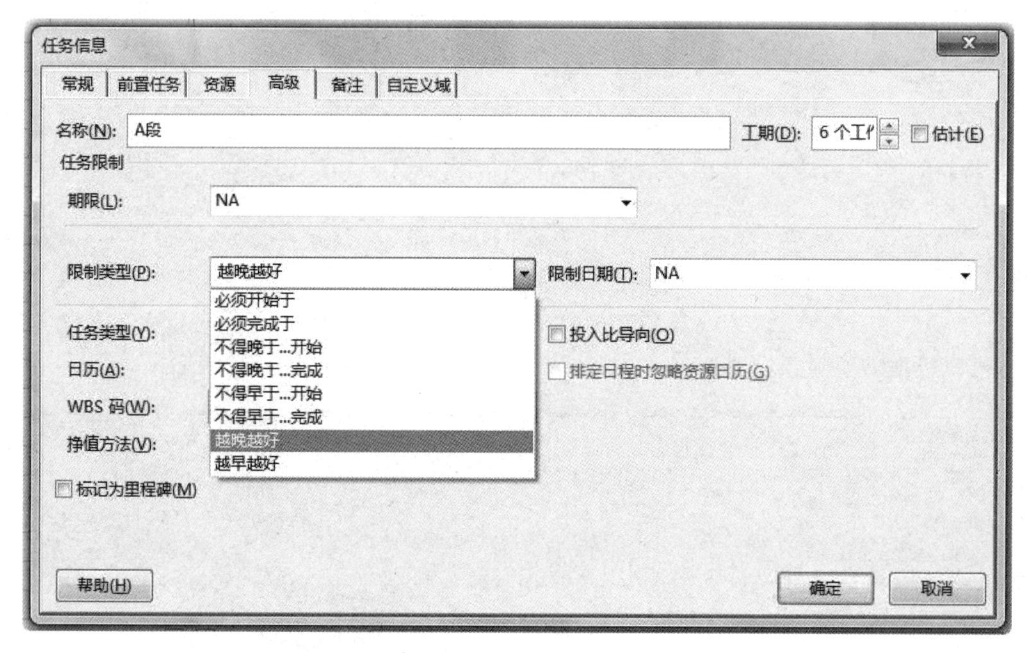

图7.18 任务限制类型

表7.3中列出了各种限制类型的说明。弹性限制没有与其关联的特定日期，设置此类限制允许在给定日程中其他限制和任务相关性的情况下，尽可能早或尽可能晚地开始任务，并在项目完成前结束任务。半弹性限制要求一个控制任务的最早或最晚开始或完成日期的关联日期，此类限制允许任务在任意时间完成，只要它满足开始或完成期限。非弹性限制要求一个控制任务的开始或完成日期的关联日期，在需要将外部因素(如设备或资源的可用性、期限、合同里程碑以及开始和完成日期)纳入日程考虑范围时，此类限制会很有帮助。例如，一个任务“必须开始于”限制为5月1日，且它与另一个任务的相关性是完成-开始，则无论其前置任务是否迟于或者早于5月1日完成，它都被安排于5月1日开始。

表7.3 任务限制类型

限制类型	日程排定影响	说明
越早越好	弹性	对于此类限制，Project将鉴于其他日程参数来尽可能早地排定任务日程。对于从开始日期进行日程排定的项目，这是默认的限制
越晚越好	弹性	对于此类限制，Project将鉴于其他日程参数来尽可能晚地排定任务日程。对于从完成日期进行日程排定的项目，这是默认的
不得晚于……完成	半弹性	该限制指定任务可能完成的最晚日期，该任务可早于或等于指定日期完成。对于从完成日期进行日程排定的项目，该限制在键入或者选择任务完成日期时应用

续表

限制类型	日程排定影响	说明
不得晚于……开始	半弹性	该限制指定任务可能开始的最晚日期,该任务可早于或等于指定日期开始。对于从完成日期进行日程排定的项目,该限制在键入或者选择任务开始日期时应用
不得早于……完成	半弹性	该限制指定任务可能完成的最早日期,该任务不能早于指定日期完成。对于从开始日期进行日程排定的项目,该限制在键入或者选择任务完成日期时应用
不得早于……开始	半弹性	该限制指定任务可能开始的最早日期,该任务不能早于指定日期开始。对于从开始日期进行日程排定的项目,该限制在键入或者选择任务开始日期时应用
必须开始于	非弹性	这种限制表明了任务必须开始的确切日期,其他的日程参数,如任务相关性、前置重叠时间或延隔时间、资源配备以及延迟相对于该要求都是将要的
必须完成于	非弹性	这种限制表明了任务必须完成的确切日期,其他的日程参数,如任务相关性、前置重叠时间或延隔时间、资源配备以及延迟相对于该要求都是将要的

7.4.7 定制视图

定制视图

设置文本样式时,选择需设置文本样式的任务行或列,在点击鼠标右键弹出的菜单中选择“文本样式”,在弹出的“文本样式”对话框中,选择要更改的项,如“摘要任务”,然后设置字体、字号、字体效果和颜色等,如图7.19所示。

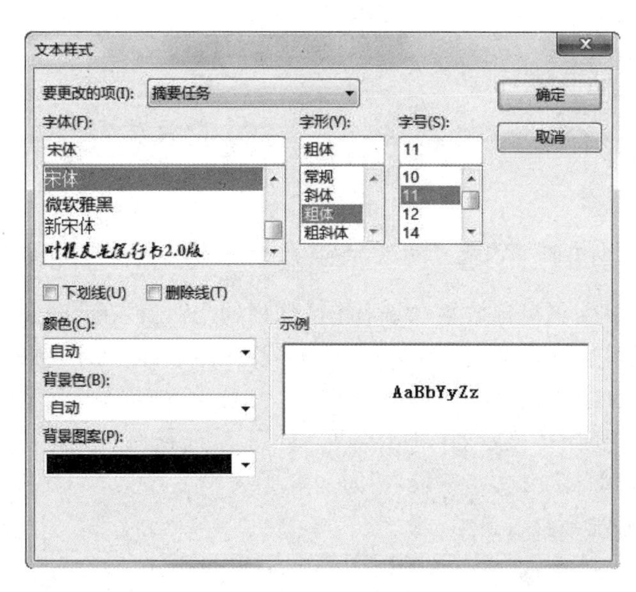

图7.19 文本样式

提示：确定后，Project会将新的格式设置应用到项目中所有摘要任务文本，但项目摘要任务除外，该项在"要更改的项"列表中是单独出现的。任何添加到项目计划的新摘要任务都会以新格式显示。

设置时间刻度时，将鼠标放置在时间标题处，在点击鼠标右键弹出的菜单中选择"时间刻度"，在弹出的"时间刻度"对话框中，分别设置顶层、中层、底层和非工作时间的刻度样式，如图7.20所示。在"显示"列表中，选择希望时间刻度显示的层数。在"单位"框中，为"时间刻度"框中所选选项卡的时间刻度层选择时间单位。在"标签"列表中，选择所选时间单位的标签格式。在"计数"框中，指定数字以指示时间刻度层上单位标签的频率。例如，如果单位为周，并且输入2，则时间刻度层将显示2周的段。在"对齐"列表中，选择"左对齐""居中对齐""右对齐"可对齐标签。选中或取消选中"时间刻度线"框可显示或隐藏单位标签之间的垂直线条。选中或取消选中"使用财政年度"框可将时间刻度建立在会计年度或日历年度基础之上。在"大小"框中，输入百分比可缩小或放大时间刻度层上单位之间的间距。选中或取消选中"时间刻度分隔线"框可显示或隐藏时间刻度层之间的水平线条。

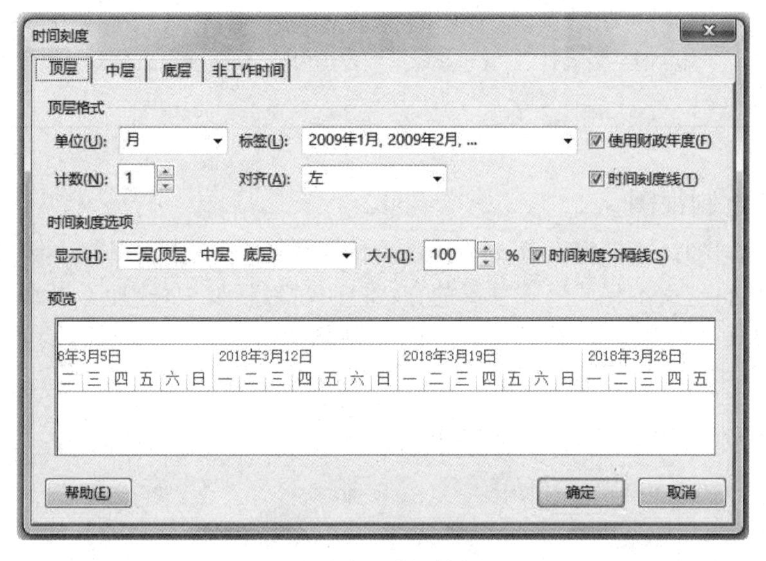

图7.20　时间刻度

提示：顶层的时间单位大于中层，中层的时间单位大于底层。

设置条形图样式时，将鼠标放置在条形图区域内的空白处，在点击鼠标右键弹出的菜单中选择"条形图样式"，在弹出的窗口中，先在上方表格的"名称"列中选择需设置条形图样式的项目(如任务)，再在下方的"文本"选项卡中，在"左侧""右侧""上方""下方""内部"框中，输入或选择包含在甘特条中显示的数据的字段，如图7.21所示。如果要添加对每个任务唯一的文本，输入或选择自定义文本字段，例如文本1、文本2或文本3。从其他视图输入这些字段的文本会自动添加到甘特条中。

修改条形图的样式，在"名称"字段中，单击想要设置格式的甘特条类型(例如"任务"或"进度")，然后单击"条形图"选项卡，如图7.22所示。如果此甘特条类型没有出现在表中，

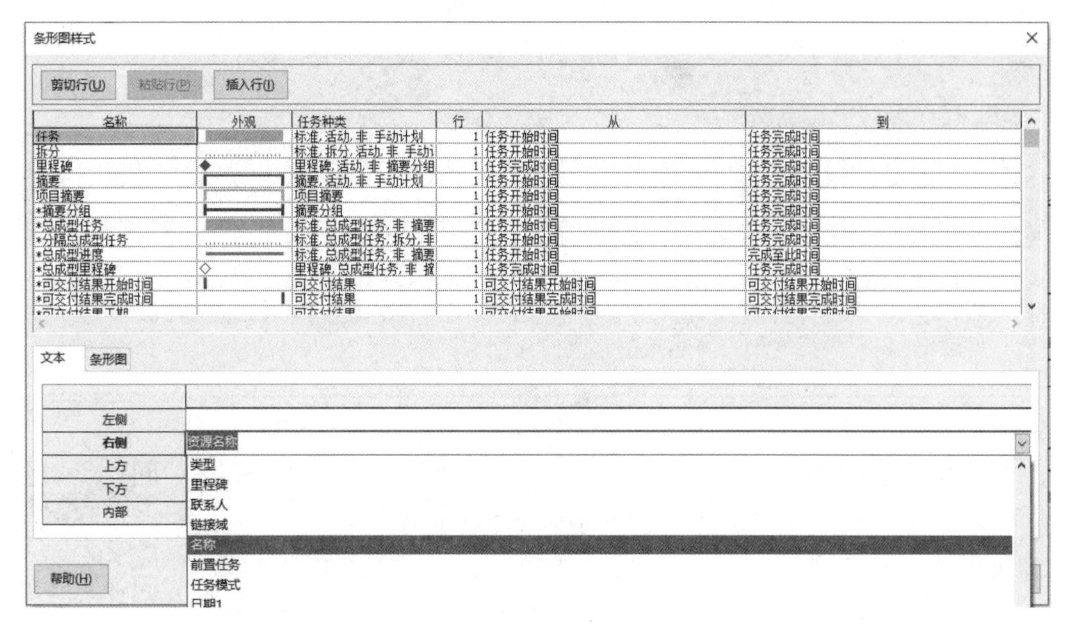

图 7.21　条形图样式——文本

可为所需任务类型创建新的甘特条。在“头部”“中部”“尾部”下，单击条形图的形状、类型或图案以及颜色。某些类别只有头部形状（例如里程碑），而其他类别具有头部形状、中部形状和尾部形状（如摘要任务）。设置完成后的样式如图 7.23 所示。

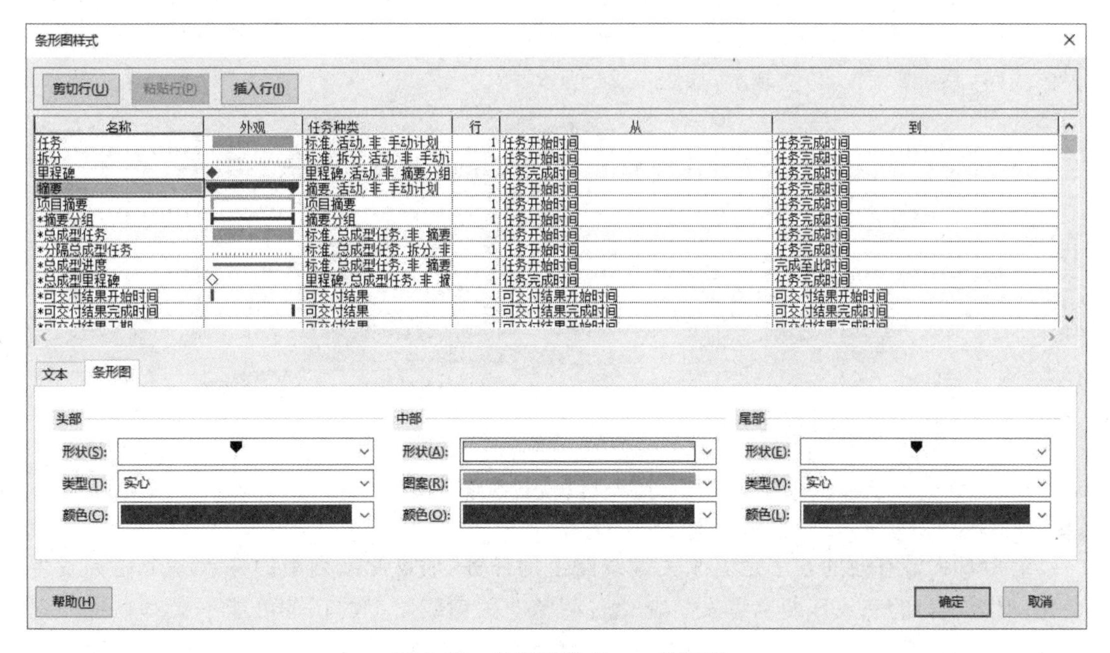

图 7.22　条形图样式——条形图

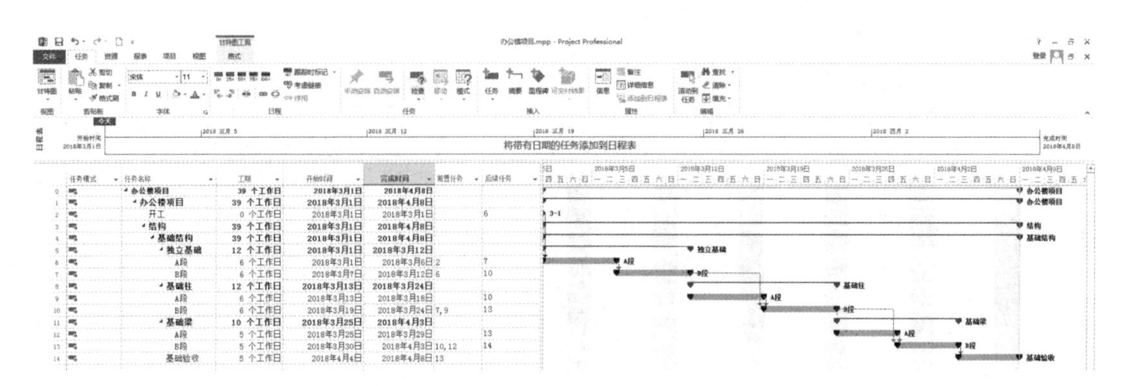

图 7.23　条形图样式

7.4.8　关键线路

关键任务

关键线路是项目计划中最长的路线，最后一个任务的完成日期就是项目的完成日期。非关键线路是指在保证不影响项目的进度或者完成时间的前提下具有可调整的浮动时间的路线，其具有弹性，具有总时差和自由时差。优化项目计划，缩短项目工期的方法就是将具有较长时差的任务的时差缩短，把资源调整到关键任务上。每个任务都是重要的，但其中只有一部分是关键任务。关键线路是链接起来的任务链，它会直接影响项目的完成日期。如果关键线路中有任何一个任务延期，则整个项目也会延期。

点击“格式”，勾选“关键任务”选项，或者将鼠标放置在条形图区域内的空白处，在点击鼠标右键弹出的菜单中选择“显示/隐藏条形图样式”项下的“关键任务”，即可显示计划中的关键线路，系统默认以红色显示，如图 7.24 所示。

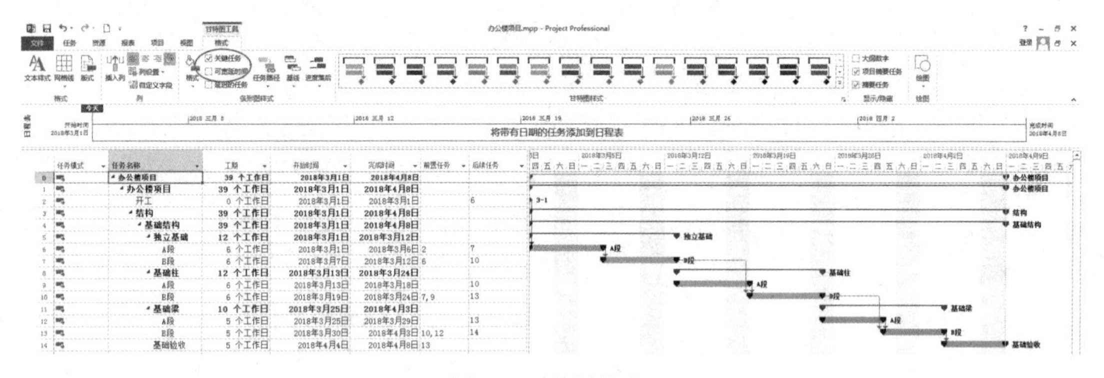

图 7.24　关键线路

缩短日程最有效的方法是更改关键线路上的任务，如果此系列中的任意一个任务发生变化，那么项目的完成日期也将发生变化。调整非关键线路上的任务可能不会对日程产生影响。可以采用以下措施来缩短日程：缩短任务的工期（通常是缩小范围或增加资源的结果）；重叠多个任务，使其同步进行；删除任务，以满足完成日期的要求（通常是缩小范围的结果）；分配更多的资源和减少分配的工时数（通常是缩小范围或提高资源效率的结果）。

当调整日程时，成本可能会增加，资源可能会被过度分配，而且范围也可能发生变化。

例如，如果缩短关键线路上任务的工期，项目可能会提前完成，但是这些任务甚至整个项目的范围可能会缩小；或者如果将额外的资源分配给关键线路上的任务，以使其能够更快地完成，这些资源现在会被过度分配，而且必须支付加班费，从而增加了成本。

如果制订的计划超出了预算，为了降低成本，可以缩小项目范围，以便减少需要资源的任务或缩短这些任务的工期。如果不想缩小范围，可以调整资源并确保费率、费用和加班工时。

7.4.9 设置 WBS

设置 WBS

在 Project 中可以设置 WBS。由于 Project 软件的特殊性，最好不要在建立任务时设置工作分解结构，否则修改起来比较麻烦，妥善的做法是在计划任务层次关系确定后再设置 WBS。本书案例项目的工作分解结构的级数要看计划中是否含有"办公楼项目"任务，没有此项的工作分解结构设置为 3 级，有此项的工作分解结构设置为 4 级，在此将有此项的工作分解结构设置为 4 级。使用"WBS 代码定义"对话框创建、查看或修改统一的 WBS 代码格式或掩码。WBS 代码通常是唯一的，也就是说，每个任务都具有单独的 WBS 代码。在代码定义中可以定义 WBS 代码格式，包括 WBS 代码的序列、长度和分隔符，可以表示任务在项目层次结构中的位置，也可以查看项目的方式的特定格式。

点击"项目"→"WBS"下方倒三角图标并选择"定义代码"选项，就会弹出"WBS 代码定义"窗口。窗口中的"代码预览"显示具有已指定选项的示例 WBS 代码。"项目代码前缀"定义在活动项目中每个任务的 WBS 代码之前添加的前缀。使用"代码掩码"表定义 WBS 代码，将每个 WBS 级别输入不同的行，序列中的每个级别都基于另一个级别来创建完整的 WBS 代码掩码。"级别"指示与要定义的 WBS 代码掩码相对应的大纲级别。在输入每个额外的代码掩码时，此字段将自动递增。"序列"输入代码掩码的字符类型，选项包括数字（有序）、大写字母（有序）、小写字母（有序）和字符（无序）。"长度"表示此 WBS 代码级别所需的长度。如果 WBS 代码可以为任意长度，单击"任意"。整个 WBS 代码的最大长度为 255 个字符。"分隔符"用以分隔 WBS 代码级别，默认分隔符为句点。复选框中的"为新任务生成 WBS 代码"指定创建新任务时，Project 将生成 WBS 代码。勾选"检查新 WBS 代码的唯一性"在编辑任务的 WBS 代码时强制执行唯一性。如果输入的 WBS 代码已在项目中使用，Project 将显示一条消息，通知该代码是重复的。本例中设置的"代码定义"如图 7.25 所示。

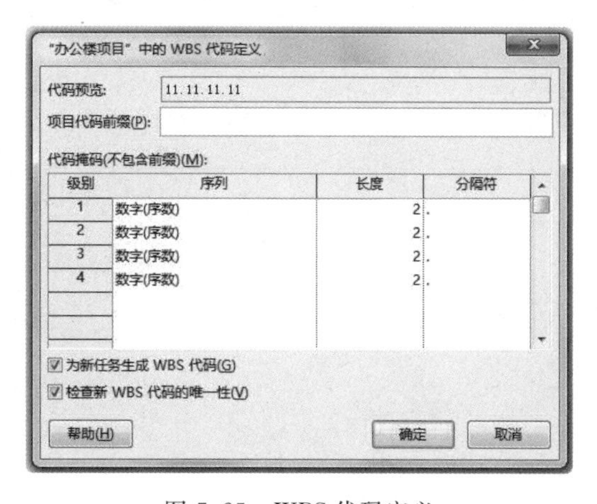

图 7.25 WBS 代码定义

选择“WBS”列，设置完成后的样式如图 7.26 所示。

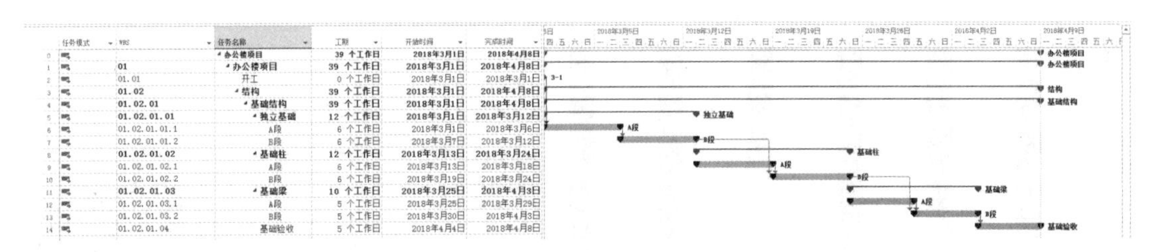

图 7.26　WBS 设置完成后显示样式

Project 除了可以安排日程进度外，还可以为执行项目的人员设置基本资源信息，输入项目所用设备的基本资源信息，输入项目所消耗材料的资源信息，输入成本资源信息以进行财务跟踪和设置工作资源的成本信息。这里的资源包括完成项目任务所需的人员和设备。Project 关注资源的可用性和成本两个方面。可用性决定了特定资源何时能用于任务以及它们可以完成多少工作，成本指的是需要为资源支付的金钱。以上内容本书不做阐述。

本章小结

本章简单阐述项目计划和使用 Project 编制进度计划的方法，通过设置日历、确定任务清单、明确层次关系和链接关系，形成进度计划图。Project 只是一种管理工具，而进度计划编制是一项专业性很强的工作，它由项目的类型和工程活动性质所决定。这要求编制者对项目的实施过程，特别是技术系统的建立过程有十分深入的理解，同时编制者还必须掌握进度计划编制的原理和方法，才能编制行之有效的工程进度计划。

第8章　施工模拟

8.1　概述

施工模拟是指施工进度相关的时间信息和建筑模型链接产生的施工进度模拟，即用计算机软件建立建筑模型并借助各种可视化的设备对项目进行虚拟描述，附加时间维度，通过工作分解结构（WBS）技术关联施工进度计划，将施工过程的每一个工作以可视化形象的建筑构件虚拟建造过程来显示。施工模拟实现了3D参数化模型与Project文件中数据的完全对接，从而保证了施工现场管理与施工进度在时间和空间上协调一致，有效地帮助项目管理者合理安排施工进度和施工场地布置，并且根据进度要求优化分配人、材、机等各种资源。进度模拟不但可以模拟整个项目的施工过程，还可以对复杂技术方案的施工过程和进度进行模拟，实现施工方案可视化交底，避免了由于语言文字和二维图纸交底引起的理解分歧和信息错漏等问题。

Autodesk公司的Navisworks Manage软件可用于施工模拟、工程项目整体分析及信息交流，其功能包括模拟与优化施工进度、识别与协调冲突与碰撞、使项目参与方有效沟通与协作，以及在施工前发现潜在问题。而且Navisworks Manage软件与Microsoft Project软件具有互用性，将在Microsoft Project软件环境下编制的施工进度计划与3D模型相互关联起来，从而使得项目进度计划通过3D构件在进度计划安排中表现出来，可以将施工进度和成本控制贯穿于工程项目各个阶段。

Navisworks软件能够将SketchUp和Revit系列等多个应用创建的几何设计数据，与来自其他软件生成的数据信息相结合，合成为整体的四维项目，通过多种文件格式进行实时审阅。本章简单介绍Navisworks Manage的基本功能，在达到对工程项目的三维模型查看的同时，添加时间轴，得到4D施工模拟动画。

8.2　创建模型

8.2.1　数据转化

在Revit软件中，点击“附加模块”→“外部工具”→“Navisworks 2018”，如图8.1所示，将Revit模型导出，其文件扩展名是NWC。也可以执行“文件”→“导出”，选择“NWC”选项后，将文件导出。

打开Navisworks Manage 2018，点击“常用”→“项目”→“附加”，选择“附加”选项，在弹出的“附加”对话框中，选择要添加文件所在的文件夹，选择“结构模型.nwc”，将模型导入。也可以直接附加Revit文件，但速度较慢。

在Navisworks中可打开60多种文件格式，其中NWD、NWF和NWC三种格式是Navisworks自身的格式。NWD是数据文件，所有模型数据、过程审阅数据、视点数据等均

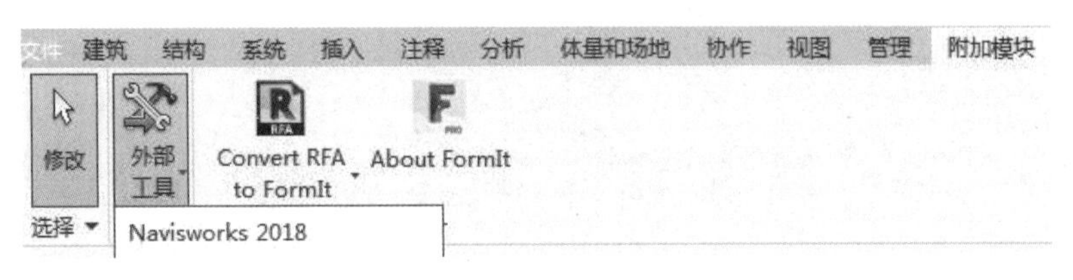

图 8.1　导出数据

整合在单一的 NWD 文件中，绝大多数情况下，在项目发布或过程存档阶段使用该格式。NWF 文件是 Navisworks 的工作文件，保持与 NWC 文件间的链接关系，且将工作过程中的测量、审阅、视点等数据一同保存，大多数情况下，在工作过程中使用该格式用于查看最新的场景模型状态。NWC 文件是缓冲文件，不可以直接修改。

提示： 在载入模型文件后，Navisworks 将在该文件目录生成与文件名称相同的 NWC 文件。

8.2.2　合并模型

Navisworks 是一个协作性解决方案，以不同的方式审阅模型，但其最终的文件可以合并为一个 Navisworks 文件，并自动删除任何重复的几何图形和标记。可以将选定文件中的几何图形和数据附加到当前打开的三维模型或二维图纸中。

如果要将两个多图纸文件附加在一起，当默认图纸/模型附加到当前场景后，可以选择将其余图纸/模型添加到文件中。可以在“选项编辑器”中自定义此行为，也可以从文件中执行几何图形和数据附加，即将“图纸浏览器”中列出的二维图纸或三维模型附加到当前打开的图纸或模型。

将多个文件合并成同一参照文件的 NWF 文件。点击“常用”→“项目”→“附加”，选择“合并”选项，在弹出的对话框中，选择“动臂塔吊. nwc”文件，单击“打开”后载入模型，将同时显示办公楼结构与塔吊两个对象的模型，如图 8.2 所示。点击打开“选择树”工具窗口，可以看到同时显示两个模型的文件名。

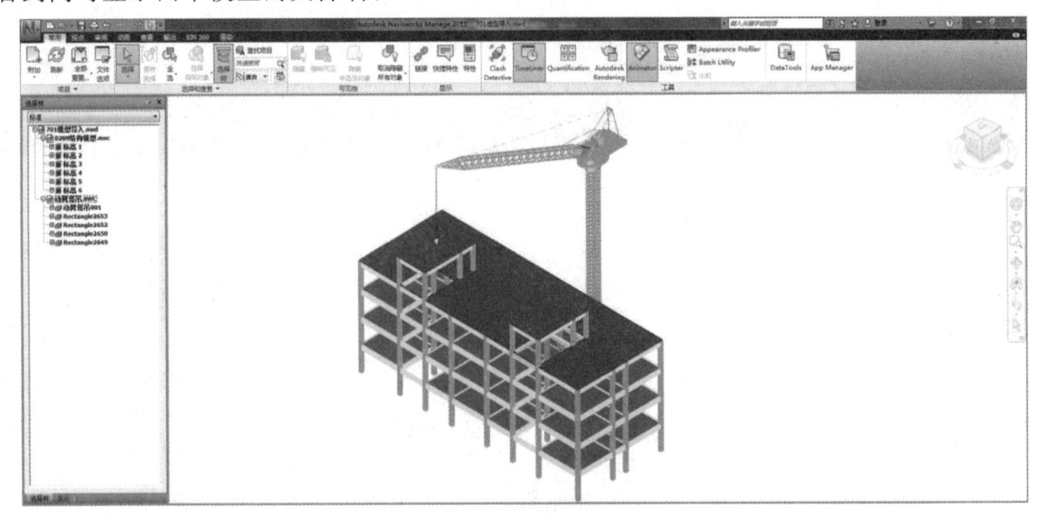

图 8.2　附加模型

8.3 选择集

8.3.1 选择树

对 Navisworks Manage 中任意图元进行操作时，都应先选择图元。在 Navisworks Manage 中移动鼠标指针到要选择的对象，单击即可以选择该图元。但在 Navisworks Manage 中选择的图元具有不同的层级，不同的层级中所选择的图元内容也不尽相同。

打开“选择树”工具窗口并固定显示，移动鼠标指针至办公楼任意位置，单击鼠标将选择被选中的图元，同时在视图中默认以蓝色高亮显示该图元。此时，“选择树”工具窗口如图 8.3 所示。

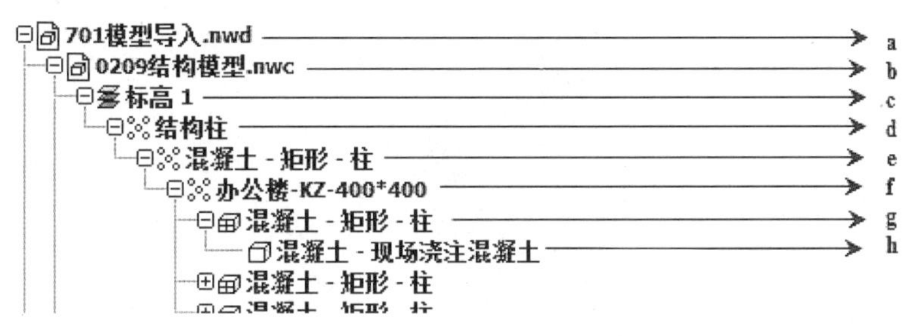

图 8.3 “选择树”工具窗口

确认“选择树”工具窗口中的显示方式为“标准”，展开各层级，以指示当前所选择图元所在的位置。各层级的含义如下：a 为当前场景名称；b 为当前图元所在源文件的名称；c 为当前图元所在的层或标高，由于当前场景项目采用 Revit 创建，因此“标高 1”代表所在的标高名称；d 为当前图元所在的类别集合，该类别集合由 Navisworks 在导入场景时自动创建，方便选择、管理；e 为当前选择图元的所在类型集合；f 为当前选择图元的 Revit 族类型名称；g 为当前选择图元的 Revit 族名称；h 为当前选择图元的几何图形。

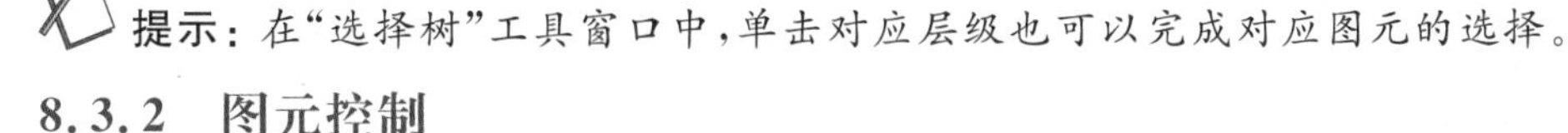
提示： 在“选择树”工具窗口中，单击对应层级也可以完成对应图元的选择。

8.3.2 图元控制

在 Navisworks Manage 中选择几何图元后，用户可以对场景中的图元进行单独控制，如对图元进行可见性控制、对图元的几何位置和尺寸进行编辑和修改。

在场景浏览时，为显示被其他图元遮挡的对象，用户常需要对视图中的图元进行隐藏、显示等控制。选择模型对象后，用户可以对图元进行隐藏、取消隐藏、颜色替代等操作。

在“选择树”工具窗口中，单击“动臂塔吊.nwc”，Navisworks Manage 将选择“动臂塔吊”文件层级。点击“常用”→“可见性”→“隐藏”，如图 8.4 所示，在视图窗口中隐藏动臂塔吊的所有图元，此时场景中将仅显示办公楼的结构模型。

此时在“选择树”工具窗口中，被隐藏的图元名称显示为灰色，如图 8.5 所示。点击“常用”→“可见性”→“取消隐藏所有对象”的下拉列表，选择“显示全部”选项，Naviswork Manage 将重新显示所有已被隐藏的图元。点击“常用”→“可见性”→“强制可见”，在“选择树”中将隐藏对象显示为红色。

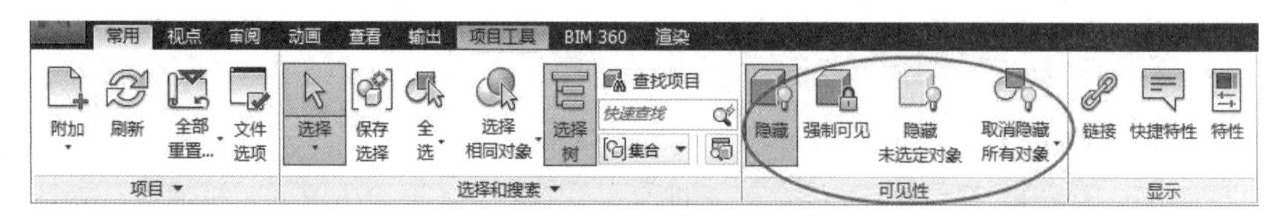

图 8.4 隐藏图元

图 8.5 隐藏图元的选择树

8.3.3 建立选择集

建立选择集

Navisworks Manage 中施工过程模拟的核心基础是场景中图元选择集的定义，必须确保每个选择集中的图元均与施工任务要求一一对应，才能得到正确的施工模拟结果。因此，必须结合施工模拟要求及施工任务安排，合理定义模型的创建和拆分规则，并在Navisworks Manage 中定义合理的选择集，以满足施工任务的要求。

在 Navisworks Manage 中，要将同一个时间段发生同一动作的图元保存为选择集，在选择树面板上，点击标高 1 的结构柱，此时被选中的构件将高亮显示。点击"常用"→"选择和搜索"面板中的"集合"下拉列表，如图 8.6 所示。在列表中单击"管理集"选项，打开"集合"工具面板。

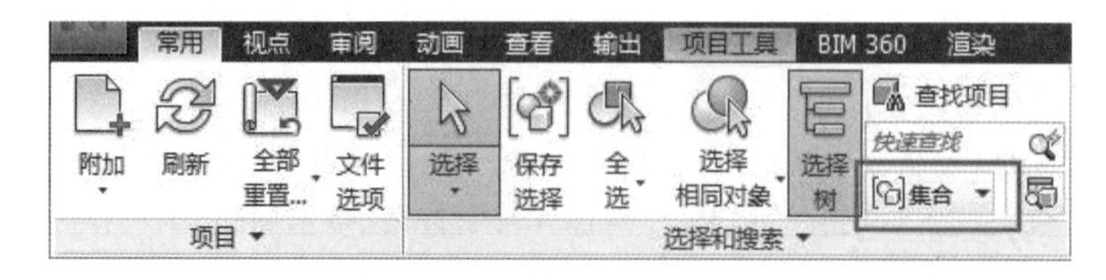

图 8.6 "集合"工具面板

在选择树点击标高 1 的结构柱后，在"集合"工具窗口点击"保存选择"后，Navisworks Manage 将自动建立默认名称为"选择集"的选择集合，输入该选择集名称为"F1-zhu"，按回车键确认。重复以上步骤，将选择树中的所有图元分层分类保存为选择集，在"集合"工具面板中显示在该场景文件中已保存的所有选择集合，如图 8.7 所示为点击选择集为标高 2 的结构柱时的窗口。

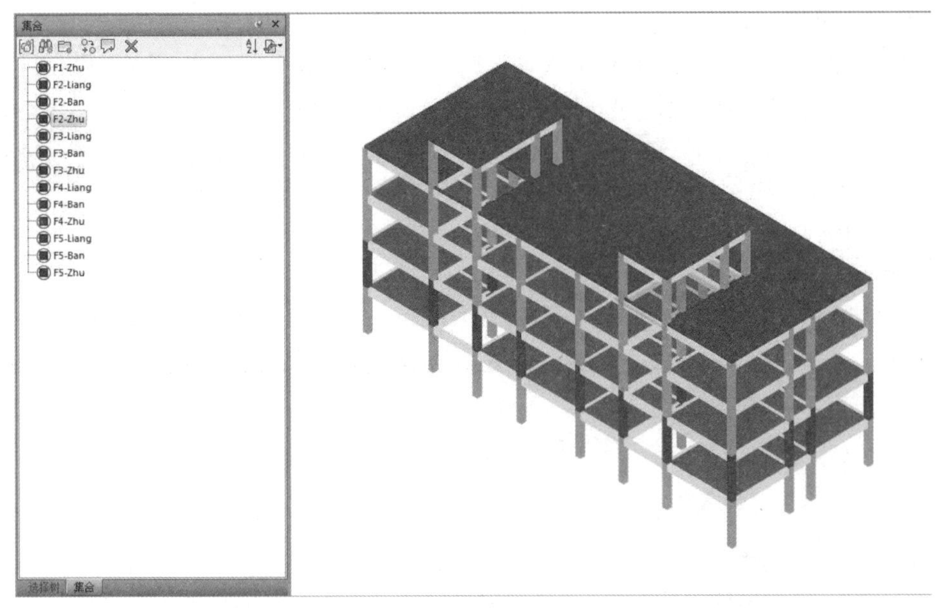

图 8.7　选择集

提示： 可以通过“集合”工具窗口，选择并隐藏所有已保存的集合，检查是否遗漏图元未被保存为集合。

8.4　场景动画

Navisworks Manage 提供了 Animator 动画功能，用于在场景中制作如车辆运输、塔吊旋转和结构柱生长等场景动画，用于增强施工模拟动画场景浏览的真实性。它提供了包括图元、剖面和相机三种不同类型的动画形式，用于实现如对象移动、对象旋转、视点位置变化等动画表现。在 Navisworks Manage 中，对图元均可以添加不同的动画，多个图元动画最终形成完整的动画集。将这些场景动画功能与 4D 施工模拟结合，可以用来模拟更加真实的施工动态过程。

在“Animator”工具面板中，Navisworks Manage 提供了平移、旋转、缩放等不同动画集，不同图标对应的动画集名称及功能简介如下。

①平移动画集：位置移动类动画，如汽车行走。

②旋转动画集：绕指定轴旋转类动画，如门窗开闭、塔吊旋转。

③缩放动画集：沿指定方向改变图元大小，如表现结构柱、墙沿 Z 轴生长。

④更改动画集的颜色：修改动画集中图元颜色，在指定动画周期内，改变图元颜色。

⑤更改动画集的透明度：修改动画集中图元透明度，在指定动画周期内，改变图元透明度。

⑥捕捉关键帧：用于设定动画在指定时间位置的关键帧。

⑦打开/关闭捕捉：用鼠标在场景中移动、旋转图元时，开启图元捕捉功能。

8.4.1 缩放动画

构件生长动画

将场景中图元按照一定的比例在 X、Y、Z 方向上进行放大和缩小，并利用"Animator"面板中的时间轴，在开始时刻和结束时刻分别记录图元不同比例，就形成了缩放动画。利用缩放动画，可以展示类似于从小到大的生长类动画，如利用模型结构柱从低到高、从无到有的变化来模拟施工过程。下面将以一层柱为例说明设置缩放动画的一般步骤，先隐藏位于标高 1 结构柱上面的所有图元。

单击"常用"→"工具"→"Animator"，打开"Animator"工具面板，如图 8.8 所示。

图 8.8 "Animator"工具选项卡

"Animator"工具面板由动画控制工具条、动画集列表及动画时间窗口构成。由于当前场景中还未添加任何场景和动画集，因此该面板中绝大多数动画工具条均为灰色。

时间轴视图的顶部是以秒为单位表示的时间刻度条。所有时间轴均从 0 开始。在时间刻度条上单击鼠标右键会打开关联菜单。使用"Animator"树视图下方的"放大"和"缩小"图标可以对时间刻度条进行放大和缩小。默认时间刻度在标准屏幕分辨率上显示大约 10 s 的动画，放大和缩小操作的效果是使可见区域变为原来的两倍或一半。例如，放大会显示大约 5 s 的动画，而缩小会显示大约 20 s 的动画。更改时间刻度的另一种方法是使用"缩放"框。例如，键入"1/4"将使可见区域缩小为原来的四分之一。放大时，输入的值将减小为原来的一半；缩小时，输入的值将为原来的两倍。删除"缩放"框中的数值，会返回到默认时间刻度。

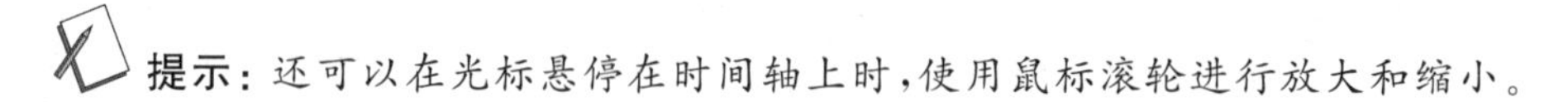
提示：还可以在光标悬停在时间轴上时，使用鼠标滚轮进行放大和缩小。

关键帧在时间轴中显示为黑色菱形。可以通过在时间轴视图中向左或向右拖动黑色菱形来更改关键帧出现的时间。随着关键帧的拖动，其颜色会从黑变为浅灰。彩色动画条用于在时间轴中显示关键帧，并且无法编辑。每个动画类型都用不同颜色显示，场景动画条为灰色。通常情况下，动画条以最后一个关键帧结尾。如果动画条在最后一个关键帧之后逐渐褪色，则表示动画将无限期播放(或循环播放动画)。

在"Animator"面板中添加新场景，修改场景名称为"F1"。展开"集合"工具窗口，单击选择名称为"F1 - Zhu"的选择集，选择场景中的结构柱图元。用鼠标右键单击"Animator"面板中"结构柱"场景名称，在弹出的快捷菜单中选择"添加动画集|从当前选择"，创建新的动画集，修改动画集名称为"zhu"。

提示：添加场景文件夹为"F1"的文件夹组织，用于对场景中多个动画进行管理。

起始状态设置：在"Animator"工具面板中确认当前时间点为"0:00.00"，即动画的开始时间为 0 s。单击动画集工具栏中的"缩放动画集"按钮，Navisworks Manage 将在场景中显示缩放小控件。单击"捕捉关键帧"按钮，将当前缩放状态设置为动画开始时的关键帧状态，在关键帧处用鼠标右击，弹出“编辑关键帧”对话框，在缩放选项中修改“Z”方向值为“0.01”，意为将构件沿 Z 轴方向缩小为原来的 1%；在居中选项中，修改“cZ”值为 0，意为构件的缩放中心位于底部，其他参数不变，如图 8.9 所示。

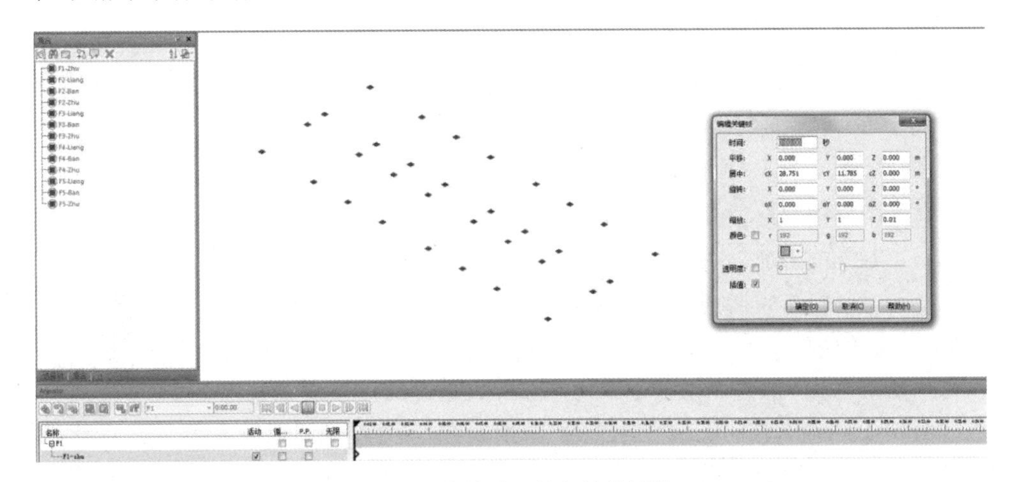

图 8.9　缩放动画的起始关键帧

终止状态设置：在“Animator”工具面板中确认当前时间点为“0:06.00”，即动画的终止时间为 6 s。单击动画集工具栏中的“缩放动画集”按钮，Navisworks Manage 将在场景中显示缩放小控件。单击“捕捉关键帧”按钮，将当前缩放状态设置为动画终止时的关键帧状态，在关键帧处用鼠标右击，弹出“编辑关键帧”对话框，在缩放选项中修改“Z”方向值为“1”，意为显示构件原始尺寸；在居中选项中，修改“cZ”值为 0，意为构件的缩放中心位于底部，如图 8.10 所示。

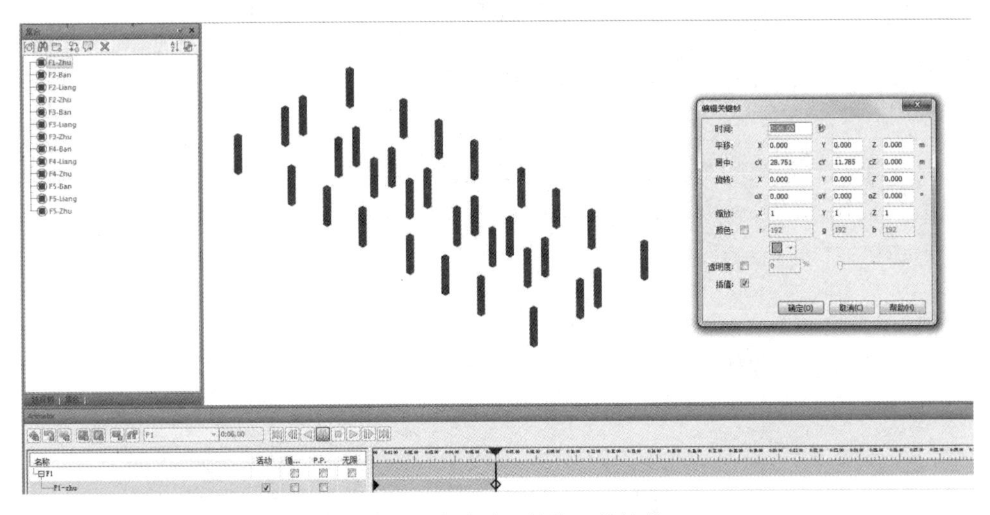

图 8.10　缩放动画的终止关键帧

单击“Animator”工具面板顶部动画控制栏中的“停止”按钮，动画将返回至该动画集的起点位置。重复以上过程，将每层的结构构件依次做好生长动画。

提示： 在编辑图元动画之前，可以通过隐藏非动画图元，单独设置和观看某些特定构件的动画。

Navisworks Manage 默认的缩放中心位于图元的中心位置，如果不修改缩放中心位置，结构柱动画将显示为从原点向上下两侧生长。要表现结构柱从底端到顶端的生长动画，就要修改缩放中心，即“cZ”的值为 0。在编辑对话框中“X”“Y”“Z”是指输入围绕 X、Y 和 Z 轴的缩放系数，比如说，1 为当前大小，0.5 为一半，2 为两倍。“cX”“cY”“cZ”是指输入 X、Y 和 Z 坐标值可将缩放的原点（或中心点）移动到此位置。

8.4.2 旋转动画

附加塔吊

Navisworks Manage 提供了旋转动画集，可为场景中的图元添加如开窗开闭、塔吊旋转等图元旋转动画，用来表现图元角度变化、模型旋转展示等。下面以塔吊旋转为例，说明为场景中图元添加旋转动画的一般步骤。

塔吊旋转动画

在“Animator”面板中，单击左下角的“添加场景”按钮，或用鼠标右键单击左侧场景列表中空白区域任意位置，在弹出的快捷菜单中选择“添加场景”，将添加名称为“场景 1”的空白场景，将其命名为“tadiao”。利用选择树和集合功能，选择塔吊的转臂，用鼠标右键单击“tadiao”场景，在弹出的快捷菜单中选择“添加动画集|从当前选择”的方式，创建新动画集，修改该动画集名称为“tadiao”。

在“Animator”工具面板左侧的动画集列表窗口中单击“旋转运动”动画集，确认当前时间点为 0:00.00，即动画的开始时间为 0 s；单击“Animator”工具栏中的“捕捉关键帧”按钮，将塔吊当前位置的状态设置为动画开始时的关键帧状态。

移动鼠标指针至右侧动画的时间窗口，拖动时间线至 6 s 位置，或在时间窗口中输入“0:06.00”，Navisworks Manage 将自动定位时间滑块至该时间位置。在“Animator”工具面板的工具栏中单击“旋转动画集”工具，将在场景中显示坐标小控件，确认该坐标小控件位于塔吊图元的旋转轴位置。在“Animator”面板底部将出现旋转坐标指示器。根据建筑物的大小，旋转塔吊的转臂至另一个角度，按回车键确认。单击“捕捉关键帧”按钮将当前图元状态捕捉为关键帧，即 Navisworks 将在时间线 6 s 的位置添加新关键帧。旋转动画起始界面和终止界面如图 8.11 所示。

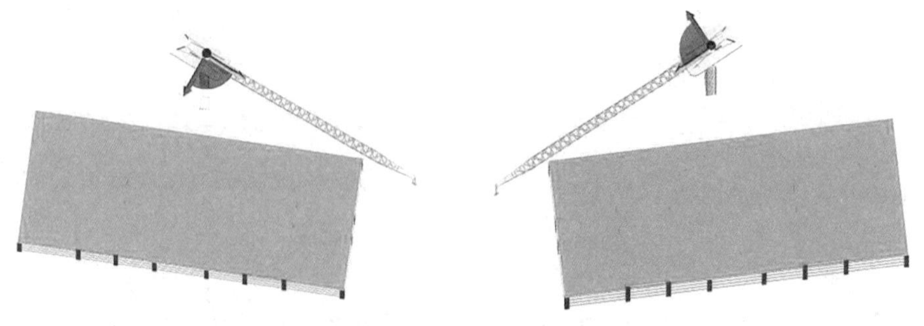

图 8.11　旋转动画的初始和终止界面

在旋转动画的编辑窗口中,“X”“Y”“Z”是指输入围绕 X、Y 和 Z 轴的旋转角度可将选定对象移动到此位置。“cX”“cY”“cZ”是指输入 X、Y 和 Z 坐标值可将旋转的原点(或中心点)移动到此位置。“oX”“oY”“oZ”是指输入围绕 X、Y 和 Z 轴的旋转角度可修改旋转的方向。

在 Navisworks Manage 中,动画集动画至少由两个关键帧构成。Navisworks Manage 会自动在两个关键帧之间进行插值运算,使得最终动画变得平顺。动画集有“循环播放”“P. P.”“无限”等动画集播放选项,本例中的塔吊需要往复运动,勾选“P. P.”选项,如图 8.12 所示。

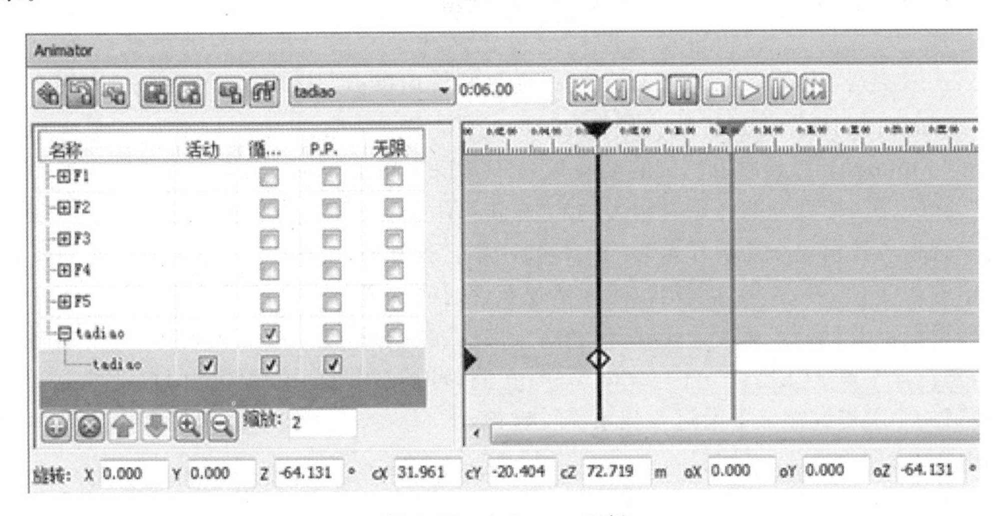

图 8.12　Animator 面板

如果希望场景连续播放,要选中“循环播放”复选框。当动画结束时,它将重置到开头并再次运行。如果希望场景在往复播放模式下播放,要选中“P. P.”复选框。当动画结束时,它将反向运行,直到到达开头。除非还选中了“循环播放”复选框,否则该播放将仅发生一次。如果希望场景无限期播放(即在单击“停止”前一直播放),要选中“无限”复选框。如果取消选中该复选框,场景将一直播放到结束为止。

注意:选中“无限播放”会禁用“循环播放”和“P. P.”。

用鼠标右键单击动画窗口中关键帧位置,在弹出的快捷菜单中选择“编辑”,弹出“编辑关键帧”对话框。在“编辑关键帧”对话框中,可以对当前关键帧进行详细设置,调整后将影响动画的关键帧设定。

提示:“Animator”面板中默认禁止使用中文输入法,只能输入英文字母。使用拼音输入,或者在空白文本中输入需要的中文名称后,复制、粘贴到动画场景的名称位置。

从概念上而言,关键帧表示上一个关键帧的相对平移、旋转和缩放操作,对于第一个关键帧而言,则指模型的开始位置。关键帧彼此相对并且相对于模型的开始位置,如果在场景中移动对象,将相对于新开始位置而不是动画的原始开始位置创建动画。平移、缩放和旋转操作是累积的。如果特定对象同时位于两个动画集中,则将执行这两个操作集。因此,如果两者均通过 X 轴平移,对象移动的距离将为原来的两倍。如果动画集、相机或剖面集时间轴的开头没有关键帧，则时间轴的开头将类似于隐藏的关键帧。因此，假设有一个几秒的关键帧，并且该关键帧启用了“插值”选项，则在开头的几秒，对象将在其默认开始位置和第一个关键帧中定义的位置之间插值。

8.4.3 相机动画

Navisworks Manage中除通过使用漫游的方式实现视点位置移动外，“Animator”面板中还提供了相机动画，用于实现场景的转换和视点的移动变换。相对于漫游工具，相机动画可控性更强，从而更加平滑地实现场景的漫游与转换。

与其他动画集类似，相机动画同样通过定义两个或多个关键帧的方式实现。打开“Animator”面板，新建名称为“xiangji”的动画场景。用鼠标右键单击，在弹出的快捷菜单中选择“添加空白相机”，将创建默认名称为“xiangji”的新动画集。

在“Animator”工具面板左侧的动画集列表窗口中单击“xiangji”动画集，确认当前时间点为“0:00.00”，即动画的开始时间为0 s。单击“Animator”工具栏中的“捕捉关键帧”按钮，将当前视点位置设置为动画开始时的关键帧状态。拖动时间线至6 s位置或在时间位置文本框中输入“0:06.00”，将自动定位时间滑块至该时间位置。通过鼠标或导航工具改变视角至新的视点位置，单击“捕捉关键帧”按钮将当前图元状态捕捉为第二关键帧，使用动画播放工具，预览该动画。注意，Navisworks Manage将按时间在两个关键帧之间自动填充新的视角，使第一个关键帧能够平滑过渡到下一关键帧，形成动画。相机动画起始和终止界面如图8.13所示。

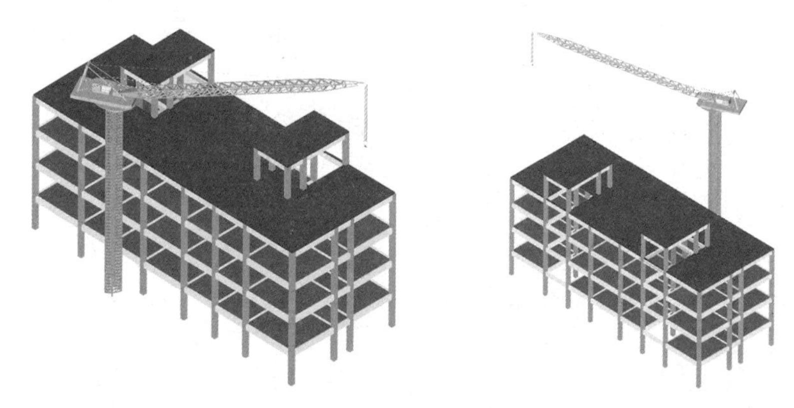

图8.13 相机动画的初始和终止界面

相机动画使用较为简单，仅需要在动画中定义好至少两个关键帧的视点位置即可。也可以设置多个关键帧，相机视角将沿设置好的视点移动。用鼠标右键单击关键帧，在弹出的快捷菜单中选择“编辑”，将弹出视点动画“编辑关键帧”对话框，可以对视点的视点坐标、观察点位置、垂直视野和水平视野等视点属性进行修改，以得到更为精确的视点动画。

提示： 在设置好的两个关键帧之间，相机的移动速度是均匀的，移动速度等于两个视点间的距离除以两个关键帧之间的时间。可以通过调整两个关键帧之间的时间选择合适的相机速度。

8.4.4 剖面动画

剖面动画用于以动态剖切的方式查看场景，剖面动画可以制作简单的生长动画，用于表现建筑从无到有的不断生长过程。

单击“视点”→“剖分”→“启用剖分”，打开“剖分工具”面板，如图 8.14 所示。

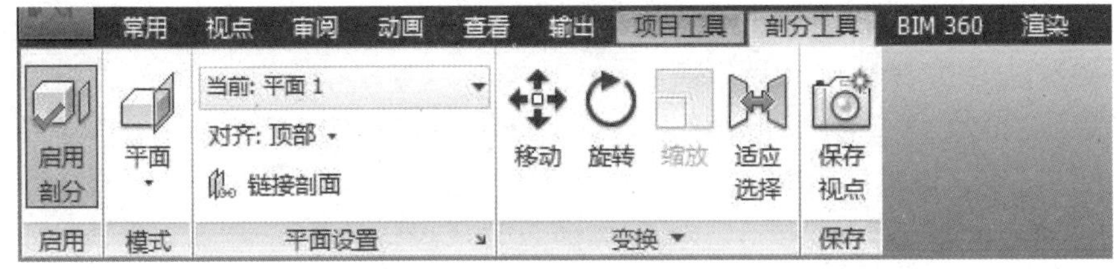

图 8.14 “剖分工具”选项卡

确定“剖分工具”选项卡中剖分模式是平面，激活当前平面为“平面 1”，对齐方式为顶部。单击“变换”面板中的“移动”工具，Navisworks Manage 将在场景中显示该剖面，并显示移动小控件。展开“变换”面板，修改“Z”值为 0，即移动平面沿 Z 轴从 0 开始向上生长。在 Z 轴方向，移动平面至合适位置，如图 8.15 所示。

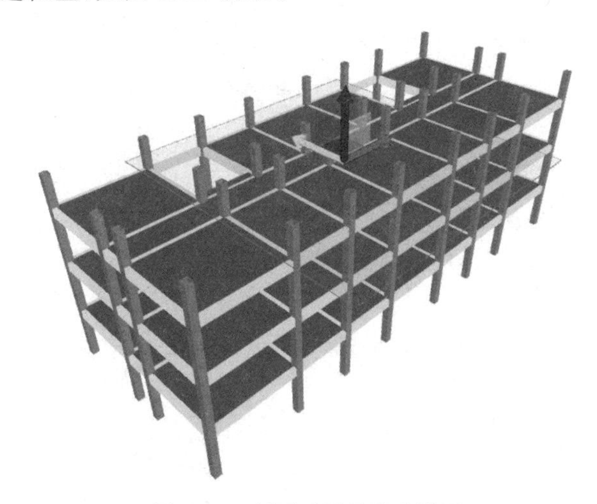

图 8.15 剖面动画的移动平面

在“Animator”工具面板左侧的动画集列表窗口中，新建“剖面动画”动画场景，与前面的动画类似，分别创建两个关键帧，分别使剖切平面位于建筑物底部和顶部，完成剖切动画的制作。

提示： Navisworks Manage 的每个场景中只能添加一个剖面动画。如果需要更多的剖面动画，则需要添加多个不同场景。

8.5 动画模拟

Navisworks Manage 不仅可以浏览和查看三维场景数据，还可以利用 TimeLiner 模块根据施工进度安排，为场景中每一个选择集中的图元定义施工时间、材料费、人工费、机械费和任务类型等信息，生成具有施工顺序信息的 4D 信息模型，并利用动画展示工具，根据施工时间安排生成用于展示项目施工场地布置及施工过程的模拟动画。

利用 TimeLiner 模块，可以直接创建施工节点和任务，也可以导入 Project 或 Excel 等施工进度管理工具生成的进度数据，自动生成施工节点数据。

8.5.1 定义任务

构件模拟动画

Navisworks Manage 提供了 TimeLiner 模块，用于在场景中定义施工时间节点周期信息，并根据所定义的施工任务生成施工过程模拟动画。由于三维场景中添加了时间信息，使得场景由 3D 信息升级为 4D 信息，因此施工过程模拟动画又称为 4D 模拟动画。

单击“常用”→“工具”→“TimeLiner”，如图 8.16 所示。

图 8.16 “TimeLiner”选项卡

在 Navisworks Manage 中，要定义施工过程模拟动画必须首先制订详细的施工任务。施工任务用于定义各施工任务的计划开始时间、计划结束时间等信息。每个任务均可以记录以下几种信息：计划开始及结束时间、该任务的实际开始及结束时间以及人工费、材料费等费用信息等。这些信息均将包含在施工任务中，作为 4D 施工动画的信息基础。通过 TimeLiner，可以为任务指定各种费用，以便可以跟踪整个计划内项目的费用。可以从外部项目计划软件导入费用，或者在“费用”列中手动指定费用。

单击“TimeLiner”面板中的“任务”选项，单击“添加任务”按钮，在左侧任务窗格中添加新施工任务，该施工任务默认名称为“新任务”。单击任务“名称”列单元格，修改“名称”为“F1zhu”；分别单击“计划开始”和“计划结束”列单元格，在弹出日历中选择某日作为该任务计划工期。修改“F1zhu”施工任务中“任务类型”为“构造”。用鼠标右键单击“F1zhu”施工任务的“附着的”一栏，在弹出的窗口中选择“F1－zhu”集合。

通过“列”的下拉列表中的“选择列”选项，用户可以自由定义 TimeLiner 窗口的功能列。在“选择列”窗口勾选“动画”，以用于添加附着图元动画。将“F1zhu”的图元生长动画通过动画列的下拉列表，添加到 1 楼结构柱的施工任务后，在模拟显示“1 结构柱”任务时，还将播放结构柱缩放动画以表示结构柱从无到有的变化过程。在“动画”一栏中选择前面定义好的“F1\zhu”动画，在“动画行为”一栏中选择“缩放”。

提示： 在 TimeLiner 中可设置“动画行为”方式为“缩放”“匹配开始”“匹配结束”。缩放是指动画持续时间与任务持续时间匹配，这是默认设置。匹配开始是指动画在任务开始时开始。如果动画的运行超过了“TimeLiner”模拟的结尾，则动画的结尾将被截断。匹配结束用于当动画开始的时间足够早，以便动画能够与任务同时结束。如果动画的开始时间早于“TimeLiner”模拟的开始时间，则动画的开头将被截断。

重复以上操作步骤，在 TimeLiner 中添加与选择集名称相同的施工任务。本书案例项目模拟时间为虚拟工期，每层结构包括柱、梁和板，计划结束时间距离该任务开始时间均为

1 d。分别附着相应的选择集图元，设置所有的“任务类型”为“构造”，定义好二层的任务如图 8.17 所示。

任务 数据源 配置 模拟

添加任务 附着 缩放:

已激活	名称	状态	计划开始	计划结束	任务类型	附着的	总费用	动画	动画行为
☑	F1zhu		2020-3-1	2020-3-2	构造	集合->F1-zhu		F1\zhu	缩放
☑	F1liang		2020-3-2	2020-3-3	构造	集合->F1-liang		F1\liang	缩放
☑	F1ban		2020-3-3	2020-3-4	构造	集合->F1-ban		F1\ban	缩放
☑	F2zhu		2020-3-4	2020-3-5	构造	集合->F2-zhu		F2\zhu	缩放
☑	F2liang		2020-3-5	2020-3-6	构造	集合->F2-liang		F2\liang	缩放
☑	f2ban		2020-3-6	2020-3-7	构造	集合->F2-ban		F2\ban	缩放
☑	tadiao		2020-3-1	2020-3-7	临时	集合->tadiao		tadiao\tadiao	缩放

星期二 三月 03, 2020
PM AM PM

图 8.17 TimeLiner 的任务选项

右侧甘特图显示的是说明项目状态的彩色条形图。每个任务占据一行。水平轴表示项目的时间范围(可分解为增量，如天、周、月和年)，而垂直轴表示项目任务。任务可以按顺序运行，以并行方式或重叠方式。如果生成的甘特图在工期中有不希望出现的并行任务，左右拖动鼠标修改任务时间线，可以动态修改当前任务的时间。可以将任务拖动到不同的日期，也可以单击并拖动任务的任一端来延长或缩短其持续时间。所有更改都会自动更新到“任务”视图中。

提示：任何时候单击“清除附加对象”选项，都可清除已附加至任务中的选择集或图元。

8.5.2 数据源

单击“TimeLiner”面板中的“数据源”选项，点击“添加”按钮，可以看到支持导入的数据源格式，如图 8.18 所示。

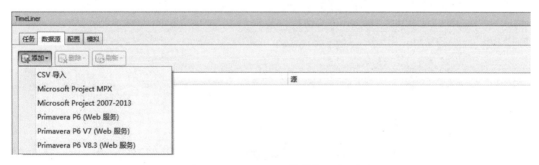

图 8.18 TimeLiner 的数据源选项

Navisworks Manage 允许用户自定义添加或修改施工任务，也可以导入 Project、Astah 和 Primavera 等常用施工任务管理软件中生成的 MPP、CSV 等格式的施工任务数据，并依据这些数据为当前场景自动生成施工任务。导入的数据源会以表格格式列出。

8.5.3 模拟配置

单击“TimeLiner”面板中的“配置”选项，Navisworks Manage 默认提供了“构造”“拆除”

塔吊模拟施工

“临时”三种任务类型。“构造”适用于要在其中构建附加项目的任务，默认情况下，在模拟过程中，对象将在任务开始时以绿色高亮显示并在任务结束时重置为模型外观。“拆除”适用于要在其中拆除附加项目的任务，默认情况下，在模拟过程中，对象将在任务开始时以红色高亮显示并在任务结束时隐藏。“临时”适用于其中的附加项目仅为临时的任务，默认情况下，在模拟过程中，对象将在任务开始时以黄色高亮显示并在任务结束时隐藏。Navisworks Manage 允许自定义各任务类型在施工模拟时的外观表现。例如可定义“拆除”任务类型，当该任务开始时，使用 90%红色透明显示；在该任务结束时，隐藏该图元，以表示该任务中场景图元在施工任务结束后被拆除。

本书案例中的塔吊为施工开始时全部出现，施工结束后拆除，因此要新建一个新的动画配置，或者将“临时”中的开始外观修改为“模型外观”，如图 8.19 所示。

TimeLiner

任务 数据源 配置 模拟

添加 删除 外观定义...

名称	开始外观	结束外观	提前外观	延后外观	模拟开始外观
构造	绿色(90% 透明)	模型外观	无	无	无
拆除	红色(90% 透明)	隐藏	无	无	模型外观
临时	黄色(90% 透明)	隐藏	无	无	无

图 8.19　TimeLiner 的配置选项卡

8.5.4　模拟设置

单击“TimeLiner”面板中的“模拟”选项，如图 8.20 所示。

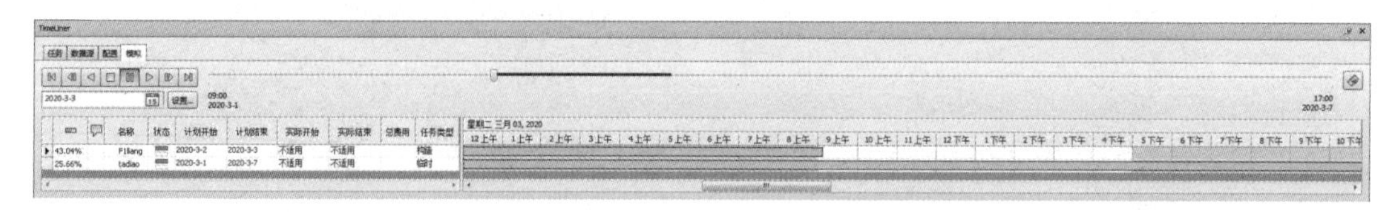

图 8.20　TimeLiner 的模拟选项卡

单击“播放”按钮在视口中预览显示施工进程模拟，当任务开始时，Navisworks Manage 将以半透明绿色显示该任务中图元，而在任务结束时将以模型颜色显示任务图元。

如果动画中的结构没有与图元动画关联，则会依靠闪烁来表达建筑图元出现的时间与位置，意为实际工程此时此地正在修筑该图元。打开“模拟设置”对话框，如图 8.21 所示，修改“视图”显示方式为“计划”，单击“确定”按钮退出“模拟设置”对话框。Navisworks Manage 将根据任务计划的开始与结束时间进行模拟。本书案例的主要任务是对施工现场的模拟演练，并没有进行实际的施工任务，故而没有实际的施工开始与结束时间和计划进行对比。实际时间的设置，需要匹配真实工程数据。

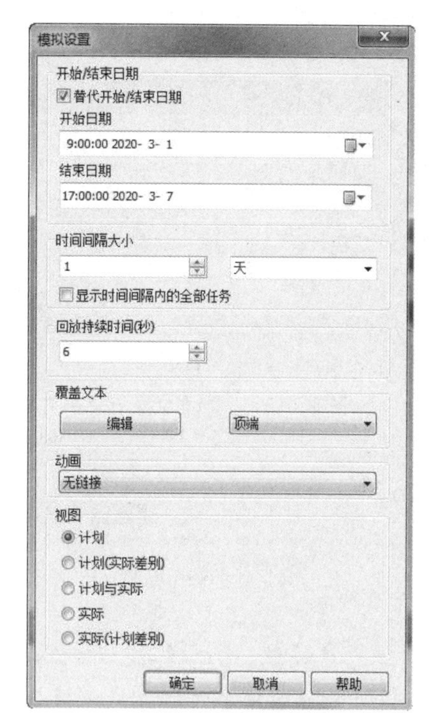

图 8.21　模拟设置

单击“播放”按钮预览施工模拟动画，此时 Navisworks Manage 将以 1 天为单位显示场景中每帧。左上角施工信息文字显示了当前任务的时间信息内容。再次打开“模拟设置”对话框，单击“覆盖文本”设置栏中的“编辑”按钮，打开“覆盖文本”对话框。用户将文本框中系统默认的显示信息删除后，可通过文本框下的按钮自行选择施工动画进行时显示的文字信息、颜色、字体大小。Navisworks Manage 将自动添加“ $TASKS”字段。完成后单击“确定”按钮退出“覆盖文本”对话框，再次单击“确定”按钮退出“模拟设置”对话框。

再次单击“播放”按钮播放施工模拟动画，注意文字信息将更替为新设置的文字信息。再次打开“模拟设置”对话框，单击“动画”设置栏中的下拉列表，在列表中选择“xiangji”，该动画为上文使用 Animator 功能制作的相机动画。完成后单击“确定”按钮退出“模拟设置”对话框。

注意：只有保存的视点动画或使用 Animator 制作的相机动画才可以链接在施工模拟设置中。

再次使用播放工具预览当前施工任务模拟，Navisworks Manage 在显示施工任务的同时将播放旋转动画，实现场景旋转展示。

8.5.5　视频输出

在 TimeLiner 面板上，单击“导出”按钮，打开“导出动画”对话框，如图 8.22 所示。在“导出动画”对话框中设置导出动画“源”为“TimeLiner 模拟”，“渲染”为“视口”，导出为 MP4 视频。每秒帧数(FPS)的设置与 AVI 文件相关。FPS 越大，动画将越平滑。但使用高 FPS 将显著增加渲染时间。通常，使用 10～15 FPS 就可以。“抗锯齿”选项仅适用于视口渲染器。抗锯齿用于使导出图像的边缘变平滑。从下拉列表中选择相应的值，数值越大，图像越平滑，但是导出所用的时间就越长，通常选用 4x 可用于大多数情况。

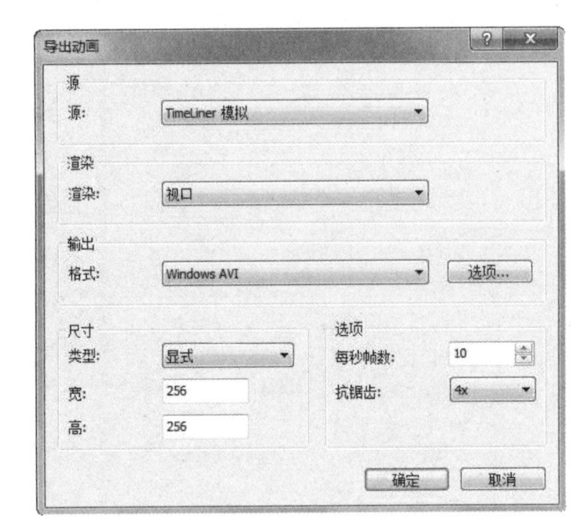

图 8.22　导出动画

提示： 如果计算机硬件配置较低，可以将施工模拟动画导出为 PNG 格式图片序列，再使用 Premiere 等后期制作工具将图片序列生成施工模拟动画。

注意在施工动画模拟过程中，在夜晚等非工作时间段 Navisworks Manage 将不显示施工任务，表示该时间内无施工任务安排。Navisworks Manage 可以修改工作时间段，点击左上角 Navisworks 图标，选择“选项”，在弹出的“选项编辑器”对话框中，展开“工具”→“TimeLiner”设置选项，可在右侧设置面板中设置工作日开始和结束时间，并且可以指定日期的显示方式，如图 8.23 所示。

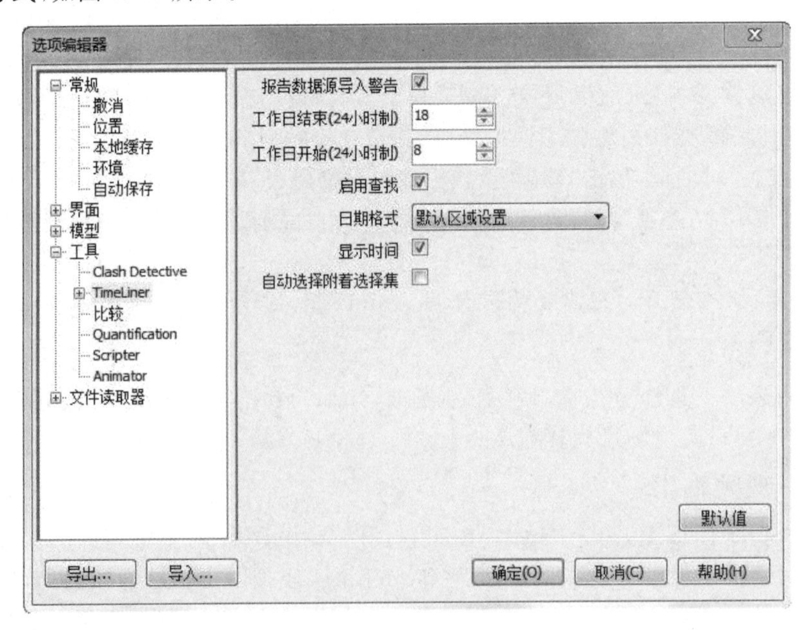

图 8.23　选项编辑器

Navisworks Manage除了可以制作施工模拟外，还可以完成模型对比、碰撞检查和工程算量等操作，本书不再阐述。

本章小结

本章介绍了Navisworks Manage中选择集的管理和4D施工模拟动画的使用方法。在定义施工动画过程中，结合Animator定义的对象动画和相机动画，可以实现丰富的场景体验。

第9章 建筑表现

9.1 概述

建筑表现是建筑设计的成果表达，随着数字时代的到来，建筑设计的操作对象不断丰富，设计表达的途径和成果更是在数字技术媒介的影响和支持下日新月异。从手绘草图、工程图纸到计算机辅助绘图，从实体模型到计算机信息集成建筑模型，乃至数字化多媒体交互影像的设计制作，各种设计表达方法和手段在设计过程的不同阶段更新交替，发挥着各具特色的影响和作用。建筑表现分两种，一种是静态建筑表现，一种是动态建筑表现。静态建筑表现就是效果图，即在建筑、装饰施工之前，通过施工图纸把施工后的实际效果用真实和直观的视图表现出来。动态建筑表现就是建筑动画，是指为表现建筑以及建筑相关活动所产生的动画影片。它通常利用计算机软件来表现设计师的意图，让观众体验建筑的空间感受。

BIM 的应用之一是可视化。建筑动画通过计算机三维图像技术，帮助设计师将抽象的设计数据转化为极具视觉感染力的影像产品，让观众体验建筑的空间感受；同时通过投入较少时间和费用就可以看到成果，从而实现优化流程、完善设计、提前展现等，进而节约成本和提高效率。建筑表现的一般流程如图 9.1 所示。

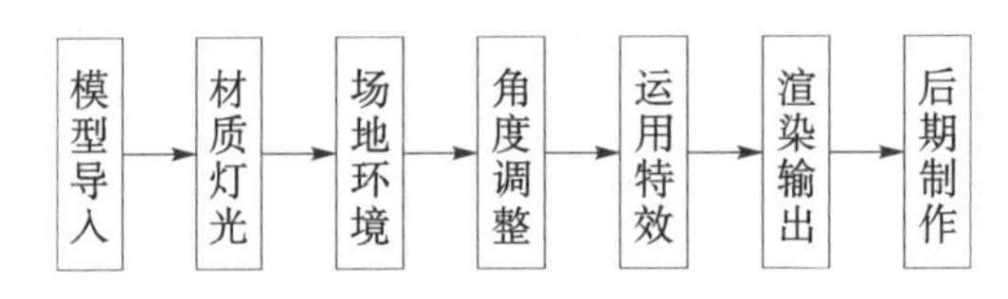

图 9.1 建筑表现流程图

(1)模型导入：导入 BIM 文件并根据需要选择场景。

(2)材质灯光：选择标准材质和合适光源并调整光源参数，达到真实的视觉效果。

(3)场地环境：布置道路、绿化植物、水面、化育设施、公共器具、人物、动物和汽车等。

(4)角度调整：调整动画路径，实现鸟瞰、俯视、穿梭、长距离等任意游览建筑物的效果。

(5)运用特效：添加太阳、雨、雪等镜头效果，通常用在切换场景变换时使过渡自然。

(6)渲染输出：选择视频质量参数和导出视频格式。

(7)后期制作：调色、配音、加解说词以及增加特效，使建筑表现画面更有冲击力。

本章利用 Lumion 软件实现建筑表现。Lumion 是一个简单快速的渲染软件，旨在实时观察场景效果和快速出效果图，优点是速度快、界面友好、水景逼真、树木真实饱满、操作简捷。以 Lumion 8 为例，软件的打开界面如图 9.2 所示。

图 9.2　Lumion 8 打开界面

9.2　软件介绍

9.2.1　软件特点

(1)场景创建十分简单、容易上手,软件内置 3D 模型和材质,用户能够直接在电脑上创建虚拟现实,同时还能够实时编辑 3D 场景。

(2)和同类型渲染软件相比,该软件在渲染的时候通过使用快速的 GPU 渲染技术,在渲染同等画质的情况下所用时间较少,将快速和高效工作流程结合在了一起,节省时间、精力和金钱。同时该软件还拥有全新的 360 度全景渲染,并支持云端同步。

(3)支持从 Autodesk 产品和其他 3D 软件导入 3D 内容,具有极强的兼容性,使场景变得更加真实。支持导入 SKP、DAE、FBX、MAX、3DS、OBJ、DXF 等格式的文件。

(4)在渲染视频中可以添加多种视觉特效,可以输出 MP4 文件、立体视频和打印高分辨率图像。同时该软件还带有内置的视频编辑器,可以进行简单的视频创建。在特效上,除去原来的各种视觉特效,Lumion 还增加了在影片中加入各种图文的内容特效等功能。

9.2.2　起始界面

Lumion 8 的界面十分简洁,点击右下角的"?"图标(提示键),软件会提示界面各部分的功能。

首次使用时,用户可以在语言选择页面中选择需要使用的语言。将语言设置为中文后,用户再将鼠标停留在"?"图标上,软件会以中文方式显示命令名称,如图 9.3 所示。

如图 9.4 所示,屏幕上方的图标从左到右依次为:开始一个新的场景、输入范例、加载场景和保存场景。

(1)开始一个新的场景:在起始页面中,Lumion 系统自带很多的场景可以选择,每一种都各具特点,用户可以根据自己的实际需要来选择适合方案的场景,值得注意的是最后一种

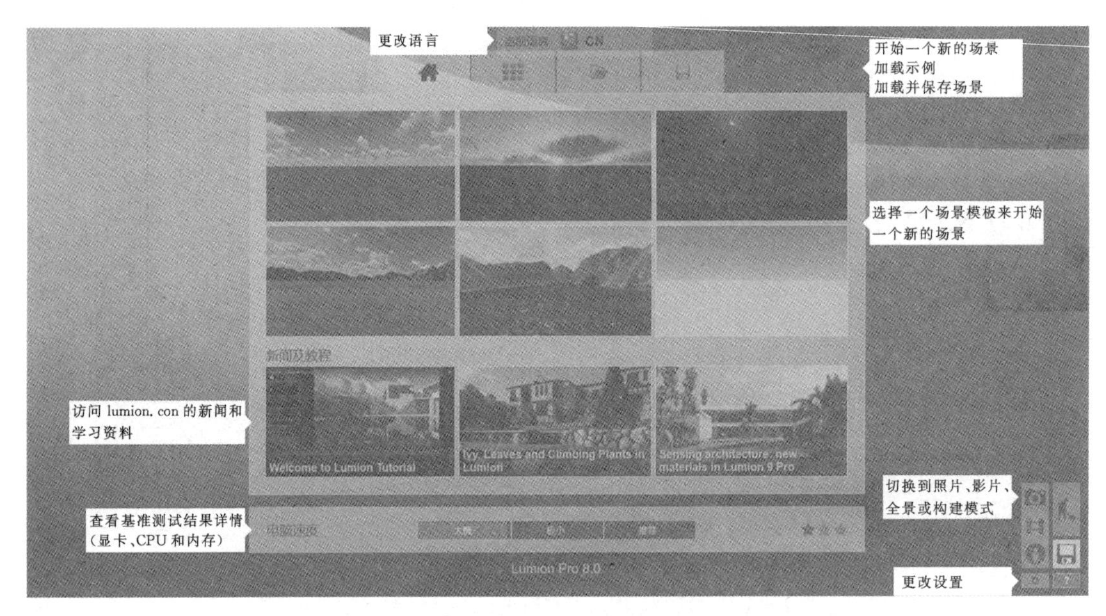

图 9.3　Lumion 8 的帮助说明

图 9.4　屏幕上方的图标

为“白色场景”,适合后期在图像处理软件中做建筑效果图。确定 Lumion 的新建场景后,Lumion 就会进入加载,在加载过程中用户最好不要进行其他操作。

(2)输入范例:Lumion 系统自带很多的范例可以选择,每一种都各具特点,这些范例在用户自学过程中有很大的帮助,用户可以借助这些范例学习渲染的路径、渲染配景、渲染材质、渲染特效参数的调整。

(3)加载场景:用户可以加载以前保存的场景,对以前的场景继续编辑,同时也可以选择合并场景。

(4)保存场景:保存用户正在编辑的场景,以便以后再次编辑。

9.2.3　操作页面

在起始界面开始一个新的场景模式下,当用户点击一个合适的场景后就进入了操作界面,如图 9.5 所示。界面左侧是主要工具栏,右侧是系统指令。工具栏从上到下依次为天气、景观、材质、物体等,系统指令由拍照模式、动画模式、编辑模式、全景、文件、设置等部分组成,界面左上角是图层。

图 9.5　场景操作界面

9.2.4　视角控制

(1)鼠标右键(视角方向控制):控制视角方向,操作方法为长按鼠标右键,移动鼠标。可以理解为人站在原地不动,通过旋转视角控制。

(2)鼠标中键(视点位置微控制):控制视角平移,操作方法为长按鼠标中键,移动鼠标。可以理解为在显示器的平面上平移视角。同时按住 Shift 键为加速模式,同时按住 Shift+空格键为超速模式。

(3)键盘(视点位置粗略控制):控制相对视角方向为前方的(显示器所看到的为前方)上下左右前后方向上的视角位置移动(视角方向不变)。操作方法:W 为前,S 为后,A 为左,D 为右,Q 为上,E 为下。同时按住 Shift 键为加速模式,同时按住 Shift+空格键为超速模式。

(4)其他快捷键如下。

F1、F2、F3、F4 为从低向高设置显示精度,F5 为临时保存,F7 为高质量地形显示开关,F9 为高质量植物显示开关。

9.2.5　环境设置

1. 天气系统

打开天气选项卡,从左到右依次为:太阳方位、太阳高度、云的数量(上)、太阳强度(下)和云的种类等。用户拖动各种参数至合适的光影角度,注意光影会影响材质的感觉包括颜色和反光。其操作界面如图 9.6 所示。

(1)太阳方位:可以调节太阳在天空中的位置,为渲染提供不同位置的光线。

(2)太阳高度:可以调节太阳在天空中的高度,模拟黄昏、黎明等不同的场景,让用户的渲染更加贴近生活。

(3)太阳强度:可以调整太阳的亮度。

图 9.6　天气操作界面

(4)同时天气系统还可以调节云的类型、数量、形态和云层的多少。

2.景观系统

景观系统是由高度、水、海洋、描绘、OpenStreetMap 和草丛六部分组成。同时这六部分又有不同的附属工具。景观系统在场景建设中扮演着很重要的角色，对场景的美观起着重要的作用。其操作界面如图 9.7 所示。

图 9.7　景观操作界面

(1)高度：点击高度后，屏幕中出现的节点代表笔刷，可以改变大小。用鼠标点击地面，可以提升地面高度，也可以降低地面高度，如图 9.8 所示。笔刷速度调大，则地面上升或者下降的速度也会变大。在高度系统中还可以进行地面贴图。

图 9.8　高度操作界面

(2)水：在水工具栏中点击放置物体，拖动出水平面。点四个角中的任意一角，可以升降和缩放物体。水系统在场景建设、河流、湖泊中起着重要的作用。其操作界面如图 9.9 所示。

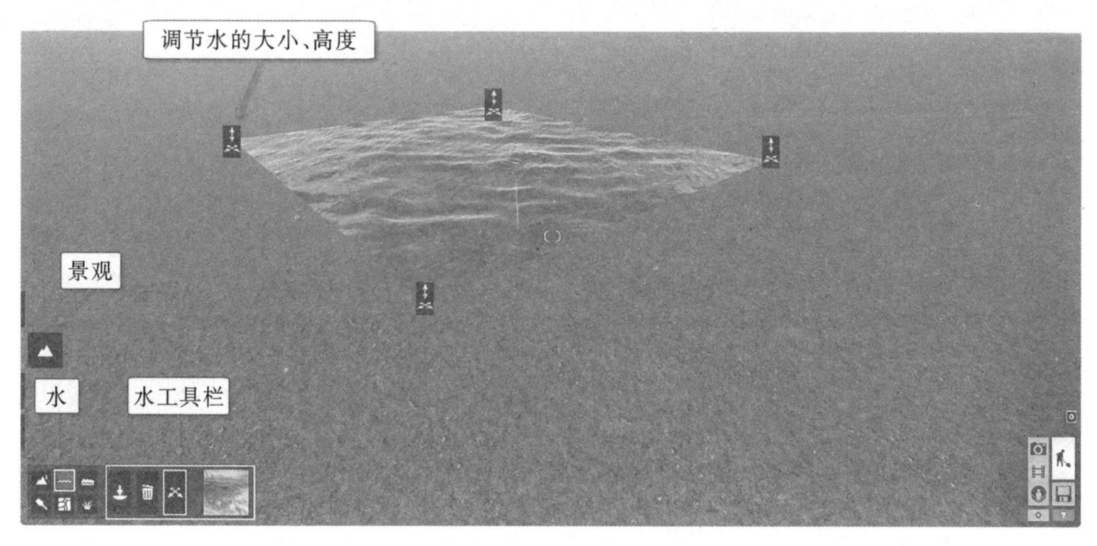

图 9.9　水的操作界面

(3)海洋系统：根据海洋工具栏的提示，调节海洋水的波浪强度、风速、浑浊度、高度、风向和颜色等来满足设计需求。其操作界面如图 9.10 所示。

图 9.10 海洋操作界面

(4)描绘系统:方块代表贴图可以改变地面的材质,平铺尺寸即为贴图比例大小。侧面岩石的贴图也可以改变,如一座山上的岩石纹理。只有坡度大于一定坡度值时,才会出现岩石,可以关闭该选项。其操作界面如图 9.11 所示。

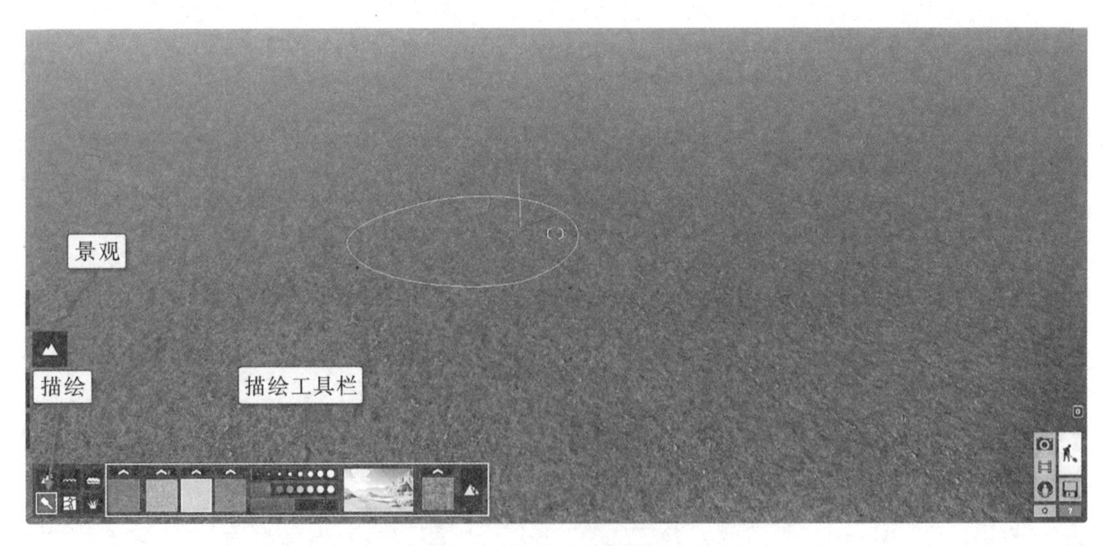

图 9.11 描绘系统操作界面

(5)草丛系统:点开草丛开关调节合适的或需要的草的参数,这样 Lumion 中草地部分和导入模型的景观材质部分就会显示草丛。其操作界面如图 9.12 所示。

提示：导入模型的草地材质换上某个草丛，才会让草丛生长。

图 9.12　草丛系统操作界面

9.2.6　材质系统

在材质编辑器下，Lumion 材质分为自然、室内、室外和自定义四大块，每大块又分成若干不同的类型，如图 9.13 所示。

图 9.13　材质编辑器

用鼠标点击需要更改材质的物体，弹出材质界面，可以根据需要选择 Lumion 自带的材质，比如各种草丛、岩石、土壤、布料和玻璃等材质，选择完成后点击保存按钮，完成材质的调节。如果自带的材质无法满足需求，Lumion 也支持自定义材质。选择材质面板中的自定义选项，选择标准材质，如图 9.14 所示，此材质为一个空白的材质，在此材质下可以输入贴图，调整各种参数来满足需求，如图 9.15 所示。

图 9.14　选择标准材质库

图 9.15　自定义材质

(1)着色:调整物体的颜色。

(2)光泽:调整物体表面的光泽度。

(3)反射率:调整物体的反射程度,物体表面越光滑反射率越大,如不锈钢材质反射率应为最大。

(4)视差:调整材质的表面模糊程度。

(5)缩放:调整输入材质贴图的大小。

(6)位置:用来调节贴图的位置坐标。

(7)方向:调整贴图的方向。

(8)减少闪烁:当物体的面有重叠时,就会出现闪烁,如果不想更改模型,可以在这里设置。

(9)高级:调节材质的自发光、色彩饱和度、高光等设置。

(10)设置:会弹出更多的设置界面。

提示: 名称相同的材质,Lumion 会把它们作为一个整体去调节,比如说所有的窗户的材质都是玻璃,当选择一个玻璃进行更改,另外所有的窗户都会被更改。因此用户在创建 Revit 模型时,对于不同的物体材质一定要区别。

9.3 视频制作

9.3.1 数据转化

数据转化通常有两种转换方式,用户可以根据自身情况选择使用。

方法一:在 Revit 三维视图下,点击“文件”→“导出”→“FBX”,即可导出 FBX 文件,如图 9.16 所示。

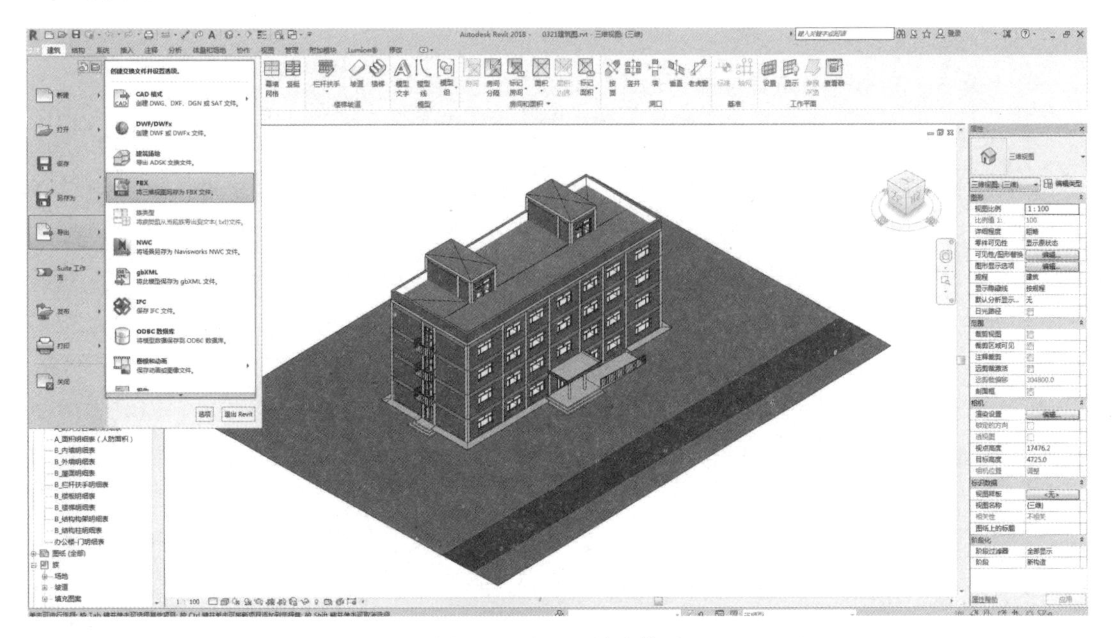

图 9.16 Revit 导出模型

方法二：在 Lumion 公司网页下载 Lumion 与 Revit 实时同步插件“Lumion LiveSync for Revit”。在三维视图下，点击“Lumion”→“Export”，在弹出的对话框中设置转换精度，即可把 Revit 模型导出为 DAE 格式，如图 9.17 所示。这种转换的速度较慢，但是转换的正确率较高，不易出现材质丢失的现象。

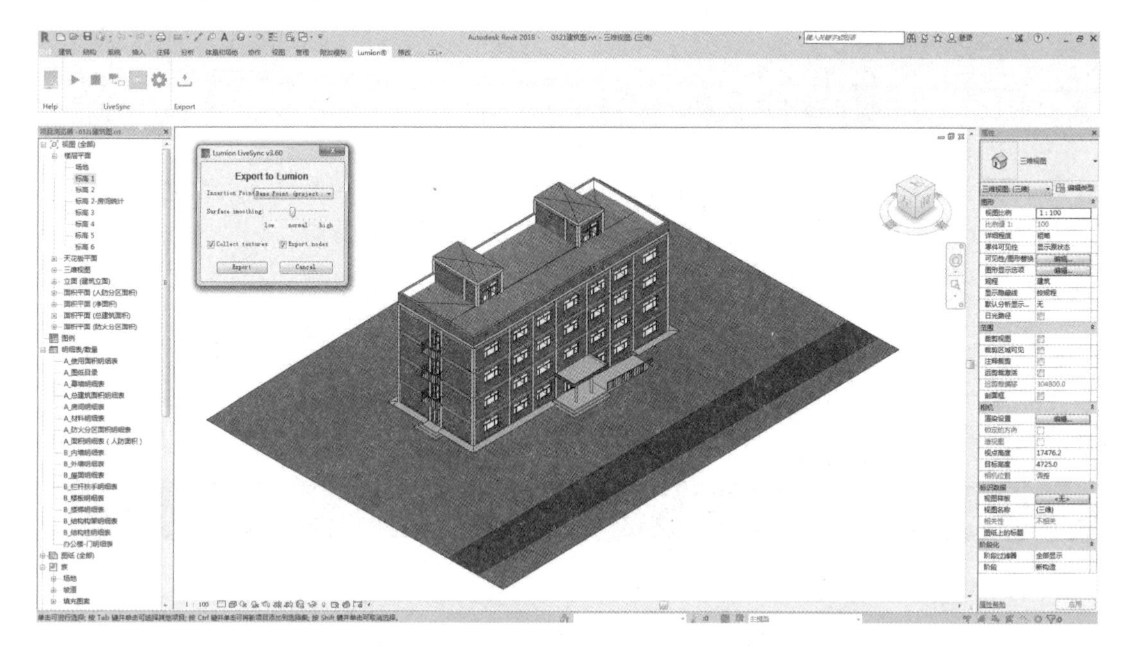

图 9.17　利用插件导出模型

由于方法一在导出的时候容易丢失材质，故推荐使用方法二转换数据。

**提示：**FBX 和 DAE 文件，只有在三维视图下才可以导出。

9.3.2　模型导入

完成 FBX 或 DAE 模型文件的导出之后，打开 Lumion，用户根据自己的实际需要选择适合用户方案的场景，进入场景后选择物体系统，然后选择导入，点击“导入新模型”。在 Lumion 弹出文件的浏览窗口中，选择导出的 FBX 或 DAE 模型文件，确定打开。其界面如图 9.18 所示。

开启一个新的模型文件时，Lumion 会弹出属性设置窗口，用户可以对新模型进行命名。Lumion 会默认以原始文件名对模型进行命名，完成命名后点击“√”确定即可。完成模型命名后，用户可以放置模型，Lumion 会显示物体的位置，直接在合适的位置点击鼠标左键，即可完成模型的放置。

模型导入后用户使用工具栏中的移动物体、调整尺寸、调整高度、绕 Y 轴旋转等编辑工具来修改模型，如图 9.19 所示。点击编辑工具后，通过拖拽模型的控制点(原点)完成模型的修改。要注意执行某一个命令后，软件会一直保持此命令的状态，直至按下其他命令图标才会改变。

当用户发现模型有问题，重新修改后再次导入时，如果对比模型第一次导入时，用户还

图 9.18　导入模型文件

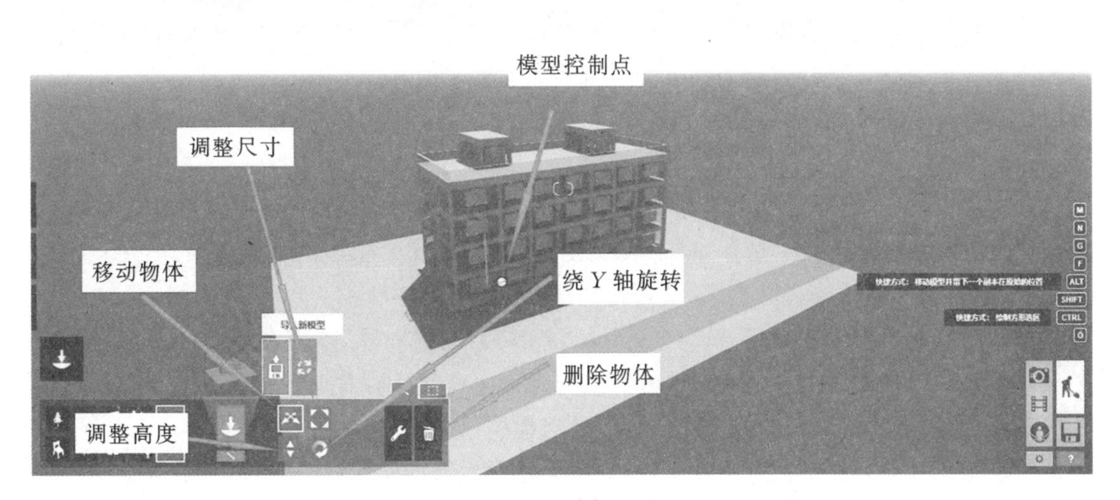

图 9.19　编辑工具

需要调整模型的位置，这时用户可以用“重新导入模型”的方法再次导入用户需要的模型，如图 9.20 所示。

当模型名称和保存位置没有改变时，用户先选中需要改变的模型，然后点击导入新模型。当模型名称和保存位置发生改变时，选中模型，按住 Alt 键，点击“重新导入模型”，在弹出的页面中重新导入新模型。

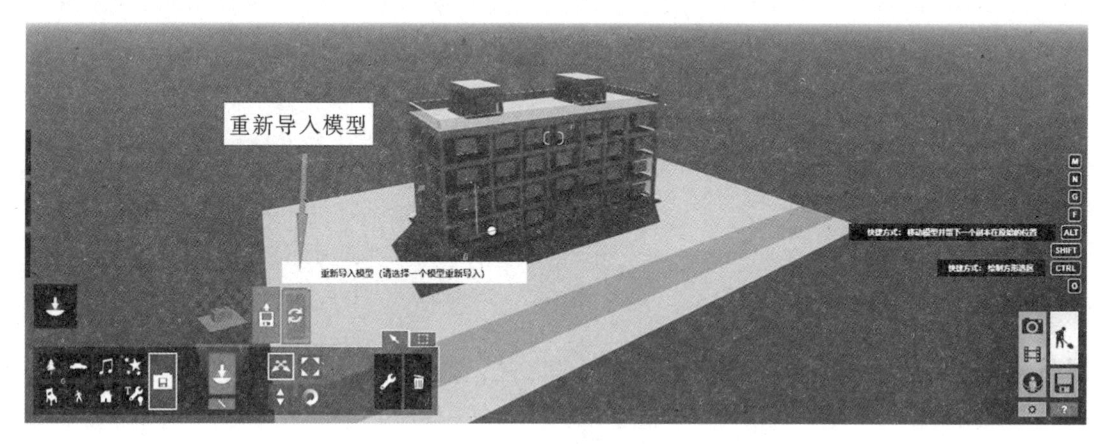

图 9.20　重新导入模型

提示： Lumion 导入模型后，需要向上偏移一点距离这样才不会和地面材质重合。

9.3.3　编辑材质

模型导入后需要调整模型材质。在材质模式下，用鼠标点击需要更改材质的物体，弹出材质修改界面，根据需要选择 Lumion 自带的材质，或者使用材质贴图进行材质修改。编辑器默认只有基本属性，点击球体可以更换现有材质。Lumion 材质库有丰富的材质供用户选择。

在本书案例中，需要将窗户的材质改成玻璃，先点击材质系统，再点击模型中需要修改的窗户，就会弹出材质面板，选择室外后再选择玻璃，就会出现很多的玻璃材质球，用户根据需要，点击自己需要的玻璃材质球，完成更换材质，如图 9.21 所示。

如果自带的材质无法满足需求，Lumion 也支持自定义材质，本书案例中一些房间的地面、墙体、天花板都是使用自定义材质来完成的。下面以室外地面为例说明自定义材质的使用。首先选择材质面板中的自定义选项，然后选择颜色材质，如图 9.22 所示。

此时颜色材质会弹出一个调色面板，在此调色面板下选择合适的颜色，点击右下角保存按钮，如图 9.23 所示。

在自定义材质模式下有一个贴图选项，在该选项下还可以使用相应的贴图来完成材质调整，同时可以通过调整各种参数来满足需求，如图 9.24 所示。

(1)着色：影响材质的色调光泽，控制材质的反光，要根据不同的材质进行。

(2)反射率：控制材质是否反射四周，在玻璃材质中反射率需要耐心调节，玻璃材质直接体现模型的外观好看与否。

(3)视差：需要特别突出的东西要加大视差。

图 9.21　更换材质

图 9.22　自定义材质选项

(4)缩放:用于缩放纹理大小,用户可以用来调节贴图的大小。

点击“设置”后,可以添加更高级的材质编辑器,包括微调贴图位置、贴图方向和贴图发光(用于制造光条光带)。其中自发光在用户做夜景的时候常用来模拟灯光。高级的设置会使材质使用更多系统资源。

图 9.23　选择颜色

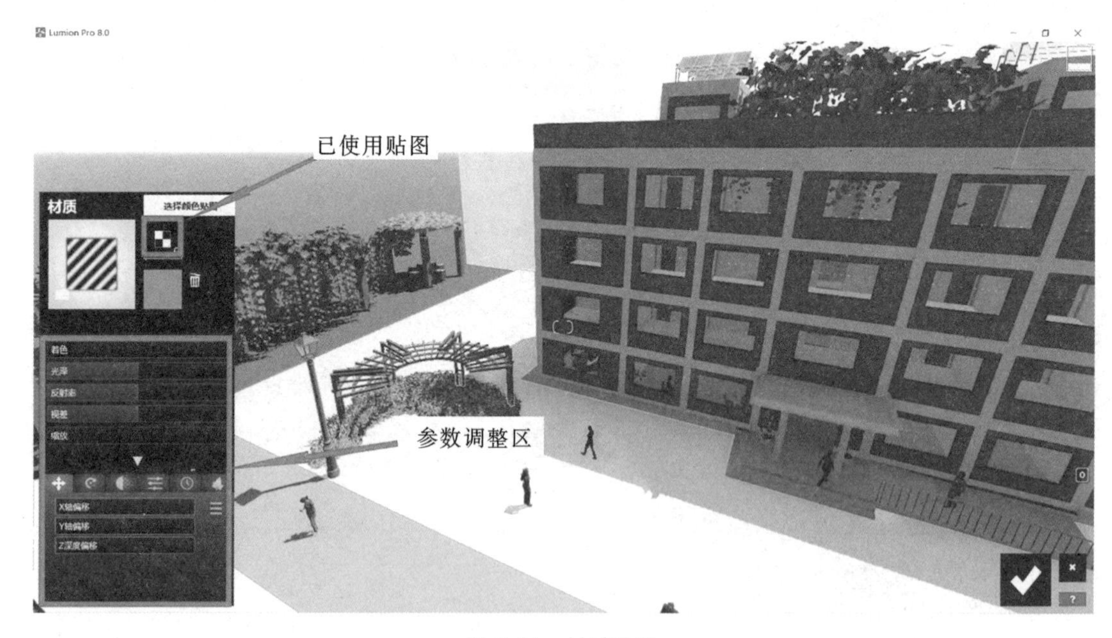

图 9.24　材质选项

提示：用户修改材质的过程中经常遇到两种材质重合在一起，在进行渲染的时候会发生闪光的现象，这时用户需要在设置中调整闪烁。

9.3.4　添加配景

配景在 Lumion 渲染过程中十分重要。添加配景不仅可以使场景变得更加充实，也会使场景变得更加真实。配景包括自然、交通工具、声音、特效、室内、人和动物、室外、灯光和特殊物体等，其中声音和特效一般不需要。

本书案例以添加汽车为例来说明添加 Lumion 自带配景的操作。首先选择物体系统，再选择交通工具，如图 9.25 所示，用户就会进入交通工具页面。

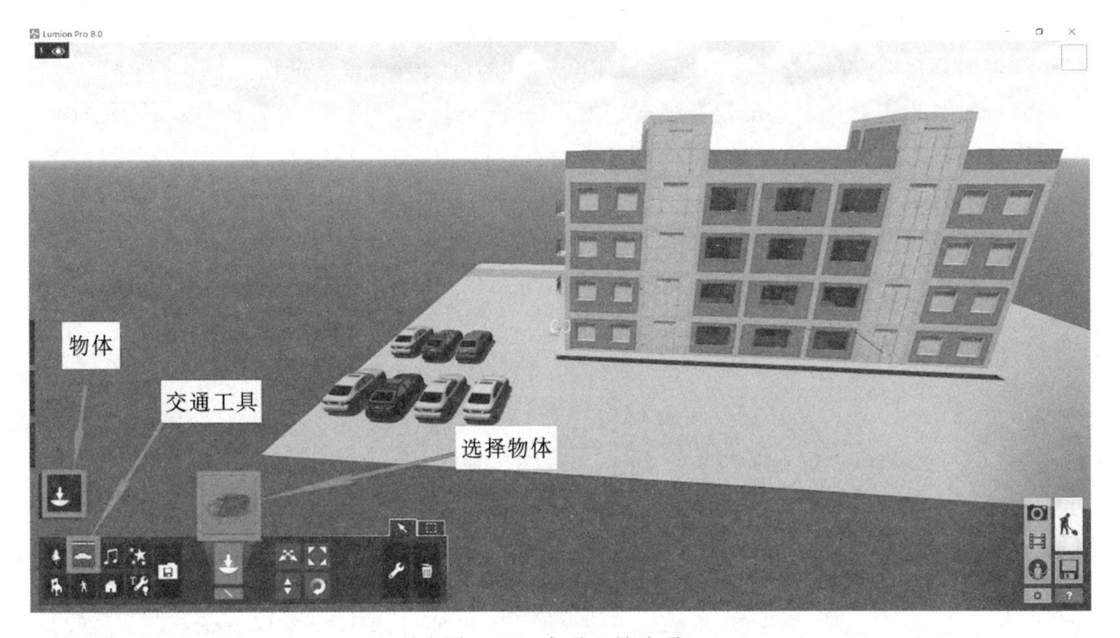

图 9.25　交通工具选项

进入交通工具页面后，有很多的交通工具供选择，如图 9.26 所示，根据需要点击所选交通工具，本书案例以汽车为例，用户选择汽车项后，接着把鼠标放置到需要放置汽车的位置，

图 9.26　汽车选项

点击鼠标即可放置汽车,点击 Esc 键可退出交通工具放置。

Lumion 自带了很多配景,一般配景的添加方法和交通工具添加方式相同。如果这些配景不太合适,用户还可以从外界导入一些模型做配景。外部场景的导入和用户最初模型导入相同,这些导入的配景和模型一样可以改变方向、大小、比例和材质等。

以上逐个添加的方法对一些需求较少的配景比较适用,但是当用户所需的配景较多并且排放较为杂乱时,在放置物体时同时按住 Ctrl 键即可同时放置多个物体。

在一般场景中放置大量排列有规则的配景时,用户可以选用“批量放置”,这种方法用于快速添加多个对象,可以是少量汽车,也可以是一排树木。

以本书案例中的人群为例,用户先选择物体系统,再选择人和动物,然后点击人群安置,如图 9.27 所示。

图 9.27　批量放置

进入人群安置页面后,先点击鼠标左键确定人群放置的起点,然后移动鼠标画一条线,当线段长度达到需求时,点击鼠标左键结束。接着调节项目数、方向、随机方向、随机跟随线段和线段随机偏移等选项。点击右侧的“+”可以修改人物的种类,如图 9.28 所示。

(1)项目数:可以添加或者减少项目的数量。

(2)方向:调节个体对象的方向以及集体对象的方向,调整的方向是一致的。

(3)随机方向:随机生成个体对象或者集体对象的方向。

(4)随机跟随线段:随机生成对象之间的间距。

(5)线段随机偏移:对象是放置在线上还是偏移线段上。

如果用户需要对放置好的人群长度进行修改时,点击两端点的白色节点拖拽即可。在本书案例的车辆放置中,有些不是一条直线而是一条曲线,用户需要在直线的一侧端点按住 Ctrl 键,此时用户的鼠标与端点之间就会出现一条连线,通过移动鼠标改变连线方向,点击

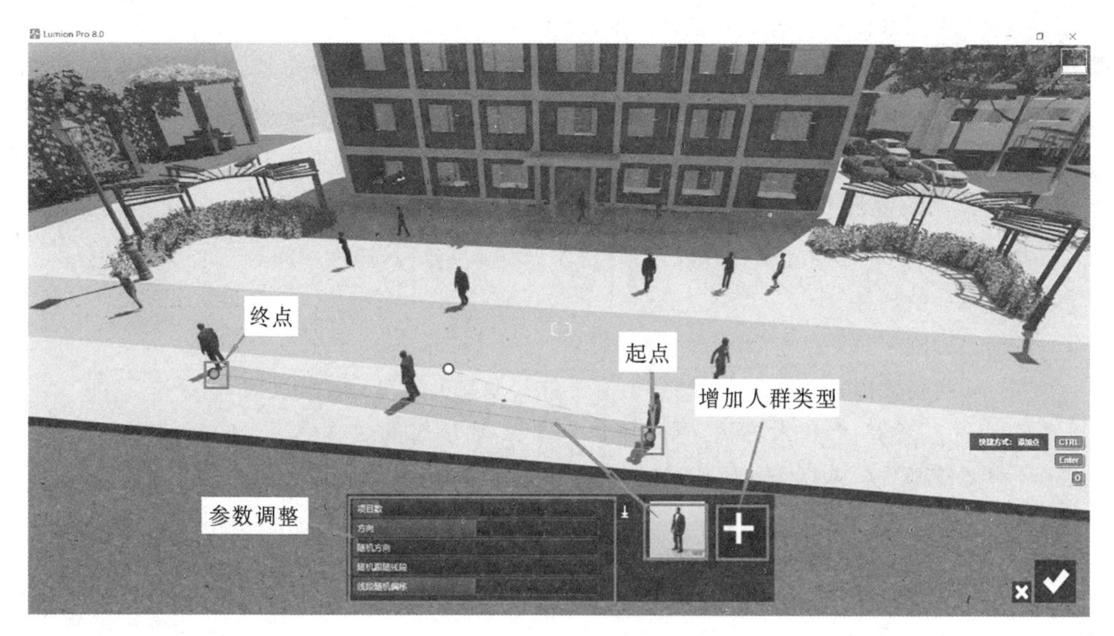

图 9.28 人群放置

鼠标左键,就会生成一段新的放置路径。可以通过点击除端点外的白色节点来改变角平滑度,拖拽这些白色节点来调整各段的位置,如图 9.29 所示。

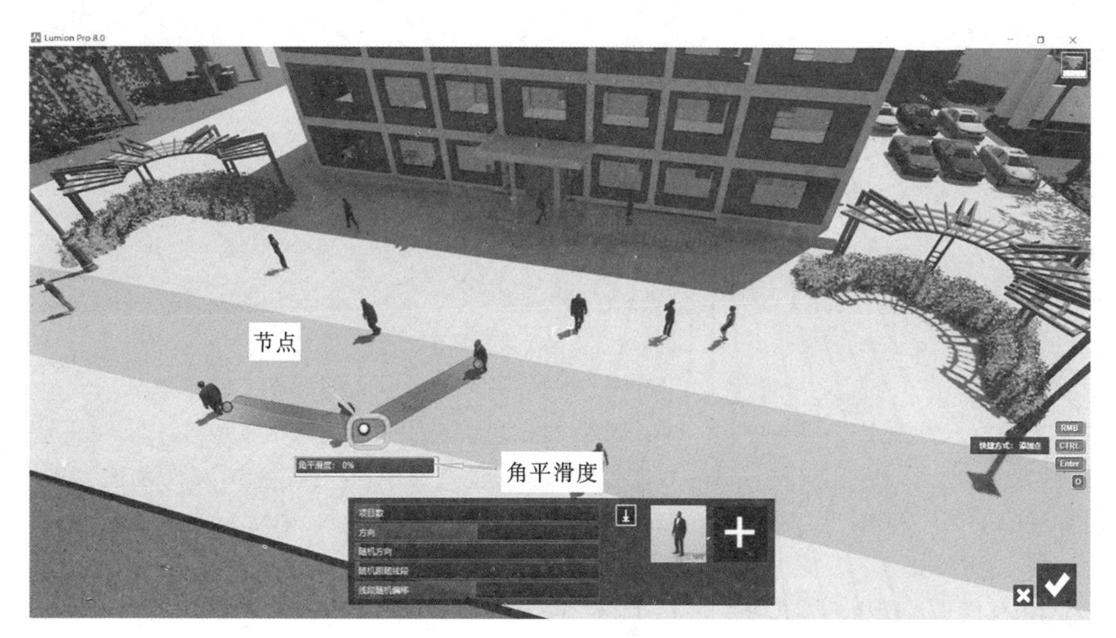

图 9.29 调整各段的位置

在配景中选取、复制、移动及对齐物体等快捷键的说明如下。

“Ctrl”+鼠标左键:方形选区。

“Alt”+移动:复制所选物体。

"Esc":使用鼠标直接拖动来移动物体,移动时按"H"可移动物体的高度,按"R"可对物体进行旋转。

"Ctrl"+"F":在移动物体时,可将所选的单个物体与在其下面的物体的方向对齐。

"Shift"+移动:临时关掉捕捉,会导致所移动的物体飘在空中或与其他物体重叠。

9.3.5 场景漫游

室外动画

完成配景后,进入相机模式或者动画模式,开始确定场景漫游的路径、角度和需要添加的特效等。

1. 相机模式

进入相机模式前,点击右侧工具条的齿轮进入设置页面,如图 9.30 所示,设置显示出完整的山和树木,同时更改画质的显示,在编辑的时候也可以随时使用 F1、F2、F3、F4 键调节画质。越高级的画质,细节和光影就越好,但是不会显示物体之间的反射。

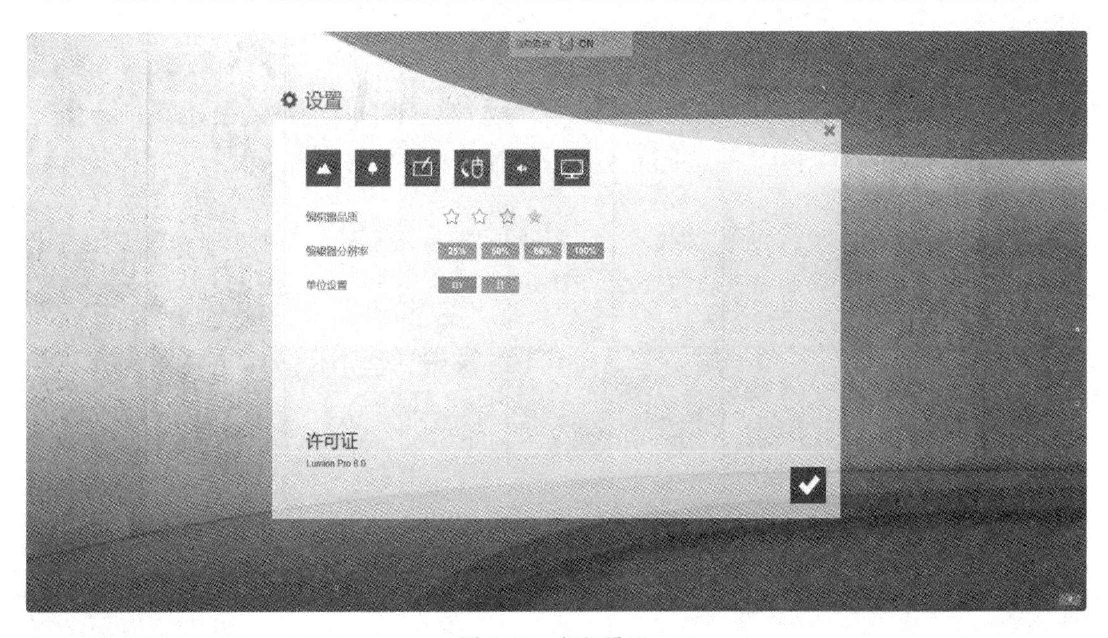

图 9.30 相机设置

单击右侧相机进入照相模式。点击任意空白照片,通过按住鼠标右键移动画面,也可通过键盘 W(前)、S(后)、A(左)、D(右)、Q(上)、E(下)进行操作,同时按 Shift 键为加速模式,同时按 Shift+空格键为超速模式。角度确定后,点击保存相机窗口,如图 9.31 所示。

2. 动画模式

动画模式是以相机模式为基础进行创建的,先点击动画模式,再点击动画选择录制,如图 9.32 所示。

点击录制后,先后两次利用鼠标调整角度、高度和视角分别拍摄两张图像,对应于视频开始和视频结束时的相机位置,Lumion 会在这两个拍摄位置之间创建一条合适的路径。如果系统路径不是期望的路径,可以在已经拍摄的两张图像之间,增加一张漫游路径上的位置图片,这样 Lumion 给出的渲染路径会接近期望路径。调好路径后,通过调整左侧的时间图

图 9.31 照相模式

图 9.32 动画模式

标完成时间设置，确定本次漫游的时间，如图 9.33 所示。

点击右下角的“✓”，弹出用户渲染的界面，如图 9.34 所示。此界面还可以查看已有漫游、创建新的漫游、删除已有漫游和修改已有漫游。

图 9.33　调整时间

图 9.34　渲染界面

9.3.6　场景渲染

室内动画

确定好漫游路径后，渲染前还需要添加一些特效，以使视频变得更加真实。常用添加特效的方法有以下四种。

方法一：点击编辑，可以复制片段、粘贴片段、复制特效、粘贴特效以及清除特效（视频片段中）。照片场景中只有复制特效、粘贴特效以及清除特效。

(1)复制、粘贴片段:可以使用户得到相同的片段。

(2)复制、粘贴特效:可以使用户快速得到渲染风格相似的片段。

(3)清除特效:可以去除视频渲染时添加的所有特效。

方法二:点击文件,然后在文件里面添加一些组合的参数。

方法三:点击自定义风格,Lumion 自带了很多渲染风格,用户可以根据需要选择一种适合的渲染风格。当选择一种风格不能达到期望时,用户可以对该场景的参数进行细微的调整,以达到想要的效果。

方法四:在 Lumion 自带的特效页面有很多特效。这些特效可分为光与影、相机、场景和动画、天气和气候、草图、颜色等。这几大部分又各自包含不同的若干小类。用户添加多种特效后,点击所需要调节的特效就会进入特效调整面板,用鼠标拖动效果条,完成特效调整。本书案例采用这种方法添加特效,下面分别说明相机模式渲染和动画模式渲染的设置。

1. 相机模式渲染

在拍照角度确定后,用户在特效面板里添加一些需要的特效,点击"FX"添加特效,弹出特效页面,Lumion 提供了多种特效,可以真实模拟阳光、阴影等效果。常用的特效有太阳、体积光、云、阴影、雨雪、反射和镜头光晕等,如图 9.35 所示。

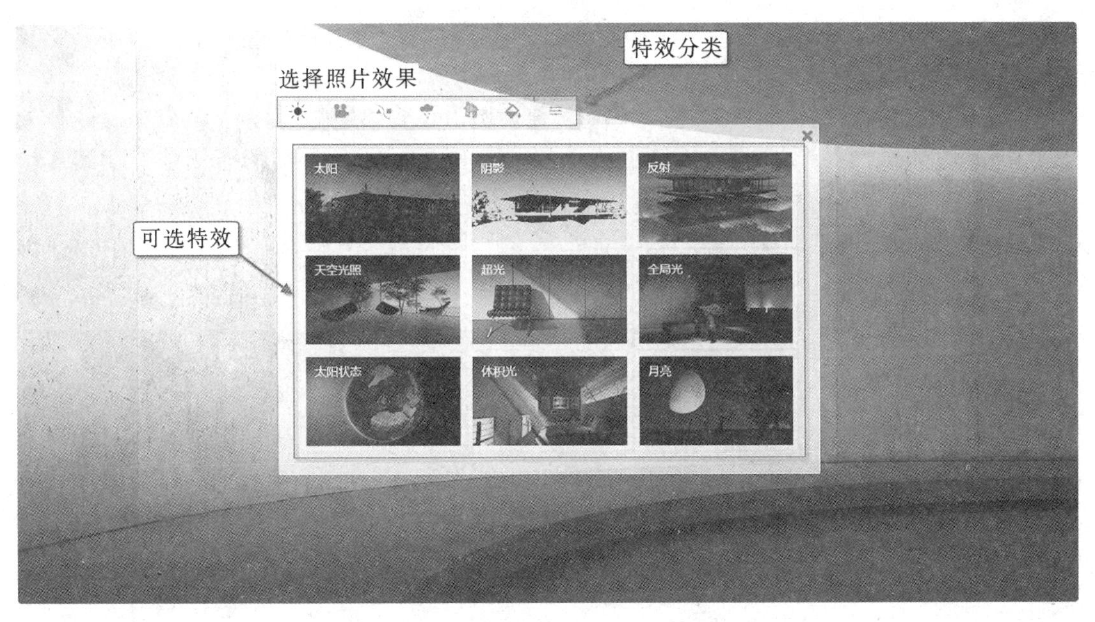

图 9.35　相机模式渲染

一般需要添加阴影、太阳、反射、天空光照等特效。有些特效在添加完成后还需要进一步调整,这时需要单击该特效,进入特效调整面板,如图 9.36 所示。在相机角度以及特效调整完成后,点击右侧渲染照片按钮,接着会弹出照片格式选择页面,用户可以根据自己的需要渲染出图。

**提示:**由于照片属于静帧作品,所以有些特性不能够添加使用。

图 9.36　特效窗口

2. 动画模式渲染

当用户通过漫游确定动画路径后，与相机模式类似也要添加特效，但是动画模式的特效与相机模式的特效有一定区别。动画模式中的车辆和人群都是运动的，所以用户在添加特效时需要添加群体移动特效。

下面结合人群的移动来介绍群体移动特效的使用。点击“FX”添加特效，进入特效面板后选择场景与动画，点击“群体移动”即可，如图 9.37 所示。

图 9.37　场景和动画

先点击“群体移动”，再点击“编辑”进入场景，设置群体移动特效。点击鼠标左键确定群体移动的起点，然后拖动鼠标画一条线，这里线段的长度就是群体移动的路径，当线段长度达到需求时，点击鼠标左键结束。结束路径绘制后，可以进一步调节路线的宽度和在该路线物体移动的速度，如图 9.38 所示。

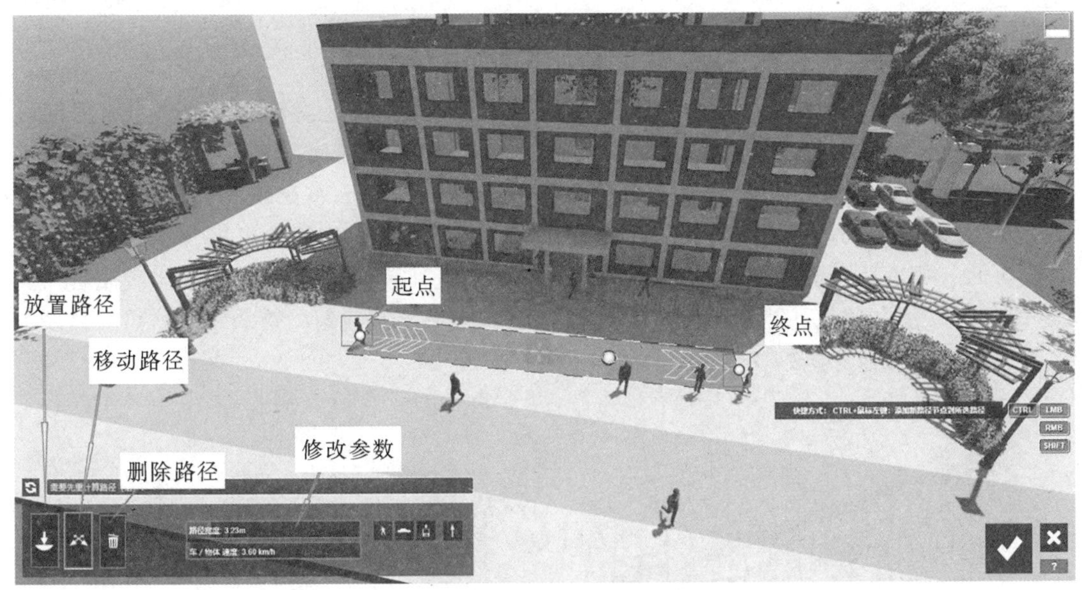

图 9.38　路径设置窗口

在人物移动的过程中还会发生方向转换，此时群体移动路径是一条曲线。群体移动路径的改变和人群安置较为相似，先添加一段用户需要的直线，再在该线段末端处按住 Ctrl 键，会出现一条虚线，通过改动该虚线使其达到期望位置后，点击鼠标左键，此时会出现一段路径。用户通过拖拽节点进一步调节路径的走向，并且调整节点的平滑度，这样人物在行走转向时才不会显得僵硬。

与相机模式类似，完成参数调整后，点击渲染片段，在弹出的渲染界面，根据所需的视频质量来选择视频输出品质。一般室内渲染的输出品质为全特效 4 倍抗锯齿；室外为全特效 16 倍抗锯齿，每秒帧数为 25 帧，全高清 1080P。

提示： 在群体移动上的所有物体都是会移动的，所以用户在放置路线和调整路线宽度时要特别小心。人群在群体移动路径上的速度是一定的，不会随着群体移动路径上的速度改变而改变。

本章小结

建筑表现可以使观众体验建筑的空间感受。本章介绍了建筑表现的基本流程，将模型数据导入 Lumion 软件，介绍建筑表现的基本操作，生成建筑动画。

第 10 章　课程实训

如图 10.1 所示，本工程为综合楼，东向为办公区域，北向为实验区域，整体为钢筋混凝土框架结构，7 度(0.15g)抗震设防，安全级别为二级，设计合理使用年限 50 年。建筑耐火等级为二级，东向建筑五层共 21.9 m，北向建筑三层共 13.5 m，首层层高为 5.4 m，其余层高为 4.2 m，建筑占地面积 2173.77 m^2，建筑面积 6435.85 m^2，建筑体积 38114.53 m^3，体形系数 0.18。屋面防水等级为Ⅰ级，位处寒冷地区。建筑外墙保温层为 60 mm 半硬质岩棉板(燃烧性能 A 级)，建筑外墙平均传热系数 0.62 W/(m^2·K)，建筑外玻璃幕墙(含外门)采用铝合金低辐射中空玻璃窗(6+12A+6)。

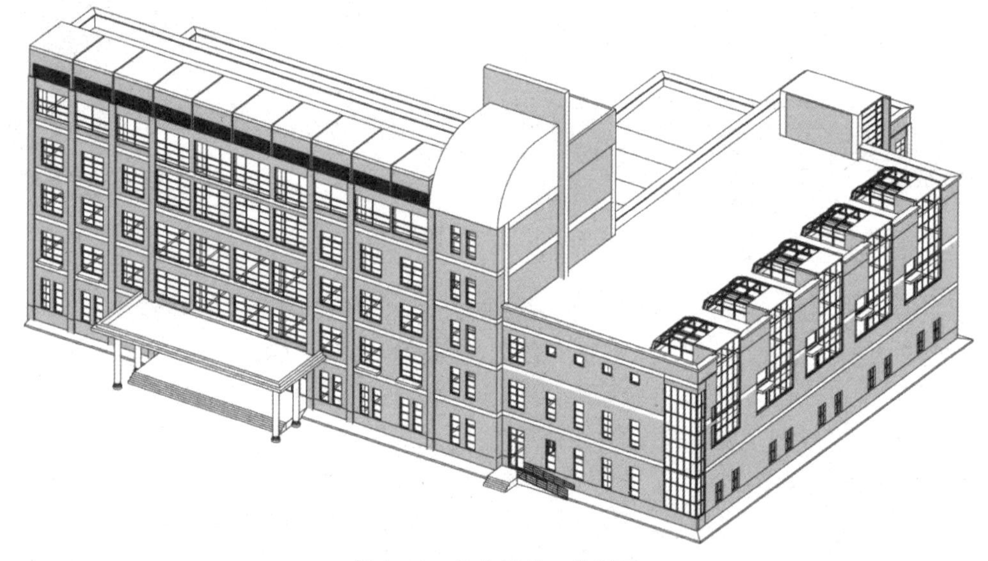

图 10.1　综合楼的三维视图

10.1　土建建模

使用表 10.1 中的建筑构件名称和尺寸，完成板、梁、柱和墙的布置。

表 10.1　建筑构件命名

构件	名称	材质	尺寸
柱	综合楼-KZ	现浇混凝土 C30	600 mm×600 mm
框架梁	综合楼-KL	现浇混凝土 C30	300 mm×600 mm
次梁	综合楼-CL	现浇混凝土 C30	300 mm×500 mm
楼板	综合楼-AN	现浇混凝土 C30	120 mm
墙体	综合楼-QT	加气混凝土砌块	200 厚

根据图 10.2 至图 10.5 完成土建建模。门窗、楼梯、坡道、台阶和造型等建筑构件根据图纸识别，图纸不详尽之处自行设计。

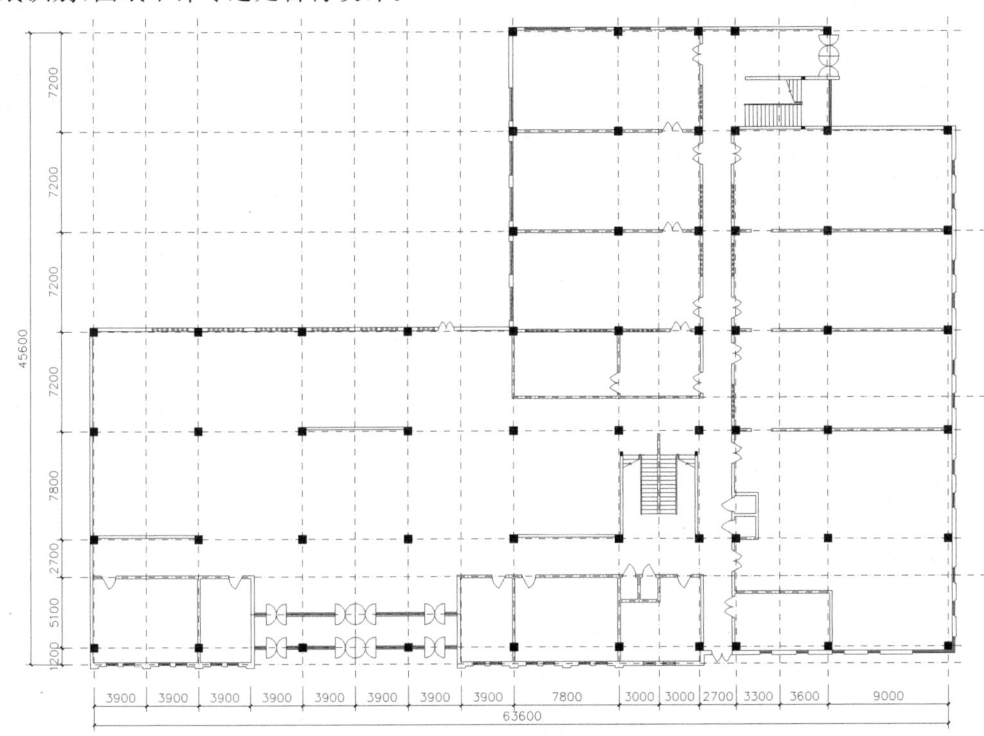

图 10.2　一层建筑平面图

图 10.3　二至三层建筑平面图

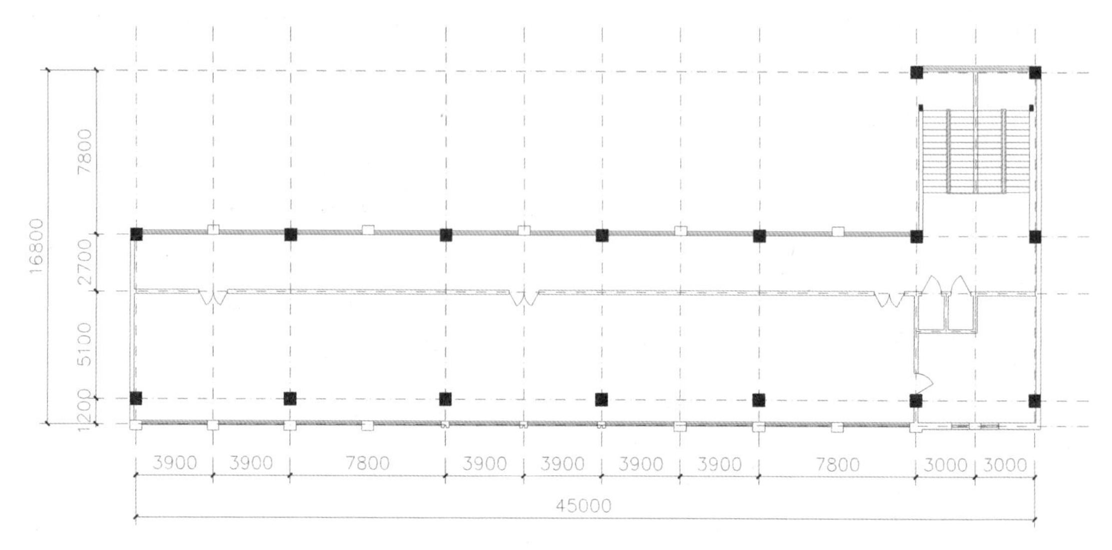

图 10.4　四至五层建筑平面图

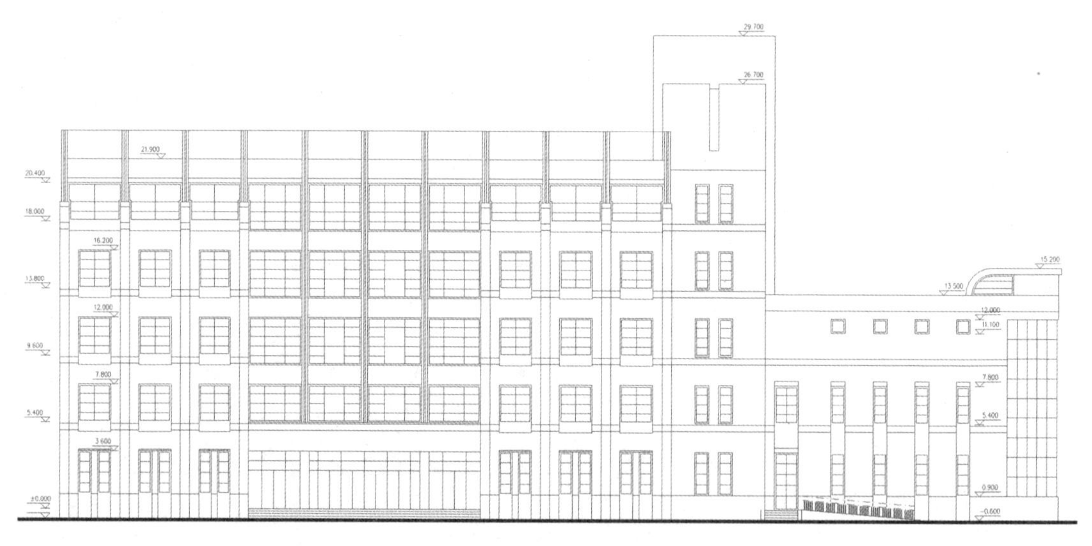

图 10.5　正立面图

10.2　结构计算

(1)将 Revit 模型转变为广厦模型。

(2)完成板、梁和柱钢筋的平法出图。

(3)将矩形柱截面修改为 400 mm×400 mm,查看位移和内力,检查是否有超筋信息。

(4)计算梁可以承载的最大荷载。

(5)改变双向板边界条件为简支或者自由,查看跨中弯矩变小的规律。

(6)统计混凝土总量和钢筋总量。

10.3 机电设计

按照表10.2命名规则,建立管道系统。

表10.2 管道命名规则

系统	项目	缩写	系统名称	RGB
水系统	冷水管	J	冷水系统	50,200,250
	供暖给水管	RJ	热水系统	250,50,200
	供暖回水管	RH	热水系统	150,50,150
	排水管	F	排水系统	150,150,100
	通气管	T	排水系统	0,200,150
	雨水管	Y	雨水系统	200,200,0
	喷淋管	ZP	喷洒系统	250,100,0
	消火栓管	XH	消防系统	250,0,0
风系统	加压送风管	XB	正压系统	100,150,250
	空调送风	SF	送风系统	102,153,255
	空调回风	HF	回风系统	255,255,153
	冷冻水管	LD	空调机组	255,153,0
	冷却水管	LT	空调机组	0,128,0
电系统	弱电桥架	ELV	弱电系统	50,250,250
	强电桥架	EL	强电系统	50,200,50

(1)完成建筑的给水系统、排水系统、消防系统和喷淋系统的绘制。

(2)完成建筑的中央空调系统的绘制。

(3)在电系统中,完成强电系统和弱电系统的绘制。

(4)完成碰撞检查。

(5)根据图10.6加设地下室并在地下室内绘制压缩机房。

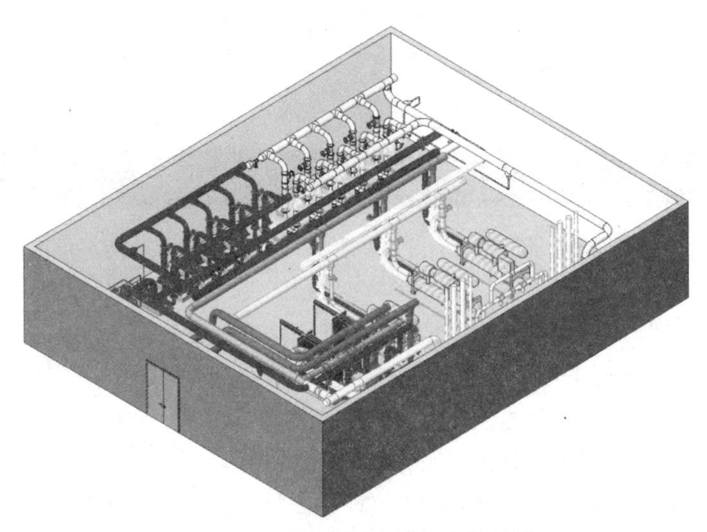

图10.6 水源热泵空调机房效果图

10.4　绿色建筑

(1)将设计的模型输出到绿建斯维尔节能软件中,完成模型观察,如图10.7所示。

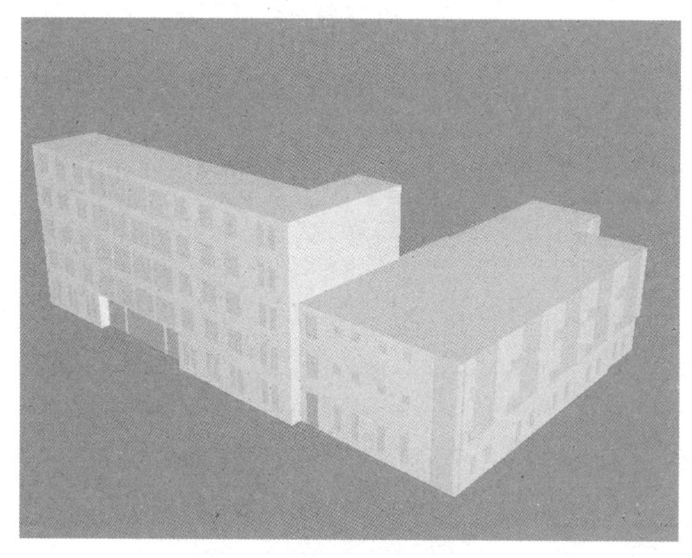

图10.7　绿色建筑模型

(2)自行设计总平面图,利用单体链接方式创建组合模型。

(3)输出窗地面积比计算书、视野率计算书、采光系数达标率计算书、眩光指数计算书和日照报告。

(4)输出建筑节能报告书、隔热计算报告书、热桥节点图和防潮验算书。

(5)输出热负荷计算书、冷负荷计算书和全年计算负荷报告书。

(6)输出空调系统节能率计算报告书和能效测评节能率计算报告书。

(7)输出室外风环境模拟报告书、建筑通风开口面积计算书和换气次数计算书。

(8)输出室外噪声模拟报告书、室内隔声设计报告书和建筑构件隔声计算报告书。

(9)输出建筑热环境分析报告书。

(10)截取模拟彩图和报告书内容,制作宣传海报。

10.5　工程造价

(1)利用Revit明细表功能,统计不同管道系统的管道总长度,并将明细表保存到模型中。

(2)使用品茗、晨曦、斯维尔或者新点软件,设置修改分类规则/关键字规则(品茗插件中为"关键字规则";新点、斯维尔插件中为"映射规则";晨曦插件中为"分类规则")。在柱梁等识别字段中添加"造价练习"字段。使用广联达软件,在"柱"构件中添加"造价练习"字段,并将修改后的规则导出,保存在与模型文件一致的文件夹中。使用鲁班软件,在Revit中增加自定义属性"构件类型",使柱构件中出现"构件类型"参数,并在模型中所有的柱构件的"构件类型"参数中输入"框架柱"。

(3)将实体模型与算量模型关联。在完成设置的模型中,将墙、梁、板、柱和门等构件正确定义,将上述构件的实体模型与算量模型关联。品茗插件中为“土建构件类型映射”;新点、斯维尔插件中为“模型映射”,晨曦插件中为“构件分类”,广联达插件中为“构件转化”,鲁班插件中为“导出设置”。其中幕墙定义为幕墙或面构件,不参与工程量统计。

(4)完成建筑的算量,输出定额工程量和清单工程量,输入至计价软件中。

(5)导出实物工程量明细表、实物量计算表和造价表。

(6)BIM 5D 操作。

①模型导入:将钢筋、土建、给排水、电气模型集成至 BIM 5D 中。

②流水段划分:根据施工组织设计要求,土建、钢筋专业均需划分流水段,安装专业无须划分流水段。

③进度计划:将计划与模型进行关联,要求将进度计划中的工程任务项与土建、钢筋、电气、给排水模型进行关联。

④清单关联:将工程量清单计价文件导入至 BIM 5D 的合同预算模块中。

⑤流水段提取:导出根据流水段划分要求中所有流水段的 Excel 表。

⑥资金查询:导出资金曲线汇总 Excel 格式列表。

⑦物资查询:将物资量按材质汇总,并导出相应的 Excel 表查询结果。

10.6 施工模拟

(1)本项目计划开始日期 2020 年 9 月 3 日,计划完工日期 2022 年 3 月 9 日,各项实际开完工时间与计划一致;编排进度计划(春节和国庆节休息),要求编排合理,关联模型构件不得漏项。

(2)在 Navisworks Manage 中导入结构模型。使用选择集功能将板、梁、柱按楼层建立集合。使用缩放功能制作结构构件的生长动画。使用旋转功能制作塔吊的旋转动画。使用 TimeLiner 功能制作施工模拟。将模拟施工导出为视频文件。

(3)在 Navisworks Manage 中设置硬碰撞公差为 20 mm,完成机电模型与结构模型之间的碰撞并输出报告。

(4)参考图 10.8 完成施工场地布置。要求作业区、生活区和办公区分区明确,满足正常

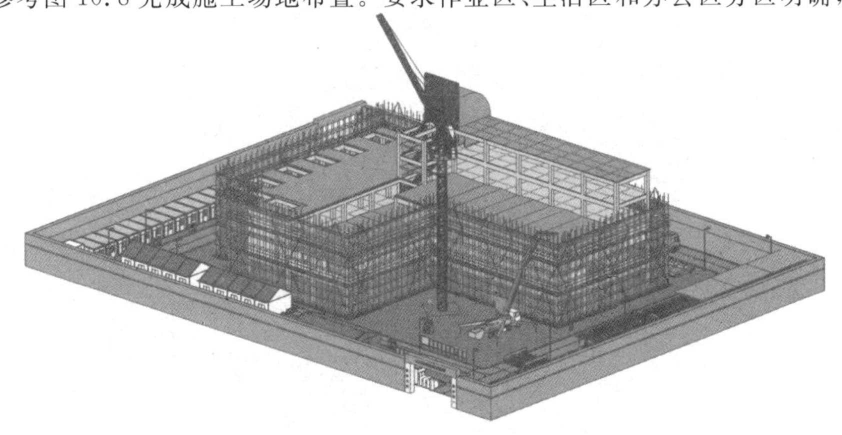

图 10.8 施工场地布置

施工需求，至少要有两个出入口以及相连的临时道路，每个出入口应配有洗车池。作业区应至少包含钢筋堆场、脚手架堆场、沙堆场及碎石堆场等物料堆场，钢筋加工棚、木材加工棚等加工棚，以及相应物料和机械。吊装统一使用塔吊。生活区应至少包含宿舍、食堂、淋浴间、卫生间和垃圾站等生活必需设施，办公区应至少包含施工方、建设方和监理方各自的办公室，以及大小合适的停车场。在显眼处设置九牌一图、安全教育区等安全文明相关设施，并适量进行绿化。

10.7 建筑表现

(1)制作室外场景动画。

(2)制作室内场景动画。

(3)渲染三维图、大厅图、办公室图和走道图，如图10.9所示。

图10.9 建筑渲染图

参考文献

[1] 同济大学,西安建筑科技大学,东南大学,等.房屋建筑学[M].3版.北京:中国建筑工业出版社,1997.

[2] 中华人民共和国住房和城乡建设部.建筑工程信息模型应用统一标准:GB/T 51212—2016[S].北京:中国计划出版社,2016.

[3] 中华人民共和国住房和城乡建设部.建筑信息模型分类和编码标准:GB/T 51269—2017[S].北京:中国计划出版社,2017.

[4] 中华人民共和国住房和城乡建设部.建筑工程设计信息模型制图标准:JGJ/T 448—2018 [S].北京:中国计划出版社,2018.

[5] 中华人民共和国住房和城乡建设部.建筑安装工程工期定额:TY 01-89—2016[S].北京:中国计划出版社,2016.

[6] 赵红红.信息化建筑设计:Autodesk Revit[M].北京:中国建筑工业出版社,2005.

[7] 陆泽荣,刘占省.BIM 技术概论[M].2版.北京:中国建筑工业出版社,2018.

[8] 李鑫.Revit 2016 完全自学教程[M].北京:人民邮电出版社,2016.

[9] 刘剑飞.建筑 CAD 技术 [M].3版.武汉:武汉理工大学出版社,2017.

[10] 王言磊,张祎男,陈炜.BIM 结构:Autodesk Revit Structure 在土木工程中的应用[M].北京:化学工业出版社,2016.

[11] 吴广勇,杨文生,焦柯.结构 BIM 应用教程[M].北京:化学工业出版社,2016.

[12] 范文利,朱亮东,王传慧.机电安装工程 BIM 实例分析[M].北京:机械工业出版社,2016.

[13] 肖世鹏.BIM 造价专业操作实务[M].北京:中国建筑工业出版社,2018.

[14] 商大勇.BIM 改变了什么:BIM+工程项目管理[M].北京:机械工业出版社,2018.

[15] 王君峰.Autodesk Navisworks 实战应用思维课堂[M].北京:机械工业出版社,2016.

[16] 何波.Revit 与 Navisworks 实用疑难 200 问[M].北京:中国建筑工业出版社,2015.